全国交通运输职业教育教学指导委员会路桥专指委规划教材

职业教育国家在线精品课程配套教材

职业教育·通用课程教材

Gongcheng Yantu

工程岩土

（第2版）

沈 力　熊文林　主　编

罗　筠　邵森林　魏　娟　副主编

郭富赟　主　审

人民交通出版社

北　京

内 容 提 要

本教材为全国交通运输教学指导委员会路桥专指委规划教材、职业教育国家在线精品课程配套教材、职业教育通用课程类教材，通过"产教融合、校企双元"的模式进行开发。以项目引领、任务驱动，通过**"知识重构、精选案例、对接标准、立体呈现"**的方式，培养学生了解公路工程建设中所涉及的工程岩土条件的调查、分析、评价等知识，掌握岩土体物理力学性质指标的测定方法等，结合岩土相关执业资格资格证书的要求，强化学生利用"四新"技术解决实际公路工程岩土问题的能力。全书包括课程导入、勘察野外工程岩土条件、测定岩土物理力学性质指标、处理公路地质灾害及土质病害等内容。

本教材配备了**丰富的助教助学资源**，在每一任务后，均以二维码的方式载入视频、动画、图片、工程实例、在线测试题等资源，便于教师灵活组织教学和学生自学自测。

本书可供高等职业教育道路与桥梁工程技术专业、地下与隧道工程技术专业及其他相关专业教学使用，亦可作为成人高校及培训机构用书，也可供相关工程技术人员参考使用。

本书配套多媒体课件，教师可通过加入职教路桥教学研讨群（QQ：927111427）获取。

图书在版编目（CIP）数据

工程岩土／沈力，熊文林主编. —2版. —北京：

人民交通出版社股份有限公司，2025. 6. — ISBN 978-7-114-18698-1

Ⅰ. TU4

中国国家版本馆 CIP 数据核字第 202544GU97 号

全国交通运输职业教育教学指导委员会路桥专指委规划教材
职业教育国家在线精品课程配套教材
职业教育·通用课程教材

书　　名：	工程岩土（第2版）
著 作 者：	沈　力　熊文林
策划编辑：	刘　倩
责任编辑：	王景景
责任校对：	赵媛媛　刘　璇
责任印制：	张　凯
出版发行：	人民交通出版社
地　　址：	（100011）北京市朝阳区安定门外外馆斜街 3 号
网　　址：	http://www.ccpcl.com.cn
销售电话：	（010）85285911
总 经 销：	人民交通出版社发行部
经　　销：	各地新华书店
印　　刷：	北京市密东印刷有限公司
开　　本：	787×1092　1/16
印　　张：	23
字　　数：	547 千
版　　次：	2021 年 7 月　第 1 版 2025 年 6 月　第 2 版
印　　次：	2025 年 6 月　第 2 版　第 1 次印刷　总第 4 次印刷
书　　号：	ISBN 978-7-114-18698-1
定　　价：	65.00 元

（有印刷、装订质量问题的图书，由本社负责调换）

"工程岩土"是道路运输类专业、交通土建相关专业的必修基础课程。在教材编写前,主编团队通过多方调研,对公路建设过程中所涉及的地质和岩土岗位群进行了主要工作任务和职业能力分析,明确了本课程对学生的培养目标。教材编写时,紧紧围绕完成工作任务的需要来选择教材内容,通过"知识重构、精选案例、对接标准、立体呈现"的方式,培养学生了解公路工程建设中所涉及的工程岩土条件的调查、分析、评价等知识,掌握岩土体物理力学性质指标的测定方法等。在具备公路工程岩土的基本知识、基本理论和实践技能的基础上,结合岩土相关执业资格证书的要求,强化学生利用"四新"技术解决实际公路工程岩土问题的能力,以及运用国家现行工程岩土、工程地质相关规范、规程、标准的能力,为后续课程的学习奠定良好的基础。

教材编写团队根据高职学生的认知特点,以实际工作任务为引领,以公路建设中不同阶段遇到的公路工程岩土问题及处理方法为主线来组织教材内容。本教材融入了最新的工程岩土技术手段,辅以大量工程案例,同时强化了实践教学环节,采用平行、递进、包容的结构来展现教学内容,通过任务模拟、案例分析等教学活动,引导学生在活动中灵活运用各种岩土知识和技能,培养处理基本岩土问题的能力。

教材在编写过程中力求突出以下特色:

1. 知识与技能并重,职教特色明显

按照知识传授与技术技能培养并重的原则,根据公路建设过程中工程地质和岩土知识的应用顺序,教材构建了课程导入和三个学习项目:勘察野外工程岩土条件、测定岩土物理力学性质指标、处理公路地质灾害及土质灾害,每个学习项目按照知识的难易度及逻辑性设置不同的任务。全书共包含 14 个学习任务,每个任务相对独立,由不同的知识点共同支撑,作为一个完整的教学单元,并将专业精神、职业精神和工匠精神有机融入教材内容,强化学生职业素养养成。

2. 项目导向教学,职业能力凸显

基于路桥专业领域岗位群能力要求,以公路工程勘察设计和施工项目为导向开展教学。以实际工作任务为引领,通过工程地质和岩土勘察任务模拟、地质病害案例分析等项目来组织教学,大量公路工程地质和岩土勘测设计成果、工程案例的采用,最大限度地缩小了教学与实践的距离,强化了对学生实践能力的培养,实现了教材内容与职业岗位的有效衔接。教材与时俱进,不断吸纳教学改革的最新成果,反映产业升级、技术进步和职业岗位变化的要求,支持自主学习、合作学习和个性化教学,为学生的成长发展奠定良好基础。

3. 三维目标一体,教学设计优化

确立课程学习目标时注重德育教育与专业教育的有机融合,将理论知识的传授、专业能力的培养和价值观的塑造紧密结合。课程目标包含知识目标、能力目标和素质目标三个维度,三维目标清晰明确、有机统一、不可分割。教学设计凸显对思政元素的挖掘,从政治素质、思想道德、公民意识、职业素养四个层面,深入研究和挖掘课程中蕴含的思政元素,同时设计有效的教学载体和合适的教学方式,形成本教材配套的课程思政教学设计,帮助授课教师实现在知识传授中"润物细无声"地融入精神指引,达到教书育人的目的。

4. 校企双元开发,产教深度融合

主编沈力副教授为武汉市江夏区"汤逊湖人才",曾任湖北楚雄公路勘察设计有限公司经理,先后获湖北省公路学会科学技术奖一等奖 1 项、全国交通运输科普讲解大赛二等奖 1 项、湖北省科普讲解大赛三等奖 1 项、湖北省科学实验展演二等奖 1 项等多个科技与科普奖励,作为第二负责人建设了工程岩土、路基路面病害处治 2 门职业教育国家在线精品课程。

主编熊文林教授为"黄炎培杰出教师",交通运输部"巾帼建功标兵","交通运输职业教育教学名师",有多年企业工作经历和省重点公路工程建设经验,先后获得国家级教学成果奖 1 项、省级教学成果奖 2 项等多项荣誉奖励,主持工程岩土职业教育国家在线精品课程。

副主编罗筠教授为交通运输部"吴福-振华"优秀教师,先后获首届全国教材建设奖一等奖 1 项、全国职业院校教师教学能力比赛三等奖 1 项等奖励。

参编蔡向阳为教授级高级工程师,多年从事公路、桥梁勘察设计及技术管理工作,有多项勘察设计项目获国家级奖项。

主审郭富赟为教授级高级工程师,中国地质学会青年地质科技奖银锤奖、甘肃省五一劳动奖章获得者,多年从事水工环地质与地质灾害防治工作,有多项成果获得国家级、省级科技进步奖。

本教材由校企合作倾力打造,有行业专家指导、职教名师主阵、企业能工巧匠与双师型教师共同参与,最大程度保证了教材的科学性、先进性和适应性。

5. 职业标准对接,课证有效融通

教材紧跟产业发展趋势和行业人才需求,引入公路地质勘察设计技术标准、公路勘察设计和施工"四新"技术,使课程内容更符合生产要求。将施工员、路基路面工等职业技能等级标准有机融入教材内容,结合职业技能证书考证要求,系统化设计任务,创设工作情境。教材涉及的岩土知识、地质类型和相应的实践技能,适用于不同地质单元和环境,能服务"一带一路"建设,适应职业教育对外开放和国际合作需要。

6. 数字资源丰富,线上线下互通

围绕深化教学改革和教育数字化发展需求,初步形成课程建设、教材编写、配套资源开发、信息技术应用统筹推进的新形态一体化教材。教材图文并茂、清晰美观,教学课件、案例库、题库、微课、实训手册等数字化教学资源丰富,可提高学生的学习兴趣;来自实际工程的教学案例及公路勘测设计成果,可加深学生对公路工程地质和岩土的认识和理解;通过课程平台实现资源共享与动态更新,有利于教师授课和学生线上线下学习,方便师生之间、学生之间交流互动,有效服务教学内容和教学目的,教学效果好。

本教材由湖北交通职业技术学院沈力、熊文林主编,参加编写的还有贵州交通技师学院罗筠,新疆交通职业技术大学冯哲,湖北交通职业技术学院邵森林、魏娟、刘永金、袁宏成,武汉众道勘察设计研究院有限公司蔡向阳。全书由沈力、熊文林担任主编，罗筠、邵森林、魏娟担任副主编，甘肃省地质环境监测院、甘肃省自然资源厅地质灾害防治技术指导中心郭富赟教授级高级工程师担任主审。具体编写分工如下：沈力编写项目一中的任务一、任务二；熊文林编写课程导入中的任务一、项目一中的任务六（部分案例和照片）、项目二中的任务四（地貌概述部分）、项目三中的任务一；罗筠编写项目一中的任务六；邵森林编写项目一中的任务四、项目二中的任务二；魏娟编写项目一中的任务三；刘永金编写项目一中的任务五、项目二中的任务一；袁宏成编写项目二中的任务三；冯哲编写课程导入中的任务二、项目三中的任务二；蔡向阳编写项目三中的任务一（综合治理案例部分）。

本教材在编写过程中，参考和引用了大量相关文献资料，在此向原作者表示感谢！由于编者水平有限，教材中可能存在一些疏漏和不当之处，恳请读者批评指正，以便修订完善。

编　者

2025 年 2 月

本教材课程思政教学设计索引

学习项目	知识目标	能力目标	素质目标	学习模块	思政元素提炼	思政元素融入方法
勘察野外工程岩土条件	理解工程地质条件、工程地质问题等基本概念和内涵；理解地球的内、外力地质作用；掌握常见矿物、三大岩类和土的形成过程及基本性质；区分地质事件或岩层地质年代的先后，熟悉常见地质构造类型；了解水的地质作用和常见地貌的形成规律及地质条件；熟悉工程地质图和岩土勘察规范，编写勘察计划并能完成勘察外业工作；掌握土的三大性质指标及测定方法；熟悉岩土的物理性质、水理性质和力学性质；掌握常见公路地质灾害和特殊土的形成条件、危害及处治方法；认识并理解对立统一的、世界是永恒发展的等辩证唯物主义认识论；建立热爱大自然、保护环境、可持续发展等认知，树立专业自豪感和民族自豪感；建立美丽中国、维护国家领土完整的责任感	能识别常见的矿物、岩石和土；能在野外辨认常见地质构造和地貌；能识读公路工程地质图和编写岩土工程勘察报告；能进行工程地质条件的调查及评价；能对岩土体主要物理力学性质作出评价；能对公路地质灾害和特殊土提出防护与处治措施；培养防灾救灾的良好意识和面对灾害的预警应变能力；养成善于沟通和合作的品质；形成良好的职业道德和敬业精神；提高获取信息、提炼信息的能力和自主学习的能力；养成独立解决问题的能力	有理想信念、有责任担当；有内涵修养、有目标追求、德才兼备、品行高尚；有社会责任感、遵纪守法、人格健全；尊重科学、开拓创新、恪尽职守、追求卓越	课程导入	民族自豪感、爱国精神等；对立统一的辩证唯物主义认识论；追求卓越的大国工匠精神	播放大型工程建设纪录片《超级工程》，激发学生民族自豪感、爱国精神和学习兴趣，树立正确的专业理想；讲解地质环境与工程建筑之间的辩证关系，树立辩证唯物主义世界观；宣扬大国工匠精神，激发学生的使命担当和对职业的敬畏
				地质作用	世界是永恒发展的辩证唯物主义认识论	引用"沧海桑田""三十年河东、三十年河西"等典故，说明内外力地质作用之间的辩证关系，阐述事物发展变化的规律
				矿物与岩石		播放岩浆岩、沉积岩和变质岩三大岩类之间相互转化的教学视频，说明地球物质循环规律，阐述事物发展变化的规律
				地质构造	量变到质变的辩证唯物主义认识论	讲解背斜谷和向斜山的形成原理，介绍马克思主义科学发展观，引导学生用全面的、发展的眼光看问题，树立辩证唯物观
				水的地质作用	持之以恒的品格修养；保护环境、可持续发展等理念	讲解"天山大峡谷""长江三峡"等深切河谷的形成原因，引用"水滴石穿"等典故，阐述流水的力量，培养学生持之以恒的精神；讲解地下水位升降对地面沉降的影响，启发学生树立保护自然、可持续发展的理念
				地貌	对大自然的热爱；专业自豪感、民族自豪感；生态文明建设、可持续发展理念	播放《航拍中国》系列纪录片，帮助学生认识各种地貌类型，激发学生对祖国美好山河的热爱，增加学生的专业自豪感和民族自豪感；同时讲述这些基础设施建设带来的生态破坏等负面效应，融入二十大报告中提到的"必须牢固树立和践行绿水青山就是金山银山的理念，站在人与自然和谐共生的高度谋划发展"的要求，强调生态文明建设和可持续发展的重要性

学习项目	知识目标	能力目标	素质目标	学习模块	思政元素提炼	思政元素融入方法
勘察野外工程岩土条件	理解工程地质条件、工程地质问题等基本概念和内涵；理解地球发展的内、外力地质作用；掌握常见矿物、三大岩类和土的形成过程及基本性质；区分地质事件或岩层的先后地质年代，熟悉常见地质构造类型；了解水的地质作用和常见地貌的形成规律及地质条件；熟悉工程地质图和岩土勘察规范，编写勘察计划并能完成勘察外业工作；掌握土的三大性质指标及测定方法；熟悉岩土的物理性质、水理性质和力学性质；掌握常见公路地质灾害和特殊土的形成条件、危害及处治方法；认识并理解对立统一的、世界是永恒发展的等辩证唯物主义认识论；建立热爱大自然、保护环境、可持续发展等认知，树立专业自豪感和民族自豪感；建立美丽中国、维护国家领土完整的责任感	能识别常见的矿物、岩石和土；能在野外辨认常见地质构造和地貌；能识读公路工程地质图和编写岩土工程勘察报告；能进行工程地质条件的调查及评价；能对岩土体主要物理力学性质作出评价；能对公路地质灾害和特殊土提出防护与处治措施；培养防灾救灾的良好意识和面对灾害的预警应变能力；养成善于沟通和合作的品质；形成良好的职业道德和敬业精神；提高获取信息、提炼信息的能力和自主学习的能力；养成独立解决问题的能力	有理想信念、有责任担当；有内涵修养、有目标追求、德才兼备、品行高尚；有社会责任感、遵纪守法、人格健全、尊重科学、开拓创新、恪尽职守、追求卓越	工程地质图	维护国家领土完整的责任感；树立保密观等职业素养	讲解中国地质图，强调地图的完整性，增强学生维护国家领土完整的责任感；强调地质图属于国家机密，不同地质图保密级别不一样，不能随意公开，培养学生保密观
				工程地质勘察	精益求精的职业素养；无私奉献的品格修养	讲解意大利瓦依昂水库滑坡案例，说明工程地质勘察对路桥、水库等构造物选址的重要性，增强学生的职业责任感；讲述老一辈地质学家野外地质调查的工作事迹，弘扬他们专心事业无私奉献的崇高品格和家国情怀
测定岩土物理力学性质指标				土的物理性质	精益求精的职业素养；一丝不苟的工匠精神	让学生在土工试验中理解试验数据的来之不易和重要性，增加对职业的尊重；推演公式，强调一丝不苟、精益求精的工匠精神
				土的水理性质	爱国；敬畏和珍惜生命；"一方有难、八方支援"的制度自信；服务国家战略	讲解1998年九江大堤管涌险情案例，通过播放解放军抗洪防灾的感人画面，唤起学生的爱国热情，激发学生学好专业、报效祖国的理想；全面讲解三峡工程的漫长建设历程，强调践行绿色发展理念、推动科技发展、加强自主创新等服务国家战略的精神
				土的力学性质	追求卓越的科学精神；热爱中华优秀传统文化、文化自信；"工程安全第一、质量百年大计"等	介绍"土力学之父"卡尔·太沙基的生平事迹和主要成就，学习大师求实、严谨的工作态度，培养学生追求卓越的科学精神；介绍中国古代建筑基础形式，展示古人的智慧，感悟古建筑的宏伟与精妙，激发学生对中华优秀传统文化的热爱和对本专业的兴趣，树立文化自信；讲解加拿大谷仓倾覆案例，树立质量安全意识

学习项目	知识目标	能力目标	素质目标	学习模块	思政元素提炼	思政元素融入方法
处理公路地质灾害及土质病害	理解工程地质条件、工程地质问题等基本概念和内涵;理解地球发展的内、外力地质作用;掌握常见矿物、三大岩类和土的形成过程及基本性质;区分地质事件或岩层的先后地质年代,熟悉常见地质构造类型;了解水的地质作用和常见地貌的形成规律及地质条件;熟悉工程地质图和岩土勘察规范,编写勘察计划并能完成勘察外业工作;掌握土的三大性质指标及测定方法;熟悉岩土的物理性质、水理性质和力学性质;掌握常见公路地质灾害和特殊土的形成条件、危害及处治方法;认识并理解对立统一的、世界是永恒发展的等辩证唯物主义认识论;建立热爱大自然、保护环境、可持续发展等认知,树立专业自豪感和民族自豪感;建立美丽中国、维护国家领土完整的责任感	能识别常见的矿物、岩石和土;能在野外辨认常见地质构造和地貌;能识读公路工程地质图和编写岩土工程勘察报告;能进行工程地质条件的调查及评价;能对岩土体主要物理力学性质作出评价;能对公路地质灾害和特殊土提出防护与处治措施;培养防灾救灾的良好意识和面对灾害的预警应变能力;养成善于沟通和合作的品质;形成良好的职业道德和敬业精神;提高获取信息、提炼信息的能力和自主学习的能力;养成独立解决问题的能力	有理想信念、有责任担当;有内涵修养、有目标追求、德才兼备、品行高尚;有社会责任感、遵纪守法、人格健全;尊重科学、开拓创新、恪尽职守、追求卓越	地质灾害	量变到质变的辩证唯物主义认识论;环境保护、人与自然和谐共生等理念;"一切以人民生命财产安全为重"的制度优越性;"工程安全第一、质量百年大计"等	讲述新滩滑坡、舟曲泥石流等重大地质灾害案例,引导学生认识地质灾害发展从量变到质变的演变规律;讲述地球环境变化带来的负面影响(极端气候等),引导学生认识环境保护、人与自然和谐共生的重要性,树立"绿水青山就是金山银山"的理念;通过2008年汶川地震抗震救灾案例,展示国家"一切以人民生命财产安全为重"的制度优越性;播放"广东深圳罗湖一公寓楼发生沉降倾斜"工程事故影片,讲解黄土、软土等地貌上的公路病害案例,引导学生树立责任意识
				土质病害		
地质野外实习				岩土构造地貌地质野外实习	环境保护、人与自然和谐共生等理念;民族自豪感、爱国精神、美丽中国等;吃苦耐劳、艰苦奋斗的品格	结合地质野外实习区实际情况,就生态环境、文明旅游、区域发展等主题开展相关调研实践,鼓励学生学以致用,培养对祖国山河的热爱,对环境的爱护,对区域发展的关注等家国情怀;野外实习,可培养学生吃苦耐劳、艰苦奋斗的品格,培养学生团队合作精神,树立远大的职业理想

本教材配套数字资源清单列表

教材内容	资源序号	资源名称	资源形式	资源来源	页码
		0-1　认识工程岩土			
认识工程岩土	0-1-1	工程岩土课程概述	视频	自制	001
	0-1-2	工程岩土课程导入	微课	自制	001
	0-1-3	导图小结(认识工程岩土)	图片	自制	005
	0-1	在线测试题(认识工程岩土)	文档	自制	005
		0-2　理解地质作用			
理解地质作用	0-2-1	认识内力地质作用	微课	自制	008
	0-2-2	外力地质作用	微课	自制	009
	0-2-3	认识外力地质作用	视频	自制	011
	0-2-4	认识风化作用	微课	自制	011
	0-2-5	地质作用高清图片	图片	自制	016
	0-2-6	导图小结(理解地质作用)	图片	自制	016
	0-2	在线测试题(地质作用)	文档	自制	016
		1-1　辨识矿物和岩石			
造岩矿物	1-1-1	造岩矿物	微课	自制	017
	1-1-2	矿物的成因	文档	自制	018
	1-1-3	常见矿物鉴别实训	微课	自制	024
	1-1-4	导图小结(常见的造岩矿物)	图片	自制	030
	1-1	在线测试题(造岩矿物)	文档	自制	030
岩石	1-1-5	岩石	微课	自制	030
	1-1-6	认识岩浆岩的构造特征	视频	自制	032
	1-1-7	认识沉积岩的构造特征	视频	自制	034
	1-1-8	岩石的鉴别	微课	自制	041
	1-1-9	导图小结(岩石)	图片	自制	042
	1-2	在线测试题(岩石)	文档	自制	042
		1-2　辨识地质构造			
地质年代	1-3	在线测试题(地质年代)	文档	自制	044
地质构造	1-2-1	岩层构造与褶皱	微课	自制	046
	1-2-2	导图小结(岩层构造与褶皱)	图片	自制	053
	1-2-3	断裂构造	视频	自制	053
	1-2-4	认识断层要素	视频	自制	055
	1-2-5	导图小结(断裂构造)	图片	自制	059
	1-4	在线测试题(地质构造)	文档	自制	060

续上表

教材内容	资源序号	资源名称	资源形式	资源来源	页码
1-3　理解水的地质作用					
地表流水的地质作用	1-3-1	地表流水的地质作用	微课	自制	061
	1-3-2	黄河、长江、恒河、莱茵河等世界上几大水系资源	文档	自制	063
	1-3-3	河流的侵蚀作用	视频	自制	064
	1-3-4	导图小结(地表水的地质作用)	图片	自制	069
	1-5	在线测试题(地表水的地质作用)	文档	自制	069
地下水的地质作用	1-3-5	地下水的地质作用	微课	自制	069
	1-3-6	导图小结(地下水的地质作用)	图片	自制	074
	1-6	在线测试题(地下水的地质作用)	文档	自制	074
公路水毁与路基翻浆	1-3-7	公路水毁与路基翻浆	微课	自制	074
	1-3-8	沿河路基水毁的防治	文档	自制	075
	1-3-9	认识路基翻浆	视频	自制	082
	1-3-10	导图小结(公路水毁与路基翻浆)	图片	自制	086
	1-7	在线测试题(公路水毁与路基翻浆)	文档	自制	086
1-4　了解常见地貌					
地貌概述	1-4-1	地貌概述	微课	自制	086
	1-4-2	认识外力地貌	视频	自制	090
	1-4-3	认识雅丹地貌与丹霞地貌	视频	自制	095
	1-4-4	导图小结(地貌概述)	图片	自制	096
	1-8	在线测试题(地貌概述)	文档	自制	096
山地地貌	1-4-5	常见地貌	微课	自制	096
	1-9	在线测试题(山岭地貌)	文档	自制	103
平原地貌	1-4-6	导图小结(常见地貌)	图片	自制	105
	1-10	在线测试题(平原地貌)	文档	自制	105
1-5　识读工程地质图					
识读工程地质图	1-5-1	识读工程地质图	微课	自制	106
	1-5-2	导图小结(识读工程地质图)	图片	自制	115
	1-11	在线测试题(识读工程地质图)	文档	自制	115
1-6　理解工程地质勘察					
工程地质勘察概述	1-6-1	工程地质勘察认知	微课	自制	116
	1-6-2	导图小结(工程地质勘察认知)	图片	自制	129
	1-12	在线测试题(工程地质勘察概述)	文档	自制	129
公路工程地质勘察	1-6-3	公路工程地质勘察	微课	自制	129
	1-6-4	湖北省道汉沙线改建工程初步设计工程地质勘察报告	文档	湖北省交通规划设计研究院	132

教材内容	资源序号	资源名称	资源形式	资源来源	页码
1-6 理解工程地质勘察					
公路工程地质勘察	1-6-5	湖北省十堰至房县高速公路第01合同段 ZK80＋700～ ZK80＋900 段路基工程地质勘察资料	文档	湖北省交通规划设计研究院	135
	1-6-6	安徽池州桥工程地质勘察资料	文档	中铁大桥勘测设计院有限公司	138
	1-6-7	湖北省十堰至房县高速公路第09合同段通省隧道工程地质勘察资料	文档	湖北省交通规划设计研究院	141
	1-6-8	新时期下岩土工程勘察工作的展望	微课	自制	142
	1-6-9	导图小结（公路工程地质勘察）	图片	自制	142
	1-13	在线测试题（公路工程地质勘察）	文档	自制	142
工程地质勘察报告	1-6-10	甘肃舟曲县南峪乡江顶崖滑坡灾害治理工程勘察报告	文档	甘肃省自然资源厅地质灾害防治技术指导中心	156
	1-6-11	浙江舟山市金塘大桥工程施工图设计阶段工程地质勘察报告	文档	中铁大桥勘测设计院有限公司	157
	1-6-12	路基工程地质勘察报告	文档	湖北省交通规划设计研究院	157
	1-6-13	导图小结（工程地质勘察报告）	图片	自制	157
	1-14	在线测试题（工程地质勘察报告）	文档	自制	157
2-1 评价岩石的工程性质					
岩石的工程性质	2-1-1	岩石的工程性质	微课	自制	158
	2-1-2	导图小结（岩石的工程性质）	图片	自制	166
	2-1	在线测试题（岩石的工程性质）	文档	自制	166
2-2 掌握土的物理性质指标测定					
土的三相组成	2-2-1	土的三相组成	微课	自制	166
	2-2-2	导图小结（土的三相组成）	图片	自制	174
	2-2	在线测试题（土的三相组成）	文档	自制	174
土的物理性质指标	2-2-3	土的物理性质指标	微课	自制	174
	2-2-4	导图小结（土的物理性质指标）	图片	自制	180
	2-3	在线测试题（土的物理性质指标）	文档	自制	180
土的物理状态指标	2-2-5	土的物理状态指标	微课	自制	180
	2-2-6	导图小结（土的物理状态指标）	图片	自制	184
	2-4	在线测试题（土的物理状态指标）	文档	自制	184
土的结构	2-2-7	土的结构	微课	自制	184
	2-2-8	导图小结（土的结构）	图片	自制	186
	2-5	在线测试题（土的结构）	文档	自制	186

续上表

教材内容	资源序号	资源名称	资源形式	资源来源	页码
2-2　掌握土的物理性质指标测定					
土的压实性	2-2-9	土的压实性	微课	自制	186
	2-2-10	导图小结（土的压实性）	图片	自制	189
	2-6	在线测试题（土的压实性）	文档	自制	189
土的工程分类	2-2-11	土的工程分类	微课	自制	189
	2-2-12	导图小结（土的工程分类）	图片	自制	195
	2-7	在线测试题（土的工程分类）	文档	自制	195
2-3　掌握土的水理性质					
土的水理性质	2-3-1	土的水理性质	微课	自制	196
	2-8	在线测试题（土的渗透性）	文档	自制	201
	2-3-2	导图小结（土的水理性质）	图片	自制	203
	2-9	在线测试题（土的毛细性）	文档	自制	203
2-4　掌握土的力学性质测定					
土的力学性质	2-4-1	土中应力	微课	自制	204
	2-4-2	导图小结（土中应力）	图片	自制	214
	2-4-3	土的压缩性	微课	自制	214
	2-4-4	导图小结（土的压缩性）	图片	自制	221
	2-4-5	土的抗剪强度	微课	自制	221
	2-4-6	导图小结（土的抗剪强度）	图片	自制	226
	2-4-7	土压力	微课	自制	226
	2-4-8	导图小结（土压力）	图片	自制	236
	2-10	在线测试题（土的力学性质）	文档	自制	236
3-1　掌握公路地质灾害防治					
案例	3-1-1	国内外常见地质灾害案例	课件	自制	239
崩塌	3-1-2	崩塌	微课	自制	239
	3-1-3	认识崩塌形成的地质条件	视频	自制	241
	3-1-4	甘肃会宁县城区崩塌治理工程高清照片	图片	甘肃省自然资源厅地质灾害防治技术指导中心	247
	3-1-5	导图小结（崩塌）	图片	自制	249
	3-1	在线测试题（崩塌）	文档	自制	249
滑坡	3-1-6	滑坡（上）	微课	自制	249
	3-1-7	滑坡（下）	微课	自制	249
	3-1-8	认识滑坡的形态要素	视频	自制	252
	3-1-9	典型滑坡案例	文档	网络	256

续上表

教材内容	资源序号	资源名称	资源形式	资源来源	页码
		3-1　掌握公路地质灾害防治			
滑坡	3-1-10	甘肃舟曲牙豁口滑坡应急调查处置	文档	甘肃省自然资源厅地质灾害防治技术指导中心	270
	3-1-11	甘肃庆城县城区台缘滑坡治理工程	文档	甘肃省自然资源厅地质灾害防治技术指导中心	270
	3-1-12	甘肃舟曲龙江新村滑坡灾害治理工程	文档	甘肃省自然资源厅地质灾害防治技术指导中心	270
	3-1-13	甘肃东乡县城特大滑坡治理工程照片	图片	甘肃省自然资源厅地质灾害防治技术指导中心	270
	3-1-14	导图小结(滑坡)	图片	自制	270
	3-2	在线测试题(滑坡)	文档	自制	270
泥石流	3-1-15	泥石流	微课	自制	270
	3-1-16	甘肃舟曲2010年特大型泥石流	文档	甘肃省自然资源厅地质灾害防治技术指导中心	271
	3-1-17	云南滇西地区洪涝泥石流灾害调查	文档	云南国土资源厅调查报告	273
	3-1-18	甘肃舟曲罗家峪沟泥石流灾害治理工程	文档	甘肃省自然资源厅地质灾害防治技术指导中心	276
	3-1-19	甘肃舟曲三眼峪泥石流治理工程照片	图片	甘肃省自然资源厅地质灾害防治技术指导中心	281
	3-1-20	导图小结(泥石流)	图片	自制	281
	3-3	在线测试题(泥石流)	文档	自制	281
岩溶	3-1-21	岩溶	微课	自制	281
	3-1-22	岩溶地貌高清照片	动图	自制	282
	3-1-23	沪蓉西高速龙潭隧道涌水	视频	新闻	286
	3-1-24	广州市永泰跨线桥工程溶洞治理	文档	自制	288
	3-1-25	导图小结(岩溶)	图片	自制	290
	3-4	在线测试题(岩溶)	文档	自制	290
地震	3-1-26	地震	微课	自制	291
	3-1-27	人工诱发地震典型案例	文档	自制	293
	3-1-28	导图小结(地震)	图片	自制	302
	3-5	在线测试题(地震)	文档	自制	302

续上表

教材内容	资源序号	资源名称	资源形式	资源来源	页码
	3-1　掌握公路地质灾害防治
案例	3-1-29	案例1	微课	自制	310
	3-1-30	案例2	微课	自制	310
	3-1-31	各类地质灾害防治案例	文档	期刊	310
	3-2　掌握公路土质病害处治
软土病害	3-2-1	软土	微课	自制	311
	3-2-2	导图小结(软土)	图片	自制	319
	3-6	在线测试题(软土)	文档	自制	319
黄土病害	3-2-3	黄土	微课	自制	319
	3-2-4	导图小结(黄土)	图片	自制	326
	3-7	在线测试题(黄土)	文档	自制	326
膨胀土病害	3-2-5	膨胀土处置	微课	自制	327
	3-2-6	膨胀土图片	图片	自制	327
	3-2-7	导图小结(膨胀土)	图片	自制	332
	3-8	在线测试题(膨胀土)	文档	自制	332
冻土病害	3-2-8	冻土	微课	自制	332
	3-2-9	冻土高清图片	图片	自制	338
	3-2-10	导图小结(冻土)	图片	自制	338
	3-9	在线测试题(冻土)	文档	自制	338
盐渍土病害	3-2-11	盐渍土	微课	自制	338
	3-2-12	盐渍土高清图片	图片	自制	343
	3-2-13	导图小结(盐渍土)	图片	自制	343
	3-10	在线测试题(盐渍土)	文档	自制	343
综合	3-2-14	不良土质及工程处治	课件	自制	343
习题集	4-1	工程岩土习题集	文档	自制	344

1. 以上资源使用说明：

(1)扫描封面二维码,注意每个码只可激活一次;

(2)长按弹出界面的二维码关注"交通教育出版"微信公众号并自动绑定资源;

(3)公众号弹出"购买成功"通知,点击"查看详情",进入后即可查看资源;

(4)也可进入"交通教育出版"微信公众号,点击下方菜单"用户服务—图书增值",选择已绑定的教材进行观看。

2. 本书配套建有在线开放课程,学习者可通过扫描下方二维码参与学习互动。

目 · 录
Contents

课程导入
COURSE INTRODUCTION

任务一　认识工程岩土

【学习指南】主要了解工程岩土学的研究对象,熟悉工程岩土有关工作任务,了解本课程的学习内容、学习目标和核心能力要求,重点掌握工程地质条件和工程地质问题两个基本概念。

【教学资源】包括 1 个微课、1 个视频、1 幅导图、1 套在线测试题。

一、工程岩土学的研究对象

工程岩土学是调查、研究、解决与各类工程建筑物/构筑物的设计、施工和使用有关的地质问题的一门学科。简言之,工程岩土学是研究人类工程活动与地质环境相互作用的一门学科,它是地质学、土质与土力学在工程应用方面的分支。

工程岩土课程概述(视频)　工程岩土课程导入(微课)

地壳是人类赖以生存的活动场所,同时也是一切工程建筑的物质基础,如图 0-1-1 所示。人类的工程活动都是在一定的地质环境中进行的,修建水库、公路与桥梁、民用建筑等工程活动,在很多方面受地质环境的制约,它可以影响工程建筑物的类型、工程造价、施工安全和运营安全等。如沿河谷布线,若不分析河道形态、河水流向及水文地质特征就有可能造成路基水毁;山区开挖深路堑或填筑高路堤时,一般都会形成人工高边坡,忽视地质条件,有可能引起大规模的崩塌或滑坡,如图 0-1-2 所示,不仅增加工程量,延长工期和提高造价,甚至危及施工安全等。

地质环境制约着人类工程活动,人类工程活动也影响着地质环境的变化,从而出现工程地质问题。如在城市中过量抽吸地下水或其他的地下流体,降低了土体中的空隙液压,从而导致大规模的地面沉降;修建隧道时,改变岩体的应力条件,可能引发隧道塌方,如图 0-1-3 所示,高应力分布区还可能引发岩爆;桥梁的修建改变了水流和泥砂的运动状态,使局部河段发生冲淤变形等；在高海拔冻土地区修建道路，可能引起路基下的地温场变化，引发热融滑塌、路基翻浆等病害。为了使所修建的建筑物/构筑物能够正常地发挥作用，应对人类赖以生存的地质环境进行合理利用和保护。在工程修建之前，必须根据实际需要深入研究地质环境问题，对有关的工程地质条件进行深入的调查和勘探，以解决建筑过程中出现的工程地质问题。工程地质条件和工程地质问题列于表 0-1-1 中。

图 0-1-1　地壳表层是桥梁建筑的物质基础

图 0-1-2　山体滑坡

图 0-1-3　隧道塌方

工程地质条件和工程地质问题　　　　　　　　　　　表 0-1-1

	名称	含义/内容
	工程地质条件	指工程建筑物/构筑物所在地区的地质环境各项因素的综合
1	岩土体	包括岩土的时代、成因、性质、结构、产状、物理力学性质；对岩体而言，还包括成岩作用特点、变质程度、风化特征、软弱夹层和接触带等
2	地形地貌	地形是指地表各种各样的形态，具体指地表以上分布的固定物体所共同呈现出的高低起伏的各种状态。地貌是指地形形成的原因、过程和时代的总和。这些因素都直接影响到建筑场地和线路的选择
3	地质构造	地质构造是指在地球的内、外应力作用下，岩层或岩体发生变形或位移而遗留下来的形态，包括褶皱、断裂带、节理裂隙等线状或面状的行迹的分布和特征
4	活动断裂与地震	活动断裂是指新近系（地层年限，指新近系时期形成的地层）以来的断裂，地球上 94% 的地震都与活动断裂有关。关于地震，主要关注震中、烈度及历史地震的空间分布
5	水文地质条件	包括地表水的侵蚀、搬运和沉积作用，地下水的成因、埋藏、分布、动态变化和化学成分等

续上表

	名称	含义/内容
6	不良地质与土质	主要包括崩塌、滑坡、泥石流、岩溶塌陷、软土沉降、黄土湿陷、膨胀土胀缩、冻土冻胀融沉、盐渍土盐胀融沉等
7	天然建筑材料	包括天然建筑材料的分布、类型、品质、开采条件、储量及运输条件等
	工程地质问题	已有的工程地质条件在工程建设过程和建成运行期间会产生一些新的变化和发展,从而产生一些影响工程建筑安全的问题
1	地基稳定性问题	地基在上覆建筑物和荷载作用下产生的变形和破坏,如地基不均匀沉降、地基胀缩引起上部结构破坏等
2	斜坡稳定性问题	人类工程活动尤其是公路工程需开挖和填筑人工边坡(路堑、路堤、堤坝、基坑等),容易引发斜坡失稳,产生斜坡稳定性问题。斜坡地层岩性、地质构造特征是影响其稳定性的物质基础;风化作用、地震、地下水和地表水等对斜坡软弱结构面的作用会破坏斜坡稳定;地形地貌和气候条件是影响斜坡稳定的重要因素
3	洞室围岩稳定性问题	地下洞室被包围于岩土体介质(围岩)中,在洞室开挖和建设过程中破坏了地下岩体原始应力平衡条件,便会出现一系列不稳定现象,常遇到岩爆、塌方、涌水、流砂等围岩稳定性问题

二、工程岩土有关工作任务

随着我国经济的发展和路网的完善,不同等级的公路大量修建,尤其是山区公路修建对地质环境的扰动强度极大,从而引发了一系列的地质环境问题。随着我国生态文明建设的不断推进,环境保护理念日益深入人心,对于山区公路的勘察设计、施工、运营等方面的环保要求也越来越高。山区公路环境载体主要是自然环境,亦即地质环境。山区一般地形地质条件复杂,地质环境脆弱,地质灾害多发,公路建设不可避免地要切坡、填沟、开掘隧道,对地质环境造成严重破坏,处理不好还会诱发和加剧各种工程病害,增加公路建设投资,影响工期,甚至给运营阶段带来严重的安全隐患。要建设一条兼顾交通、环保、生态等方面要求的山区公路,应重视和加强岩土工作。岩土工作应贯穿于公路工程设计、施工和运营的全过程。对岩土现象和规律的认识(岩土工程勘察工作)是由面到线、由线到点、由表及里、由粗到细、由宏观到微观逐步深入的,根据不同阶段应采取不同的方法和手段。

遵从公路建设的程序,本教材根据公路建设不同阶段岩土工作重点不同的原则,将课程内容整合为**公路勘测阶段岩土、公路设计阶段岩土、公路施工和运营阶段岩土**,每个阶段工程岩土有关具体工作任务见表0-1-2。

工程岩土有关工作任务   表0-1-2

	阶段	具体任务
工程岩土	公路勘测阶段	全面勘察、评价工程地质条件,优选出工程地质条件最好、地质灾害最少、工程建设对地质环境的不利影响最小的路线,为公路设计、施工和运营奠定基础
	公路设计阶段	从地质条件与公路工程建筑相互作用的角度出发,论证和预测有关公路工程地质问题发生的可能性、发生的规模和发展趋势,加强筑路材料场和弃土场的勘察
	公路施工和运营阶段	提出改善、防治或利用有关公路工程地质条件的措施以及加固岩土体和防治地下水的方案,加强施工期间和运营期间的岩土工程监测

三、本课程学习内容及要求

（一）本课程的学习任务

本课程共有3个学习项目，每个学习项目包含不同的学习任务，详见表0-1-3。可根据课时自行调整学习内容。

课程学习任务及建议课时　　　　　　　　表 0-1-3

学习项目	学习任务	学习内容	理论课时	实践课时	总课时
0.课程导入	任务一	认识工程岩土	0.5		
	任务二	理解地质作用	1.5		
1.勘察野外工程岩土条件	任务一	辨识矿物和岩石	4	2	
	任务二	辨识地质构造	4	2	
	任务三	理解水的地质作用	2		
	任务四	了解常见地貌	2		
	任务五	识读工程地质图	2		
	任务六	理解工程地质勘察	2	2	60
2.测定岩土物理力学性质指标	任务一	评价岩石的工程性质	1.5		
	任务二	掌握土的物理性质指标	5	6	
	任务三	掌握土的水理性质	1.5		
	任务四	掌握土的力学性质测定	4	6	
3.处理公路地质灾害及土质病害	任务一	掌握公路地质灾害防治	8		
	任务二	掌握公路土质病害处治	4		

（二）本课程的主要内容与要求

本课程的主要内容、学习目标及核心技能目标见表0-1-4。

课程内容和要求　　　　　　　　表 0-1-4

学习项目	学习内容	学习目标	核心技能目标
1.勘察野外工程岩土条件	1.认识地质作用 2.认识矿物和岩石 3.认识地质构造 4.认识水的地质作用 5.认识常见地貌 6.识读工程地质图 7.工程地质勘察	1.内外力地质作用的认识 2.矿物与岩石的特征识别 3.地质年代、岩层产状、地质构造的认识和评价 4.水的地质作用的认识和评价 5.地貌类型及特征的认识和评价 6.工程地质图识读 7.公路沿线及构造物地质、公路料场的勘察、调查与记录	1.能识别并描述常见矿物和岩石 2.能在野外识别常见地质构造 3.能识读工程地质图 4.能正确运用岩土勘察规范 5.能编写勘察计划并完成勘察外业工作 6.能描述简单的工程地质条件并进行评价
2.测定岩土物理力学性质指标	1.认识岩石的工程性质 2.测定土的物理性质指标 3.认识土的水理性质 4.测定土的力学性质	1.岩石的工程性质认知 2.土的物理性质指标测定 3.土的水理性质认知 4.土的力学性质测定	1.能按相关规范要求完成岩土试验 2.能对岩土的物理、水理和力学性质进行简单的评价

续上表

工作任务	学习内容	学习目标	核心技能目标
3.处理公路地质灾害及土质病害	1.常见公路地质灾害的防护和处治 2.常见公路土质病害的处治	1.公路水毁、滑坡、崩塌、泥石流、岩溶及地震等常见公路地质病害的防护和处治 2.黄土、膨胀性土、冻土、盐渍土和软土等主要特殊性岩土的处治	1.能识别地质病害的破坏类型并分析其病害成因机理,提出整治措施 2.能分析特殊性岩土的成因机理,提出整治措施

导图小结(认识工程
岩土)(图片)

课后练习题

1. 简述人类工程活动与地质环境之间的关系。
2. 什么是工程地质条件?包括哪些内容?
3. 试分析工程地质问题包括哪些内容。

在线测试题(认识
工程岩土)(文档)

任务二　理解地质作用

【学习指南】围绕"地质作用分类和作用方式、风化作用的类型及其影响因素"等关键问题设置本任务的学习目标,应了解地球的圈层构造,掌握地质作用分类和作用方式,理解地质循环的过程。重点掌握各种内外力地质作用的作用方式和风化作用的类型及其影响因素。

【教学资源】包括 3 个微课、1 个视频、1 幅导图、1 套在线测试题和 20 张高清图片。

一、地球的圈层构造

地质学是研究地球的一门学科,工程岩土学是研究工程建设与岩土体相互关系的学科。工程涉及的范围均在地球表层,目前人类活动都在地球最表层的圈层——地壳。

我们生活的地球不是一个均质体,而是明显的圈层结构。以地表为界,地球圈层结构分为外部圈层和内部圈层两大部分。内圈层包括地壳、地幔和地核。外圈层包括大气圈、水圈和生物圈。

(一)地球内部圈层

根据地震波在地球内部传播速度的变化特征,可以确定地球内部圈层的分界面,地球表面物理上为不连续面。地球内部有两个波速变化最为明显的界面:第一个界面深度不一致,在大陆区较深,最深可达 60km 以上,在大洋区较浅,最浅不足 5km,该界面称为莫霍洛维奇不连续面,简称莫霍面;第二个界面在地表下约 2900km 处,称为古登堡不连续面,简称古登堡面。根据这两个界面可将地球内部划分为地壳、地幔和地核三个圈层,如图 0-2-1、图 0-2-2 所示。

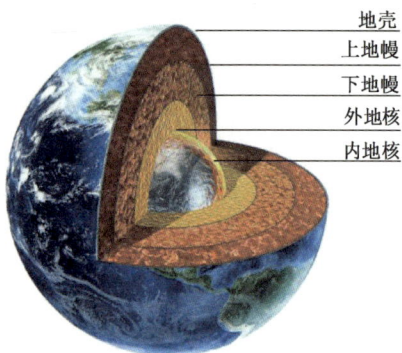

图 0-2-1 地球内部构造示意图

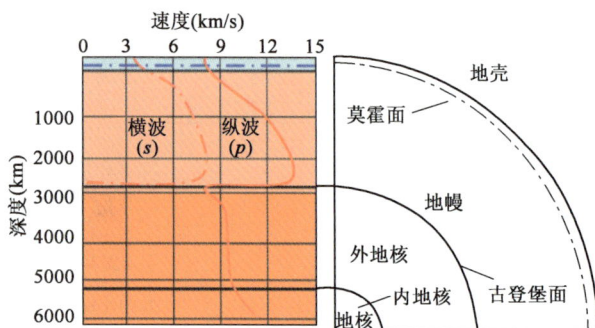

图 0-2-2 地震波传播速度和距离地表深度的关系

1. 地壳

地壳是莫霍面以上固体地球的表层部分,平均厚约 17km。地壳的结构基本上有两种类型,即大陆地壳和大洋地壳。大陆地壳具有双层结构,上部为硅铝层,下部为硅镁层。大陆地壳厚度各处不一,平均厚度为 33km,高大山系地区的地壳较厚,例如欧洲阿尔卑斯山的地壳厚达 65km,亚洲青藏高原某些地方厚度超过 70km,北京地壳厚度与大陆地壳平均厚度相当,约 36km。大洋地壳远比大陆地壳薄,主要为硅镁层,平均厚度为 6km。例如大西洋南部地壳厚度为 12km,北冰洋为 10km,而大西洋中部海底山谷和太平洋马里亚纳海沟附近等地,是地壳最薄的地方,厚度不到 2km。

地壳不是静止不动、永久不变的。在漫长的地质历史中,地壳以大陆漂移、板块运动、火山、地震等不同形式运动。岩浆作用、变质作用及其引起的地质构造运动,以及地壳表面所产生的各种地质作用也在不断地引起地壳的变化。

2. 地幔

地幔介于地壳与地核之间,是地球的主体部分,由地壳底部一直延伸到地核的外围,即介于莫霍面与古登堡面之间,又称中间层。其厚度约为 2880km,其体积占地球总体积的 83%,质量为 4030×10^{24} g,占地球质量的 68.1%,平均密度为 4.5 g/cm³。根据地震波速度变化的情况,将地幔分为上下两层,上部称为上地幔,下部称为下地幔。

上地幔内地震波传播速度是不均匀的,根据地震波波速等资料,地质学家认为在 100～250km 深度范围内存在一个软流圈,该区域内的物质呈熔融状态。软流圈之上的上地幔顶层为固态的岩石,这些岩石连同地壳一起被称为岩石圈,它是地球的一个刚性外壳,浮在呈塑性的软流圈之上。上地幔的物质成分主要为镁铁的硅酸盐,物质呈结晶质的固体,塑性大;物质的平均密度为 3.8 g/cm³,温度为 1200～1500℃,压力达到 38 万个标准大气压(1 标准大气压 $=101.325$ kPa)。

下地幔中地震波传播速度呈平缓增加;物质成分除硅酸盐外,还有金属氧化物、硫化物,特别是铁、镍成分显著增加。物质的平均密度为 5.6 g/cm³,温度为 1500～2000℃,压力达到 136 万个标准大气压(1 标准大气压 $=101.325$ kPa)。

3. 地核

地核是指从地下 2900km 古登堡面以下向内到地心,一个半径为 3473km 的地球核心部分。根据地震波的传播速度特征,其又分为外地核、过渡层和内地核 3 层。外地核,物质呈液态,厚度达到 1700 多 km。过渡层是外地核和内地核的交接地带。这里的物质介于固态和液态之间,呈现出一种过渡状态。最里面的是内地核,以铁、镍元素为主,因此被称为"铁镍核"。据推测,地核的密度为 $9.7 \sim 13 g/cm^3$,质量占地球总质量的 31.5%,压力为 $(1.52 \sim 3.75) \times 10^5 MPa$,温度为 $2860 \sim 6000 \,℃$,有的区域比太阳表面温度还高。地核之所以为实心,是因为地心引力在此产生的压力是地球表面压力的 300 万倍。地核内的铁流使物质产生巨大的磁场,可以保护地球免受外来射线的干扰。一般认为地核主要由铁和镍组成,可能还含有硅、硫等其他元素。

(二)地球外部圈层

通常把地壳表层以外的由大气、水体和生物组成的自然界划分为 3 个圈层:大气圈、水圈和生物圈,统称为地球的外部圈层。3 个圈层是互相渗透的,也是互相重叠的,如图 0-2-3 所示。

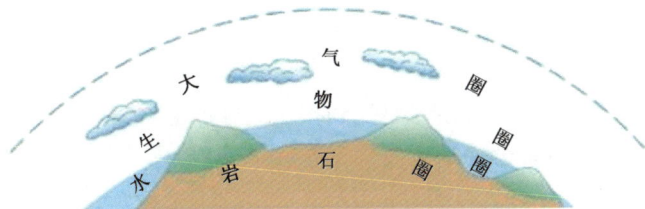

图 0-2-3 地球的外部圈层结构示意图

1. 大气圈

大气圈指连续包围地球最外面的空气圈。大气圈的下界为地面及水面,但无明显的上界,地面以上数万公里的高空仍有极稀薄的空气存在。大气圈的总质量为 $5.6 \times 10^{19} g$。由于地球引力使绝大部分大气集中在地表到 100km 高空范围内,大气的成分随高度而不同。100km 高度以下的大气,主要由氮气和氧气组成。依照大气的成分、密度、温度及其流动状况,自地表到高空分为 5 层:对流层、平流层、中间层、热层(暖层)和外大气层(散逸层)。

2. 水圈

水圈是地球上所有水的总称,包括地表、地下及大气中以液态、固态和气态各种形态存在的所有水。与大气圈、生物圈共同组成地球的外部圈层。海洋是水圈中一个连续的最大水体,约占地球表面积的 70.8%。地球上总水量约为 $1.37 \times 10^9 km^3$,约占地球体积的 0.12%。其中绝大部分存在于海洋中,陆地水只占 2.8%。

水圈与大气圈和地壳互相渗透,无明确界限。地表水、大气水和地下水因受到太阳辐射的影响,不停地进行水的大小循环,引起多种表生地质作用,对地壳进行巨大的改造(破坏和建设)作用。

3. 生物圈

地球上的一切生物都是生活在地球的表层,生物及其生存的该地球表层总称生物圈。它的范围大致包括 11km 深的地壳和海洋及 15km 以内的地表大气层,即包括大气圈、水圈和岩石圈的一部分。

二、地质作用

地壳只是地球内圈层最外面的一层极薄的薄壳。在地球形成至今的漫长地质演变过程中，随着地球的转动和内、外圈层物质的运动，地表的形态、地壳的物质及地层的形态都在不断发生着变化，这种变化是一直发生、永不停止的。自然界中所发生的一切可以改变地球的物质组成、构造和地表形态的作用称为地质作用。地质作用根据其能量的来源分为内力地质作用和外力地质作用。

（一）内力地质作用

认识内力地质
作用（微课）

内力地质作用简称内力作用，由地球转动能、重力能和放射性元素衰变的热能等所引起，主要在地壳或地幔中进行。按其作用方式可分为构造运动、岩浆作用、变质作用和地震作用4种。内力作用的总趋势是形成地壳表层的基本构造形态和地壳表面大的高低起伏。

1. 构造运动

构造运动（又称地壳运动）是地壳的机械运动。按其运动方向可以分为水平运动和垂直运动两种形式。水平方向的运动常使岩层受到挤压产生褶皱，如图0-2-4所示，或使岩层拉张而破裂。垂直方向的构造运动会使地壳发生上升或下降，青藏高原数百万年以来的隆升是垂直运动的表现，如图0-2-5所示。

图0-2-4　水平挤压形成褶皱山

图0-2-5　喜马拉雅山形成示意图

2. 岩浆作用

岩浆作用是指岩浆处于活动状态，当地壳发生变动或受其他内力作用时，承受巨大压力的岩浆向外部压力减小的方向移动,沿着构造薄弱地带上升造成火山喷发形成岩浆岩或是在地下深处冷凝形成侵入岩的过程,如图 0-2-6 和图 0-2-7 所示。

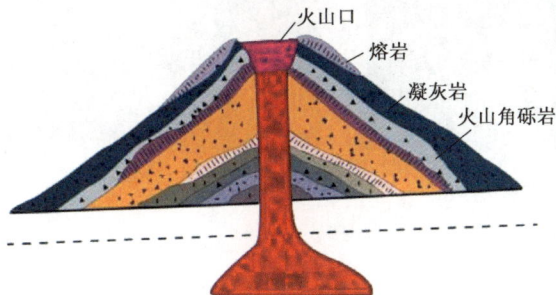

图 0-2-6 岩浆作用

图 0-2-7 火山喷发

3. 变质作用

变质作用是指地壳运动、岩浆作用等引起温度、压力和化学成分等条件发生变化,促使岩石在固体状态下改变其成分、结构和构造的作用。变质作用可形成不同的变质岩,如图 0-2-8 所示。

4. 地震作用

地震作用是指因构造运动等引起地壳发生的快速颤动。由于地球自转速度的不均匀性,加上地壳内部热能的变化,使地壳各部分岩石受到一定应力的作用。当应力作用超过地壳某处岩石的

图 0-2-8 变质作用示意图

强度时,岩石即发生破裂,或使原有的破碎带重新活动,岩石积聚的能量突然释放出来,并以弹性波的形式向四周传播,从而引起地壳的震动。

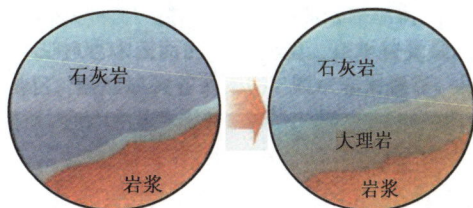

(二)外力地质作用

外力地质作用是指以太阳能及日月引力能为能源并通过大气、水、生物等因素引起的地质作用。常见的外力地质作用有河流的地质作用、地下水的地质作用、冰川的地质作用、湖泊和沼泽的地质作用、风的地质作用和海洋的地质作用等。外力地质作用主要是破坏内力作用形成的地形或产物,总趋势是削高补低,形成新的沉积物,并进一步塑造地表形态。一般按以下程序进行:风化→剥蚀→搬运→沉积→固结成岩。

外力地质作用(微课)

1. 风化作用

风化作用是指在温度、气体、水及生物等因素的长期作用下,暴露于地表的岩石发生化学分解和机械破碎,在原地被破坏、分解。风化作用使岩石逐渐碎裂,转变为碎石、砂粒、粉粒和黏粒等,如图 0-2-9 所示。

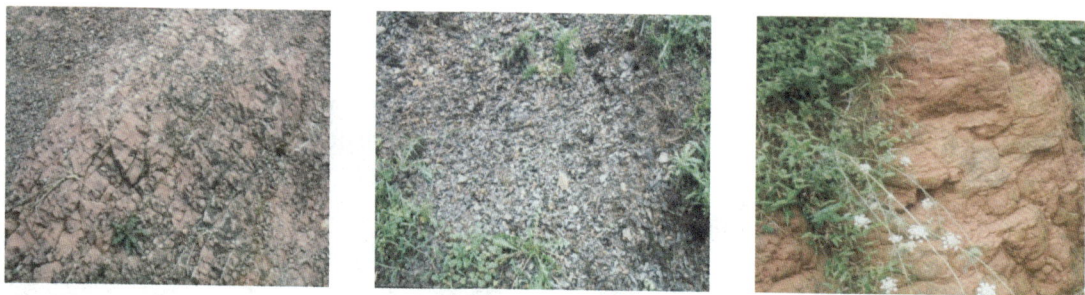

图 0-2-9 岩石的风化

2. 剥蚀作用

岩石经风化破坏的产物被运动介质（风、流水）从原地剥离下来的作用称为剥蚀作用。它包括除风化作用以外所有的破坏作用，例如海岸、河岸因受海浪和流水的撞击、冲刷而发生后退。斜坡发生剥蚀作用时，斜坡物质在重力及其他外力作用下产生滑动和崩塌，又称为块体运动。剥蚀的产物一般不再停留在原地。

3. 搬运作用

搬运作用是指岩石经风化、剥蚀破坏后的产物，被流水、风、冰川等介质搬运到其他地方的作用。搬运作用与剥蚀作用是同时进行的，剥蚀作用一般从原地剥离到较近的部位，搬运作用则是指较长距离的运移，例如河流搬运泥砂从山区到平原或入海口。

4. 沉积作用

沉积作用是指由于搬运介质的搬运能力减弱，搬运介质的物理、化学条件发生变化，或由于生物的作用，被搬运的物质从搬运介质中分离出来，形成沉积的过程，如图 0-2-10 和图 0-2-11 所示。

图 0-2-10　流水的沉积作用

图 0-2-11　风的沉积作用

5. 成岩作用

成岩作用是指沉积下来的各种松散堆积物，在一定条件下，由于压力增大、温度升高及某些化学作用的影响，发生压密、胶结及重结晶等物理或化学过程而使之固结成为坚硬岩石的作用，如图 0-2-12 所示。

a)固结作用   b)胶结作用   c)化学结晶作用

图 0-2-12 成岩作用

认识外力地质
作用(视频)

三、风化作用

与地壳运动类似,风化作用在地球表层范围内无时无刻不在发生着,它是众多外力地质作用的前提和基础。它使岩石破碎、分解,形成如碎石、砂、黏土和溶解物质等风化产物,这些产物为后续的搬运作用、沉积作用、成岩作用提供了物质来源。换而言之,风化作用对地貌的改造、土壤的形成、岩体的强度、沉积岩的形成有非常大的影响,进而影响人类工程活动。

在温度、大气、水和生物活动等因素影响下,地表或接近地表的岩石发生物理或化学变化,致使岩体崩解、剥落、破碎,变成松散的碎屑物质,这种作用称为风化作用。风化作用在地表最为明显,往地下深处则逐渐减弱以至消失。风化后的岩石原有物理力学性质发生改变,使其强度大大降低。风化作用使岩石产生裂隙,破坏了岩石的整体性,从而影响地基边坡的稳定性。岩石的风化(图 0-2-13)可以分为物理风化(机械风化)、化学风化和生物风化。

认识风化作用
(微课)

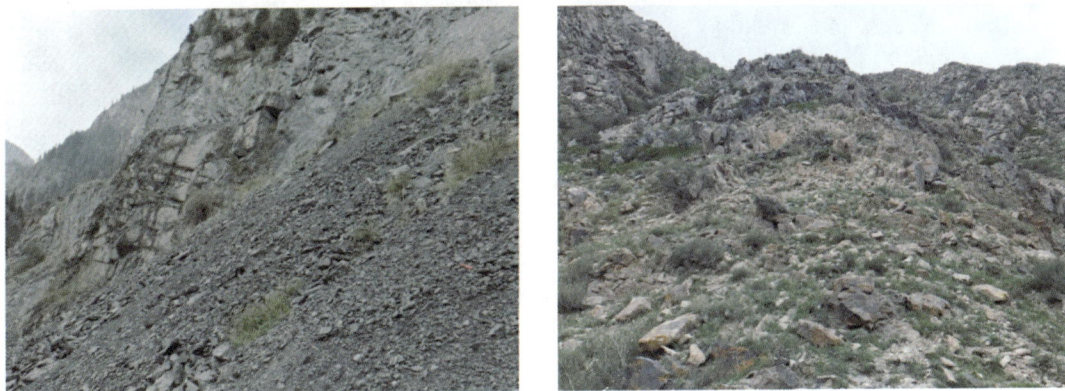

图 0-2-13 风化的岩石

(一)风化作用的类型

1. 物理风化作用

物理风化作用是指地壳表层的岩石、矿物在原地仅发生机械破碎的风化作用,又称机械风化作用。在物理风化作用过程中,矿物、岩石的物质成分不发生变化,与母岩相同,只是由整体或大块崩解为大小不等的碎块。物理风化作用的主要影响因素是岩石的释重和温度的变化，主要作用方式包括崩解作用、剥离作用、冰劈作用、结晶撑裂作用等，如图 0-2-14 所示。

图 0-2-14　物理风化作用

（1）岩石释重引起剥落或崩解作用

地下深处的岩石都承受着上覆岩层的巨大静压力，岩石内部质点在围压下呈紧密排列状态，一旦上覆岩层遭受剥蚀而升至地表，岩石因卸荷而释重，岩体趋向于向上或向外产生膨胀，形成与地表近乎平行的裂隙，从而使岩石表层产生层状剥落或发生崩解。

（2）岩石、矿物的热胀冷缩引起剥离作用

岩石是热的不良导体，在长期的昼夜、季节性温差变化的影响下，温差变化仅限于岩体表层，由于岩体表里受热不均，胀缩交替反复进行，致使岩体表里间产生裂隙甚至崩解成碎块。高寒地区岩石的球形风化一般都是热胀冷缩的结果，如图 0-2-15 所示。

图 0-2-15　岩石的球形风化

（3）岩石空隙中水的冻结与融化引起冰劈作用

渗入岩石裂隙的水，在气温降到 0℃ 以下时冻结成冰，体积膨胀约 9%，对两壁施加的撑胀压力达 200MPa。气温回升到 0℃ 以上，冰融化为水，渗入新裂开的部位。气温在 0℃ 上下波动，冻结-融化反复发生，最后岩石裂为碎块。

（4）岩石空隙中盐的结晶与潮解引起结晶撑裂作用

在干旱、半干旱气候区，蒸发量大，岩石裂缝中的含盐溶液易于饱和而结晶，结晶时体积增大，对两壁也施加压力。当空气湿度增加时，已结晶的盐类又潮解为溶液，进一步渗入岩石内部。盐类的结晶-潮解反复进行,最终使岩石破裂。

2.化学风化作用

化学风化作用是指氧和水溶液使地表层的岩石、矿物在原地发生化学变化并产生新矿物的过程。生物生长中的新陈代谢、生物腐蚀,水引起的矿物溶解、再结晶、水化、水解以及大气引起的氧化、碳酸化、硫酸化等,均会使原有的岩石、矿物成分发生改变,并产生新矿物。

化学风化作用的主要影响因素是氧和水溶液。主要的作用方式包括氧化作用、溶解作用、水合作用、水解作用和碳酸化作用等。

(1)氧化作用

氧化作用是化学风化作用中最常见的一种,它经常是在水的参与下,通过空气和水中的游离氧而实现。氧化作用有两方面的表现:矿物中的某种元素与氧结合形成新矿物;许多变价元素在缺氧条件下形成的低价矿物,在地表氧化环境下转变成高价化合物,原有矿物被解体。自然界中的有机物、低价氧化物及硫化物容易发生氧化作用,如黄铁矿在表生条件下,极易风化为褐铁矿。

(2)溶解作用

水是一种良好的溶剂。水分子是偶极分子,能与极性型或离子型的分子相结合。而矿物绝大部分都是离子键型化合物,当其与天然水接触时,部分易溶离子脱离矿物进入水中,呈溶解状态被水带走。矿物的溶解度取决于矿物的化学特性,以及温度、压力、水中二氧化碳含量和 pH 值等。卤化物类、硫酸盐和碳酸盐类矿物为易溶或较易溶矿物,而硅酸盐类矿物为难溶矿物。溶解作用可以选择性地带走岩石中的易溶矿物,留下一些空洞;也可以把可溶性单矿物岩溶解殆尽,而难溶物质则残留原地。

(3)水合作用

有些矿物(特别是极易溶解和易溶解盐类的矿物)和水接触后,矿物与水作用吸收一定量的水到矿物中形成新含水矿物,例如硬石膏经水化变成石膏。

(4)水解作用

水解作用是弱酸强碱盐或强酸弱碱盐类矿物遇水离解成带不同电荷的离子,离子与水发生反应形成含氢氧根的新矿物的作用。如钾长石经水解生成的松散的高岭土残留原地,氢氧化钾和二氧化硅呈真溶液或溶胶状态,随水流失。水解作用受水的离解度的影响,而离解度又随温度的升高而加强、加快。在温湿气候条件下,高岭土进一步分解成铝土矿。

(5)碳酸化作用

当水中溶有二氧化碳时,水溶液中除了含有氢离子和氢氧根离子外,还有碳酸根和碳酸氢根离子,它们遇碱金属及碱土金属后发生反应形成碳酸盐而随水迁移,使原有矿物分解。如钾长石经碳酸化作用后分解成高岭土、蛋白石和碳酸钾等。

3.生物风化作用

生物风化作用是指生物的生命活动及其分泌物质和遗体等腐烂分解对岩石、矿物的破坏作用。生物风化作用可分为生物物理风化作用和生物化学风化作用。

(1)生物物理风化作用是指在生物生长或活动过程中植物根系的膨大对岩石的劈裂,从而对地表岩石产生的机械破坏作用,也称为根劈作用,如图 0-2-16 所示。

(2)生物化学风化作用是指生物的新陈代谢物和尸体的腐烂分解物、分泌物对地表岩石的破坏及微生物对岩石的风化作用,属于化学风化作用的范畴。

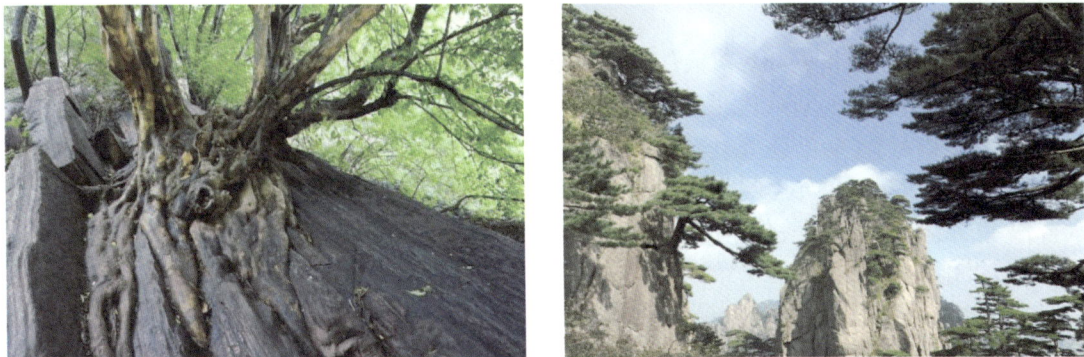

图 0-2-16　根劈作用

(二) 三种风化作用之间的关系

由上述内容可知,岩石的风化作用,实质上只有物理风化和化学风化两种基本类型,它们彼此是紧密联系的。物理风化是化学风化的前驱和必要条件,化学风化是物理风化的继续和深入。地表岩石、矿物经物理、化学风化作用之后,再经生物化学风化作用就可形成富含植物生长必不可少的有机质——腐殖质的土壤。因此,土壤是三种风化作用的综合产物,其中生物化学风化起主导作用。

实际上,物理风化和化学风化在自然界中往往是同时进行、相互影响、相互促进的,风化作用是一个复杂的、统一的过程,只有在具体条件和阶段,物理风化和化学风化才有主次之分。

(三) 影响风化作用的因素

岩石的性质是影响风化作用的内在因素,决定了风化产物的性质;气候条件是影响风化作用的外在因素,决定了风化作用的方式和强度。影响风化作用的因素主要有气候、地形、地质等。

1. 气候因素

气候对风化的影响主要是通过温度和降雨量变化及生物繁殖状况实现的。昼夜温差或寒暑变化幅度较大的地区有利于物理风化作用的进行;降水量丰富且水循环较快的地区有利于化学风化作用的进行,雨水多又有利于生物的繁殖,从而加速了生物风化;温度的升高可加快各种化学反应的速度,提高矿物在水中的溶解度、生物的新陈代谢、各种水溶液的浓度和化学反应的速率,有利于化学风化作用的进行。因此,气候基本上决定了风化作用的主要类型及其发育程度。

2. 地形因素

在不同的地形条件(高度、坡度和切割程度)下,风化作用也有明显的差异,它影响着风化的强度、深度和保存风化产物的厚度及分布情况。

(1)地势的高低。中低纬度高山地区不同高度上有不同的气候带,高山地区以物理风化为主,低山丘陵以及平原地区以化学风化为主。

(2)背阳面、朝阳面。山脉坡地的朝向造成不同的局部小气候,因而风化类型、风化产物有所不同,背阳面以物理风化为主,朝阳面以化学风化为主。

(3)地形的陡缓。地形的陡缓直接影响风化作用的进展状况和风化产物保存条件。地形平缓,地下水位高,有利于化学风化和风化产物的保存。因而残积层厚,有利于风化作用发展到最后阶段。地形陡峻,有利于水的排泄,元素容易迁移,风化产物不易保存,因而残积层薄,物理风化比较显著。

3. 地质因素

岩石类型和矿物成分对风化作用的影响:不同矿物抗风化能力不同,岩浆岩中先结晶的矿物更容易风化,石英抗风化能力最强;不同岩石抗风化能力不同,沉积岩比岩浆岩和变质岩更难风化。差异风化是指由于岩性不同引起的风化程度的差异现象。

岩石的结构和地质构造对风化作用的影响:同一种岩石,其结构不同,抗风化能力也存在着差异。细粒、等粒的岩石较粗粒、不等粒岩石抵抗物理风化能力强;断裂构造发育的岩石更容易风化;岩石裂隙发育使其更容易风化。构造运动较稳定的地区,地形平缓,风化作用得以持续缓慢地进行,因而风化层较厚;构造运动上升地区,剥蚀作用强烈、地面切割破碎,地形陡峭,风化产物易于转运,因而风化层较薄。

四、地质循环

内力地质作用和外力地质作用现象可划分为构造运动、风化剥蚀、搬运沉积三种类型,这三种类型的地质作用在地壳上构成了一个巧妙的循环过程(图0-2-17～图0-2-19)。

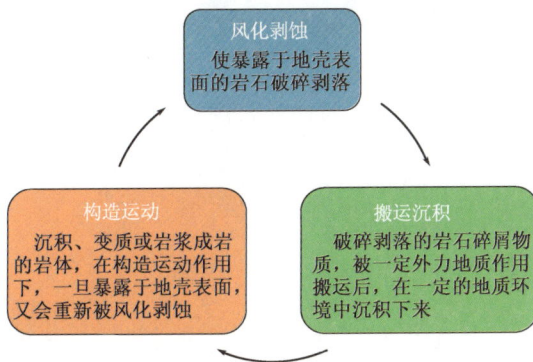

图 0-2-17　地质作用循环过程示意图

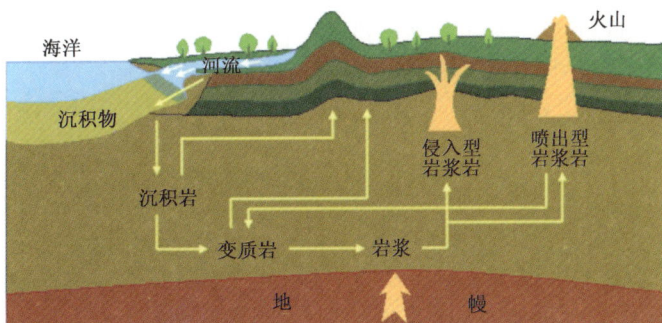

图 0-2-18　地壳物质循环示意图 1

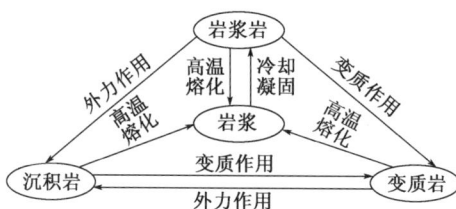

图 0-2-19　地壳物质循环示意图 2

地质作用高清图片
（图片）

导图小结（理解地质
作用）（图片）

在线测试题（地质
作用）（文档）

1. 试述地球内部圈层划分方式和主要依据。
2. 什么是地质作用？
3. 内力地质作用和外力地质作用对地球表面的改变有何异同？
4. 简单论述外力地质作用的一般过程。
5. 什么是风化作用？其有哪几种类型？影响风化作用的因素有哪些？
6. 简述岩石风化的过程。
7. 试述三大岩石之间的转化过程。

学习项目一

LEARNING PROJECT ONE

勘察野外工程岩土条件

【项目导学】

1.情景设定:某山区高速公路规划阶段,你作为地质勘察技术员,需完成某标段工程地质条件评估报告。该路段穿越褶皱山系,存在河流冲刷区及岩溶地貌,需确定路线走向及桥梁选址。

2.痛点列举:地质构造误判可能导致隧道塌方或桥梁基础失稳;误判岩溶发育范围可能导致路基塌陷。

3.应用场景:

(1)岩石识别:通过矿物岩石鉴定(如区分灰岩与花岗岩),预判岩溶发育风险。

(2)地质图解析:分析褶皱走向(如背斜核部岩层稳定性)以及核部岩层稳定性,优化公路和隧道轴线设计。

(3)水文调查:根据地下水位确定桥梁基础埋深。

(4)地貌判断:辨识河流地貌特征,确定路基填筑高度。

任务一　辨识矿物和岩石

【学习指南】主要了解矿物和岩石的成因类型及形成过程,熟悉矿物的鉴定特征和三大类岩石的成分、结构、构造特征和类型,并能够识别和描述常见矿物和岩石。重点要求掌握矿物和岩石的特征识别及三大类岩石的相互转化。

【教学资源】包括2个视频、1个拓展阅读、4个微课、2幅导图和2套在线测试题。

一、造岩矿物

(一)矿物的形成

造岩矿物(微课)

矿物是自然界中的化学元素在一定的物理化学条件下形成的单质和化合物。矿物都是天然的,它们具有一定的化学成分,原子的排列也有一定的规则。

矿物是组成岩石的基本单位,世界上有 3000 多种矿物,其中构成岩石的矿物有 30 余种,我们称此类矿物为造岩矿物。

地壳中的矿物是通过各种地质作用形成的。地质作用使矿物发生一些变化,如气态变为固态,火山喷出硫蒸汽或硫化氢气体,前者因温度骤降可直接升华成自然硫,硫化氢气体与大气中的氧气发生化学反应,形成自然硫。我国台湾大屯火山群和龟山岛就有这样形成的自然硫。又如液态变为固态,这是矿物形成的主要方式,可分为两种形式:一种是从溶液中蒸发结晶。青海柴达木盆地由于长期蒸发,盐湖水不断浓缩而达到饱和,从中结晶出石盐等盐类矿物。另一种是从溶液中降温结晶。成分极其复杂的高温硅酸盐熔融体——岩浆熔体在上升过程中温度不断降低,当温度低于某种矿物的熔点时,就结晶出该种矿物。随着温度的下降,结晶形成一系列的矿物,一般熔点高的岩浆熔体先结晶成矿物。

已形成的矿物在不同环境中还会受到破坏或变成新的矿物。如阳光、风、水及地质变化使矿物受到高温高压等,都可以使某些矿物分解,分解后的物质又可能在另外的环境中与其他物质再次形成新矿物。

矿物的成因
（文档）

因此,自然界中的矿物按其成因可分为三大类型。

（1）原生矿物:岩浆熔体经冷凝结晶所形成的矿物,如石英、长石等(图 1-1-1)。

a)石英　　　　　　　　　　　b)长石

图 1-1-1　原生矿物

（2）次生矿物:原生矿物经化学风化后形成的新矿物,如正长石经水解后形成高岭土(图 1-1-2)。

a)正长石　　　　　　　　　　b)高岭土

图 1-1-2　次生矿物

（3）变质矿物：在变质过程中形成的矿物，如变质结晶片岩中的蓝晶石等（图 1-1-3）。

a)石榴石　　　　　　　　　　　　　　b)蓝晶石

图 1-1-3　变质矿物

（二）矿物的鉴定特征

1. 形状

矿物在液态或气态物质中的离子或原子互相结合形成晶体的过程称为结晶。晶体内部质点的排列方式称为晶体结构。不同的离子或原子可构成不同晶体结构，相同的离子或原子在不同的地质条件下也可形成不同的晶体结构。晶质矿物因内部结构固定，因此具有特定的外形。常见形状有柱状、片状、板状、纤维状、粒状、结核状等，如图 1-1-4 所示。矿物在生长条件合适（有充分的物质来源、足够的空间和时间等）时能按其晶体结构特征长成有规则的几何多面体外形，呈现出该矿物特有的晶体形态，如图 1-1-5 所示。矿物的外形特征是其内部构造的反映，是鉴别矿物的重要依据。

a)柱状　　　　　　　　b)片状　　　　　　　　c)板状

d)纤维状　　　　　　　　　　　　e)粒状

图 1-1-4　矿物单体形状

a)放射状　　　　　　　　　　　　　　　　　　b)晶簇

图 1-1-5　矿物集合体形状

2.颜色

矿物的颜色是由于矿物吸收可见光后产生的。根据产生的原因可分为自色、他色和假色3种。

（1）自色：是矿物自身所固有的颜色，如图 1-1-6 所示。

a)橄榄石　　　　　　　　　　b)孔雀石　　　　　　　　　　c)黄铁矿

图 1-1-6　矿物的自色

（2）他色：是矿物中混入了少量杂质所引起的。如石英是无色透明的，含碳时呈烟灰色，含锰时呈紫色，含铁时呈玫瑰色，如图 1-1-7 所示。

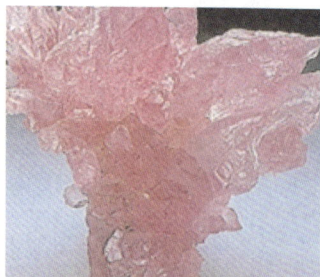  

图 1-1-7　石英的他色

（3）假色：是矿物内部的裂隙或表面的氧化膜对光的折射、散射造成的。如黄铜矿表面因氧化薄膜所引起的错色（蓝、紫混杂的斑驳色彩），冰洲石内部的裂隙所引起的错色（红、蓝、绿、黄混杂的斑驳色彩）。

3. 条痕

条痕是矿物在条痕板（白瓷板）上擦划后留下的痕迹（实际是矿物的粉末）的颜色。由于它消除了假色，减低了他色，因而比矿物颗粒的颜色更为固定，故可用来鉴定矿物。

如赤铁矿、辰砂、黄铁矿，外表颜色近似，但赤铁矿的条痕为樱红色，辰砂的条痕为红色，而黄铁矿的条痕为黑色，据此，可对它们加以区别，如图1-1-8所示。

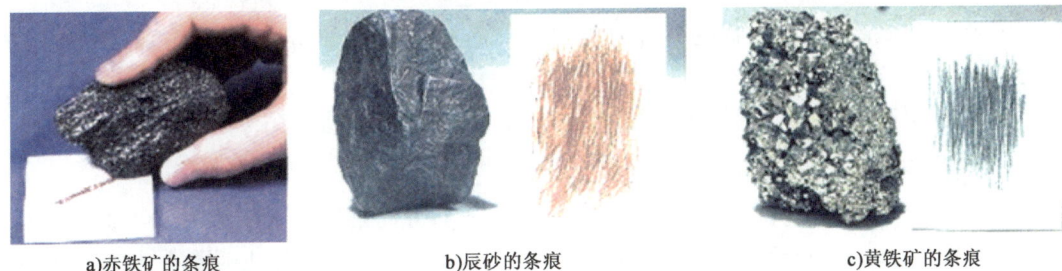

a)赤铁矿的条痕　　　　　　b)辰砂的条痕　　　　　　c)黄铁矿的条痕

图1-1-8　不同矿石的条痕

4. 光泽

矿物的光泽是指矿物表面对可见光的反射能力。

（1）金属光泽：如黄铁矿、方铅矿的光泽，如同一般的金属磨光面的光泽。

（2）半金属光泽：如磁铁矿的光泽，如同一般未经磨光的金属表面的光泽。

（3）非金属光泽：包括金刚光泽、玻璃光泽、丝绢光泽、油脂光泽、蜡状光泽、珍珠光泽和土状光泽等，如图1-1-9所示。

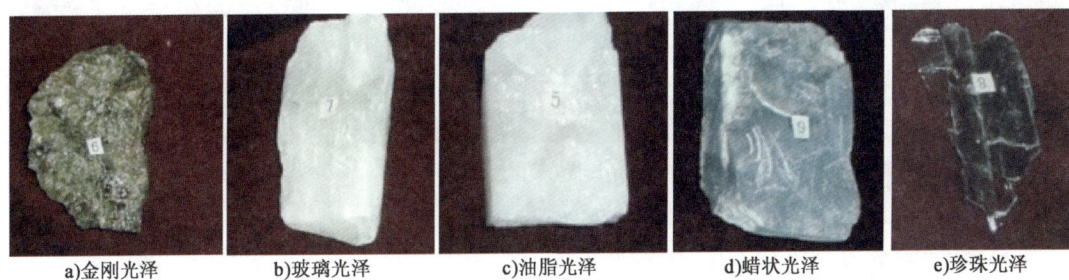

a)金刚光泽　　b)玻璃光泽　　c)油脂光泽　　d)蜡状光泽　　e)珍珠光泽

图1-1-9　非金属光泽

5. 透明度

矿物允许可见光透过的程度，称为矿物的透明度。以0.03mm厚度为标准，通常在矿物碎片边缘观察。根据所见物体的清晰程度，可分为透明、半透明和不透明矿物3种，如图1-1-10所示。

（1）透明矿物：隔着矿物的薄片可以清晰地看到另一侧物体轮廓细节，如石英、长石、方解石等。

a)透明矿物　　　　　　　　b)半透明矿物　　　　　　　c)不透明矿物

图 1-1-10　透明矿物、半透明矿物和不透明矿物

（2）半透明矿物：隔着矿物的薄片可见另一侧有物体存在，但分辨不清轮廓，如辰砂、雄黄等。

（3）不透明矿物：基本上不允许可见光透过，如磁铁矿、石墨等。

6. 解理和断口

（1）解理：矿物晶体在外力作用下，沿着一定的结晶方向破裂成一系列光滑平面的性质，叫作解理，如图 1-1-11 所示。由于同种矿物的解理方向和完全程度总是相同的，性质很稳定，因此，解理是宝石矿物的重要鉴定特征。

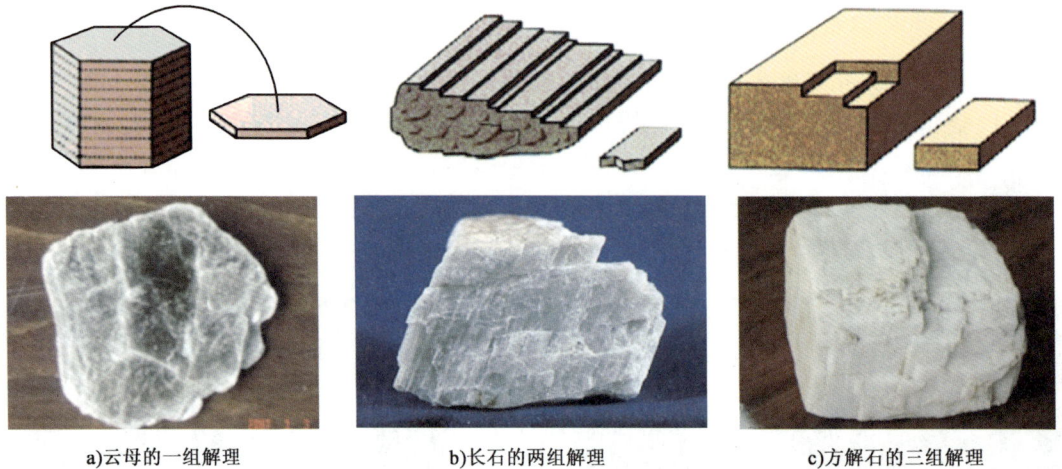

a)云母的一组解理　　　　　　b)长石的两组解理　　　　　　c)方解石的三组解理

图 1-1-11　解理

（2）断口：矿物受外力打击后，都会发生无一定方向的破裂，这种性质称为断口。断口面比较粗糙，如图 1-1-12 所示。断口的发育程度与解理的完全程度呈互为消长的关系，解理完全者往往无断口，断口发育者常常无解理或具极不完全解理。

解理和断口的特征及示例见表 1-1-1。

解理和断口　　　　　　　　　　　　　　　　　　　　表 1-1-1

解理或断口	解理			断口			
特征	一组	两组	三组	贝壳状	土状	锯齿状	参差状
示例	云母	长石	方解石	石英	高岭石	自然铜	磷灰石

a)石英的贝壳状断口   b)高岭石的土状断口

c)银的锯齿状断口   d)黄铁矿的参差状断口

图 1-1-12   断口

7. 硬度

矿物的硬度是指矿物抵抗刻划、压入或研磨能力的大小。国际摩氏硬度计用 10 种矿物来衡量世界上最硬的和最软的矿物,如图 1-1-13 所示,图中从滑石到金刚石,矿物硬度依次为 1～10。

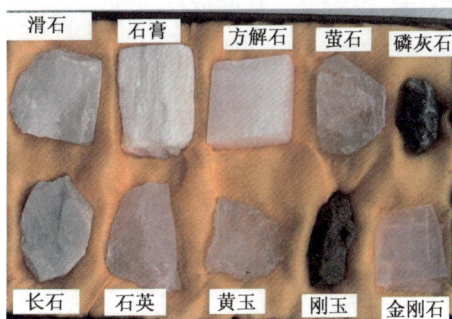

图 1-1-13   不同摩氏硬度的矿物

利用摩氏硬度计测定矿物硬度的方法很简单,是将预测矿物与摩氏硬度计中的标准矿物互相刻划,相比较来确定的。如某一矿物能划动方解石,说明其硬度大于方解石,但又能被萤石所划动,说明其硬度小于萤石,则该矿物的硬度为 3 到 4 之间,可写成 3～4;再如黄铁矿能轻微刻伤正长石,但不能刻伤石英,而本身却能被石英所刻伤,因此,黄铁矿的摩氏硬度为 6～6.5。

在野外可用指甲(摩氏硬度为 2～2.5)、小刀(摩氏硬度为 5～5.5)、瓷器碎片(摩氏硬度为 6～6.5)、石英(摩氏硬度为 7)等进行粗略测定。

在测矿物硬度时,必须在纯净、新鲜的单个矿物晶体(晶粒)上进行。因为风化、裂隙、杂质及集合体方式等因素会影响矿物的硬度,风化后的矿物硬度一般会降低。有裂隙及杂质存在时,会影响矿物内部连接能力,也会使硬度降低。集合体如呈细粒状、土状、粉末状或纤维状,则很难精确确定单体的硬度。因此,测试矿物硬度要尽量在颗粒大的单体的新鲜面上进行。

（三）常见的造岩矿物

1. 石英（SiO_2）

石英种类很多，如水晶、玛瑙、燧石（过去人们用燧石打火）、碧玉等都属于石英。南京盛产的雨花石其实也是石英的一种。

石英常呈粒状、块状或一簇簇的（叫作晶簇）。纯净的石英无色透明，像玻璃一样有光泽，但很多情况下石英中夹杂了其他物质，透明度降低并且有了颜色。如水晶，有无色的，有紫色的，有黄色的等，如图 1-1-14 所示。石英无解理，断口有油脂光泽，硬度为7，透明度较好，具有玻璃光泽。其化学性质稳定，抗风化能力强，含石英越多的岩石，岩性越坚硬。

图 1-1-14　各种各样的石英

石英在现代有着广泛的用途，它们不仅是重要的光学材料，也常被用于电子技术领域，比如光纤、电子石英钟等。石英更是制作玻璃的重要原料，不太纯的石英则可用于建筑材料。石英还被人们用来制作多种高级器皿、工艺美术品和宝石等。

2. 正长石（$KAlSi_3O_8$）

正长石呈短柱状或厚板状，颜色为肉红色或黄褐色或近于白色，呈玻璃光泽，硬度为6，中等解理，易于风化，完全风化后形成高岭石、绢云母、铝土矿等次生矿物，如图 1-1-15 所示。长石是制作陶瓷和玻璃的原料，色泽美丽的长石还被人们当作宝石。

3. 云母

白云母[$KAl_2(AlSi_3O_{10})(OH)_2$]呈片状、鳞片状，薄片无色透明，具有珍珠光泽，硬度为2~3，薄片有弹性，一组极完全解理，具有高电绝缘性；抗风化能力较强，主要分布在变质岩中，如图 1-1-16 所示。

图 1-1-15　正长石

图 1-1-16　白云母

黑云母$[K(Mg、Fe)_3(AlSi_3O_{10})(F、H)_2]$，颜色深黑，其他性质与白云母相似；易风化，风化后可变成蛭石，薄片失去弹性，当岩石中含云母较多时，强度会降低。

4. 橄榄石$[(Mg、Fe)_2(SiO_4)]$

橄榄石为橄榄绿至黄绿色，无条痕，具有玻璃光泽，硬度为6.5~7，无解理，断口为贝壳状，如图1-1-17所示。普通橄榄石能耐1500℃的高温，可以用作耐火砖。完全蛇纹石化的橄榄石通常用作装饰石料。

图1-1-17 橄榄石

5. 方解石$(CaCO_3)$

方解石呈菱面体或六方柱，无色或乳白色，具有玻璃光泽，硬度为3，三组完全解理，与稀盐酸有起泡反应。方解石是组成石灰岩的主要成分，用于制造水泥和石灰等建筑材料。

方解石的色彩因其中含有的杂质不同而变化，如含铁锰时为浅黄、浅红、褐黑等，但一般多为白色或无色。无色透明的方解石也叫冰洲石，如图1-1-18所示，这样的方解石有一个奇妙的特点，就是透过它可以看到物体呈双重影像。因此，冰洲石是重要的光学材料。

方解石是石灰岩和大理岩的主要矿物，在生产生活中有很多用途。我们知道石灰岩可以形成溶洞，洞中的钟乳石、石笋汉白玉等就是由方解石构成的。

6. 辉石$\{Ca(Mg、Fe、Al)[(Si、Al)_2O_6]\}$

辉石有20个品种，其中我们最为熟悉是硬玉，俗称翡翠，是最名贵的宝石之一。硬玉的晶体细小而紧密地结合在一起，因此非常坚硬。硬玉也是组成玉石的主要成分，缅甸和我国西藏、云南等地是硬玉的世界著名产地。辉石都具有玻璃光泽，颜色不一，从白色到灰色，从浅绿到墨绿，甚至褐色至黑色，如图1-1-19所示。这主要是由于含铁量的不同，含铁量越高，颜色越深，而含镁多的辉石则呈古铜色。含铁量高的辉石，其硬度也高。

7. 白云石$[CaMg(CO_3)_2]$

白云石呈菱面体，集合体呈块状，如图1-1-20所示，灰白色，硬度为3.5~4，遇稀盐酸时微弱起泡。

图 1-1-18　冰洲石

图 1-1-19　辉石

图 1-1-20　白云石

8. 石膏 [$CaSO_4 \cdot 2H_2O$]

石膏集合体呈致密块状或纤维状，一般为白色，硬度为 2，具有玻璃光泽，一组完全解理，广泛用于建筑、医学等方面。

9. 滑石 [$Mg(Si_4O_{10})(OH)_2$]

滑石集合体呈致密块状，白色、淡黄色、淡绿色，具有珍珠光泽，硬度为 1，富有滑腻感，为工业上的常用原料，是富镁质超基性岩、白云岩等变质后形成的主要变质矿物，如图 1-1-21 所示。

10. 黄铁矿（FeS_2）

黄铁矿呈立方体，颜色为浅黄铜色，具有金属光泽，不规则断口，硬度为 6，易风化，风化后生成硫酸和褐铁矿。常见于岩浆岩和沉积岩的砂岩和石灰，如图 1-1-22 所示。

11. 萤石（CaF_2）

萤石为立方体，通常呈黄、绿、紫、蓝等色（图 1-1-23），无色者少，具有玻璃光泽，硬度为 4，四组完全解理，加热时或在紫外线照射下显荧光。萤石又称"氟石"，是制取氢氟酸的唯一矿物原料。

图 1-1-21　滑石

图 1-1-22　黄铁矿

a)绿色　　　　　　　b)紫色　　　　　　　c)蓝色　　　　　　　d)粉色

图 1-1-23　各种颜色的萤石

12. 高岭石 $[Al_4(Si_4O_{10})(OH)_8]$

高岭石亦称高岭土,呈致密块状,白色,土状光泽,断口平坦,潮湿后具可塑性,无膨胀。干燥时黏舌,易捏成粉末,可用作陶瓷原料、耐火材料和用于造纸工业等;优质高岭土可制成金属陶瓷，用于导弹、火箭工业。因首先发现于我国景德镇的高岭而得名。

图1-1-24列出了自然界中一些常见的矿物。

玉髓	赤铜矿	刚玉(红宝石)	刚玉(蓝宝石)	蓝铜矿
黄铜矿和孔雀石	闪锌矿	方铅矿	白铅矿	重晶石
毒砂	石榴石	普通辉石	透长石	孔雀石
方铅矿	菱锶砂和天青石	褐铁矿和萤石	石英	天青石
金矿石	黄金	长石	电气石	电气石
自然硫	水晶	自然银	烟水晶	菱锰矿
白钨矿	磷灰石	蛋白石	蛋白石	金刚石

图 1-1-24

铌钽铁矿	自然铜	辉锑矿	辉铋矿	黄铜矿
雄黄	雌黄	金红石	锡石	辰砂
石盐	磁铁矿	铬铁矿	虎眼石	玛瑙
芒硝	明矾石	硬锰矿	黑钨矿	菱铁矿
自然铂	蓝铜矿	菱锰矿	钼铅矿	磷灰石
铜铀云母	磷氯铅矿	绿松石	硼砂	滑石
石墨	铁铝榴石	黄玉	蔷薇辉石	叶蜡石

图 1-1-24　自然界中常见的矿物

二、岩石

(一)岩石概述

岩石是由天然产出的、具有稳定外形的一种或几种矿物组成的集合体。有些岩石中,除了矿物之外,还有一些其他物质,比如矿物颗粒之间的胶结物、遗留在岩石中的植物和动物遗迹(也称化石),还有由于岩石形成温度高、冷却快、来不及结晶而形成的火山玻璃,这些物质都是构成岩石集合体的成分。

岩石按成因分成三大类:第一类为岩浆岩,是由地下炽热的岩浆上升到地壳或喷出地面后冷却凝固形成的岩石。这类岩石中有我们常见的花岗岩,也有不常见的玄武岩等。第二类为沉积岩,是由砂子、淤泥、火山岩等松散物质沉积到一起石化而成。页岩、砂岩、石灰岩等就属于沉积岩。第三类为变质岩,由原岩在高温、高压下经变质而成,如片岩、大理岩、糜棱岩等。

岩石是构成地壳和上地幔的物质基础。地球上这三大类岩石的数量不同,分布的位置也不同。沉积岩主要分布在陆地的表面,约占整个大陆面积的75%,洋底几乎全部为沉积物所覆盖。从地表面往下,深度越深则沉积岩越少,而岩浆岩和变质岩则越来越多。到了地壳深处和上地幔,则主要是岩浆岩和变质岩。岩浆岩占整个地壳体积的64.7%,变质岩占27.4%,沉积岩则只占7.9%。

岩石具有特定的相对密度、孔隙度、抗压强度和抗拉强度等物理性质,其是建筑、钻探、掘进等工程需要考虑的因素,也是各种矿产资源赋存的载体。不同种类的岩石含有不同的矿产,如:

岩浆岩的基性超基性岩与亲铁元素(铬、镍、铂族元素、钛、钒、铁等)有关;

酸性岩与亲石元素(钨、锡、钼、铍、锂、铌、钽、铀等)有关;

金刚石仅产于金伯利岩和钾镁煌斑岩中;

铬铁矿多产于纯橄榄岩中;

中国华南燕山早期花岗岩中盛产钨锡矿床;

燕山晚期花岗岩中常形成独立的锡矿及铌、钽、铍矿床;

石油和煤只生于沉积岩中;

前寒武纪变质岩石中的铁矿具有全球分布性。

许多岩石本身也是重要的工业原料,如北京的汉白玉(一种白色大理岩)是闻名中外的建筑装饰材料;南京的雨花石、福建的寿山石、浙江的青田石是良好的工艺美术石材;即使是那些不被人注意的河砂、卵石,也是非常有用的建筑材料。

岩石还是构成旅游资源的重要因素,世界上的名山、大川、奇峰异洞的形成都与岩石有关。我们的祖先从石器时代起就开始探索岩石的使用,在科学技术高度发展的今天,人们的衣、食、住、行、游、医等,均与岩石密切相关。

(二)岩浆岩

由岩浆冷凝固结而成的岩石称为岩浆岩(也称为火山岩)。它是来自地球内部的熔融物质,在不同地质条件下冷凝固结而成的岩石(图 1-1-25)。熔浆由火山通道喷溢出地表凝固形成的岩石,称为喷出岩。常见的喷出岩有玄武岩、安山岩和流纹岩等。熔岩上升未达地表而在地壳一定深度凝结而形成的岩石,称为侵入岩,按侵入部位不同又分为深成岩和浅成岩。花岗岩、辉长岩、闪长岩是典型的深成岩,花岗斑岩、辉长玢岩和闪长玢岩是常见的浅成岩。

图 1-1-25　岩浆活动

1.岩浆岩的形成

地球内部产生的部分或全部呈液态的高温熔体称为岩浆,温度一般为 $700 \sim 1200$℃。岩浆一般发生于地下数千米到数十千米,在岩石的强大压力下,喷发到地表,形成火山,冷却后形成岩浆岩。岩浆具有较大黏性,岩浆黏性的大小决定火山喷发的猛烈程度。

2.岩浆岩的特征

(1)成分特征

化学成分:岩浆岩的主要元素是 O、Si、Al、Fe、Mg、Cu、Na、K、Ti,其含量占岩浆岩的 99.25%。

矿物成分:根据其化学成分特点可将矿物分成硅铝矿物和铁镁矿物两大类。硅铝矿物(又称浅色矿物),SiO_2 和 Al_2O_3 含量高,不含 Fe、Mg,如石英、长石[见图 1-1-26a)闪长岩];铁镁矿物(又称暗色矿物),FeO、MgO 较多,SiO_2 和 Al_2O_3 较少,如橄榄石、辉石类及黑云母类矿物[见图 1-1-26b)角闪岩]。绝大多数的岩浆岩由浅色矿物和暗色矿物组成。

a)闪长岩　　　　　　　　　　　　　　　　b)角闪岩

图 1-1-26　角闪岩和闪长岩

根据矿物的含量可将矿物分成主要矿物、次要矿物、副矿物。主要矿物是指矿物在岩石中含量较多,例如花岗岩类的主要矿物是石英和钾长石;次要矿物是指矿物在岩石中含量较少;副矿物是指矿物含量最少,通常不到 1%,个别情况下可达 5%。

（2）结构特征

结构是指组成岩石的矿物本身的形态、外貌特征及矿物之间的相互关系。结构特征是岩浆冷凝时所处地理环境的综合反映。

①根据岩石晶粒的绝对大小来分（图1-1-27）。显晶质结构岩石中的矿物颗粒较大，用肉眼可以分辨并鉴定其特征，一般为深成侵入岩所具有的结构。隐晶质结构岩石中的矿物颗粒细小，只有在偏光显微镜下方可识别。这种结构比较致密，一般无玻璃光泽和贝壳状断口，常有瓷状断面。

a)显晶质结构　　　　　　　　　　　　b)隐晶质结构

图1-1-27　岩浆岩的结构

②根据岩石结晶程度来分。全晶质结构岩石全部由晶体矿物组成，常见于深成侵入岩。半晶质结构岩石部分由晶体矿物组成，常见于浅成侵入岩。玻璃质结构岩石由非晶质玻璃质组成，各种矿物成分混合成一个整体，常见于喷出岩。

（3）构造特征

构造是指岩石中不同矿物集合体之间的排列方式及充填方式。岩石的结构、构造是地质学家作为岩石鉴定和分类命名的依据，也是研究岩石成因和演化的不可缺少的内容。岩浆岩的主要构造类型有4种：块状构造、气孔构造、杏仁构造和流纹构造，如图1-1-28所示。

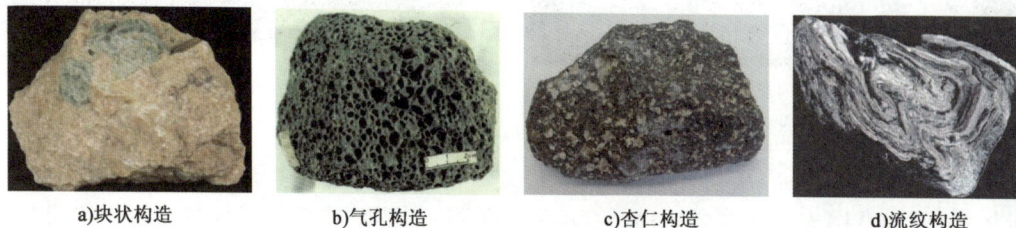

认识岩浆岩的
构造特征（视频）

a)块状构造　　　　b)气孔构造　　　　c)杏仁构造　　　　d)流纹构造

图1-1-28　岩浆岩的构造

①块状构造:组成岩石的矿物在整个岩石中分布均匀,无定向排列。它是岩浆岩中最常见的构造。

②气孔构造和杏仁构造:是喷出岩中常见的构造。当岩浆喷溢到地面时,围压降低,大量气体由于岩浆迅速冷却凝固而保留在岩石中形成空洞,这就是气孔构造。当气孔被岩浆期后矿物所充填时,其充填物宛如杏仁,称为杏仁构造。杏仁构造在玄武岩中最常见。

③流纹构造:是酸性熔岩中最常见的构造。它是由不同颜色的条纹和拉长的气孔等表现出来的一种流动构造。

3. 常见岩浆岩类型

通常根据岩浆岩的成因、矿物成分、化学成分、结构、构造及产状等方面的综合特征进行分类,见表1-1-2。常见的岩浆岩如图1-1-29所示。

岩浆岩分类简表　　　　　　　　　　　　表1-1-2

类型			酸性	中性	基性	超基性
SiO₂ 含量(%)			75~65	65~55	55~45	<45
化学成分			以 Si、Al 为主		以 Fe、Mg 为主	
颜色(色率,%)			0~30	30~60	60~90	90~100
成因	产状	矿物成分	含长石	含斜长石		不含长石
			石英>20%	石英0~20%	极少石英	无石英
		代表岩属	云母、角闪石	黑云母、角闪石、辉石	角闪石、辉石、黑云母	橄榄石、辉石
		结构构造				
喷出岩	喷出堆积	熔岩呈玻璃状或碎屑状	黑耀石、浮石、火山凝灰岩、火山碎屑岩、火山玻璃			少见
	火山锥、熔岩流、熔岩被	微晶、斑状、玻璃质结构,块状、气孔状、杏仁状、流纹状等构造	流纹岩	粗面岩	安山岩	玄武岩	苦橄岩
侵入岩	浅成岩	岩基、岩株、岩脉、岩床、岩盘等	半晶质、全晶质、斑状等结构,块状结构	花岗斑岩	正长斑岩	闪长玢岩	辉绿岩	橄玢岩(少见)
	深成岩		全晶质、显晶质、粒状等结构,块状结构	花岗岩	正长岩	闪长岩	辉长岩	橄榄岩

a)花岗岩(酸性)　　　　b)闪长岩(中性)　　　　c)玄武岩(基性)　　　　d)橄榄岩(超基性)

图1-1-29　常见的岩浆岩

（三）沉积岩

1. 沉积岩的形成

沉积岩是在地表或近地表不太深的地方形成的一种岩石类型，是由风化产物、火山物质、有机物质等碎屑物质在常温常压下经过搬运、沉积和成岩作用（压固作用、胶结作用和重结晶作用）最终形成的岩石，如图 1-1-30 所示。虽然沉积岩只占地壳体积的 7.9%，但在地壳表层分布却很广，约占陆地面积的 75%，而海底几乎全部为沉积岩所覆盖。

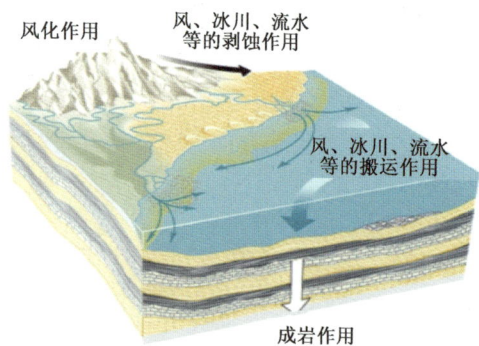

图 1-1-30　沉积岩的形成过程

沉积岩有两个突出特征：一是具有层序性。层与层的界面叫层面，通常下面的岩层比上面的岩层年龄古老。二是许多沉积岩中有"石质化"的古代生物的遗体或生存、活动的痕迹——化石，它是判定地质年龄和研究古地理环境的珍贵资料，被称作是记录地球历史的"书页"和"文字"。

2. 沉积岩的特征

（1）成分特征

沉积岩的物质来源主要有几个渠道，风化作用是其中一个主要渠道，它包括机械风化、化学风化和生物风化。机械风化是以崩解的方式把已经形成的岩石破碎成大小不同的碎屑；化学风化是由于水、氧气、二氧化碳引起的化学作用使岩石分解形成碎屑；细菌、真菌、藻类等生物风化作用也能分解岩石。此外，火山爆发喷射出大量的火山物质也是沉积物质的来源之一；植物和动物有机质在沉积岩中也占有一定比例。无论哪种方式形成的碎屑物质都要经历搬运过程，然后在合适的环境中沉积下来，经过漫长的压实作用，石化成坚硬的沉积岩。沉积岩的成分特征见表 1-1-3。

认识沉积岩的构造特征（视频）

沉积岩的成分特征　　　　　　　　　　　　　　　　表 1-1-3

成分	特征	举例
陆源碎屑矿物	从母岩中继承下来的一部分矿物，呈碎屑状态出现，是母岩物理风化的产物	石英、长石、云母
化学结晶矿物	是沉积岩形成过程中，母岩分解出的化学物质沉淀结晶形成的矿物	方解石、白云石、石膏、铁锰的氧化物及氢氧化物
次生矿物	是沉积岩遭受化学风化作用而形成的矿物	碎屑长石风化而成的高岭石及伊利石、蒙脱石等
有机质及生物残骸	由生物残骸或有机化学变化而成的物质。石化了的各种古生物遗骸和遗迹称为化石	贝壳、珊瑚礁、泥炭、石油等
胶结物	指充填于沉积颗粒之间，并使之胶结成块的某些矿物质。胶结物主要来自粒间溶液和沉积物的溶解产物，通过粒间沉淀和粒间反应等方式形成	硅质胶结（SiO_2）、铁质胶结（Fe_2O_3、FeO）、钙质胶结（$CaCO_3$）、泥质胶结（黏土矿物）

（2）结构特征

沉积岩的结构特征主要与沉积岩的物质成分对应，见表 1-1-4。

沉积岩的结构特征　表 1-1-4

结构	碎屑结构	泥质结构	化学结晶结构	生物结构
特征	由碎屑矿物组成的结构	由黏土矿物组成的结构	由化学结晶矿物组成的结构	由生物残骸或有机质组成的结构
图示				

（3）构造特征

沉积岩的构造特征见表 1-1-5。

沉积岩的构造特征　表 1-1-5

构造	特征	示图
层理构造	由于季节、沉积环境的改变使先后沉积的物质在颗粒大小、颜色和成分上发生相应的变化，从而显示出来的成层现象。层理分为水平层理、斜层理、交错层理、透镜状层理、递变层理、波状层理和块状层理，如右图所示。不同类型的层理反映了沉积岩形成时的古地理环境的变化	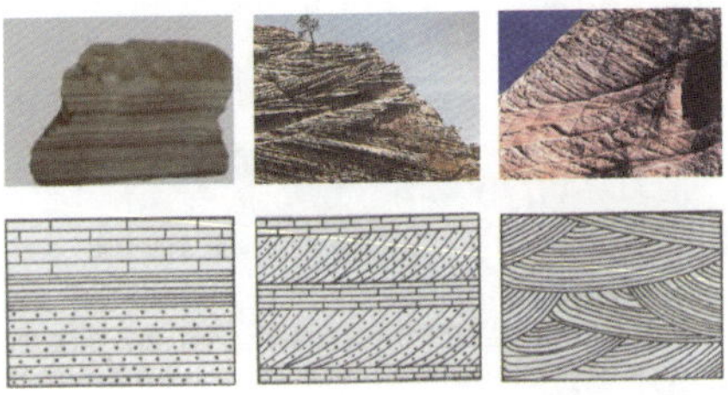
层面构造	指未固结沉积物，由于搬运介质的机械原因或自然条件的变化及生物活动，在层面上留下痕迹并被保存下来。 波痕——在尚未固结的层面上，由于流水、风或波浪的作用形成的波状起伏的表面； 泥裂——未固结的沉积物露出水面干涸时，经脱水收缩干裂而形成的裂缝； 雨痕——雨滴落于松软泥质沉积物表面上所形成的圆形或椭圆形凹穴； 生物印模——生物在未固结岩层表面留下的痕迹	   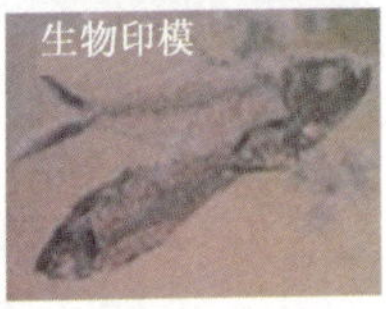
化石	是岩层中保存着的经石化了的各种古生物遗骸和遗迹，如三叶虫、贝壳等	

续上表

构造	特征	示图
结核	指在成分、颜色、结构等方面与周围沉积岩具有明显区别的矿物集合体。有球形、椭球形、透明状及不规则状等。结核主要是成岩阶段物质重新分配的产物	

3. 常见沉积岩类型

由于沉积岩的形成过程比较复杂，目前对沉积岩的分类方法尚不统一。但是通常主要是依据岩石的成因、成分、结构、构造等方面的特征进行分类，见表1-1-6。几种常见的沉积岩如图1-1-31 所示。

沉积岩分类简表 表 1-1-6

岩类		结构	岩石分类名称	主要亚类及其组成物质
碎屑岩类	火山碎屑岩	碎屑结构	粒径 >100mm	火山集块岩	主要由粒径大于100mm 的熔岩碎块、火山灰尘等经压密胶结而成
			粒径 2～100mm	火山角砾岩	主要由粒径为2～100mm 的熔岩碎屑、晶体碎屑、玻璃质碎屑及其他外源碎屑混入其中胶结而成
			粒径 <2mm	凝灰岩	由50% 以上的粒径 <2mm 的火山灰组成，其中有岩屑、晶屑、玻屑等细粒碎屑物质
	沉积碎屑岩		砾状结构（粒径 >2.000mm）	砾岩	角砾岩由带棱角的角砾经胶结而成，砾岩由浑圆的砾石经胶结而成
			砂质结构（粒径 0.074～2.000mm）	砂岩	石英砂岩：石英（含量 >90%）、长石和岩屑（<10%）
					长石砂岩：石英（含量 <75%）、长石（>25%）、岩屑（<10%）
					岩屑砂岩：石英（含量 <75%）、长石（<10%）、岩屑（>25%）
			粉砂结构（粒径 0.002～0.074mm）	粉砂岩	主要由石英、长石及黏土矿物组成
黏土岩类		泥质结构（粒径 <0.002mm）	泥岩	主要由高岭石、微晶高岭石及水云母等黏土矿物组成
			页岩	黏土质页岩由黏土矿物组成，碳质页岩由黏土矿物及有机质组成
化学及生物化学岩类		结晶结构及生物结构	石灰岩	石灰岩：方解石（含量 >90%）、黏土矿物（<10%）
				泥灰岩：方解岩（含量 75%～50%）、黏土矿物（25%～50%）
			白云岩	白云岩：白云石（含量 90%～100%）、方解石（<10%）
				灰质白云岩：白云石（含量 50%～75%）、方解石（50%～25%）

a)角砾岩　　　　　　b)砾岩　　　　　　c)砂岩

d)黏土岩　　　　　　　　　　　　　　　　e)石灰岩

f)白云岩　　　　　　g)泥灰岩

图 1-1-31　几种常见的沉积岩

(四) 变质岩

1. 变质岩的形成

地球上已形成的岩石(岩浆岩、沉积岩、变质岩),随着地壳的不断演化,其所处的地质环境也在不断改变,为了适应新的地质环境和物理-化学条件的变化,它们的矿物成分、结构、构造会发生一系列改变。固态的岩石在地球内部的压力和温度作用下,发生物质成分的迁移和重结晶,形成新的矿物组合。如普通石灰石由于重结晶变成大理石。由地球内力作用促使岩石发生矿物成分及结构、构造变化的作用称为变质作用,形成变质岩。变质岩是组成地壳的主要成分,占地壳体积的 27.4%。一般变质岩是在地下深处的高温(大于 150℃)高压下产生的,后来由于地壳运动而出露地表。总的来说,变质作用方式可以概括为两种:一种是接触变质(热变质),另一种是区域变质(动力变质),如图 1-1-32 所示。

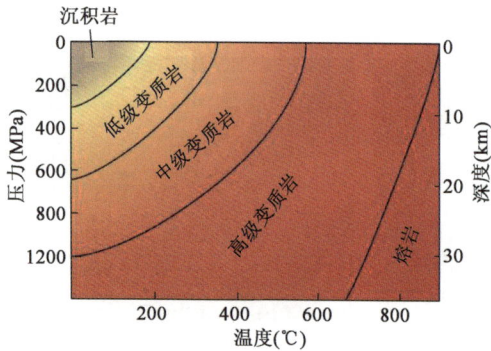

图 1-1-32　变质作用示意图

2.变质岩的矿物成分

原岩经变质作用后仍保留的部分矿物称为残留矿物,如石英、长石、方解石、白云石等。原岩经变质作用后出现具有自身特征的矿物称为变质矿物,如蛇纹石、绿泥石、石榴子石等。变质矿物是鉴别变质岩的重要依据。常见的变质矿物如图 1-1-33所示。

3.变质岩的结构和构造

变质岩的结构和构造可以具有继承性,既可保留原岩的部分结构、构造,也可在不同变质作用下形成新的结构、构造。

a)蛇纹石　　　　　　　　b)红柱石　　　　　　　　c)刚玉

d)绿柱石　　　　　　e)绿泥石　　　　　　f)黄玉

图 1-1-33　常见的变质矿物

常见的变质岩结构有以下 4 种类型(图 1-1-34)。

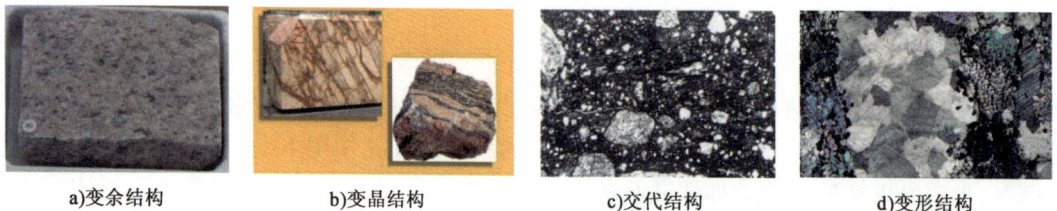

a)变余结构　　　　b)变晶结构　　　　c)交代结构　　　　d)变形结构

图 1-1-34　变质岩的结构

(1)变余结构

变余结构,顾名思义,是因变质作用不彻底,留下了原来岩石的一些面貌而得名。比如沉积形成的砂砾岩,变质后还保留着砾石和砂粒的外形。有时甚至砾石成分发生了变化,其轮廓仍然很清楚。

（2）变晶结构

变晶结构是一种因变质作用使矿物重结晶所形成的结构。根据变质岩中矿物晶形的完整程度和形状，分为鳞片变晶结构、纤维变晶结构和粒状变晶结构。说起鳞片，人们很容易联想到鱼鳞，这只是一种比喻。变晶矿物呈片状，沿一定方向排列形成鳞片变晶结构。只有少数情况矿物的排列不定向，互相碰接形成交叉结构。纤维变晶结构是纤维状、柱状变晶呈定向排列，形成片理。粒状变晶结构是由粒状矿物组成的结构。这些矿物颗粒自形程度和形态不同，比如显微粒状变晶结构，也称角岩结构，是由显微颗粒组成的，而石英岩、大理岩的变晶颗粒比较大，呈多边形，是典型的粒状变晶结构。

（3）交代结构

交代结构（也称碎裂结构）是指矿物或矿物集合体被另外一种矿物或矿物集合体所取代形成的一种结构。矿物之间的取代常常引起物质成分的变化，矿物集合体的取代过程不仅会造成物质成分的改变，还会引起结构的重新组合。如果交代作用进行得不完全，就会留下原生矿物的残余；如果交代彻底，则被交代的原生矿物只能留有假象，矿物本身已经完全变成另一种成分了。

（4）变形结构

变形结构与变形作用有关，分脆性变形和韧性变形两类。在物理学中，我们知道弹性极限的概念，这可以帮助加深对这两类变形的理解。当所施压力大于矿物或岩石的弹性极限时，矿物或岩石会破碎或裂开，这是产生脆性变形的结果；当岩石所受压力超过塑性弯曲强度时，岩石就会发生褶皱、扭曲等变化，但不会被折断，这种变形被称为塑性变形。

变质岩的构造指岩石中矿物在空间排列关系上的外貌特征。常见的变质岩的构造特征有片理状构造和块状构造等（表1-1-7）。片理状构造是指岩石中片状、针状、柱状或板状矿物受定向压力作用重新组合，呈相互平行排列的现象。片理状构造又分为板状、千枚状、片状和片麻状构造。块状构造是指岩石由粒状结晶矿物组成，无定向排列，也不能定向裂开。

变质岩的构造　　　　　　　　　　　　　　　　　　　表1-1-7

构造	特征	示图
板状构造	在温度不高而以压力为主的变质作用下形成，由显微片状矿物平行排列成密集的板理面。岩石结构致密，所含矿物肉眼不能分辨，板理面上有弱丝绢光泽。能沿一定方向极易分裂成均一厚度的薄板（如右图所示板岩）	
千枚状构造	岩石中矿物重结晶程度比板岩高，其中各组分基本已重结晶并定向排列，但结晶程度较低，肉眼尚不能分辨矿物，仅在岩石的自然破裂面上有较强的丝绢光泽，是由绢云母、绿泥石小鳞片造成的（如右图所示千枚岩）	

构造	特征	示图
片状构造	原岩经区域变质、重结晶作用,使片状、柱状、板状矿物平行排列成连续的薄片状,岩石中各组分全部重结晶,而且肉眼可以看出矿物颗粒,片理面上光泽很强(如右图所示片岩)	
片麻状构造	是一种变质程度很深的构造,不同矿物(粒状、片状相间)定向排列,呈大致平行的断续条带状,沿片理面不易劈开,它们的结晶程度都比较高(如右图所示片麻岩)	
块状构造	岩石中的矿物均匀分布,结构均一,无定向排列,如大理岩和石英岩(如右图所示大理岩)	

4.常见变质岩类型

变质岩根据其构造特征分为片理状岩类和块状岩类,见表1-1-8。

主要变质岩分类简表　　　　　　表1-1-8

岩类	构造	岩石名称	主要矿物	原岩
片理状岩类	板状构造	板岩	黏土矿物、绢云母、绿泥石等	黏土岩、黏土质粉砂岩
	千枚状构造	千枚岩	绢云母、绿泥石、石英等	黏土岩、粉砂岩、凝灰岩
	片状构造	片状岩	云母、滑石、绿泥石、石英等	黏土岩、砂岩、岩浆岩
	片麻状构造	片麻岩	石英、长石、云母、角闪石等	中、酸性岩浆岩、砂岩
块状岩类	块状构造	石英岩	以石英为主,有时含绢云母	砂岩
		大理岩	方解石、白云石	石灰岩、白云岩

石英岩和大理岩如图1-1-35所示。

a)石英岩

b)汉白玉

图1-1-35　石英岩和大理岩(汉白玉)

（五）三大岩类的互相转化

岩石的鉴别（微课）

我们知道沉积岩、岩浆岩和变质岩是地球上组成岩石圈的三大类岩石，它们都是各种地质作用的产物。然而，对于已形成的岩石，一旦改变其所处的环境，岩石将随之发生变化，转化为其他类型的岩石。

出露到地表面的岩浆岩、变质岩与沉积岩，在大气圈、水圈与生物圈的共同作用下，经过风化、剥蚀、搬运作用而变成沉积物，沉积物埋藏到地下浅处就固结成岩——重新形成沉积岩。埋到地下深处的沉积岩或岩浆岩，在温度不太高的条件下，可以在基本保持固态的情况下发生变质，形成变质岩。不管什么岩石，一旦进入高温（700~800℃）状态，岩石将逐渐熔融成岩浆，岩浆在上升过程中温度降低，成分复杂化，或在地下浅处冷凝成侵入岩，或喷出地表形成喷出岩。在岩石圈内形成的岩石，由于地壳上升，上覆岩石遭受风化剥蚀，它们又有机会变成出露地表的岩石。三大岩类之间的转化如图1-1-36所示。

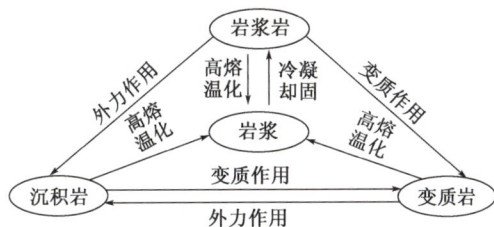

图1-1-36　三大岩类之间的转化

综上所述,岩石圈内的三大类岩石是完全可以互相转化的,它们之所以不断地运动、变化,是岩石圈自身动力作用及岩石圈与大气圈、水圈、生物圈、地幔等圈层相互作用的缘故。在这个不断运动、变化的岩石圈内,三大类岩石的转化,使岩石呈现出复杂多样的变化。尽管在短时间内和在某一种环境中,岩石表现出相对的稳定性,但是从长时间尺度来看,组成岩石圈的岩石都在不断地变化着。

导图小结(岩石)
(图片)

在线测试题
(岩石)(文档)

课后练习题

1. 名词解释:矿物、造岩矿物、解理、岩石、岩浆岩、产状、沉积岩、层理构造、变质岩、变质作用。
2. 简述沉积岩的形成过程。
3. 简述方解石、石灰岩和大理岩的关系。
4. 简述风化作用对岩石工程性质的影响。
5. 请列举常见的岩浆岩、沉积岩和变质岩名称(每一类岩石不少于5种)。
6. 试分析三大岩类之间的关系。

任务二　辨识地质构造

【学习指南】主要了解岩层地质年代的判别方法,熟悉各类地质构造的成因和特征,掌握地质年代、岩层产状、地质构造的认识评价,重点掌握不同地质构造对公路工程的影响。

【教学资源】包括1个微课、2个视频、2幅导图和2套在线测试题。

一、地质年代

(一)地层的地质年代

地质历史上某一时代形成的层状岩石称为地层。地层是地壳中具一定层位的一层或一组岩石,层与层之间的界面可以是明显的层面或沉积间断面。从岩性上讲,地层包括各种沉积岩、火山岩和变质岩;从时代上讲,地层有老有新,具有时间的概念,在正常情况下,先形成的地层居下,后形成的地层居上。岩层与地层不同,它是指两个平行或近乎平行的界面(岩层面)所限制的同一岩性组成的层状岩石,岩层是沉积岩的基本单位而没有时代的含义。

地质年代有两层含义:地质体形成或地质事件发生的先后顺序,以及地质体形成或地质事件发生的年代。前者称为相对年代,由该岩石地层单位与相邻已知岩石地层单位的相对层位的关系来决定;后者称为绝对年代,用距今多少年来表示,是通过测定岩石样品所含放射性元素确定的。在描述地质体形成或地质事件发生的年代时,两者都是不可缺少的。

1. 沉积岩的相对地质年代

沉积岩相对地质年代是通过层序、岩性、接触关系和古生物化石来确定的,见表1-2-1。

沉积岩的地质年代判别方法 表1-2-1

判别方法		判别依据	图式
地层层序法	正常层序	下面的总是先沉积的地层,上覆的总是后沉积的地层(上新下老)	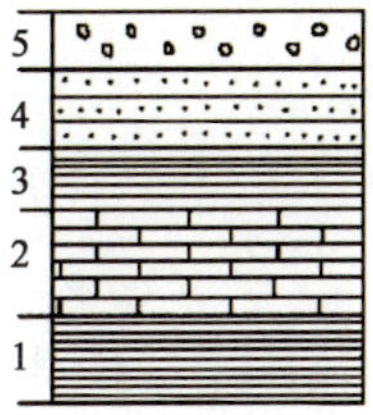
	变动层序	在构造变动复杂的地区,岩层自然层位发生了变化,就难以直接通过层序来确定相对地质年代了,需恢复层序后再来判断	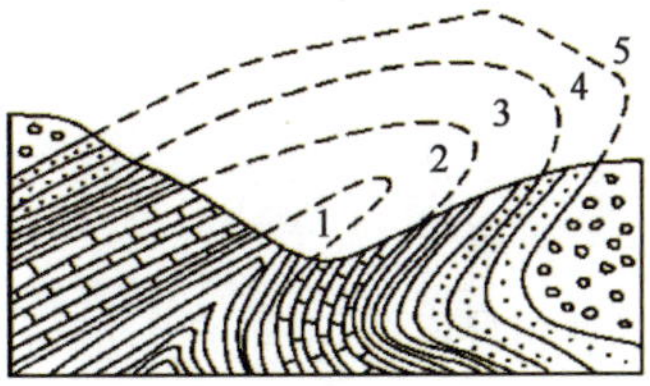
标准地层对比法		一定区域同一时期形成的岩层,其岩性特点应是一致或近似的,可以岩石的组成、结构、构造等岩性特点,作为岩层对比的基础。此方法具有一定的局限性和不可靠性	
接触关系法	平行不整合	大体上互相平行的岩层之间有起伏不平的埋藏侵蚀面,侵蚀面之上为新地层,侵蚀面之下为老地层	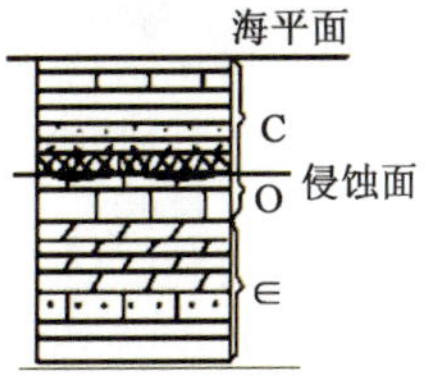
	角度不整合	埋藏侵蚀面将年轻的、新的、变形较轻的沉积岩同倾斜或褶皱的沉积岩分开,不整合而上下之间有一角度差异,侵蚀面之上为新地层,侵蚀面之下为老地层	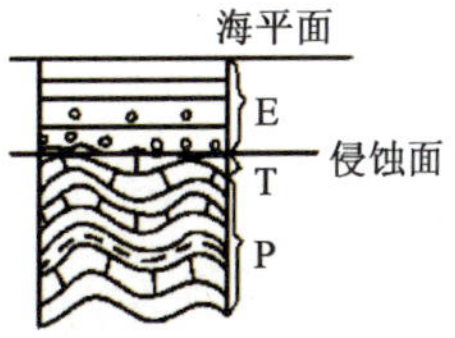
生物层序法		生物演化的规律,从古至今,总是由低级到高级、由简单到复杂发展的。在不同地质年代沉积的岩层中,都会有不同特征的古生物化石。含有相同化石的岩层一定是同一地质年代中形成的,可以根据岩层中所含标准化石的地质年代确定岩层的地质年代	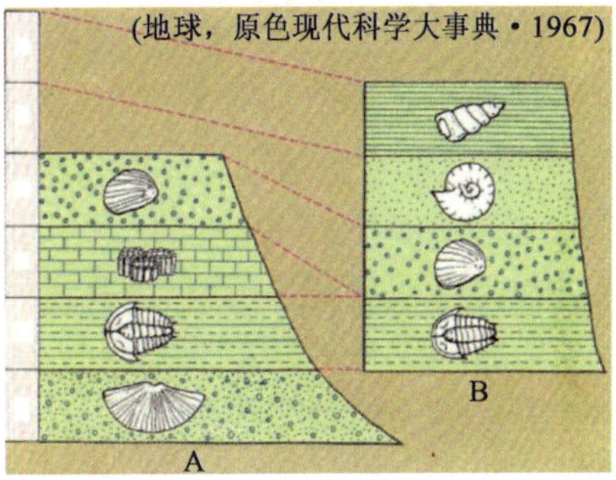

2. 岩浆岩的相对地质年代

岩浆岩的相对地质年代，是通过它与沉积岩接触关系，以及它本身的穿插关系来确定的，见表1-2-2。比如就侵入岩与围岩的关系来说，总是侵入者年代新，被侵入者年代老。这一原理还可被用来确定有交切关系或包裹关系的任何两地质体或地质界面的新老关系，即切割者新，被切割者老；包裹者新，被包裹者老。如侵入岩中捕房体的形成年代比侵入体的老；砾岩中砾石本身形成的年代比砾岩的老；被断层切割的地层或火成岩体形成的年代比断层形成的年代老。

岩浆岩的地质年代判别方法　　　　　　　　　　　　　　　　　　表 1-2-2

判别方法		判别依据	图式
接触关系法	侵入接触	岩浆侵入体侵入沉积岩层之中，使围岩发生变质现象。说明岩浆侵入体的形成年代晚于发生变质的沉积岩层地质年代	
	沉积接触	岩浆岩形成之后，经长期风化剥蚀，后来在侵蚀面上又有新的沉积。侵蚀面上部的沉积岩层无变质现象，而在沉积岩的底部往往有由岩浆岩组成的砾岩或岩浆岩风化剥蚀的痕迹，如右图所示。说明岩浆岩的形成年代早于沉积岩地质年代	
穿插关系法		穿插的岩浆岩侵入体，总是比被它们所侵入的最新岩层还要年轻，而比不整合覆盖在它上面的最老岩层要老。若两个侵入岩接触，则岩浆侵入岩的相对地质年代，亦可由穿插关系确定，一般是年轻的侵入岩脉穿过较老的侵入岩	Ⅰ-最老；Ⅱ-较新；Ⅲ-最新

（二）地质年代表

19世纪以来，人们在实践中逐步进行了地层的划分和对比工作，并按时代早晚顺序对地质年代进行编年，列制成表，称为地质年代表。它的内容包括各个地质年代单位、名称和同位素年龄值等。它反映了地壳中无机界（矿物岩石）与有机界（动植物）演化的顺序、过程和阶段。

地质年代表中具有不同级别的地质年代单位（表1-2-3）。最大一级的地质年代单位为"宙"，次一级单位为"代"，第三级单位为"纪"，第四级单位为"世"。与地质年代单位相对应的年代地层单位为宇、界、系、统，它们代表各级地质年代单位内形成的地层。

确定和了解地层的时代，在工程地质工作中是很重要的，同一时代的岩层常有共同的工程地质特性。如在四川盆地广泛分布的侏罗系和白垩系地层，因含有多层易遇水泥化的黏土岩，致使凡是这个时代地层分布的地区滑坡现象都很常见。但不同时代形成的相同名称的岩层，往往岩性也有所区别。此外，在分析地质构造时，必须首先查明地层的时代关系，才能进行。

地质年代表　　　　　　　　　　表 1-2-3

相对年代				同位素年龄（百万年）	生物开始出现时间		主要特征
宙(字)	代(界)	纪(系)	世(统)		植物	动物	各种近代堆积物、冰川分布、黄土生成
显生宙(字)	新生代(界)Kz	第四纪(系)Q	全新世(统)Q_4	0.1		←现代人	
			更新世(统)Q_{1-3}	2~3			
		新近纪(系)N	上新世(统)N_2	10		←古猿	主要成煤期，哺乳动物、鸟类发展；被子植物茂盛
			中新世(统)N_1	25			
		古近纪(系)E	渐新世(统)E_3	40			
			始新世(统)E_2	60			
			古新世(统)E_1	70			
	中生代(界)Mz	白垩纪(系)K	晚白垩世(上)K_2	140	←被子植物	←哺乳类	后期地壳运动强烈，岩浆活动，海水退出大陆；恐龙时代；裸子植物茂盛；华北为陆地，华南为浅海，鱼类、两栖类；成煤时代
			早白垩世(下)K_1				
		侏罗纪(系)J	晚侏罗世(上)J_3				
			中侏罗世(中)J_2				
			早侏罗世(下)J_1	195			
		三叠纪(系)T	晚三叠世(上)T_3				
			中三叠世(中)T_2				
			早三叠世(下)T_1	230			
	古生代(界)	晚古生代(界)Pz^2	二叠纪(系)P	晚二叠世(上)P_2	280		
			早二叠世(下)P_1			←爬行类	
		石炭纪(系)C	晚石炭世(上)C_3				
			中石炭世(中)C_2				
			早石炭世(下)C_1	350			
		泥盆纪(系)D	晚泥盆世(上)D_3			←两栖类	
			中泥盆世(中)D_2				
			早泥盆世(下)D_1	400	←裸子植物		后期地壳运动强烈，大部分浅海环境，华北缺O_3-S地层；无脊椎动物时代
		早古生代(界)Pz^1	志留纪(系)S	晚志留世(上)S_3			←鱼类
			中志留世(中)S_2				
			早志留世(下)S_1	440			
		奥陶纪(系)O	晚奥陶世(上)O_3		←蕨类植物	←无颌类	
			中奥陶世(中)O_2				
			早奥陶世(下)O_1	500			
		寒武纪(系)∈	晚寒武世(上)$∈_3$				
			中寒武世(中)$∈_2$				
			早寒武世(下)$∈_1$	600			
隐身宙(字)	元古代(界)Pt	震旦纪(系)Z		800		←无脊椎动物	海侵广泛，原始单细胞生物时代，晚期构造运动强烈
		青白口纪					
		蓟县纪					
		长成纪					
	太古代(界)Ar					←菌藻类	
	地球初期发展阶段			3800			无生物

注：表中同位素年龄是据 1967 年国际地质年代委员会推荐数值。

二、地质构造

现代地质学认为,地壳被划分成许多刚性的板块,而这些板块在不停地彼此相对运动。正是这种地壳运动,引起海陆变迁,产生各种地质构造,形成山脉、高原、平原、丘陵、盆地等基本构造形态。

地质构造的规模有大有小,但都是地壳运动的产物,是地壳运动在地层和岩体中所造成的永久变形或变位。地质构造大大改变了岩层和岩体原来的工程地质性质,影响岩体稳定,增大岩石的渗透性,为地下水的活动和富集创造了良好的场所。因此,研究地质构造不但有阐明和探讨地壳运动发生、发展规律的理论意义,而且有指导工程地质、水文地质、地震预测预报工作和地下水资源的开发利用等生产实践的重要意义。

正如前面所提到的,地质构造是地壳运动的产物;是岩层或岩体在地壳运动中,由于构造应力长期作用使之发生永久性变形变位的现象,例如褶曲与断层等。地质构造的规模有大有小,大的褶皱带如内蒙古—大兴安岭褶皱系、喜马拉雅褶皱系、松潘—甘孜褶皱系等;小的只有几厘米,甚至要在显微镜下才能看得见,如片理构造、微型褶皱等。在这里,我们研究野外地质工作中常见的层状岩石表现出的一些地质构造现象,如水平构造、单斜构造、褶皱构造和断裂构造等。

岩层构造与
褶皱(微课)

(一) 岩层构造

由于形成岩层的地质作用、形成时的环境和形成后所受的构造运动的影响不同,其在地壳中的空间方位也各不一样。

1. 水平岩层

覆盖大陆表面四分之三面积的沉积岩,绝大多数都是在广阔的海洋和湖泊盆地中形成的,其原始产状大部分是水平的。一个地区出露的岩层产状基本是水平的,或近乎水平的称为水平岩层。对于水平岩层,一般岩层时代越老,出露位置越低、越新,则分布的位置越高。水平岩层在地面上的露头宽度及形状主要与地形特征和岩层厚度有关,如图1-2-1所示。

图 1-2-1　水平岩层在野外的展现

2. 倾斜岩层

水平岩层受地壳运动的影响后发生倾斜,使岩层层面和大地水平面之间具有一定的夹角时,称为倾斜岩层,或称为单斜构造。倾斜岩层是层状岩层中最常见的一种产状,它可以是断层一盘、褶曲一翼或岩浆岩体的围岩,也可能是因岩层受到不均匀的上升或下降所引起的,如图 1-2-2 所示。

图 1-2-2　倾斜岩层在野外的展现

3.直立岩层

岩层层面与水平面相垂直时,称为直立岩层。其露头宽度与岩层厚度相等,与地形特征无关,如图 1-2-3 所示。

图 1-2-3　直立岩层在野外的展现

4.岩层产状及其测定方法

各种地质构造无论其形态多么复杂,它们总是由一定数量和一定空间位置的岩层或岩石中的破裂面构成的。因此,研究地质构造的一个基本内容就是确定这些岩层及破裂面的空间位置,以及它们在地面上表现的特点。这里以岩层产状为例,断层、节理等其他构造面的产状测量方法与之类似。

(1)岩层的产状

岩层是指两个平行或近乎平行的界面所限制的同一岩性组成的层状岩石。岩层的产状指岩层在空间的展布状态。为了确定倾斜岩层的空间位置,通常要测量岩层的产状要素:走向、倾向和倾角,见表 1-2-4。

岩层产状三要素   表 1-2-4

要素	描述	图示
走向	岩层层面与假想水平面交线的方位角，即岩层的走向。它表示岩层在空间的水平延伸方向。如右图红线所示	
倾向	垂直于走向顺倾斜面向下引出一条直线，此直线在水平面的投影的方位角，称为岩层的倾向。它表示岩层在空间的倾斜方向。如右图红线所示	
倾角	岩层层面与水平面所夹的锐角，即为岩层的倾角。它表示岩层在空间倾斜角度的大小。如右图红线所示	

（2）岩层产状的野外测定及表示法

①岩层产状的测量方法。在野外通常使用地质罗盘来测量岩层的产状。测量走向时，使罗盘的长边（即南北边）紧贴层面，将罗盘放平，水准泡居中，读指北针所示的方位角，就是岩层的走向。测量倾向时，将罗盘的短边紧贴层面，水准泡居中，读指北针所示的方位角，就是岩层的倾向。由于岩层的倾向只有一个，所以在测岩层的倾向时，要注意将罗盘的北端朝向岩层的倾斜方向。测倾角时，需将罗盘横着竖起来，使长边与岩层的走向垂直，紧贴层面，待倾斜器上的水准泡居中后，读悬锤所示的角度，即为倾角，方法如图 1-2-4 所示。

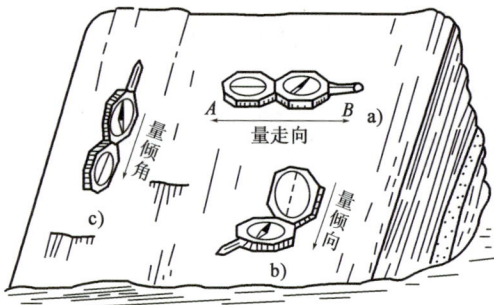

图 1-2-4　岩层产状的测量方法

②岩层产状的表示方法。岩层产状要素在野外记录本上和文字报告中目前一般用"倾向∠倾角"的样式来表述。某岩层产状为一组走向北西337°，倾向南东247°，倾角37°，这时一般写成247°∠37°的形式。在地质图上，岩层的产状用∠37°表示。长线表示岩层的走向，与长线相垂直的短线表示岩层的倾向，数字表示岩层的倾角。后面即将讲到的褶曲的轴面、裂隙面和断层面等，其产状意义、测量方法和表达形式与岩层相同，不再重述。

③岩石产状要素间的关系。水平岩层的倾角为0°，没有走向与倾向。其空间位置只受岩层厚度的影响。直立岩层的倾角为90°，有走向，但没有倾向。其产状用走向描述。倾斜岩层

的倾角介于 0°~90°之间。只有倾斜岩层才有走向、倾向、倾角。

5. 岩层构造对公路工程的影响

一般情况下,在水平岩层或直立岩层分布的地区修筑公路,岩层对公路边坡影响较小,如图 1-2-5 所示。

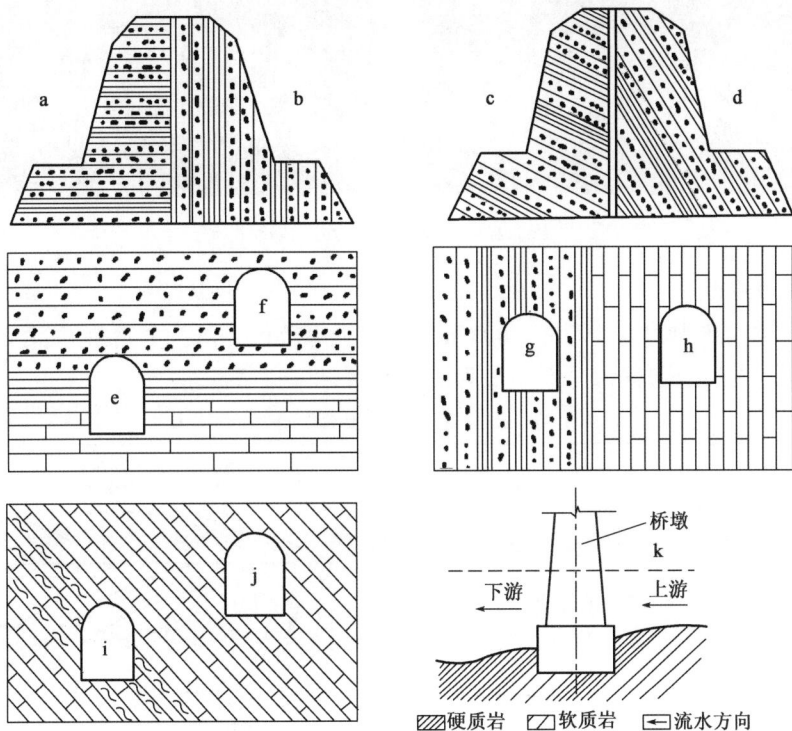

图 1-2-5　岩层构造对公路工程的影响

a、b、c-边坡稳定;d-边坡不稳定;e、g、i-隧道不稳定;f、h、j-隧道稳定;k-倾斜软弱岩层,桥基不稳

在倾斜岩层分布的地区,进行公路测设时应特别注重路线走向与岩层产状的关系。当路线走向与岩层走向一致时,一般认为公路布线顺向坡较为有利,因逆向坡的坡麓常有松散的坡积物或崩积物,对路基的稳定性不利;但是如果顺向坡的单斜层面的倾角大于 45°,且层位较薄,或夹有软弱岩层时,则易形成边坡坍塌或滑坡。当路线走向与岩层走向正交时,如果没有倾向于路基的节理存在,则可形成较稳定的高陡边坡。当路线走向与岩层走向斜交时,其边坡稳定情况介于上述两者之间。

(二)褶皱构造

岩层在构造运动作用下,因受力而发生弯曲,一个弯曲称褶曲,如果发生的是一系列波状的弯曲变形,就叫褶皱。褶皱构造,是岩层产生的永久性变形,是地壳表层广泛发育的基本构造之一(图 1-2-6)。单个褶皱大者可延伸数十千米,小者可见于手标本或在显微镜下才能见到。

图 1-2-6 褶皱构造在野外的展现

1. 褶曲的形态要素

褶曲是褶皱构造中的一个弯曲,是褶皱构造的组成单位。每一个褶曲,都有核部、翼部、轴面、轴及枢纽等几个组成部分,一般称之为褶曲要素,见表 1-2-5。

褶曲的形态要素　　　　　　表 1-2-5

形态要素	描述	图示
核部	褶曲中心部位的岩层	
翼部	核部两侧向不同方向倾斜的岩层	
轴面	从褶曲顶平分两侧的假想面。它可以是平面,是曲面;也可以是直立的、倾斜的,或近似于水平的	
轴	轴面与水平面的交线。轴的长度,表示褶曲延伸的规模	
枢纽	轴面与褶曲同一岩层层面的交线,称为褶曲的枢纽。它有水平的、倾伏的,也有波状起伏的	

2. 褶曲的基本形态

背斜和向斜是褶曲的基本形态,如图 1-2-7 所示。

（1）背斜

背斜是岩层向上拱起的弯曲形态,其中心部位（即核部）岩层较老,翼部岩层较新,呈相背倾斜。

（2）向斜

向斜是岩层向下凹的弯曲形态,其核部岩层较新,翼部岩层较老,呈相向倾斜。

水平岩层受力发生弯曲形成褶皱,即背斜、向斜。刚形成褶皱时是背斜成山、向斜成谷,成为顺地形。后来由于外力作用的影响,即背斜顶部物质疏松受侵蚀形成谷地（背斜成谷）,向斜两翼物质疏松受侵蚀,向斜槽部物质结构紧密不易被侵蚀（向斜成山）,形成山岭,则成为逆地形。外力作用前后的褶皱如图 1-2-8 所示。

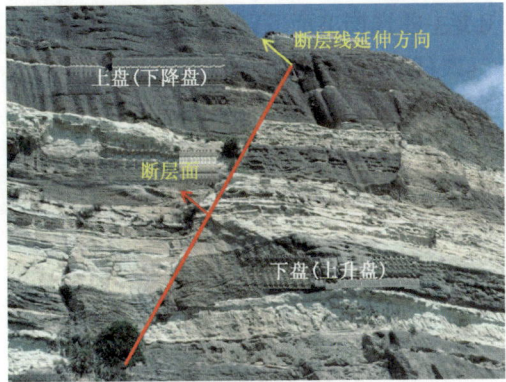

a)背斜

b)向斜

图 1-2-7　褶曲的基本形态

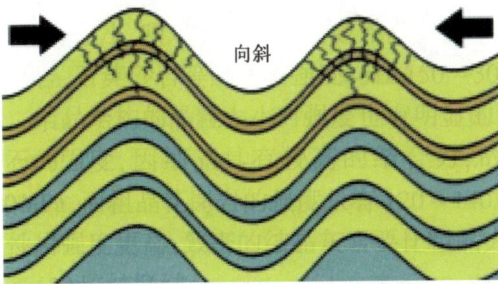

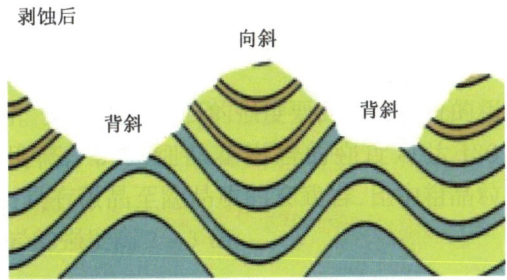

图 1-2-8　外力作用前后的褶皱

3.褶曲的形态分类

(1)按轴面特征分类

分为直立褶曲、倾斜褶曲、倒转褶曲及平卧褶曲,如图 1-2-9 所示。

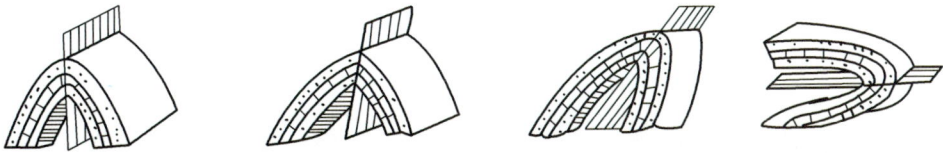

a)直立褶曲　　　　　　b)倾斜褶曲　　　　　c)倒转褶曲　　　　　d)平卧褶曲

图 1-2-9　按轴面特征分类的褶曲

（2）按枢纽的状态分类

水平褶曲枢纽平行于水平面，组成褶曲的地层层面在水平面上的走向线互相平行［图1-2-10a)］。倾伏褶曲枢纽与水平面斜交，组成褶曲的地层层面在水平面上的走向线呈鼻状圈闭［图1-2-10b)］。

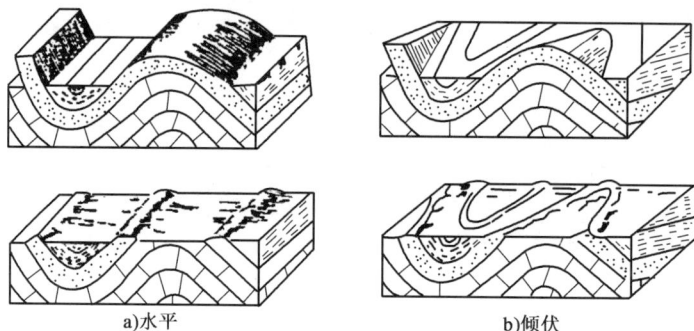

a)水平　　　　　　　　　　　　b)倾伏

图1-2-10　水平褶曲和倾伏褶曲

4.褶皱的野外识别

（1）地质方法

①岩层观察与测量。必须对一个地区的岩层顺序、岩性、厚度、各露头产状等进行测量或摸清，才能正确地分析和判断褶曲是否存在。然后根据新老岩层对称重复出现的特点，判断是背斜还是向斜；再根据轴面产状、两翼产状及枢纽产状等判断褶曲的形态（包括横剖面、纵剖面和水平面）。

②野外路线考察。穿越法就是沿选定的调查路线，垂直岩层走向进行观察。用穿越的方法便于了解岩层的产状、层序及其新老关系。若在路线通过地带的岩层呈有规律地对称重复出现，则必为褶皱构造，如图1-2-11所示。

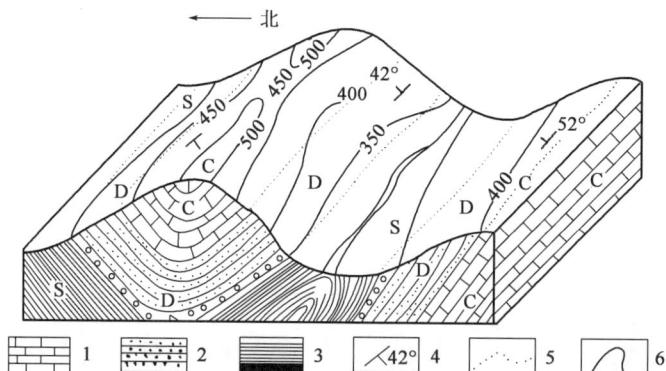

图1-2-11　褶皱构造立体图

1-石炭系；2-泥盆系；3-志留系；4-岩层产状；5-岩层界线；6-地形等高线

追索法即对平行岩层走向进行观察的方法。对平行岩层走向进行追索观察，便于查明褶皱延伸的方向及其构造变化的情况。当两翼岩层在平面上彼此平行展布时，为水平褶皱；当两翼岩层在转折端闭合或呈"S"形弯曲时，则为倾伏褶皱。

穿越法和追索法，不仅是野外观察识别褶皱的主要方法，同时也是野外观察和研究其他地质构造现象的一种基本方法。

（2）地貌方法

软硬薄厚不同、构造不同，在地貌上常有明显的反映。例如，坚硬岩层常形成高山、陡崖或山脊，柔软地层常形成缓坡或低谷等。与褶皱构造有关的地貌形态有水平岩层、单斜岩层、穹窿构造、短背斜和构造盆地、水平褶皱和倾伏褶皱、背斜和向斜等。

5. 褶皱构造对工程建筑的影响

褶皱构造对工程建筑有以下几方面的影响：

（1）褶皱核部岩层由于受水平挤压作用，产生许多裂隙，直接影响岩体完整性和强度高低，在石灰岩地区还往往使岩溶较为发育，所以在褶皱核部布置各种建筑工程，如路桥、坝址、隧道等，必须注意防治岩层的塌落、漏水及涌水问题。

（2）在褶皱翼部布置建筑工程时，如果开挖边坡的走向近乎平行岩层走向，且边坡倾向与岩层倾向一致，边坡坡角大于岩层倾角，则容易造成顺层滑动现象。如果开挖边坡的走向与岩层走向的夹角在40°以上或者走向一致，而边坡倾向与岩层倾向相反或者两者倾向相同，但岩层倾角更大，则对开挖边坡的稳定较有利。因此，在褶皱翼部布置建筑工程时，重点注意岩层的倾向及倾角的大小。

（3）对于隧道等深埋地下工程，一般应布置在褶皱的翼部，因为隧道通过均一岩层有利于稳定。

（三）断裂构造

断裂构造是岩层受地应力作用后，当应力超过岩石本身强度使其连续性和完整性遭受破坏而发生破裂的地质构造，是地

导图小结（岩层 断裂构造
构造与褶皱）（图片）（视频）

壳上分布最普遍的构造形迹之一，分为节理、断层两种基本类型。这种构造使岩石破碎，岩体的强度及稳定性降低，其破碎带常为地下水的良好通道，隧道及地下工程通过时，容易发生坍塌，甚至冒顶。因此，断裂构造是一种不良的地质条件，给工程建筑物特别是地下工程带来重大危害，须予以足够重视。断裂构造在野外的展现如图1-2-12所示。

图1-2-12 断裂构造在野外的展现

1. 节理

（1）节理的成因

节理也称裂隙，是沿断裂面两侧的岩层未发生位移或仅有微小错动的断裂构造。节理是很常见的一种构造地质现象，就是岩石露头上的裂缝，或称岩石的裂隙。按节理的成因，可以归纳为原生节理、次生节理和构造节理，构造节理又分为张节理和剪节理（表1-2-6）。

节理的成因类型　　　　　　　　　　　　　　　　　表1-2-6

成因类型		描述	图示
原生节理		岩浆冷凝收缩而产生的节理，常见于喷出岩中	 
次生节理		风化、释重（卸荷）等外力作用形成的节理	 
构造节理	张节理	岩石受拉张应力作用而形成的节理，裂隙张开、延伸短、表面粗糙，常呈雁行排列	 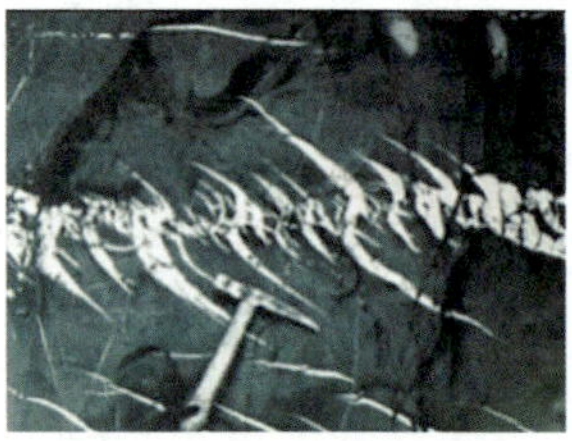
	剪节理	岩石受剪应力作用而形成的节理，裂隙闭合、延伸长、表面平直光滑，常形成"X"共轭形式	 

（2）节理对公路工程的影响

岩体中的节理，在工程上除有利于材料的采集之外，对岩体的强度和稳定性均有不利的影响。岩体中存在节理，破坏了其整体性，加速了岩体风化，增加了岩体的透水性，因而使岩体的强度和稳定性降低。当节理主要发育方向与路线走向平行，倾向与边坡一致时，不论岩体的产状如何，路堑边坡均易发生崩塌等不稳定现象；在路基施工中，如果岩体存在节理，还会影响爆破作业的效果。因而，当节理有可能成为影响工程设计的重要因素时，应该对节理进行深入的调查研究,充分论证节理对岩体工程建筑条件的影响,采取相应措施以保证建筑物的稳定和正常使用。

2.断层

断层是指地壳受力发生断裂、沿破裂面两侧岩块发生显著相对位移的构造。它是节理的扩大和发展。断层的规模有大有小,大的可达上千公里,如东非大裂谷(图1-2-13)、太行山大峡谷。岩层断裂错开的面称为断层面。两条断层中间的岩块相对上升、两侧岩块相对下降时,相对上升的岩块叫地垒;常常形成块状山地,如我国的庐山、泰山等。而两条断层中间的岩块相对下降、两侧岩块相对上升时,中间相对下降的岩块称为地堑,即狭长的凹陷地带。我国的汾河平原和渭河谷地都是地堑。

| a)东非大裂谷 | b)太行山大峡谷 |

图1-2-13 断层

认识断层要素(视频)

(1)断层要素

断层通常由断层面和破碎带、断层线、断盘等组成,见表1-2-7。

断层要素 表1-2-7

要素	描述	图示
断层面和破碎带	两侧岩块发生相对位移的断裂面,称为断层面。大的断层往往不是一个单一的面,而是由多个面组成的错动带,因其间岩石破碎,称为破碎带。其中在大断层的断层面上常有擦痕,断层带中常形成糜棱岩、断层角砾和断层泥等	
断层线	断层面与地面的交线,称为断层线。断层线表示断层的延伸方向,它的长短反映了断层的规模所影响的范围,它的形状取决于断层面的形状和地面起伏情况	
断盘	断层面两侧的岩块,称为断盘。若断层面是倾斜的,位于断层面上侧的岩块称为上盘,位于断层面下侧的岩块称为下盘。若断层面是直立的,可用方位来表示,如东盘、西盘、南盘、北盘	

（2）断层的基本类型

断层的分类方法很多，所以会有各种不同的类型。根据断层两盘相对位移的情况，可以将断层分为正断层、逆断层、平推断层 3 种，见表 1-2-8。

断层的基本类型　　　　　　　　　　　　　　　　　　　表 1-2-8

类型	描述	图示	
正断层	上盘沿断层面相对下降，下盘相对上升的断层，称为正断层。正断层一般是由于岩体受到水平张力及重力作用，使上盘沿断层面向下错动而成。其断层线较平直断层面倾角陡，一般大于45°		
逆断层	上盘沿断层面相对上升，下盘相对下降的断层，称为逆断层。逆断层一般是由于岩体受到水平方向强烈挤压力的作用，使上盘沿断层面向上错动而成。断层线的方向常与岩层走向或褶皱轴的方向近乎一致，和压应力作用的方向垂直		
平推断层	平推断层又称平移断层，是指由于岩体受水平扭应力作用，使两盘沿断层面发生相对水平位移的断层。其断层面倾角很陡，常近乎直立，断层线平直、延伸远，断层面上常有近乎水平的擦痕		

（3）断层的组合形态

断层很少孤立出现，往往由一些正断层和逆断层有规律地组合，形成不同形式的断层带，断层带也叫断裂带，是一定区域内一系列方向大致平行的断层组合，如阶梯状断层、地堑、地垒和叠瓦式构造等，就是分布较广泛的几种断层的组合形态，如图 1-2-14、图 1-2-15 所示。

图 1-2-14　阶梯状断层、地堑、地垒和叠瓦式构造

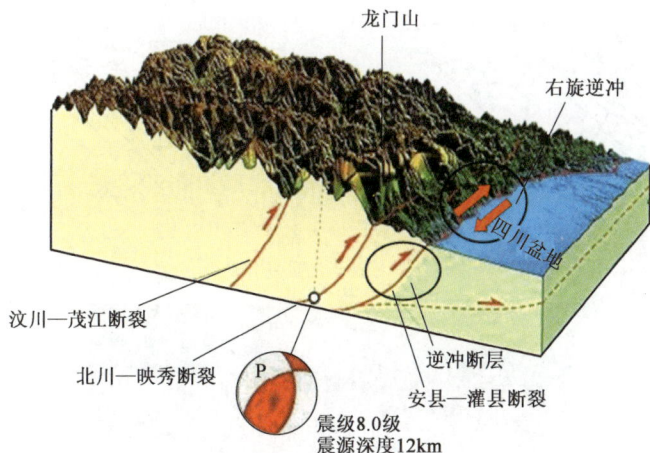

图 1-2-15 龙门山叠瓦式逆冲断层

（4）断层的野外识别

断层，在大多情况下对工程建筑是不利的。为了采取措施防止断层的不良影响，首先必须识别断层的存在。凡发生过断层的地带往往其周围会形成各种伴生构造，并形成有关的地貌现象及水文现象。

①地貌特征。当断层的断距较大时，上升盘的前缘可能形成陡峭的断层崖，经剥蚀后就会形成断层三角面地形，如图 1-2-16 所示。断层破碎带岩石破碎，易于侵蚀下切，但也不能认为"逢沟必断"。一般在山地地区，沿断层破碎带侵蚀下切而形成沟谷或峡谷地貌。另外，山脊错断、断开，河谷跌水瀑布，河谷方向发生突然转折等，很可能均是断裂错动在地貌上的反映。

a)断层三角面　　　　b)华山断层崖　　　　c)河流突然转向

图 1-2-16 地貌特征

②地层特征。若岩层发生不对称的重复或缺失，岩脉被错断，或者岩层沿走向突然中断，与不同性质的岩层突然接触等，则进一步说明断层存在的可能，如图 1-2-17 所示。

③断层的伴生构造。断层的伴生构造是断层在发生、发展过程中遗留下来的痕迹。常见的有牵引弯曲、断层角砾、糜棱岩、断层泥、断层透镜体和断层擦痕等。这些伴生构造现象，是野外识别断层存在的可靠标志，如图 1-2-18 ~ 图 1-2-21 所示。

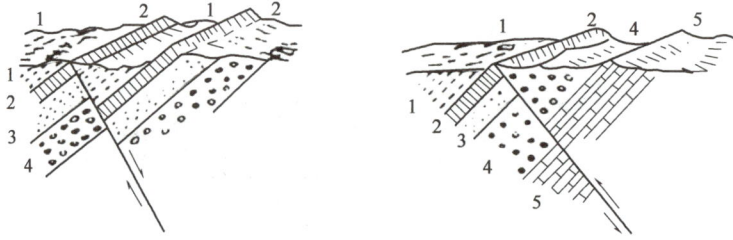

图 1-2-17 地层的重复和缺失

图 1-2-18 断层形成的牵引构造

图 1-2-19 断层破碎带及断层角砾、糜棱岩

图 1-2-20 断层擦痕

图 1-2-21 断层透镜体

④其他标志断层的存在常常控制水系的发育,并可引起河流遇断层面而急剧改向,甚至发生河谷错断现象(图1-2-22)。湖泊、洼地呈串珠状排列,往往意味着大断裂的存在。温泉和冷泉呈带状分布往往也是断层存在的标志(图1-2-23)。线状分布的小型侵入体也常反映断层的存在。

图1-2-22 黄河壶口断层瀑布

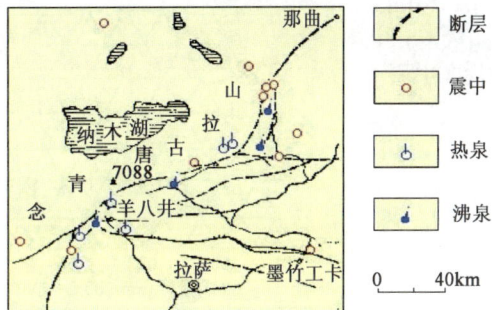

图1-2-23 断层破碎带上温泉现状分布

(5)断层对工程建筑的影响

由于断层的存在,破坏了岩体的完整性,加速了风化作用、地下水的活动及岩溶,在以下几个方面对工程建筑产生影响:

①降低了地基的强度和稳定性,断层破碎带角砾岩或糜棱岩力学强度低、压缩性大,建于其上的建筑物由于地基的较大沉陷,易造成开裂或倾斜。断裂面对岩质边坡、桥基稳定常有重要影响。

②跨越断裂构造带的建筑物,由于断裂带及其两侧上、下盘的岩性均可能不同,易产生沉降。

③隧洞工程通过断裂破碎带时,洞顶易发生坍塌、冒顶。

④断裂带在新的地壳运动的影响下,可能发生新的移动,从而影响建筑物的稳定。

⑤断裂带已形成导水通道,导致突水、涌砂等工程病害。

其中断层对公路工程的影响如图1-2-24所示。

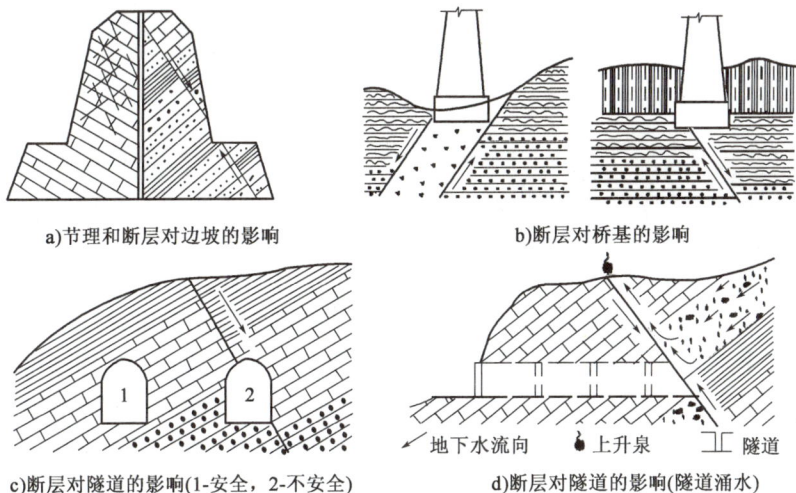

a)节理和断层对边坡的影响

b)断层对桥基的影响

c)断层对隧道的影响(1-安全,2-不安全)

d)断层对隧道的影响(隧道涌水)

← 地下水流向　　上升泉　　隧道

导图小结(断裂构造)(图片)

图1-2-24 断层对公路工程的影响

课后
练习题

在线测试题（地质
构造）（文档）

1. 图 1-2-25 中的 A、B 哪个属于稳定边坡？哪个是有可能滑动的边坡？

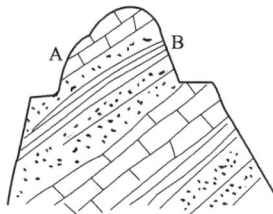

图　1-2-25

2. 图 1-2-26 中的 A、B 哪个属于稳定边坡？哪个是有可能滑动的边坡？

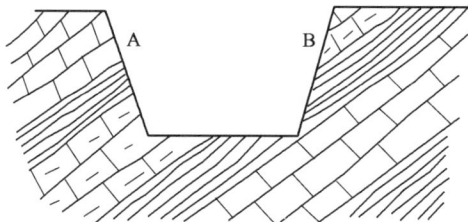

图　1-2-26

3. 在野外如何识别褶皱构造？

4. 在野外如何识别断层构造？

5. 简述地质构造（岩层构造、褶皱构造、断裂构造）对边坡稳定性的影响。

6. 简述地质构造（岩层构造、褶皱构造、断裂构造）对桥基稳定性的影响。

7. 简述地质构造（岩层构造、褶皱构造、断裂构造）对隧道稳定性的影响。

任务三　理解水的地质作用

【学习指南】主要了解暂时性流水的地质作用和河流的地质作用，熟悉地下水的分类，掌握地下水的物理性质和化学性质，重点要求掌握公路水毁和翻浆冒泥的防治原则及措施。

【教学资源】包括 2 个视频、3 个微课、3 个导图、1 个工程案例、1 个拓展资源、3 套在线测试题。

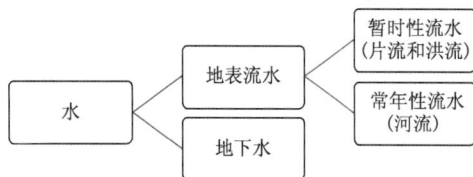

图 1-3-1　水的分类

水是地球上最活跃的、最广泛的地质营力之一。水在流动过程中，通过侵蚀、搬运和沉积 3 种作用，塑造了各种地貌形态。地球上的水分为地表流水和地下水两大类。地表流水又分为暂时性流水（片流和洪流）和常年性流水（河流），如图 1-3-1 所示。

一、地表流水的地质作用

（一）暂时性流水的地质作用

地表暂时性流水是指大气降水和冰雪融化时的短暂时间内在坡面上和沟谷中运动的水，因此雨季是它发挥作用的主要时间，特别是在强烈的集中暴雨后，其作用特别显著，往往会造成较大灾害。暂时性流水形成的地貌主要有坡积裙、冲沟、洪积扇、洪积平原等。

1.坡面细流的地质作用

大气降雨或冰雪融化后在斜坡上形成的面状流水称为片流，也称"漫洪"，其特性是流程小、时间短、面积大、水层薄。

片流在重力作用下，在汇入洼地和沟谷前，把覆盖在坡面上的风化破碎物质洗刷到山坡坡脚处，这个过程称为洗刷作用，在坡脚处形成新的沉积层称为坡积层。洗刷作用与风化作用交替进行，导致基岩裸露，加速了对坡面的破坏、侵蚀，这种现象尤以植被稀疏的坡面上最为突出。

（1）纹沟

片流向下流动时受到坡面上风化物的影响，逐渐汇集成股状流动的水体，称为细流。这样，坡面上水流从片流的面状洗刷作用变成细流股状冲刷，便会出现一些细小的侵蚀沟，即地貌学中的"纹沟"，如图1-3-2所示。

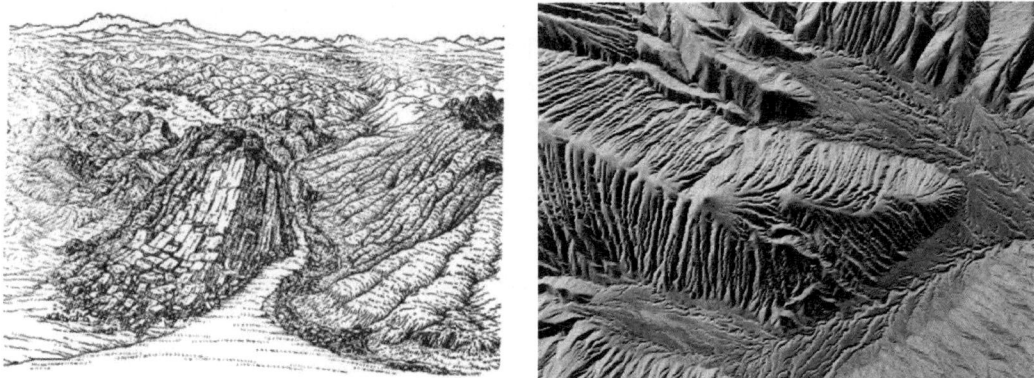

图1-3-2　纹沟

（2）坡积层

由坡面流水的洗刷作用形成的坡积物（或坡积层），是山区公路勘测设计中经常遇到的第四纪陆相沉积物中的一个成因类型，它顺着坡面沿山坡的坡脚或凹坡呈缓倾斜裙状分布，地貌上称为坡积裙。

坡积层具有下述特征：

①坡积层位于山坡坡脚处，其厚度变化很大。一般坡脚处最厚，向山坡上部及远离山脚方向逐渐变薄以至尖灭，如图1-3-3所示。

②坡积层多由碎石和黏性土组成，其成分与山坡上部基岩成分有关，与下伏基岩无关。

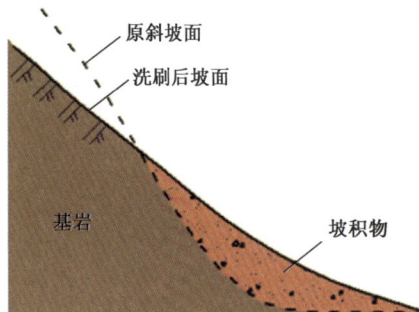

图 1-3-3 坡积裙

2. 山洪急流的地质作用及洪积层

（1）冲沟

暴雨或大量积雪消融时所形成水量大、流速快并夹带大量泥沙于沟槽中运动的水流称为山洪急流，又称洪流或山洪。洪流沿着低洼沟槽向下倾泻，水量渐大，侵蚀能力增强，使沟槽向更深处下切，同时使沟槽不断变宽，这个过程称为冲刷（冲蚀）作用，由此形成的沟谷叫作冲沟，如图 1-3-4 所示。

图 1-3-4 冲沟

冲沟的发展，是以溯源侵蚀的方式由沟头向上逐渐延伸扩展的。在厚度较大的均质土分布地区，冲沟的发展如图 1-3-5 所示，大致可分为冲槽阶段、下切阶段、平衡阶段、休止阶段 4 个阶段。

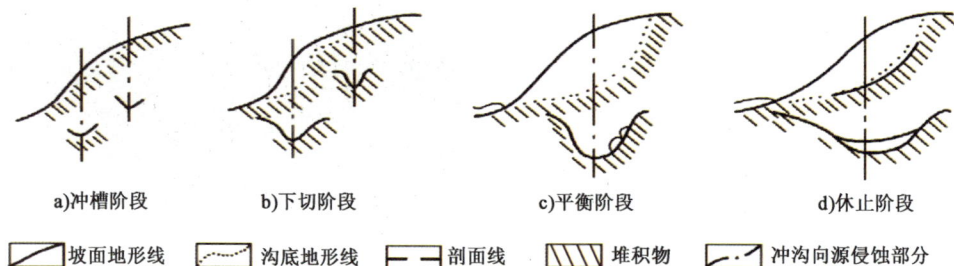

a)冲槽阶段　　b)下切阶段　　c)平衡阶段　　d)休止阶段

坡面地形线　　沟底地形线　　剖面线　　堆积物　　冲沟向源侵蚀部分

图 1-3-5 冲沟纵剖面发展阶段

冲沟的发展常使路基被冲毁、边坡坍塌，给公路工程建设和养护带来很大困难。因此，在冲沟地区修筑公路，首先必须查明该地区冲沟形成的各种条件和原因，特别要研究该地区冲沟的活动程度、发展阶段，然后有针对性地进行治理。冲沟治理应以预防为主，通常采用的主要措施是调整地表水流、填平洼地、禁止滥伐树木、人工种植草皮等。对处于剧烈发展阶段的冲沟，必须从上部截断水流，用排水沟将地表水疏导到固定沟槽中；同时在沟头、沟底和沟壁受冲刷处采取加固措施。

（2）洪积扇及洪积平原

洪积层是由山洪急流搬运的碎屑物质组成的。在沟口一带形成扇形展布的堆积体，在地貌上称为洪积扇。如果洪积扇的规模逐年增大，与相邻沟谷的洪积扇互相连接起来，则形成规模更大的洪积裙或洪积平原，如图 1-3-6 所示。它是第四纪陆相沉积物中的一种成因类型。

图 1-3-6　洪积扇及洪积平原

洪积层具有以下主要特征：

①洪积层多位于沟谷进入山前平原、山间盆地、流入河流处，多呈扇形。扇顶位于沟谷出口处，扇缘在陡坡与缓坡交界处成一弧形，如图 1-3-7 所示。

②洪积层成分复杂，由沟谷上游汇水区内的岩石种类决定。

③有不规则的交错层理、透镜体、尖灭及夹层等。

④在平面上，山口处洪积物颗粒粗大，向扇缘方向越来越细；在断面上，越往底部，颗粒越大，如图 1-3-8 所示。

⑤洪积物初具分选性和层理，也有一定的磨圆度。

图 1-3-7　洪积层

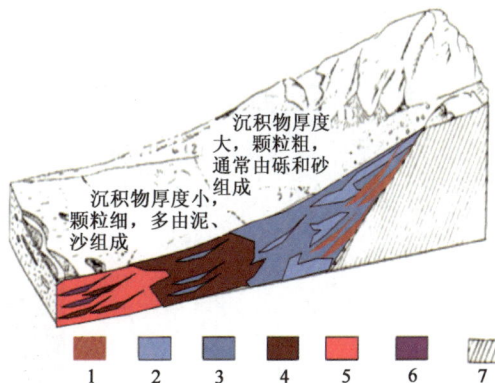

图 1-3-8　洪积层横断面组成图
1-角砾；2-砾；3-砂；4-粉砂；5-黏土；6-沼泽沉积；7 基岩

（二）常年性流水（河流）的地质作用

河流是指具有明显河槽的常年性水流，是自然界水循环的主要形式。由于河流流径距离长，流域范围大，加之常年川流不息，因此，河水在运动过程中所产生的地质作用在一切地表流水中就显得最为突出，最为典型。

黄河、长江、恒河、莱茵河等世界上几大水系资源（文档）

河流的侵蚀
作用（视频）

1. 河流的侵蚀作用

河水在流动过程中不断加深和拓宽河床的作用称为河流的侵蚀作用，如图 1-3-9 所示。按其作用方式的不同，可分为溶蚀和机械侵蚀两种；按河床不断加长、加深和拓宽的发展过程，可分为溯源侵蚀作用、下蚀作用和侧蚀作用，用，见表 1-3-1。

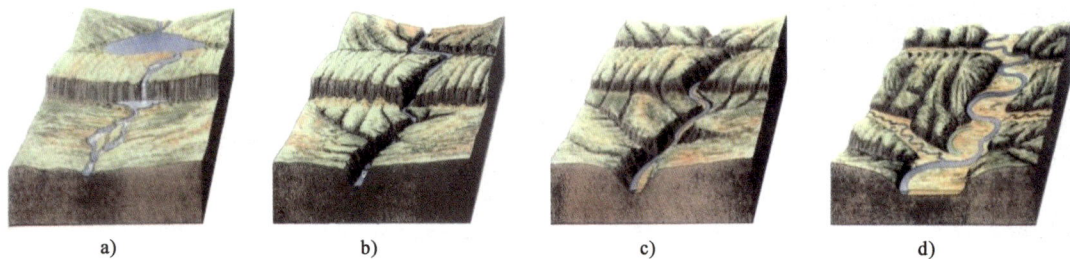

| a) | b) | c) | d) |

图 1-3-9　河流侵蚀的过程

河流的侵蚀作用　　　　　　　　　　　　　　　　　　　　　表 1-3-1

形式	描述	影响	河段	时段
溯源侵蚀	向河流源头方向的侵蚀	使河流变长	河源、上游	河谷发育初期
下蚀	垂直于地面的侵蚀	使河流加深	上、中游	河谷发育初期
侧蚀	垂直于两侧河岸的侵蚀	使谷底变宽	中、下游	河谷发育中后期

（1）溯源侵蚀作用

河流的侵蚀过程总是从河的下游逐渐向河源方向发展的，这种溯源推进的侵蚀作用称为溯源侵蚀作用，又称向源侵蚀作用，如图 1-3-10 所示。

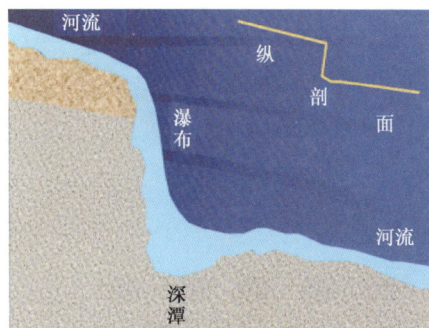

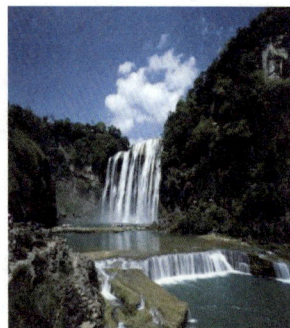

| a)溯源侵蚀示意图 | b)安赫尔瀑布 | c)黄果树瀑布 |

图 1-3-10　河流的溯源侵蚀作用

（2）下蚀作用

河水在流动过程中使河床逐渐下切加深的作用，称为河流的下蚀作用，又称底蚀作用。河水挟带固体物质对河床的机械破坏，是河流下蚀的主要因素。其作用强度取决于河水的流速和流量，同时也与河床的岩性和地质构造有密切的关系。如河流上游区坡度大，河水流速大，搬运力强,下侵作用明显,常形成横断面呈 V 字形的深切峡谷。下蚀作用使河床不断加深,切割成槽形凹地,形成河谷。在山区,河流下蚀作用强烈,可形成深而窄的峡谷,如图 1-3-11 所示。

a)瞿塘峡 b)巫峡 c)西陵峡

图 1-3-11　长江三峡

（3）侧蚀作用

河流在进行下蚀作用的同时,河水在水平方向上冲刷两岸、拓宽河谷的作用即为侧蚀作用。在河流上游,一般以下蚀作用为主,侧蚀作用不明显;在河流的中下游,由于河床坡度较平缓,侧蚀作用占主导作用。河水在运动过程中横向环流的作用,是促使河流产生侧蚀的主要因素,如图 1-3-12 所示。在天然河道上能形成横向环流的地方很多,但在河湾部分最为显著。当运动的河水进入河湾后,由于横向环流的作用,使凹岸不断受到强烈冲刷,凸岸不断发生堆积,结果导致河湾的曲率增大,并受纵向流的影响,使河湾逐渐向下游移动,因而导致河床发生平面摆动。时间一久,整个河床就被河水的侧蚀作用不断拓宽。

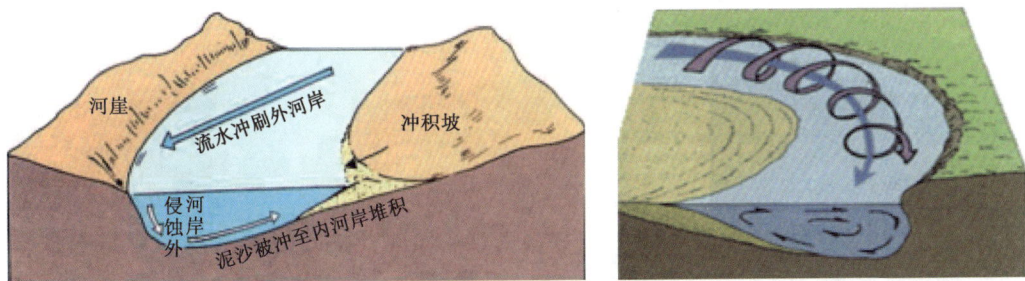

图 1-3-12　横向环流作用

平原地区的曲流对河流凹岸的破坏更大。由于河流侧蚀的不断发展,致使河流一个河湾接着一个河湾,曲率越来越大,长度越来越长,使河床的比降逐渐减小,流速不断降低,侵蚀能量逐渐削弱,直至常水位时已无能量继续发生侧蚀为止。这时河流所特有的平面形态,称为蛇曲,如图 1-3-13 所示。有些处于蛇曲形态的河湾,彼此之间十分靠近,一旦流量增大,会裁弯取直,流入新开拓的局部河道,而残留的原河湾的两端因逐渐淤塞而与原河道隔离,形成状似牛轭的静水湖泊,称牛轭湖,如图 1-3-14 所示。最后,由于主要承受淤积,致使牛轭湖逐渐成为沼泽,以至消失。

图 1-3-13 亚马逊平原上的蛇曲

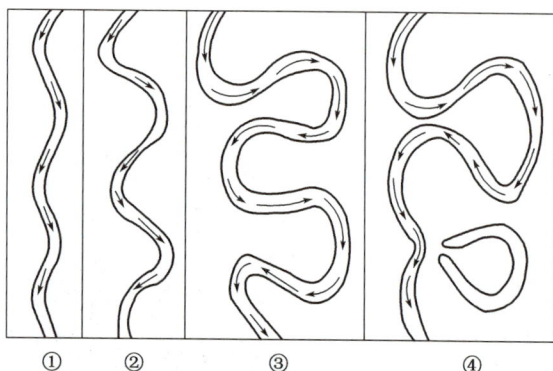

图 1-3-14 牛轭湖

2.河流的搬运作用

河流挟带泥沙及溶解质，并推移河床底部沙砾的作用称为河流的搬运作用。河流的搬运作用一般有 3 种:推移、悬移和溶运。泥沙颗粒等沿河底滚动、滑动或跳跃运动称为推移;水流中夹带细小的泥沙以悬浮状态进行搬运称为悬移;石灰岩等可溶性的矿物溶解在河水中随水流移动称为溶运。河流的搬运能力受河水的流量、流速、溶解能力和河床的纵坡等因素影响。

3.河流的沉积作用

河流在运动过程中，能量不断损失。当河水挟带的泥沙、砾石等搬运物质超过了河水的搬运能力时,被搬运的物质便在重力作用下逐渐沉积下来,形成河流堆积地貌。河流堆积地貌是在地壳缓慢而稳定下降的条件下,经各种外力作用的堆积填平所形成。其特点是地形开阔平缓,起伏不大,往往分布有很厚的松散堆积物。图 1-3-15 所示为河流三角洲的形成过程。

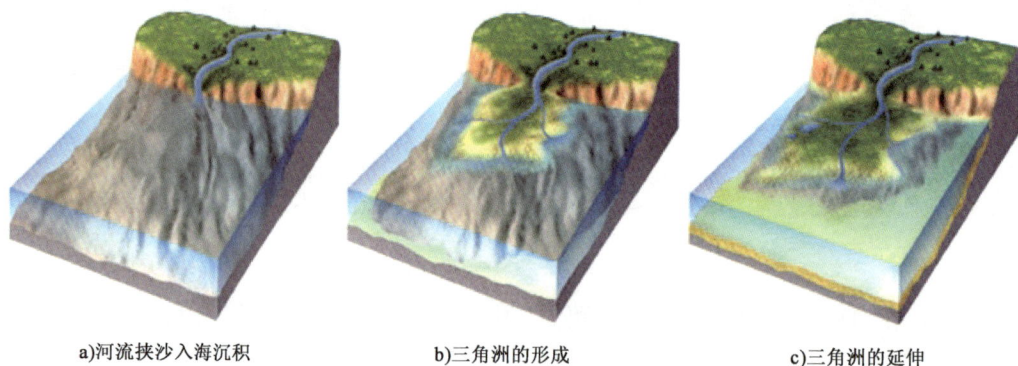

a)河流挟沙入海沉积   b)三角洲的形成   c)三角洲的延伸

图 1-3-15 河流三角洲的形成过程

4.河谷和河流阶地

（1）河谷的形态要素

河流所流经的槽状地形称为河谷,它是在流域地质构造的基础上经河流的长期侵蚀、搬运及堆积作用逐渐形成和发展起来的一种地貌。

受基岩性质、地质构造和河流地质作用等因素的控制,河谷的形态是多种多样的。在平原地区,由于水流缓慢,多以沉积作用为主,河谷纵横断面均较平缓,河流在其自身沉积的松散沉积层上发育成曲流和汊道,河谷形态与基岩性质和地质构造等关系不大;在山区,由于复杂的地质构造和软硬岩石性质的影响,河谷形态不单纯由水流状态和泥沙因素所控制,地质因素起着更重要的作用,因此河谷纵横断面均比较复杂,具有波状与阶梯状的特点。

典型的河谷地貌,一般都具有谷底、谷坡、阶地等要素,如图 1-3-16 所示。

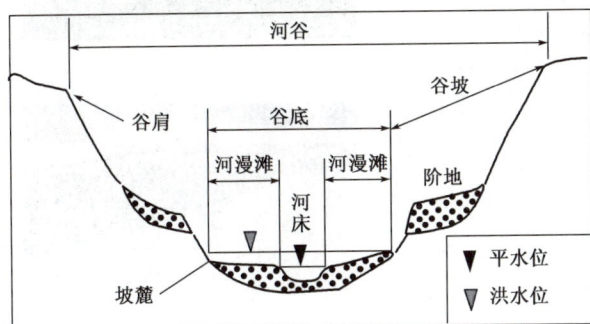

图 1-3-16　河谷要素

①谷底。谷底是河谷地貌的最低部分,地势一般比较平坦,其宽度为两侧谷坡坡麓之间的距离,谷底上分布有河床及河漫滩。河床是在平水期间水流所占据的部分,称为河槽;河漫滩是仅在洪水期间为河水淹没的河床以外的平坦地带。

②谷坡。谷坡是高出谷底的河谷两侧的坡地,谷坡上部的转折处称为谷缘,下部的转折处称为坡麓或坡脚。

③阶地。阶地是沿着谷坡走向呈条带状或断断续续分布的阶梯状平台。阶地可能有多级,从河漫滩向上依次称为一级阶地、二级阶地、三级阶地等。阶地面就是阶地平台的表面,它实际上是原来老河谷的谷底,大多向河谷轴部和河流下游微倾斜。阶地面并不十分平整,因为在它的上面,特别是在它的后缘,常常由于崩塌物、坡积物、洪积物的堆积而呈波状起伏。此外,地表径流对阶地面起着切割破坏作用。阶地斜坡是指阶地面以下的坡地,系河流向下深切后所造成。阶地斜坡倾向河谷轴部,也常为地表径流所切割破坏。阶地一般不被洪水淹没。

由于构造运动和河流地质过程的复杂性,河流阶地的类型是多种多样的,可分为侵蚀阶地、堆积阶地、基座阶地 3 种主要类型,见表 1-3-2。但并非所有的河流或河段都发育有阶地,由于河流的发展阶段和河谷所处的具体条件不同,有的河流或河段没有阶地。

河流阶地的类型　　　　　　　　　　　　　　　　　表 1-3-2

类型	成因	发育位置	图示
侵蚀阶地	侵蚀阶地是由河流的侵蚀作用形成的,由基岩构成,阶地上面基岩直接裸露或只有很少的残余冲积物	多发育在构造抬升的山区河谷中	

续上表

类型	成因	发育位置	图示
堆积阶地	堆积阶地是由河流的冲积物组成的。当河流侧向侵蚀拓宽河谷后，由于地壳下降，逐渐有大量的冲积物发生堆积，待地壳上升，河流在堆积物中下切，形成堆积阶地	在河流的中、下游最为常见	
基座阶地	基座阶地上部的组成物质是河流的冲积物，下部是基岩，通常基岩上部冲积物覆盖厚度不大，整个阶地主要由基岩组成。它是由于后期河流的下蚀深度超过原有河谷谷底的冲积物厚度，切入基岩内部而形成	地壳经历了相对稳定、下降及后期显著上升的山区	

（2）河谷的类型

河谷的类型有两种划分标准，按发展阶段分类和按河谷走向与地质构造的关系分类，详见表 1-3-3。

河谷的类型　　　　　　　　　　　　　　　　表 1-3-3

按发展阶段分类		图示
未成形河谷	在山区河谷发育的初期，河流处于以垂直侵蚀为主的阶段，由于河流下切很深，多形成断面呈 V 形的深切河谷，其特点是两岸谷坡陡峻甚至直立，基岩直接出露，谷底较窄，常为河水充满，谷底基岩上缺乏河流冲积物	
河漫滩河谷	河谷进一步发育，河流的下蚀作用减弱而侧向侵蚀加强，使谷底拓宽，并伴有一定程度的沉积作用，因而河谷多发展为谷底平缓、谷坡较陡的 U 形河谷，在河床的一侧或两侧形成河漫滩，河床只占据谷底的最低部分	
成形河谷	河流经历了比较漫长的地质时期，侵蚀作用几乎停止，沉积作用显著，河谷宽阔，并形成完整的阶地	

续上表

按河谷走向与地质构造的关系分类		图示
背斜谷	背斜谷是沿背斜轴伸展的河谷,是一种逆地形。背斜谷多是沿张裂隙发育而成,虽然两岸谷坡岩层反倾,但因纵向构造裂隙发育,谷坡陡峻,故岩体稳定性差,容易产生崩塌	
向斜谷	向斜谷是沿向斜轴伸展的河谷,是一种顺地形。向斜谷的两岸谷坡岩层均属顺倾,在不良的岩性和倾角较大的条件下,容易发生顺层滑坡等病害。但向斜谷一般都比较开阔,使路线位置的选择有较大的回旋余地,应选择有利地形和抗风化能力较强的岩层修筑路基	
单斜谷	单斜谷是沿单斜岩层走向伸展的河谷。单斜谷在形态上通常具有明显的不对称性,岩层反倾的一侧谷坡较陡,不利于公路布线;顺倾的一侧谷坡较缓,但应注意采取可靠的防护措施,防止坡面顺层滑塌	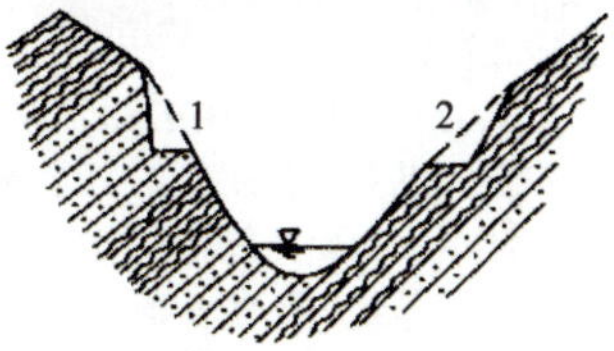 1-有利；2-不利

导图小结(地表水的地质作用)(图片)

在线测试题(地表水的地质作用)(文档)

地下水的地质作用(微课)

二、地下水的地质作用

埋藏和运移在地表以下岩土空隙中的水称为地下水。

在土木工程建设中,地下水常常起着重要作用。一方面地下水是供水的重要来源,特别是在干旱地区,地表水缺乏,供水主要靠地下水;另一方面,它与土石相互作用,会使土体和岩体的强度和稳定性降低,是威胁施工安全、造成工程病害的重要因素,基坑、隧道涌水、滑坡活动、地基沉陷、道路冻胀变形等都与地下水活动直接相关。因此,在公路工程的设计和施工中,当考虑路基和隧道围岩的强度和稳定性、桥梁基础的砌置深度和路基开挖深度及隧道的涌水等问题时,都必须研究有关地下水的问题,如地下水的类型、地下水的理化性质等,以保证建筑物或构筑物的稳定和正常使用。

(一)地下水的基本类型

地下水按埋藏条件可划分为包气带水、潜水和承压水3类。根据含水层性质的不同可将地下水划分为孔隙水、裂隙水和岩溶水3类。

1. 地下水根据埋藏条件分类

地下水的埋藏示意图如图 1-3-17 所示。地下水根据埋藏条件的分类见表 1-3-4。

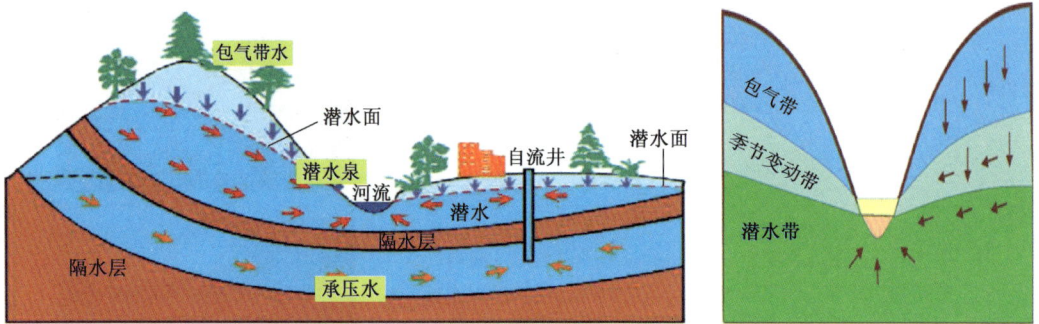

图 1-3-17　地下水的埋藏示意图

地下水根据埋藏条件分类　　　　　　　　　　　　　　　　表 1-3-4

分类	特征	补给和排泄	分布
包气带水	1. 在包气带（见图 1-3-17）局部隔水层（常以透镜状存在，所以也称隔水透镜体）上积聚具有自由水面的重力水，称为上层滞水。 2. 包气带中还有一部分水称为毛细水。毛细水（在岩、土细小孔隙、裂隙内，由于受表面张力和附着力的支持而充填的水）可对地基产生毛细水压力，引起基础的附加下沉	分布最接近地表，接受大气降水和凝结水的补给，以蒸发形式排泄或向隔水底板边缘排泄	分布范围很小，水量一般不大，动态变化很显著
潜水	潜水是饱和带中第一个稳定隔水层之上、具有自由水面的含水层中的重力水。潜水在重力作用下，由水位高的地方向水位低的地方径流。水质变化较大，且易受到污染	通过包气带接受大气降水、地表水等补给。排泄通常有两种方式：一种是水平排泄，以泉的方式排泄或流入地表水等；另一种是垂直排泄，通过包气带蒸发进入大气	一般情况下分布区与补给区一致，动态有明显的季节变化
承压水	承压水是充满两个稳定隔水层之间、含水层中具有水头压力的地下水。承压性是其重要特征，如果受地质构造影响或钻孔穿透隔水层时，地下水就会受到水头压力而自动上升，甚至喷出地表形成自流水。由于受隔水层的覆盖，其受气候及其他水文因素的影响较小，故其水质较好	在含水层直接出露的补给区，接受大气降水或地表水补给；排泄可以由补给区流向地势较低处，或者由地势较低处向上流至排泄区，以泉的形式出露地表，或者通过补给该区的潜水或地表水而排泄	分布区和补给区不一致，一般补给区远小于分布区。动态比较稳定，水量变化不大

（1）上层滞水

上层滞水的存在，可使地基土的强度减弱。在寒冷的北方地区，上层滞水易引起道路的冻胀和翻浆。此外，由于其分布和水位变化大，常给工程的设计、施工带来困难。

（2）潜水等水位线图

在公路的设计和施工中，为了弄清楚潜水的分布状态，需要绘制潜水等水位线图，即潜水面等高线图。它是潜水面上将高程相同的点连接而成的。图 1-3-18 所示为潜水示意图，图 1-3-19 所示为其等水位线图。

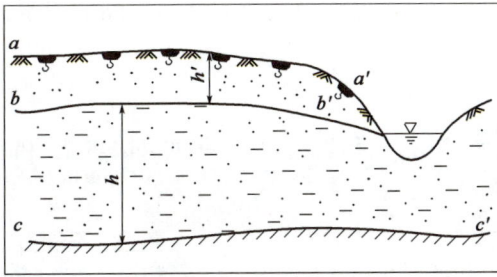

图1-3-18　潜水示意图
aa'-地表面；bb'-潜水面；cc'-隔水层；h'-潜水埋藏深度；h-含水层厚度

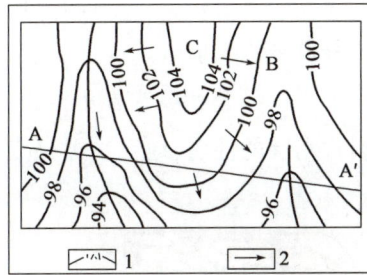

图1-3-19　潜水等水位线图
1-潜水等水位线；2-潜水流向

（3）潜水和地表水之间的补给

一般情况下，潜水和地表水体之间的补给有3种情况：潜水补给地表水、地表水补给潜水、潜水和地表水互相补给，如图1-3-20所示。

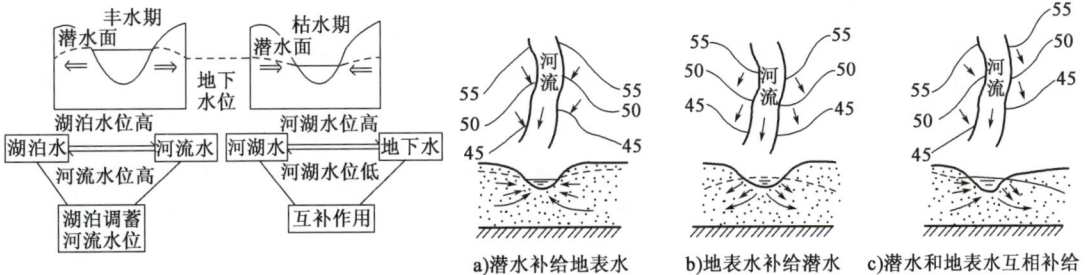

图1-3-20　潜水与地表水之间的补给

（4）承压盆地

地下水处于向斜构造或适宜承压水形成的盆地构造称为承压盆地，如图1-3-21所示。一个完整的承压盆地按其动态可分为补给区、承压区和排泄区3个组成部分。

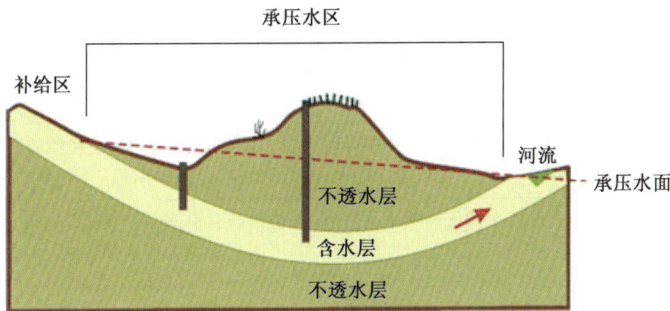

图1-3-21　承压盆地剖面图

含水层较高的边缘出露地表，能接受大气降水和地表水补给的地段因无隔水层覆盖，故地下水具有与潜水相同的性质。补给区与排泄区相对高差决定着承压水的水头压力（静水压力）的大小。

承压水一般水量较大，隧道和桥基施工若钻透隔水层，会造成突然而猛烈的涌水，处理不当将给工程带来重大损失。

2. 地下水根据含水层性质分类

根据含水层的性质，地下水可分为孔隙水、裂隙水和岩溶水 3 种，如图 1-3-22 和表 1-3-5 所示。

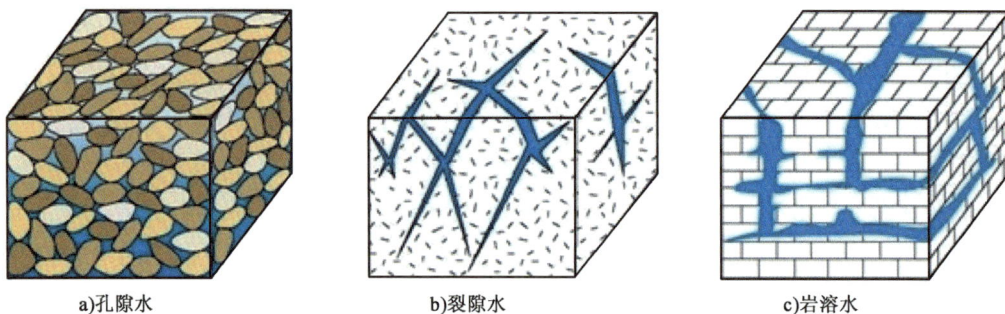

a)孔隙水　　　　　　　b)裂隙水　　　　　　　c)岩溶水

图 1-3-22　地下水按含水层性质分类

地下水根据含水层的性质分类　　　　　　　　　　　　　　表 1-3-5

分类		分布及特征
孔隙水	冲积物中的地下水	河流上游峡谷内常形成砂砾、卵石层分布的河漫滩，厚度不大，地下水由河水补给，水量丰富，水质好，是良好的含水层，可作供水水源。 河流中游河谷变宽，形成宽阔的河漫滩和阶地，沉积物呈上细（粉细砂、黏性土）下粗（砂砾）的二元结构，上层构成隔水层，下层为承压含水层。地下水由河水补给，水量丰富，水质好，也是很好的供水水源。 河流下游常形成冲积滨海平原，松散沉积物很厚，上部常为潜水，埋深很浅。下部常为砂砾石与黏性土互层，存在多层承压水。水量丰富，水质好，是很好的开采层
	洪积物中的地下水	潜水深埋带：位于洪积扇的顶部，地形较陡，沉积物颗粒粗，多为卵砾石、粗砂，径流条件好，是良好的供水水源。 潜水溢出带：位于洪积扇中部，地形变缓，沉积物颗粒逐渐变细，由砂土变为粉砂、粉土。上部为潜水，埋深浅，常以泉或沼泽的形式溢出地表，下部为承压水。 潜水下沉带：处于洪积扇边缘与平原的交接处，地形平缓，沉积物为粉土、粉质黏土与黏土。潜水埋藏变深，因径流条件较差，矿化度高，水质也变差
裂隙水	面状裂隙水	面状裂隙水埋藏在各种基岩表层的风化裂隙中，又称风化裂隙水。风化裂隙水的水量，随岩性、地形而变。风化裂隙分布的下界取决于风化带的深度
	层间裂隙水	层间裂隙水是指埋藏在层状岩石的成岩裂隙和构造裂隙中的地下水，其分布一般与岩层的分布一致，因而具有一定的成层性。在不同的部位和不同的方向上，因裂隙的密度、张开程度和连通性有差异，其透水性和涌水量有较大的差别，具有不均一的特点
	脉状裂隙水	脉状裂隙水埋藏于构造裂隙中，其沿断裂带呈脉状分布，长度和深度远比宽度大，具有一定的方向性；可切穿不同时代、不同岩性的地层，并可通过不同的构造部位，因而导致含水带内地下水分布的不均一性；脉状裂隙水水量一般比较丰富，常常是良好的供水水源
岩溶水		岩溶水是水对岩石的溶解溶蚀和再结晶作用的产物。岩溶水按照埋藏条件，可以是潜水，也可以为承压水。 岩溶水在空间的分布极不均匀，由于岩溶分布和发育的不均匀性，岩溶含水层的富水性也极不均匀。有些地方，地下水汇集于溶洞孔道中，富水性地区，而有些地方，地下水沿溶洞流走，形成严重缺水现象。 大气降水是岩溶水的主要补给方式，水量随季节变化大。岩溶水排泄的最大特点是集中和排泄量很大，往往随季节表现为间歇性或周期性的消水与涌水

(二)地下水的物理性质和化学性质

地下水在运动过程中与各种岩土相互作用,岩、土中的可溶物质随水迁移、聚集,使地下水成为一种复杂的溶液。

研究地下水的物理性质和化学成分,对于了解地下水的成因与动态、确定地下水对混凝土等的侵蚀性、进行各种用水的水质评价等,都有着实际的意义。

1. 地下水的物理性质

地下水的物理性质主要包括地下水的温度、颜色、气味和口味、导电性等。

温度:主要受各地区的地温条件所控制,常随埋藏深度不同而异,埋藏越深,则水温越高。

颜色:一般是无色透明的,但当水中含有有色离子或悬浮质时,便会带有各种颜色并显得浑浊。如铁含量高的水为黄褐色,含腐殖质的水为淡黄色。受污染的地下水因污染物质的不同而颜色各异。

气味和口味:无嗅、无味,但含有硫化氢时,水便有臭鸡蛋味,含氯化钠的水味咸,含镁离子水味苦,含有机质时,便有鱼腥味。

导电性:取决于各种离子的含量与离子价,含量越多,离子价越高,则水的导电性越强。

2. 地下水的化学成分

地下水在化学上不是纯的 H_2O,而是多种化学元素的复杂溶液,其中含有各种气体、离子、胶体物质及有机物质等。地下水中常见气体有 O_2、N_2、H_2S 和 CO_2 等。一般情况下,地下水中气体含量不高,但能够很好地反映地球化学环境。地下水中分布最广、含量较多的离子共有 7 种,即 Cl^-、SO_4^{2-}、HCO_3^-、Na^+、K^+、Ca^{2+}、Mg^{2+}。地下水矿化类型不同,地下水中占主要地位的离子或分子也随之发生变化。地下水中的化合物有 Fe_2O_3、Al_2O_3、H_2SiO_3 等。

地下水的化学成分详见表1-3-6。

地下水的分类 表1-3-6

化学性质指标	分类				
矿化度	淡水	低矿化水	中等矿化水	高矿化水	卤水
	<1	1~3	3~10	10~50	>50
pH 值	强酸性水	弱酸性水	中性水	弱碱性水	强碱性水
	<5	5~7	7	7~9	>9
硬度	极软水	软水	微硬水	硬水	极硬水
	$<1.5\times10^{-3}$	$1.5\times10^{-3}\sim$ 3.0×10^{-3}	$3.0\times10^{-3}\sim$ 6.0×10^{-3}	$6.0\times10^{-3}\sim$ 9.0×10^{-3}	$>9.0\times10^{-3}$

水的矿化度、pH 值、硬度对水泥混凝土的强度有影响,水中的侵蚀性二氧化碳、SO_4^{2-}、Mg^{2+} 等也决定着地下水对混凝土的腐蚀性。这里重点谈谈侵蚀性二氧化碳。侵蚀性二氧化碳是指超过平衡量并能与碳酸钙起反应的游离二氧化碳。水中的游离二氧化碳(CO_2)包括两部分:一部分是已与碳酸盐物质处于平衡状态的二氧化碳,称为平衡二氧化碳;另一部分是超过平衡状态的二氧化碳,称为侵蚀性二氧化碳。当含有侵蚀性二氧化碳的水与混凝土接触时,

侵蚀性二氧化碳将会分解混凝土的碳化层（碳酸钙），降低其抗渗能力。这样，将使得混凝土中的大量游离石灰容易被渗透水迁移带走，导致混凝土强度降低甚至遭到破坏；当水中有游离氧（O_2）共存时，侵蚀性二氧化碳会对混凝土内的金属（铁等）具有强烈的侵蚀作用。因此，侵蚀性二氧化碳的含量，是评价水体对混凝土侵蚀能力的重要指标。

为防止地下水对混凝土的侵蚀，常常采取以下措施：

（1）排除地下水对混凝土的影响或变更其流向建筑物的速度，使新的侵蚀性水不易到达。

（2）采用抗硫酸盐水泥、火山灰水泥和矿渣硅酸盐水泥。

导图小结（地下水的地质作用）（图片）　　在线测试题（地下水的地质作用）（文档）　　公路水毁与路基翻浆（微课）

三、公路水毁与路基翻浆

（一）公路水毁

在危害公路的众多因素之中，水是主要的自然因素之一，影响路基路面的水可分为地表水和地下水两类。来自不同水源的水对路基路面造成的破坏是不同的：暴雨径流直接冲毁路肩、边坡和路基；积水的渗透和毛细水的上升可导致路基湿软，强度降低，严重者会引起路基冻胀、翻浆或边坡塌方，甚至整个路基沿倾斜基底滑动，进入结构层内的水分可以浸湿无机结合料处治的粒料层，导致基层强度下降，使沥青面层出现剥落和松散；地下水对混凝土产生腐蚀；降低地下水会使地面产生固结沉降；不合理的地下水流动会诱发某些土层出现流砂现象和机械潜蚀。总之，水的作用加剧了路基路面结构的破坏，加快了路面使用性能的变坏，缩短了路面的使用寿命。

1. 沿河路基水毁

沿河（溪）公路受洪水顶冲和掏蚀，路基发生坍塌或缺断，影响行车安全，乃至中断交通。沿河路基水毁，常发生在弯曲河岸和半填半挖路段，如图1-3-23所示。

图1-3-23　沿河路基水毁

（1）沿河路基水毁主要成因

①路线与河道并行，一面傍山，一面临河，许多路基是半挖半填或全部为填方筑成。路基边坡多数未做防冲刷加固措施，路基因洪水顶冲与淘刷发生坍塌破坏，出现许多缺口和坍塌半个以上路基。

②路基防护构造物因基础处理不当或埋置深度不足而破坏，引起路基水毁。

③半填半挖路基地面排水不良，路面边沟严重渗水，路基下边坡坡面渗流、普遍出露、局部

管涌引起路基垮塌。

④洪水位骤降,在路基半坡内形成自路基向河道的反向渗流,产生渗透压力和孔隙压力,造成边坡失稳。

⑤不良地质路段,山体滑坡或路基滑移。

⑥公路防洪标准低,路面设计洪水位高程不够,或涵洞孔径偏小,公路排水系统不完善,造成洪水漫溢路面,水洗路面甚至冲毁路基。

⑦原有公路施工质量不佳,挡土墙砌筑砂浆强度达不到设计要求,砂浆砌筑不饱满,石料偏小,砌体整体强度不够。

⑧原有路基边坡坡度太陡,没有达到设计要求。

⑨较陡的山坡填筑路基,原地面未清除杂草或挖人工台阶,坡脚未进行必要支撑,填方在自重或荷载作用下,路基整体或局部下滑。

⑩填方填料不佳,压实不够,在水渗入后,重度增大,抗剪强度降低,造成路基失稳。

⑪植被破坏造成水土流失,在强降雨形成的地面径流冲击下,导致边坡塌方。

⑫公路养护工作不足,使得涵洞淤塞,导致排水不畅,造成水洗路面甚至冲毁路基。

（2）防治措施

防治沿河路基水毁的常用方法有植草、植树、抛石、石笼及浸水挡土墙等,见表1-3-7。

沿河路基水毁的防治（文档）

沿河路基水毁防治措施   表 1-3-7

防治措施		适用条件	图示
植物防护	植草	在土质路堤、路堑等有利于草类生长的边坡上种植,可以防止雨水冲刷坡面	
	铺草皮	在河床比较宽阔,铺设处只容许季节性浸水,流速小于1.8m/s,水流方向与路线近乎平行条件下可以使用	
	植树	在路基斜坡上和沿河路堤之外漫水河滩上种植,直接加固了路基和河岸,并使水流速度降低,防止和减少了水流对路基或河岸的冲刷	
砌石防护	干砌	用以防护边坡免受大气降水和地面径流的侵害,以及保护浸水路堤边坡免受水流冲刷作用,一般有单层铺砌、双层铺砌	
	浆砌	当水流流速较大（如4～5m/s）,波浪作用较强,以及可能有流冰、流木等冲击作用时,宜采用浆砌片石护坡	

防治措施	适用条件	图示
抛石防护	可用于防护水下部分的边坡和坡脚,免受水流冲刷及掏蚀,也可用于防止河床冲刷,最适用于砾石河床、盛产石料之处	
石笼防护	使用范围比较广泛,可用于防护河岸或路基边坡、加固河床,防止淘刷	
浸水挡土墙	用来支撑天然边坡或人工边坡,以保证土体稳定的建筑物	
丁坝、顺坝	坝根与岸滩相接,坝头伸向河槽,坝身与水流方向成某一角度,能将水流挑离河岸的结构物,用来束水归槽、改善水流状态、保护河岸等	
综合排水	在地下渗水严重影响路基稳定地段,可采用纵横填石渗沟(盲沟),形成地下排水网,利用边沟将地表水汇集在一起,引到涵洞,排出路基范围以外	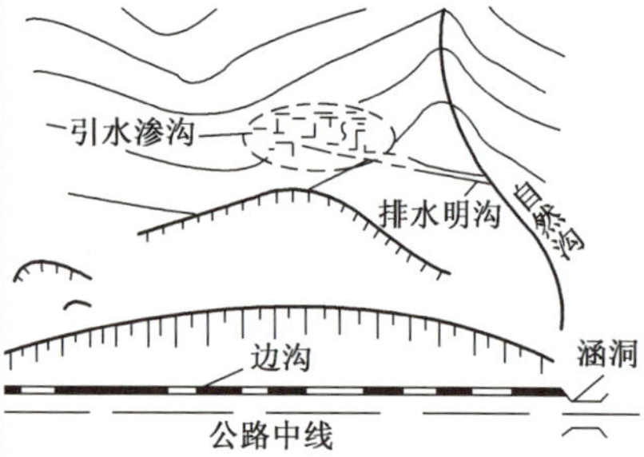

（3）路基水毁防治案例❶

①案例一:浆砌块石挡土墙 + 基础护坦。

某路段为山区峡谷河段,河湾圆心角 $\theta = 45°$,河湾半径 $R = 127\text{m}$;弯顶处过水断面很小,最窄处河槽仅宽 18.8m;弯顶上游河床比降很大,$i = 17\%$,河床中有许多大漂石。由于该河段为峡谷河段,河槽狭窄,河床面比降大,致使洪水暴发时水流流速很大,洪水淘刷弯顶下游的挡土墙墙脚,冲毁挡土墙后,导致路基严重毁坏,水毁路基总长度约为 50m。水毁路段的修复,采用浆砌块石挡土墙,墙高约 4.5m,基础采用护坦防护。护坦宽 0.7m,护坦顶面低于平均河床面高程。经实践检验,治理效果良好。

---

❶ 案例来源于王庆珍等,《山区沿河公路路基水毁防治对策探讨》,重庆交通大学学报(自然科学版),2008 年。

②案例二：浆砌挡土墙 + 铁丝笼护坦。

某路段位于山区开阔段的河湾凹岸，河湾圆心角 $\theta = 82°$，河湾半径 $R = 123m$，河床横向比降较大。水流由上游以较大的斜角进入弯道并流向凹岸，沿河湾凹岸流动至弯道出口。该路段的沿河路基挡土墙高约 8m，采用护坦对挡土墙基脚进行防护；上游护坦较宽，下游较窄。发生洪水时，弯顶下游挡土墙基础被掏空，出现局部损坏，修复时采用挡土墙配合铁丝笼形式的护坦防护，治理效果良好。

2. 桥梁水毁

桥梁受洪水冲击，墩台基础冲空危及安全或产生桥头引道缺、断，乃至桥梁倒塌，称为桥梁水毁，如图 1-3-24 所示。其主要原因有下列两种：桥梁压缩河床，水流不顺，桥孔偏置时，缺少必要的水流调治构造物；基础埋置深度浅又无防护措施。

图 1-3-24　桥梁水毁

（1）防治原则

各级养护部门要认真贯彻"预防为主，防治结合"的公路水毁治理方针，树立"防重于抢"的意识。

①加强对新建桥梁的水毁预防工作。新（改）建桥梁必须满足其相应技术标准要求的设计洪水频率，进行水文调查和外业勘测，根据桥位河段的河道演变特征、水情及地貌特征，选择较好的桥位，推算设计洪水流量，确定合适的桥孔位置，进行桥孔长度、高度，桥梁调治构造物及桥头引公路堤等的水力设计，以充分满足防治水毁的要求，避免把可能的水毁隐患留给养护部门。水毁工程一般属于大中修工程，甚至是改建工程，要尽量采取招投标方式；对于小的水毁工程要选择信誉好、施工力量强的队伍，严把队伍关。管理单位要派驻工程管理和工程监理人员，加强施工管理，严把质量关。从 1998 年全国桥梁水毁情况来看，钻孔桩基础的桥梁只有部分锥坡、防护等冲毁，而桥梁主体无恙，所以在可能的情况下尽量设计钻孔桩。

②加强对现有桥梁的防治工作。各级公路养护部门要把对现有公路桥梁的水毁防治工作作为提高公路通行能力、保障公路完好畅通的一项重要工作，切实抓紧抓好、有科学依据地进行水毁预防和修复工作。做到精心设计、精心施工，修一处、保一处，积累丰富的水毁修复工程设计施工经验，提高投资效益，提高桥梁抗洪能力，减少水毁损失和防治费用。

③依靠科学进步，进行水毁治理。防治公路桥梁水毁，必须加强对有关科学技术的研究及其成果的推广应用工作。贯彻科研与生产实际相结合的原则，将已经通过鉴定的成果应用到

水毁治理工作中,减少盲目性和主观臆断性。

（2）防治措施

①正确进行桥位选择及桥孔设计。桥位选择不合理,洪水不能顺利宣泄,易导致桥梁水毁。以下是桥位选择中常出现的问题,应引起重视:桥位选择在易变迁的河段;桥位选择在河湾河段,或将桥位布置在洪水股流位置,使洪水主流偏离了桥孔中心;桥位上游(一般指3～5倍河槽宽度)的河段有支流汇入或流出;忽视桥位勘察,直接按选线确定的路线跨河位置确定桥位,导致桥位与河流斜交;桥位选择在泥石流易沉积的宽滩漫流河段,桥孔因泥石流淤塞导致水毁。

综上所述,桥位选择不合理将为桥梁水毁埋下隐患。因此,桥位选择必须经过详细的水文调查及工程地质勘察,选择滩槽稳定、河道顺直、桥位地质条件良好,且有利于通畅泄洪的桥位河段。桥孔设计应准确把握桥位河流特性,河道历史最高洪水位、洪水比降、流域面积及糙率等水文要素,通过水力设计确定合理的桥孔长度;还要对桥孔大小、墩台基础埋深、桥头引道及桥梁调治构造物布设进行综合考虑,使桥孔不过多压缩河床,尽可能保持桥位水流的自然状态。

②确定合理的墩台结构形式及其埋置深度。墩台形式直接影响到墩台的局部冲刷深度。一般情况下,由于柱式墩台在抗冲刷方面较重力式墩台更优越,所以应优先选择钻孔灌注桩基础及柱式墩台。过去,低等级公路中修建的桥梁多为浅基桥梁,因基础埋深不足发生水毁的频率较高;目前,新建大中型桥梁一般采用灌注桩基础,有效解决了墩台埋深不足使桥梁遭受水毁问题。因此,桥梁基础埋深应根据水文水力计算,并结合桥位工程地质,确定桥梁在通过设计洪水流量时的墩台基础安全埋置深度,保证桥梁在遭遇设计洪水时不发生水毁。

再者,在桥梁设计中应验算桥梁在可能遇到的最不利水力条件下的冲刷情况。漫水桥的冲刷试验表明,桥梁遇到的水力条件(墩台冲刷、动水压力及浮力等)在洪水位与桥面齐平时最不利,若洪水继续上涨淹没桥面,桥梁遭遇的水力条件一般不比水位与桥面齐平时更不利。因此,在桥梁设计中,如果将洪水与桥面齐平时的水力条件考虑进去,则桥梁在遭遇任何洪水条件下的安全问题就得到了保障。

③完善桥梁的调治与防护工程。桥梁的调治与防护工程具有稳定河岸、改善水流流态、减轻水流冲刷、保障桥梁安全的作用。特别是宽浅变迁性河流,应将桥梁的调治与防护工程视为桥梁设计的重要组成部分。否则,河道变迁使洪水主流斜向冲击墩台及锥坡基础,易造成桥梁水毁。

④桥梁水毁的预防性养护与治理。

a.桥梁排洪能力检查。汛期应根据河道上游汇水面积大小及气象部门的汛情预报,做好降雨量及河道洪峰流量的预测,检验桥梁的排洪能力。若桥孔不能满足排洪需求,应采取分流、导流、清淤等工程措施进行治理,确保桥梁安全度汛。

b.桥梁及其防护设施的安全质量检查。汛期应对桥梁及其调治与防护设施进行雨前、雨中、雨后的"三雨"检查,即检验桥梁墩台是否沉陷、开裂;墩台外表是否风化剥落;锥坡及翼墙基础是否发生裂缝、倾斜;桥梁的其他调治与防护工程设施是否完好。如有破损应及时修补,防止桥梁因出现安全质量问题发生水毁。

c.墩台的防护与加固。汛期应检查桥梁墩台及桥址河床的冲刷情况。因为很多桥梁水毁是河床冲刷下切及墩台局部冲刷加剧使桥梁基础埋深不足所致。因此,应及时采取措施进行防护与加固。

d.拦淤墙防冲刷。若河床持续冲刷下切,应在桥位下游50～100m的河槽内修筑拦淤墙对桥梁墩台进行冲刷防护。拦淤墙基础埋深应根据冲刷情况确定,其顶面高程一般与现有河槽底面高程一致;若墩台埋深较浅,拦淤墙顶面可略高于主河槽底面高程,这样更有利于拦洪落淤。实践证明,拦淤墙能有效遏制河床冲刷下切而导致桥梁水毁。

e. 河床铺砌加固。河床持续冲刷使桥梁墩台基础埋深不足。为防止河床冲刷下切,应对桥下河床进行铺砌加固。综合运用抛石防护、石笼截水墙、丁坝等。

f. 桥墩局部冲刷防护。桥墩局部冲刷防护包括平面冲刷防护及立面冲刷防护。平面防护主要是按冲刷坑尺寸范围采用抛石防护、干砌或浆砌片石防护;立面防护是在冲刷坑内按冲刷坑深度要求设置防护围幕。对于上述防护措施,均应将其顶面设置于最大自然冲刷水深床面以下。否则,若防护设施顶面凸出河床顶面,会加剧墩台局部冲刷,引发更严重的桥梁水毁。

⑤生物防护与工程防护相结合。桥梁的生物防护是工程防护无法替代的。在河两岸植树能降低河水流速、拦洪落淤、稳固河岸,有效遏制河道变迁导致桥梁水毁。特别是将桥梁的生物防护与工程防护完美结合,能使二者的防护作用相互完善、相互融合。

⑥桥位河湾的防护。洪水淘刷河岸易形成河湾,河湾引发洪水主流偏离桥孔中心,对桥孔通畅泄洪极为不利,应及时采取生物防护与工程防护相结合的综合措施进行治理。具体做法:一是在河湾凹岸布设丁坝、顺坝等导流构造物,待丁坝、顺坝间落淤稳定,再于其间配植树木进行生物防护;二是在易形成河湾的桥头引道两侧及导流堤与锥坡附近植防水林,这样随着树木成长,河湾区域会逐年淤积增高,并形成稳定的新河岸,能有效防止因河道变迁导致桥梁水毁。

⑦桥位河段的防护。由于洪水泛滥,桥位河段往往是冲沟交错、滩石裸露,生态环境十分脆弱。解决这一矛盾的有效措施是结合公路绿化对桥位河段实施生物防护,这样不仅能减少桥梁的防护工程规模,还能有效防护这类工程设施免遭水毁。

⑧桥位流域的综合治理。桥梁水毁的综合防治是一项系统工程,公路部门应与农牧林水等部门相配合,搞好桥位上游流域的综合治理,改善生态环境,从根本上实现桥梁防灾减灾。

(注:以上资料部分来源于李海瑞,《桥梁水毁的预防与治理》,公路,2007 年。)

(3)防治案例❶

①原桥概况。内蒙古赤峰市山嘴桥建于 1971 年,位于国道 305 线 K513 + 345 处,下部为石砌重力式墩台,浆砌片石基础,上部为混凝土双铰板拱。该桥单孔跨径 10m,共 7 孔,全长 85m。桥梁设计荷载为汽—13 级,拖—80 级,桥面宽为净 7m + 2 × 0.75m 人行道;设计洪水频率 1/100,设计洪水流量 145.4m/s,一般冲刷深 0.45m,局部冲刷深 1.7m;常水位 0.3 ~ 0.5m;最高洪水位 2.4m,墩台基础埋深 4.0m,基底承载力 35N/cm。建桥初期,桥址河道平顺,主河槽为桥位中心且泄洪通畅。

近年来,由于河床自然演变及人为因素作用(采砂、挖土)的影响,桥址河道变迁导致主河槽偏离桥位中心,局部冲刷加剧,使 6 号桥墩基础沉陷,导致墩身发生严重裂缝,裂缝大体呈横向分布,缝宽 2 ~ 3mm;6 号桥墩帽混凝土在接近拱脚部位严重开裂并局部脱落,拱板沿拱脚下沉 4 ~ 5cm。

②水毁原因分析。桥址河道变迁使洪水集中冲刷河床,导致河床急骤冲刷下切(西侧 3 孔),而桥东侧(1 ~ 4 孔)河床因淤积形成边滩。

---

❶ 案例来源于王彦志,《山嘴桥水毁治理及加固》,内蒙古公路与运输,2006 年。

洪水绕流凹岸并斜向冲刷桥梁墩台,加剧了局部冲刷。

6号墩身裂缝呈横向开裂的原因:墩身砌体分层处强度相对较低;桥墩基础在洪水淘刷冲蚀作用下发生不均匀沉陷;拱板下沉改变了墩身受力状态。正常状态下,桥墩帽两侧的水平推力大小相等,但拱板下沉使水平推力的大小及作用点位置发生变化,墩身因受弯发生裂缝,如图1-3-25所示。

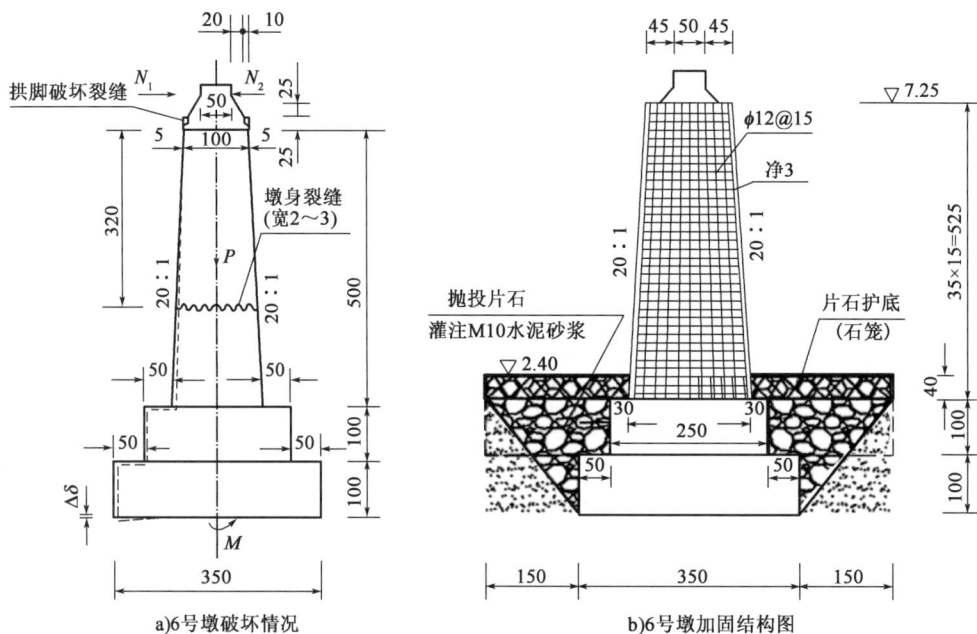

a)6号墩破坏情况 b)6号墩加固结构图

图1-3-25　6号墩(尺寸单位:cm)

③水毁治理及加固措施。

a.河床加固。河床冲刷下切使5号桥墩基础埋深2.3m,6号桥墩基础埋深2.0m,若不及时进行加固防护,将导致桥墩基础冲刷过度。故将5号桥墩及6号桥墩的桥孔内及其外围以铁丝网围封片石进行铺砌防护(柔性护底)。护底宽出桥孔上游10m、下游5m、厚0.4m;护底上、下游两侧设石笼截水墙,墙高1.2m、宽0.8m。柔性护底的优点是适应冲刷变形,施工简单且造价低。

b.桥址凹岸防护及加固。桥址凹岸距桥台37m及45m处布设两道石笼丁坝,丁坝长分别为35m、10m。石笼由上、下两层构成,下层断面尺寸为2m×2m,上层断面尺寸为1m×1m。石笼施工完毕,用推土机将河道开挖的弃土回填至二道丁坝间及其上、下游的凹岸,这样既使弃土得到合理利用,又加固了河岸与丁坝,使洪水主流重新导入桥位中心。

c.桥墩加固。5号桥墩及6号桥墩基础外围的抛石缝隙以M10水泥砂浆进行灌注;凿除墩身风化的砂浆勾缝,并冲洗干净墩身表面;墩身裂缝以环氧树脂砂浆进行修补;按设计图纸要求绑扎$\phi 12mm@15cm×15cm$的钢筋网,钢筋网以嵌入墩身的膨胀螺栓焊接固定,要求钎钉嵌入墩身13cm、外伸17cm,钎钉孔呈梅花形布设;浇筑墩身围封混凝土,混凝土厚20cm,设计强度等级为C30。

d.拱板(桥上部)顶推复位。填筑(夯实)土牛并以土牛作拱板顶推的主要支撑结构,用规格为 30cm×30cm 的枕木作千斤顶底座,将 4 个 50t 的千斤顶均匀放置在枕木上,而后使千斤顶徐徐升压,将拱板顶推至设计高程。施工中注意使每个千斤顶升压一致,防止拱板因受力不均发生开裂。

山嘴桥水毁抢修加固工程于 2002 年 5 月 1 日开工、6 月 10 日完工,施工期 40 天,工程竣工造价 17 万元。2004 年汛期,该桥遭遇洪水超过 2001 年水毁时洪水,桥孔泄洪通畅,桥址严重冲刷部位得到有效控制,桥梁加固部位未出现异常,桥梁安全度汛。

(二)路基翻浆

1. 路基翻浆产生的原因及条件

路基翻浆主要发生在季节性冻土地区的春融时节,以及盐渍、沼泽等地区。因为地下水位高、排水不畅、路基土质不良、含水过多,经行车反复作用,路基会出现弹簧、裂缝、冒泥浆等现象。

(1)土基冻胀与翻浆的发生条件(表 1-3-8)

土基冻胀与翻浆的发生条件表　　　　　　　　　　　　　　表 1-3-8

条件	描述
土质	粉土具有最强的冻胀性,最容易形成翻浆,构成了冻胀与翻浆的内因。粉土毛细水上升速度快,作用强,为水分向上聚集创造了条件。黏土的毛细水上升虽高,但速度慢,只在水分供给充足且冻结速度缓慢的情况下,才能形成比较严重的冻胀与翻浆
水	冻胀与翻浆的过程,实质上就是水在路基中迁移、相变的过程。地面排水困难、路基填土高度不足、边沟积水或利用边沟进行农田灌溉,路基靠近坑塘或地下水位较高的路段,为水分积聚提供了充足的水源
气候	多雨的秋天、暖和的冬天、骤热的晚春、春融期降雨等都是加剧湿度积聚和翻浆现象的不利气候
行车荷载	公路翻浆是通过荷载的作用最后形成和暴露出来的。通过过大的交通量或过重的汽车,会加速翻浆发生
养护	不及时排除积水、弥补裂缝会促成或加剧翻浆的出现

(2)翻浆形成与发生的过程

秋季是路基水的聚积时期。由于降水或灌溉的影响,地表水下渗,地下水位升高,使路基水分增多。

冬季,气温下降,路基上层的冻土开始冻结,路基下部土温仍较高。水分在土体内,由温度较高处向温度较低处移动,使路基上层水分增多,并冻结成冰,使路面冻裂或隆起,发生冻胀。

春季(有的地区延至夏季),气温逐渐回升,路基上层的冻土首先融化,土基强度很快降低,以致失去承载能力,在行车作用下形成翻浆(图 1-3-26)。

天气渐暖,蒸发量增大,冻层化透,路基上层水分下渗,土变干,土基强度又能逐渐恢复,这就是翻浆发展的全过程。

2. 路基翻浆的分类和分级

根据导致路基翻浆的水类来源不同,翻浆可分为 5 类,见表 1-3-9。根据翻浆高峰期路基、路面的变形破坏程度,翻浆又可分为 3 个等级,见表 1-3-10。

图 1-3-26　路基冻胀和翻浆

翻浆分类表　　　　　　　　　　　　　　　　　　　表 1-3-9

翻浆类型	导致翻浆的水类来源
地下水类	受地下水的影响,土基经常潮湿,导致翻浆。地下水包括上层滞水、潜水、层间水、裂隙水、泉水、管道漏水等。潜水多见于平原区,层间水、裂隙水、泉水多见于山区
地表水类	受地表水的影响,土基潮湿。地表水主要指季节性积水,也包括路基、路面排水不良而造成的路旁积水和路旁渗水
土体水类	因施工遇雨或用过湿的土填筑路基,造成土基原始含水率过大,在负温度作用下使上部含水率显著增加导致翻浆
气态水类	在冬季强烈的温差作用下,土中水主要以气态形式向上运动,聚集于土基顶部和路面结构层内,导致翻浆
混合水类	指受地下水、地表水、土体水和气态水等两种以上水类综合作用产生的翻浆。此类翻浆需要根据水源主次定名

翻浆分级表　　　　　　　　　　　　　　　　　　　表 1-3-10

翻浆等级	路面变形破坏程度
轻型	路面龟裂、湿润,车辆行驶时有轻微弹簧现象
中型	大片裂纹、路面松散、局部鼓包、车辙较浅
重型	严重变形、翻浆冒泥、车辙很深

认识路基翻浆
（视频）

3. 路基翻浆防治措施

（1）防治原则

①翻浆地区的路基设计,要贯彻"预防为主,防治结合"的原则。路线应尽量设置在干燥地段,当路线必须通过水文及水文地质条件不良地段时,应采取措施,预防翻浆。

②防治翻浆应根据地区特点、翻浆类型和程度,按照因地制宜、就地取材和路基路面综合设计的原则,提出合理防治方案。

③翻浆地区路基设计,在一般情况下,应注意对地下水及地表水的处理,并注意满足路基最小填土高度的要求。

④对于高级和次高级路面,除按强度进行结构层设计外,还需按照冻胀的要求进行复核。

（2）防治措施

①做好路基排水。良好的路基排水可防止地表水或地下水浸入路基,使土基保持干燥,减

少冻结过程中水分聚留的来源,如图 1-3-27 所示。

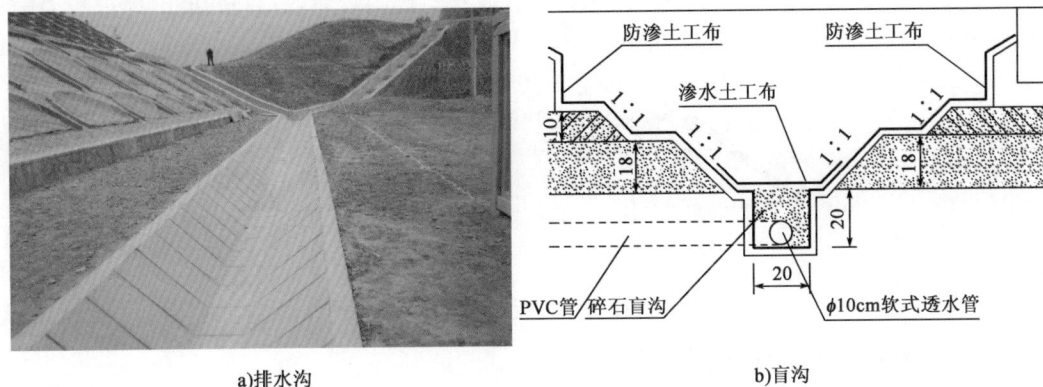

a)排水沟

b)盲沟

图 1-3-27 路基排水设置(尺寸单位:cm)

路基范围内的地表水、地下水都应通过顺畅的途径迅速引离路基,以防水分停滞及浸湿路基。为此应重视排水沟渠的设计,注意沟渠排水纵坡和出水口的设计;在一个路段内,重视排水系统的设计,使排水沟渠与桥涵组成一个通畅的排水系统。

为降低路基附近的地下水位,设置盲沟以降低地下水位,截断地下水潜流,使路基保持干燥。

②提高路基填土高度。提高路基填土高度是一种简便易行、效果显著且比较经济的常用措施。同时也是保证路基路面强度和稳定性,减薄路面,降低造价的重要途径。

提高路基填土高度,增大了路基边缘至地下水或地表水位间的距离,从而减小了冻结过程中水分向路基上部迁移的数量,使冻胀减弱,使翻浆的程度和可能性变小。

路线通过农田地区时,为了少占农田,应与路面设计综合考虑,以确定合理的填土高度。在潮湿的重冻区粉土分布地段,不能仅靠提高路基填土高度来保证路基路面的稳定性,要和其他措施,如砂垫层、石灰土基层等配合使用。

③设置透水性隔离层。隔离层的位置应在地下水位以上,一般在土基 50~80cm 深度处(在盐土地区的翻浆路段,其深度应同时考虑防止盐胀和次生盐渍化等要求),用粗集料(碎石或粗砂)铺筑,厚度为 10~20cm,分别自路基中心向两侧做成 3% 的横坡,为避免泥土堵塞,隔离层的上下两面各铺 1~2cm 厚的苔藓、草皮或土工布等其他透水性材料防淤层,连接路基边坡部位,应铺大块片石防止碎落。隔离层上部与路基边缘之高差不小于50cm,底部高出边沟底 20~30cm,如图 1-3-28 所示。

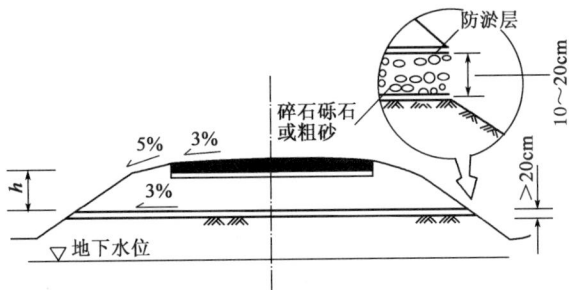

图 1-3-28 粒料透水性隔离层

④设置不透水隔离层。在路面不透水的路基中,可设置不透水隔离层,设置深度与透水隔离层相同。当路基宽度较窄时,隔离层可横跨全部路基,称为贯通式;当路基较宽时,隔离层可铺至延伸出路面边缘外50～80cm,称为不贯通式,如图1-3-29所示。

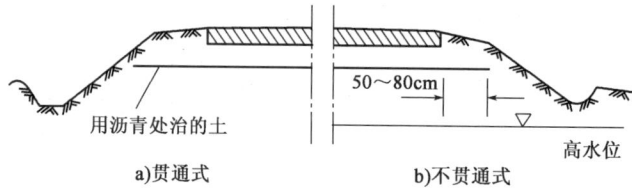

图1-3-29　不透水隔离层

a. 不透水隔离层所用材料和厚度。

a)8%～10%的沥青土或者6%～8%的沥青砂,厚2.5～3.0cm。

b)沥青或柏油,直接喷洒,厚2～5cm。

c)油毡纸、不透水土工布(一般为2～3层)或不易老化的特制塑料薄膜摊铺(盐渍土地区不可用塑料薄膜)。

b. 隔离层的适用条件。对于新旧路线翻浆的情况均可采用隔离层,其特别适用于新路线;不透水隔离层适用于不透水路面的路基中;在透水路面下只能设透水隔离层;在盐渍土地区的翻浆路段,隔离层深度应同时考虑防止盐胀和次生盐渍化等要求。

⑤隔温层。为防止水的冻结和土的膨胀,可在路基中设置隔温层(一般为北方严重冰冻地区),以减少冰冻深度。隔温层厚度一般不小于15cm,隔温材料可用泥炭、炉渣、碎砖等,直接铺在路面下。其宽度为每边宽出路面边缘30～50cm,如图1-3-30所示。

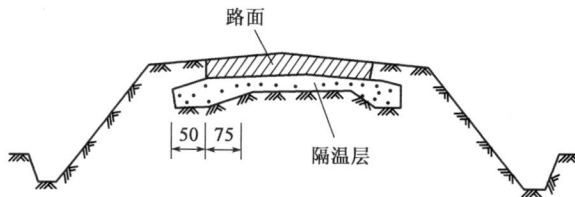

图1-3-30　隔温层的样式(尺寸单位:cm)

⑥换土。采用水稳性好、冰冻稳定性好、强度高的粗粒土换填路基上部,可以提高土基的强度和稳定性,如图1-3-31所示。换土的厚度一般可根据地区情况、公路等级、行车要求及换填材料等因素确定。一些地区的经验表明,在路基上部换填60～80cm厚的粗粒土,路基可以基本稳定。换土厚度也可以根据强度要求,按路面结构层厚度的计算方法计算确定。适用条件是:因路基高程限制,不允许提高路基,且附近有粗粒土可用时;路基土质不良,需铺设高级路面时。

⑦加强路面结构。铺设砂(砾)垫层以隔断毛细水上升,增进融冰期蓄水、排水作用,减小冻结或融化时水的体积变化,减轻路面冻胀和融沉作用。砂(砾)垫层的厚度经验值见表1-3-11。砂(砾)垫层的材料可选用砂砾、粗砂或中砂,要求砂中不含杂质、泥土等。铺设水泥稳定类、石灰稳定类、石灰工业废渣类等路面基层结构层以增强路面的板体性、水稳定性和低温稳定性,提高路面的力学强度。

图 1-3-31　路基换填施工

砂(砾)垫层的厚度经验值　　　　　　　　　表 1-3-11

土基湿度类型	砂(砾)垫层厚度(cm)	土基湿度类型	砂(砾)垫层厚度(cm)
中湿	15~20	潮湿	20~30

4.路基翻浆防治案例

(1)工程概况及地质条件

四川境内××公路工程多年平均气温 1.1℃,最冷月多年平均气温 -10.7℃,该地区为季节性冻土区,冻土深度 0.5~2.0m。现有公路大部分地段老路基均存在不同程度的冻融翻浆现象,其严重程度同路基填料和地形条件密切相关,冰冻期从每年 9 月开始,冬季产生强烈冻胀,使路基出现强烈变形,路面凹凸不平,至次年 5 月中旬才能完全解冻,4 月以后原有路基开始软化和融沉,经汽车碾压成为泥泞的翻浆路,行车条件极差,断道现象经常发生。经实地勘探,沿线表层一般有 1.5~5.0m 的有机质、淤泥、腐殖土,下部为深厚的粉质黏土、粉土或砂砾石土,全线需处理的季节性冻土路基约 110km。

(2)处治措施

①原则。该路段处于季节性冻土地区,季节性冻土路基的防冻层采用砾石或碎石,隔离层采用透水性土工布和砂砾石,其厚度根据沿线不同的地质条件和路基高度作了调整。

②处理方式。

a.路基高度(包括路面厚度)$h \geqslant 2.10m$,路基毛细水上升不到上路床,可不作处理。

b.路基高度(包括路面厚度)$1.6m \leqslant h \leqslant 2.1m$,且路基两侧排水条件较好路段,直接在路面底基层以下做 30cm 的砂砾石或碎石防冻层;路基两侧排水条件不好的路段,在底基层以下 60cm 做 20cm 厚的砂隔离层,隔离层上下铺单向无纺土工布。

c.路基高度 $0.6m \leqslant h \leqslant 1.6m$,在路面底基层以下做 45cm 的砂砾石或碎石防冻层。

d.在零填及挖方地段,在路面底基层以下做 60cm 的砂砾石或碎石防冻层。

导图小结(公路
水毁与路基翻浆)
(图片)

（3）冻土处理的材料要求

①砂砾石隔离层选用粗砂和砾石材料,砾石粒径为 5～40mm,且含泥量小于 5%。

②隔离层上下铺设的土工布为单向有孔无纺土工布,单位质量为 $100g/m^2$。纵向抗拉强度≥2000N/5cm,横向抗拉强度≥1500N/5cm,纵、横向伸长率 20%;碎石隔离层(防冻层)选用碎石材料,其粒径要求为 5～40mm,且含泥量小于 5%。

课后
练习题

在线测试题(公路
水毁与路基翻浆)
(文档)

1. 名词解释:坡面细流、河流的侵蚀作用、包气带水、潜水、承压水。
2. 上层滞水有哪些特点?
3. 按河床变化的发展过程来分,河流的侵蚀作用有哪几种? 各有何特点?
4. 简述地下水按含水层性质的分类及其特征。
5. 潜水对施工主要会造成哪些影响?
6. 试分析沿河路基和桥梁水毁的原因。
7. 请列举沿河路基和桥梁水毁的防治措施。
8. 试分析路基翻浆的成因及防治措施。

任务四　了解常见地貌

【学习指南】本任务的主要学习任务是了解地貌的形成和发展规律,熟悉常见内外力地貌的形成原因和地貌特征,掌握山地地貌和平原地貌的工程性质,重点要求掌握地貌的成因类型、垭口和山坡的成因及工程性质。

【教学资源】包括 2 个微课、2 个视频、2 幅导图、3 套在线测试题。

一、地貌概述

"地貌"不仅包括地表形态的全部外部特征,如高低起伏、坡度大小、空间分布、地形组合,以及与邻近地区地形形态之间的相互关系等,还包括地表形态的成因与发展的动力和规律(图 1-4-1)。地貌条件与公路工程的建设及运营有着密切的关系。公路常穿越不同的地貌单元,地貌条件是评价公路工程地质条件的重要内容之一。各种不同的地貌,都关系到公路勘测设计、桥隧位置选择的技术经济问题和养护工程等。为了处理好公路工程与地貌条件之间的关系,必须学习和掌握一定的地貌知识。

（一）地貌的形成和发展

地壳表面的各种地貌都在不断地形成和发展变化,促使地貌形成和发展变化的动力是内、外力地质作用。

地貌概述(微课)

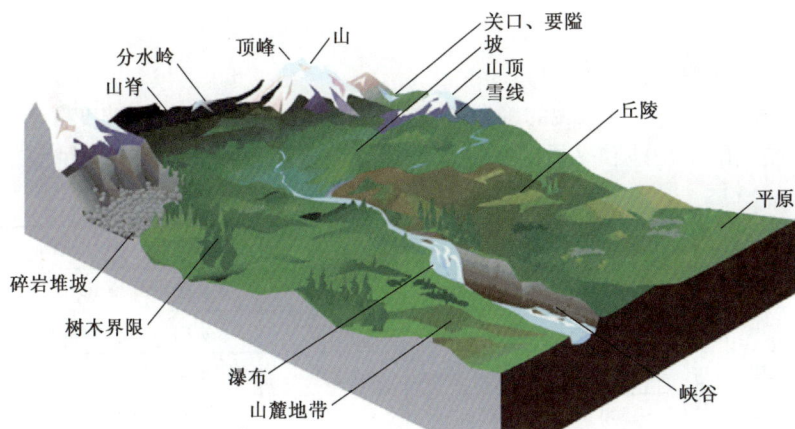

图 1-4-1 地貌示意图

内力作用包括地壳运动、岩浆作用、变质作用和地震作用,形成了地壳表面的基本起伏,对地貌的形成和发展起决定性作用。首先,地壳的构造变动不仅使地壳岩层因受到强烈的挤压、拉伸或扭曲而形成一系列褶皱带和断裂带,而且还在地壳表面形成大规模的隆起区和沉降区。隆起区将形成大陆、高原、山地,沉降区则形成海洋、平原、盆地。其次,地下岩浆的喷发活动对地貌的形成和发展也有一定的影响。岩浆沿裂隙喷发可形成火山锥和熔岩盖等堆积物,其覆盖面积可达数百甚至数十万平方公里,厚度可达数百或数千米。

外力作用根据其作用过程可分为风化、剥蚀、搬运、堆积和成岩等作用,外力作用对由内力作用所形成的基本地貌形态,不断地进行雕塑、加工,起着改造作用。其总趋势是削高补低,力图把地表夷平,即对由内力作用所造成的隆起部分进行剥蚀破坏,同时把破坏的碎屑物质搬运堆积到由内力作用所造成的低地和海洋中。

综上所述,内力作用不仅形成了地壳表面的基本起伏,而且还对外力作用的条件、方式及过程产生深刻的影响。例如,地壳上升,侵蚀、剥蚀、搬运等作用增强,堆积作用就变弱;地壳下降,则情况相反。外力作用在把地表夷平的过程中,也会改变地壳已有的平衡,从而又为内力作用产生新的地面起伏提供新的条件。地貌的形成和发展是内、外力共同作用的结果,我们现在看到的各种地貌形态,就是地壳在内、外力作用下发展到现阶段的形态表现。

(二)地貌的分级和分类

1.地貌分级

不同等级的地貌,其成因不同,形成的主导因素也不同。地貌等级一般划分为4级。

巨型地貌:地球上的大陆和洋盆,这是两个最大的地貌单元。巨型地貌几乎完全是由内力作用形成的,所以又称为大地构造地貌。

大型地貌:陆地的山脉、高原、大型盆地及海底山脉、海底平原等均为大型地貌,基本上也是由内力作用形成的。

中型地貌:河谷及河谷之间的分水岭、山间盆地等为中型地貌。内力作用产生的基本构造形态是中型地貌形成和发展的基础,而地貌的外部形态取决于外力作用的特点。

小型地貌:残丘、阶地、砂丘、小的侵蚀沟等为小型地貌,基本上受外力作用控制。

2. 地貌分类

（1）地貌形态分类

地貌的形态分类，就是按地貌的绝对高度、相对高度及地面的平均坡度等形态特征进行分类。表 1-4-1 是大陆上山地和平原的一种常见的分类方法。中国四大高原见图 1-4-2。

地貌的形态分类表　　　　　　　　　　　　表 1-4-1

形态分类		绝对高度（m）	相对高度（m）	平均坡度（°）	举例
山地	高山	>3500	>1000	>25	喜马拉雅山、天山
	中山	3500～1000	1000～500	10～25	大别山、庐山、雪峰山
	低山	1000～500	500～200	5～10	川东平行岭谷、华蓥山
	丘陵	<500	<200		闽东沿海丘陵,如图 1-4-3a)所示
平原 （图 1-4-3）	高原	>600	>200		青藏高原、内蒙古高原、云贵高原、黄土高原,如图 1-4-2 所示
	高平原	>200			成都平原,如图 1-4-3b)所示
	低平原	0～200			东北、华北、长江中下游平原
	洼地	低于海平面			吐鲁番盆地,如图 1-4-3c)所示

a)青藏高原

b)内蒙古高原

c)云贵高原

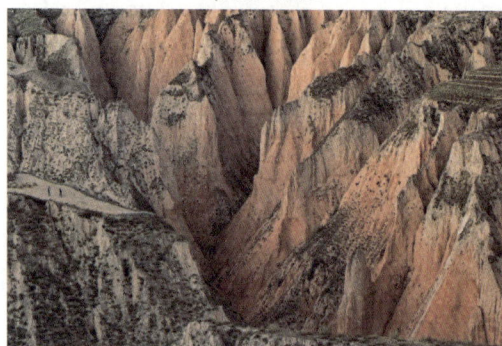

d)黄土高原

图 1-4-2　中国四大高原

（2）地貌成因分类

目前还没有公认的地貌成因分类方案,根据公路工程的特点,这里只介绍以地貌形成的主导因素作为分类基础的方案,这个方案比较简单实用。

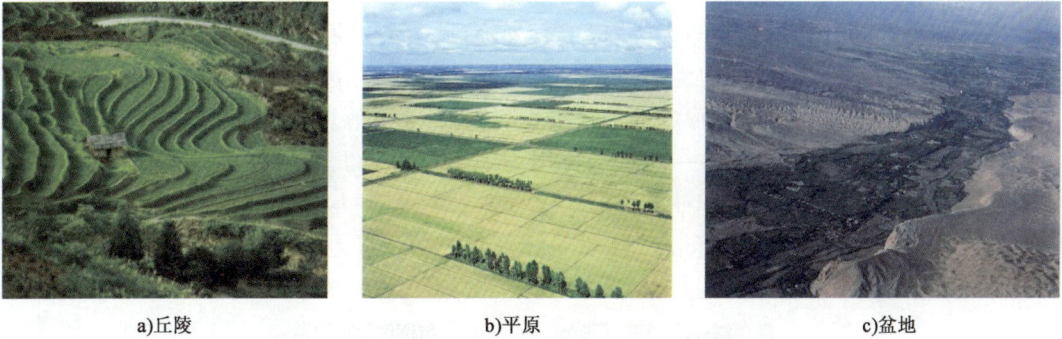

a)丘陵   b)平原   c)盆地

图 1-4-3 丘陵、平原和盆地

①内力地貌。

a.构造地貌。由地壳的构造运动所造成的地貌为构造地貌,其形态能充分反映原来的地质构造形态。如高地符合以构造隆起和上升运动为主的地区,盆地符合以构造凹陷和下降运动为主的地区,又如褶皱山、断块山等,如图 1-4-4 所示。

图 1-4-4 构造地貌

b.火山地貌。由火山喷发出来的熔岩和碎屑物质堆积所形成的地貌为火山地貌,如熔岩盖、火山锥等,如图 1-4-5 所示。

图 1-4-5 火山地貌

②外力地貌。外力地貌是指以外力作用为主所形成的地貌。根据外动力的不同，可划分为两大类：以单一外力为主形成的地貌和多种外力综合形成的地貌。以单一外力为主形成的地貌有水成地貌、冰川地貌、风成地貌和重力地貌；多种外力综合形成的地貌有岩溶地貌、冻土地貌和黄土地貌。

认识外力地貌
（视频）

a. 水成地貌——以水的作用为地貌形成和发展的基本因素。地表水在流动过程中，形成各种侵蚀地貌［如冲沟（图1-4-6）和河谷（图1-4-7）］和各种堆积地貌［如冲积平原（图1-4-8）］。雄伟壮丽的长江三峡就是长江经过200多万年侵蚀而成的杰作。美丽的科罗拉多大峡谷（图1-4-9）就是科罗拉多河在美国境内经河水500万～600万年的侵蚀而成。

图1-4-6　冲沟

图1-4-7　河谷（长江三峡之瞿塘峡）

图1-4-8　冲积平原

图1-4-9　河谷（美国科罗拉多大峡谷）

b. 风成地貌——以风的作用为地貌形成和发展的基本因素。风的地质作用包括吹蚀作用和沉积作用,所以风成地貌又可分为风蚀地貌(图 1- 4-10、图 1- 4-11)与风积地貌(图 1-4-12),前者如风蚀洼地,后者如新月形砂丘、砂垄等。

图 1-4-10　风蚀地貌(残丘)

图 1-4-11　风蚀地貌(风蚀穴)

c. 冰川地貌——以冰雪的作用为地貌形成和发展的基本因素。冰川地貌可分为冰川剥蚀地貌[如冰斗(图 1-4-13)、角峰(图 1-4-14)、刀脊、冰川槽谷(图 1-4-15)]与冰川堆积地貌[如冰碛丘陵(图 1-4-16)、鼓丘等]。

图 1-4-12　风积地貌(砂丘)

图 1-4-13　冰川剥蚀地貌(冰斗)

图 1-4-14　冰川剥蚀地貌(角峰)

图 1-4-15　冰川剥蚀地貌(冰川槽谷)

d. 重力地貌——以重力作用为地貌形成和发展的基本因素。斜坡上的风化碎屑或不稳定岩层，在重力作用下发生位移，由此产生的各种地貌，如崩塌（图1-4-17）、滑坡（图1-4-18）等。泰山仙人桥位于泰山舍身崖西侧，两座山崖之间，由三块巨石连接成桥状，主要是重力崩塌作用下的一种巧合塑造了这等奇观异象，如图1-4-19所示。

图1-4-16　冰川堆积地貌（冰碛丘陵）

图1-4-17　重力地貌（崩塌形成岩堆）

图1-4-18　重力地貌（滑坡形成陡崖）

图1-4-19　重力地貌（泰山仙人桥）

e. 岩溶地貌——具有溶蚀力的水对可溶性岩石进行溶蚀、冲蚀、潜蚀作用，以及坍陷等机械侵蚀作用所形成的地貌形态总称，又称喀斯特地貌。包括地表岩溶地貌，如溶沟、石芽、峰林，以及地下岩溶地貌，如溶洞、地下暗河等。云南石林县，在长达两亿多年的时间里，石灰岩被流水雕刻出分布总面积达 400km² 的磅礴石林区，有着"世界石林博物馆"的美誉，如图 1-4-20 所示。桂林地区有着举世无双的岩溶地貌，桂林的山，平地拔起，千姿百态；漓江的水，蜿蜒曲折，明洁如镜；山多有洞，洞幽景奇；洞中怪石，鬼斧神工，琳琅满目，于是形成了"山青、水秀、洞奇、石美"的"桂林四绝"，自古就有"桂林山水甲天下"的美称，如图 1-4-21 所示。

图 1-4-20　岩溶地貌(云南石林)

图 1-4-21　岩溶地貌(桂林山水)

广西阳朔银子岩溶洞如图 1-4-22 所示。

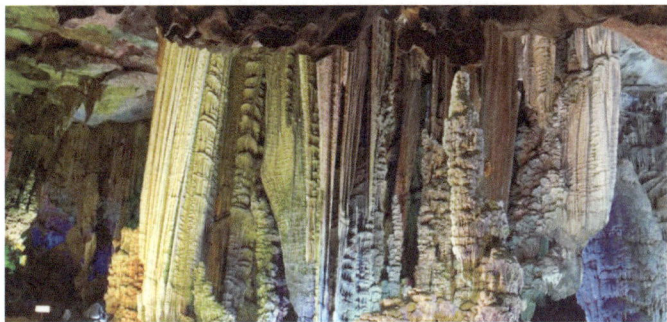

图 1-4-22　岩溶地貌(广西阳朔银子岩溶洞)

f. 黄土地貌——黄土堆积过程中遭受水力、风力、重力和人为作用强烈侵蚀而形成，主要有黄土沟间地、黄土沟谷和独特的黄土潜蚀地貌。典型的黄土地貌沟谷众多、地面破碎，如图1-4-23～图1-4-26所示。中国的黄土高原素有"千沟万壑"之称。

图1-4-23　黄土地貌（黄土峁）

图1-4-24　黄土地貌（黄土柱）

图1-4-25　黄土地貌（黄土塬）

图1-4-26　黄土地貌（黄土冲沟）

g. 冻土地貌——在高纬度地区及中纬度高山地区，地温常处于0℃以下，降水少，土层的上部常发生周期性的冻融，在冰劈、冻胀、融陷等作用下产生的特殊地貌，常见有石海、石河、冻胀丘（图1-4-27）和冰锥。

图1-4-27　冻土地貌（冻胀丘）

自然界中还有两种多姿多彩的地貌:雅丹地貌(图1-4-28)和丹霞地貌(图1-4-29)。从分类上它们仍属于外力地貌,但又不同于任何一种外力地貌,它们的形成,不仅仅跟外力有关,还跟气候条件、岩性等多种因素有关。

图1-4-28　雅丹地貌

图1-4-29　丹霞地貌

"雅丹"在维吾尔语中的意思是"具有陡壁的小山包"。由于风的磨蚀作用,小山包的下部往往遭受较强的剥蚀作用,并逐渐形成向里凹的形态。如果小山包上部的岩层比较松散,在重力作用下就容易垮塌形成陡壁,有些外观如同古城堡,俗称魔鬼城。雅丹地貌在中国新疆及西北地区广泛分布,其中最有名的是三大雅丹地貌群:最瑰丽的雅丹是新疆克拉玛依乌尔禾雅丹群、最神秘的雅丹是新疆罗布泊白龙堆雅丹群、最壮观的雅丹是新疆罗布泊三垄砂雅丹群,如图1-4-30和图1-4-31所示。

图1-4-30　乌尔禾雅丹地貌

图1-4-31　白龙堆雅丹地貌

丹霞地貌是指产状近水平的层状铁钙质红色碎屑岩,主要是砾岩和砂岩,受垂直或高角度解理切割,并在差异风化、重力崩塌、流水溶蚀、风力侵蚀等综合作用下形成的有陡崖的城堡状、宝塔状、针状、柱状、棒状、方山状或峰林状的地形。我国有名的丹霞地貌有张掖丹霞(图1-4-32)和广东丹霞山(图1-4-33)丹霞地貌。雅丹地貌和丹霞地貌的区别见表1-4-2。

认识雅丹地貌与
丹霞地貌(视频)

图 1-4-32　张掖丹霞

图 1-4-33　广东丹霞山

雅丹地貌和丹霞地貌的区别　　　　　　　　　　　　　　　　　表 1-4-2

形成及分布	雅丹地貌	丹霞地貌
岩性条件	可以是不同硬度和不同时代的岩石	以红色砂岩（含砂砾岩）、砾岩为主的沉积岩
环境条件	极端干旱区	从干旱到湿润区均可以
动力条件	风力作用、重力作用	风化、流水、地下水、重力、风、冰川和波浪等外力侵蚀作用
分布	降雨稀少、植被稀疏、风蚀作用强烈的干旱区和极端干旱区的沙漠边缘	分布广泛，在亚热带湿润区，温带湿润区、半湿润区、半干旱和干旱区，青藏高原高寒区都有分布

导图小结（地貌概述）（图片）

在线测试题（地貌概述）（文档）

常见地貌（微课）

二、山地地貌

（一）山地地貌的形态要素

山地地貌具有山顶、山坡、山脚等明显的形态要素。

山顶是山地地貌的最高部分，山顶呈长条形延伸时称山脊，相连的两山顶之间较低的部分称为垭口。一般来说，山体岩性坚硬、岩层倾斜或因受冰川的刨蚀时，多呈尖顶或狭窄的山脊；气候湿热，风化作用强烈的花岗岩或其他松软岩石分布区，多呈圆顶；在水平岩层或古夷平面分布区，则多呈平顶，典型的如方山、桌状山等。山顶的形状如图 1-4-34 所示。

山坡是山地地貌的重要组成部分。在山地地区，山坡分布的面积最广。山坡的形状有直线形（图 1-4-35）、凸形［图 1-4-36a)］、凹形［图 1-4-36b)］及复合形等各种类型，这取决于新构造运动、岩性、岩体结构及坡面剥蚀和堆积的演化过程等因素。

山脚是山坡与周围平地的交接处。由于坡面剥蚀和坡脚堆积，使山脚在地貌上一般并不明显，在那里通常有一个起着缓和作用的过渡地带，它主要是由一些坡积裙、洪积扇及岩堆、滑坡堆积体等流水堆积地貌和重力堆积地貌组成。

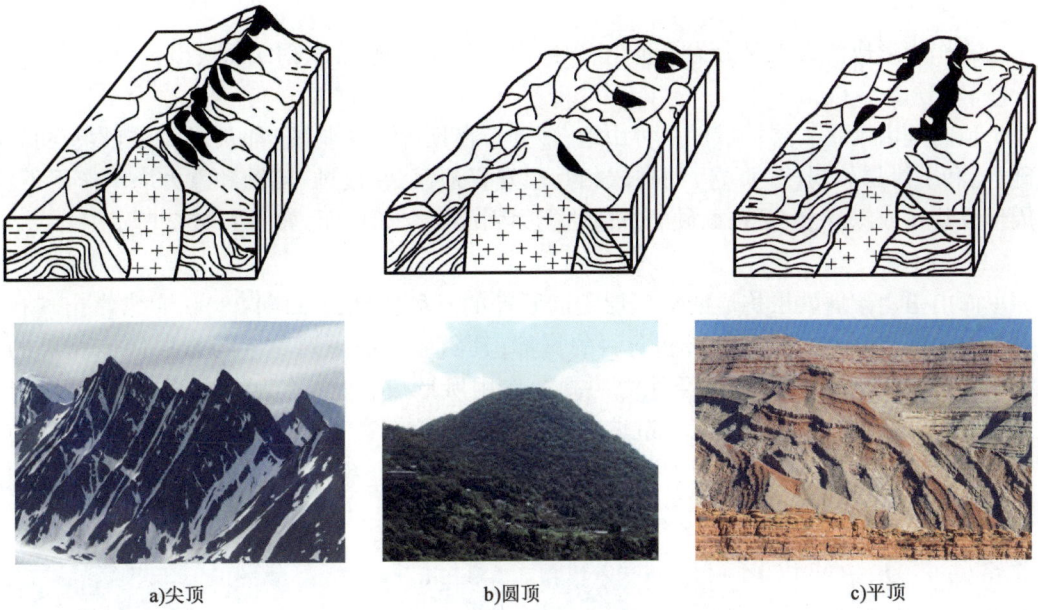

a)尖顶　　　　　　　　　b)圆顶　　　　　　　　　c)平顶

图 1-4-34　山顶的各种形状

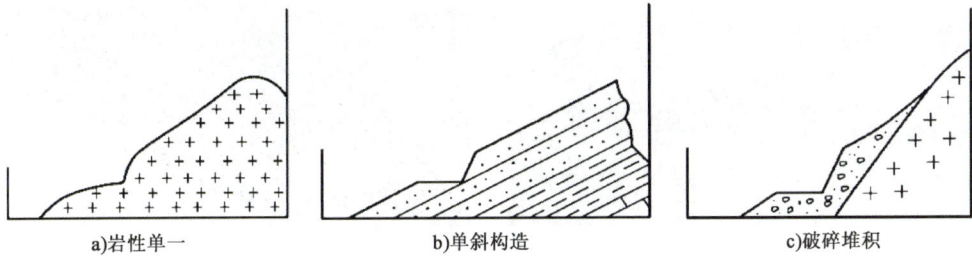

a)岩性单一　　　　　　　b)单斜构造　　　　　　　c)破碎堆积

图 1-4-35　直线形坡示意图

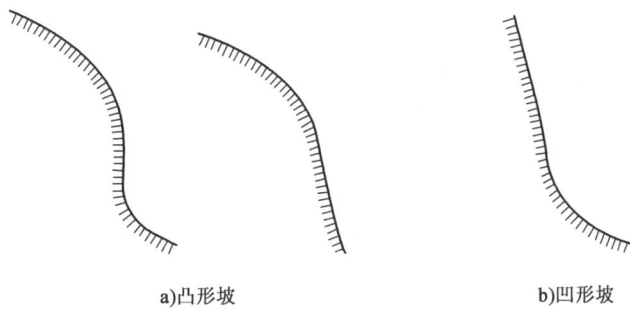

a)凸形坡　　　　　　　　　　　　　　b)凹形坡

图 1-4-36　山坡形状示意图

(二) 山地地貌的类型

根据地貌成因,可以将山地地貌划分为构造作用形成的山地地貌、火山作用形成的山地地貌、剥蚀作用形成的山地地貌 3 种类型。

1. 构造作用形成的山地

构造作用形成的山地又分为平顶山、单面山、褶皱山、断块山、褶皱断块山5种。

（1）平顶山

平顶山是由水平岩层构成的一种山地，多分布在顶部岩层坚硬（如灰岩、胶结紧密的砂岩或砾岩）和下卧层软弱（如页岩）的硬软相互层发育地区，在侵蚀、溶蚀和重力崩塌作用下，使四周形成陡崖或深谷，由于顶面硬岩抗风化能力强而兀立如桌面，如图1-4-37所示。

（2）单面山

单面山是由单斜岩层构成的沿岩层走向延伸的一种山地（图1-4-38）。它常常出现在构造盆地的边缘、舒缓的穹隆、背斜和向斜的翼部，其两坡一般不对称。与岩层倾向相反的一坡坡短而陡，称为前坡，它多是经外力的剥蚀作用所形成，故又称为剥蚀坡；与岩层倾向一致的一坡坡长而缓，称为后坡或构造坡。如果岩层倾角超过40°，则两坡的坡度和长度均相差不大，其所形成的山地外形很像猪背，所以又称猪背岭。单面山的发育，主要受构造和岩性控制。

图1-4-37　平顶山（南非桌山）

图1-4-38　单面山

单面山的前坡（剥蚀坡）由于地形陡峻，若岩层裂隙发育，风化强烈，则容易产生崩塌，且其坡脚常分布有较厚的坡积物和岩堆，稳定性差，**故对布设线路不利**。后坡（构造坡）由于山坡平缓，坡积物较薄，**故常常是布设线路的理想部位**。不过在岩层倾角大的后坡上深挖路堑时，应注意边坡的稳定性问题，因为开挖路堑后，与岩层倾向一致的一侧，会因坡脚开挖而失去支撑，特别是当地下水沿着其中的软弱岩层渗透时，容易产生顺层滑坡。

（3）褶皱山

褶皱山是由褶皱岩层所构成的一种山地（图1-4-39）。在褶皱形成的初期，往往是背斜形成高地（背斜山），向斜形成凹地（向斜谷），地形是顺应构造的，所以称为顺地形。但随着外力剥蚀作用的不断进行，有时地形也会发生逆转变化，背斜因长期遭受强烈剥蚀而形成谷地，而向斜则形成山地，这种与地质构造形态相反的地形称为逆地形。一般在年轻的褶曲构造上顺地形居多，在较老的褶曲构造上，由于侵蚀作用进一步发展，逆地形则比较发育。此外，在褶曲构造上还可能同时存在背斜谷和向斜谷，或者演化为猪背岭或单斜山、单斜谷。

图 1-4-39　褶皱山

（4）断块山

断块山是由断裂构造所形成的山地（图 1-4-40）。它可能只在一侧有断层，也可能两侧均为断裂所控制。断块山在形成初期可能有完整的断层面及明显的断层线，断层面构成了山前的陡崖，断层线控制了山脚的轮廓，使山地与平原或山地与河谷间的界限相当明显而且比较顺直。而后由于剥蚀作用的不断进行，断层面则可能遭到破坏而后退，崖底的断层线也被巨厚的风化碎屑物所掩盖。此外，由断层面所构成的断层崖，也常受垂直于断层面的流水侵蚀，因而在谷与谷之间形成一系列断层三角面，它常是野外识别断层的一种地貌证据。

图 1-4-40　断块山（华山断崖）

（5）褶皱断块山

褶皱断块山是由褶皱和断裂构造的组合形态构成的山地，山地形成过程如图 1-4-41 所示，其曾经是构造运动剧烈和频繁的地区。

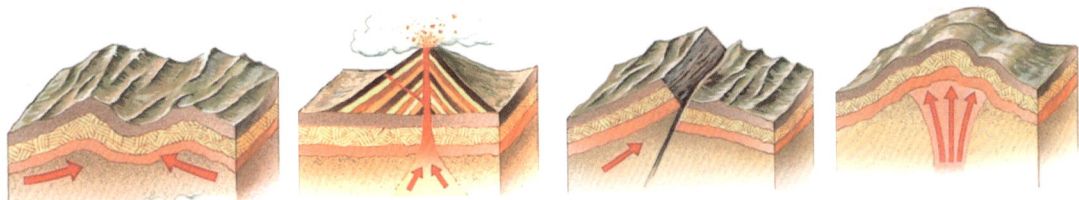

图 1-4-41　山地形成过程

2. 火山作用形成的山地

火山作用形成的山地，常见有锥状火山（图 1-4-42）和盾状火山（图 1-4-43）。锥状火山是多次火山活动造成的，其熔岩黏性较大、流动性小，冷却后便在火山口附近形成坡度较大的锥状外形。盾状火山是由黏性较小、流动性大的熔岩冷凝形成,故其外形呈基部较大、坡度较小的盾状。

图 1-4-42　锥状火山

图 1-4-43　盾状火山

3.剥蚀作用形成的山地

剥蚀作用形成的山地是在山体地质构造的基础上,经长期外力剥蚀作用形成的。例如地表流水地质作用所形成的河间分水岭。冰川刨蚀作用所形成的刃脊、角峰(图 1-4-44),水的溶蚀作用所形成的峰林(图 1-4-45)等,都属于此类山地。由于此类山地的形成是以外力剥蚀作用为主,山体的构造形态对地貌形成的影响已退居不明显地位,所以此类山地的形态特征主要取决于山体的岩性、外力的性质及剥蚀作用的强度和规模。

图 1-4-44　角峰

图 1-4-45　峰林

(三)垭口

垭口是指"两山间的狭窄地方",即连续山梁的一块平坦且相对较低的位置,也可以说是高大山脊的鞍状坳口(图 1-4-46)。从地质作用看,可以将垭口分为以下 3 个基本类型。

1.构造型垭口

构造型垭口是由构造破碎带或软弱岩层经外力剥蚀所形成。常见的有下列 3 种:断层破碎带型垭口、背斜张裂带型垭口和单斜软弱层型垭口。

(1)断层破碎带型垭口(图 1-4-47)。这种垭口是由断层破碎带慢慢发育而来,岩体的整体性被破坏,经地表水侵入和风化,岩体破碎严重,一般不宜采用隧道方案,如采用路堑,也需控制开挖深度或考虑边坡防护,以防止边坡发生崩塌。

图 1-4-46　垭口

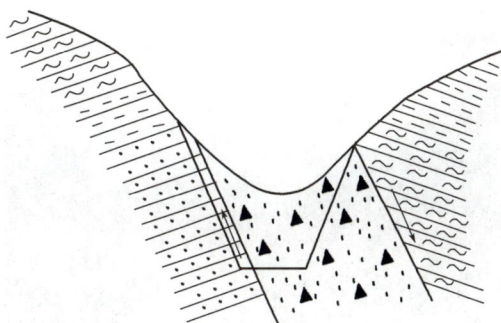

图 1-4-47　断层破碎带型垭口

（2）背斜张裂带型垭口（图 1-4-48）。这种垭口由背斜构造的核部经风化剥蚀而成，虽然构造裂隙发育，岩层破碎，但工程地质条件较断层破碎带型为好，这是因为垭口两侧岩层外倾，有利于排除地下水，也有利于边坡稳定，一般可采用较陡边坡坡度，使挖方工程量和防护工程量都比较小。如果选用隧道方案，施工费用和洞内衬砌比较节省，是一种较好的垭口类型。

（3）单斜软弱层型垭口（图 1-4-49）。这种垭口主要由页岩、千枚岩等易于风化的软弱岩层构成。两侧边坡多不对称，一坡岩层外倾可略陡一些。由于岩性软弱，风化严重，稳定性差，故不宜深挖。若须采取深路堑，与岩层倾向一致的一侧边坡的坡角应小于岩层的倾角，两侧坡面均要有防风化的措施，必要时设置护壁或挡土墙。穿越这一类垭口，**宜优先考虑隧道方案**，可以避免因风化带来的路基病害，还有利于降低越岭线的高程，缩短展线工程量或提高公路线形标准。

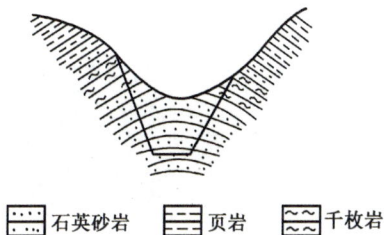

图 1-4-48　背斜张裂带型垭口

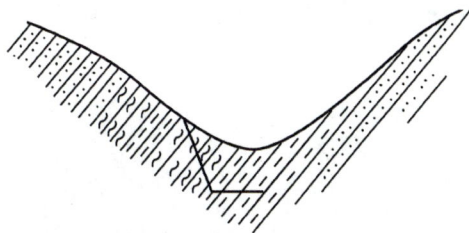

图 1-4-49　单斜软弱层型垭口

2. 剥蚀型垭口

剥蚀型垭口（图 1-4-50）是由外力强烈剥蚀而成，其形态特征与山体地质结构无明显联系。此类垭口的共同特点是松散覆盖层很薄，基岩多半裸露。垭口的肥瘦和形态特点主要取决于岩性、气候及外力的切割程度等因素。在气候干燥寒冷地带，岩性坚硬和切割较深的垭口本身较薄，宜采用隧道方案，采用路堑深挖也比较有利，是一种良好的垭口类型。在气候温湿地区和岩性较软弱的垭口，则本身较平缓宽厚，采用深挖路堑也比较稳定，但工程量较大。在灰岩分布区的溶蚀性垭口，无论是明挖路堑或开挖隧道，都应注意溶洞或其他地下溶蚀地貌的影响。

3. 剥蚀堆积型垭口

剥蚀堆积型垭口（图 1-4-51）是在山体地质结构的基础上，以剥蚀和堆积作用为主导因素形成。其开挖后的稳定性主要取决于堆积层的地质特征和水文地质条件。这类垭口外形浑缓,垭口宽厚,**宜于公路展线**,但由于松散堆积层较厚,有时还发育有湿地或高地沼泽,水文地质条件较差,故不宜降低过岭高程,一般以低填或浅挖的形式通过。

图1-4-50　剥蚀型垭口

图1-4-51　剥蚀堆积型垭口

（四）山坡

山坡是山地地貌形态的基本要素之一,其形态特征是新构造运动、山坡的地质结构和外动力地质条件的综合反映,对公路的建筑条件有着重要的影响。

根据山坡的纵向轮廓和纵向坡度,将山坡简略地概括为以下几种类型。

1.按山坡的纵向轮廓分类

（1）直线形坡

在野外见到的直线形坡（图1-4-52）一般可分为3种情况:第一种为单一岩体经强烈风化剥蚀形成,稳定性高;第二种为单斜岩层构成;第三种为气候干燥松软岩体经物理风化堆积形成,稳定性差。

图1-4-52　直线形坡

（2）凸形坡

凸形坡一般山坡上缓下陡,自上而下坡度渐增,下部甚至呈直立状态,坡脚界线明显。这类山坡往往是由于新构造运动加速上升,河流强烈下切所造成。其稳定条件主要取决于岩体结构,一旦发生山坡变形,则会形成大规模的崩塌。

（3）凹形坡

凹形坡（图1-4-53）一般山坡上部陡,下部急剧变缓,坡脚界线很不明显。山坡的凹形曲线可能是新构造运动的减速上升所造成的,也可能是山坡上部的风化破坏作用与风化产物的堆积作用相结合的结果。分布在松软岩层中的凹形坡,大多是在过去特定条件下由大规模的滑坡、崩塌等山坡变形现象形成的,凹形坡面往往就是古滑坡的滑动面或崩塌体的依附面。

图 1-4-53　凹形坡

（4）阶梯形坡

阶梯形坡（图 1-4-54）有两种不同的情况:第一种是由软硬不同的水平岩层或微倾斜岩层组成的基岩山坡,由于软硬岩层的差异风化而形成阶梯状的山坡外形,山坡的表面剥蚀强烈,覆盖层薄,基岩外露,稳定性一般较高;第二种是由于山坡曾经发生过大规模的滑坡变形,由滑坡台阶组成的次生阶梯状斜坡,这种斜坡多存在于山坡的中下部,如果坡脚受到强烈冲刷或不合理的切坡,或者受到地震的影响,可能引起古滑坡复活,威胁建（构）筑物的稳定。

图 1-4-54　阶梯形坡

2. 按山坡的纵向坡度分类

根据山坡的纵向坡度,小于 15° 的为微坡,介于 16° ~ 30° 之间的为缓坡,介于 31° ~ 70° 的为陡坡,大于 70° 的为垂直坡,如图 1-4-55 所示。

在线测试题（山岭地貌）（文档）

a)微坡　　　　　　　　　　　　　　　　　b)缓坡

图　1-4-55

c)陡坡

d)垂直坡

图1-4-55　山坡类型

三、平原地貌

平原地貌（图1-4-56）是在地壳升降运动微弱或长期稳定的前提下，经风化剥蚀夷平或岩石风化碎屑经搬运而在低洼地面堆积形成的地貌。其特点是地势平坦开阔，地形起伏不大。一般来说，**平原地貌有利于公路选线**，在选择有利地质条件的前提下，可以设计成比较理想的公路线形。平原按高程分为高原、高平原、低平原和洼地；按成因可分为构造平原、剥蚀平原和堆积平原。

（一）构造平原

构造平原（图1-4-57）是由地壳构造运动形成，其特点是微弱起伏的地形面与岩层面一致，堆积物厚度不大。构造平原可分为海成平原和大陆坳曲平原。海成平原是因地壳缓慢上升、海水不断后退形成，其地形面与岩层面一致，上覆堆积物多为泥砂和淤泥，并与下伏基岩一起微向海洋倾斜；大陆坳曲平原是因地壳沉降使岩层发生坳曲形成，岩层倾角较大，平原面呈凹状或凸状，其上覆堆积物多与下伏基岩有关。

图1-4-56　平原地貌

图1-4-57　构造平原（青藏高原）

由于基岩埋藏不深，所以构造平原的地下水一般埋藏较浅，在干旱或半干旱地区若排水不畅，易形成盐渍化。**在多雨的冰冻地区常易造成公路的冻胀和翻浆。**

（二）剥蚀平原

剥蚀平原（图1-4-58）是在地壳上升微弱、地表岩层高差不大的条件下，经外力的长期剥蚀夷平形成。其特点是地形面与岩层面不一致，上覆堆积物常常很薄，基岩常裸露于地表，只是在低洼地段有时才覆盖有厚度稍大的残积物、坡积物、洪积物等。按外力剥蚀作用的动力性质不同，剥蚀平原又分为河成剥蚀平原、海成剥蚀平原、风力剥蚀平原和冰川剥蚀平原，其中较为常见的是前两种。河成剥蚀平原由河流长期侵蚀作用形成，亦称准平原。其地形起伏较大，并沿河流向上游逐渐升高，有时在一些地方保留有残丘，如徐州平原、山东泰山外围的平原。海成剥蚀平原由海流的海蚀作用形成，其地形一般较为平缓，微向现代海平面倾斜。

a)徐州平原　　　　　　　　　　　　b)泰山外围平原

图1-4-58　剥蚀平原

剥蚀平原形成后往往因地壳运动变得活跃，剥蚀作用重新加剧使剥蚀平原遭到破坏，故其分布面积常常不大。**剥蚀平原的工程地质条件一般较好。**

（三）堆积平原

导图小结（常见　在线测试题（平原
地貌）（图片）　地貌）（文档）

堆积平原（图1-4-59）是在地壳缓慢而稳定下降的条件下，经各种外力作用的堆积填平形成。其特点是地形开阔平缓，起伏不大，往往分布有很厚的松散堆积物。按外力作用性质不同，又可分为山前洪积平原、河流冲积平原、湖积平原、三角洲平原、风积平原和冰积平原，其中较为常见的是前三种，前面已做了详细讲解。

图1-4-59　堆积平原（长江中下游平原）

课后练习题

1. 分析地貌形成和发展的动力。
2. 总结地貌的成因分类。
3. 试分析雅丹地貌和丹霞地貌的区别。
4. 简述根据地貌成因的山地地貌分类。
5. 简述锥状火山产生的过程。
6. 试分析穿越单斜软弱层型垭口地区的交通工程措施。
7. 简述垭口的类型。
8. 简述平原地貌的工程地质特点。

任务五　识读工程地质图

【学习指南】了解地质图和工程地质图的类型，熟悉地质图上反映的地质条件，简单阅读分析地质图，重点要求掌握工程地质图的阅读分析步骤和方法。

【教学资源】包括1个微课、1幅导图和1套在线测试题。

一、地质图

识读工程地质图
（微课）

（一）地质图概述

地质图是反映各种地质现象和地质条件的图件，它由野外地质勘探的实际资料编制而成，是地质勘测工作的主要成果之一。

地质图是指以一定的符号、颜色和花纹将某一地区各种地质体和地质现象（如各种地层、岩体、构造等的产状、分布、形成时代及相互关系）按一定比例尺综合概括地投影到地形图上的一种图件。

除了综合表示各基本地质现象的地质图外，还有着重表示某一方面地质现象的专门地质图件。如反映第四纪地层的成因类型、岩性和生成时代及地貌成因类型和形状特征的地貌及第四纪地质图，反映地下水的类型、埋藏深度和含水层厚度、渗流方向等的水文地质图，以及综合表示各种工程地质条件的工程地质图等。

工程建设的规划、设计、施工阶段，都需要以地质勘测资料作为依据，而地质图件是可直接利用且使用方便的主要图表资料。因此，学会编制、分析、阅读地质图件的基本方法是很重要的。

1. 地质图的规格

一幅正规的地质图应该有图名、比例尺、方位、图例和责任表（包括编图单位、负责人员、编图日期及资料来源等），在图的左侧为综合地层柱状图，有时还在图的下方附剖面图。

（1）图名：表明图幅所在的地区和图的类型。一般以图区内主要城镇、居民点或主要山地、河流等命名。

（2）比例尺：用以表明图幅反映实际地质情况的详细程度。地质图的比例尺与地形图或地图的比例尺一样,有数字比例尺和线条比例尺。比例尺一般注于图框外上方、图名之下或下方正中位置。比例尺的大小反映图的精度,比例尺越大,图的精度越高,对地质条件的反映越详细。比例尺的大小取决于地质条件的复杂程度和建筑工程的类型、规模及设计阶段。

(3)图例:是一张地质图不可缺少的部分。不同类型的地质图各有其表示地质内容的图例。普通地质图的图例用各种规定的颜色和符号来表明地层、岩体的时代和性质。图例通常是放在图框外的右边或下边,也可放在图框内足够安排图例的空白处。图例要按一定顺序排列,一般按地层、岩石和构造这样的顺序排列。

①地层图例的安排是从上到下、由新到老;如果放在图的下方,一般是由左向右、从新到老排列。图例方格内标的颜色和符号与地质图上同层位的颜色和符号相同,并在方格外适当位置注明地层时代和主要岩性。已确定时代的喷出岩、变质岩要按其时代排列在地层图例的相应位置上。

②构造符号的图例放在地层、岩石图例之后,一般的排列顺序是地质界线、断层、节理等。凡图内表示出的地层、岩石、构造及其他地质现象都应有图例,断层线应用红色线表示。

(4)责任表:图框外右上侧写明编图日期;左下侧注明编图单位、技术负责人及编图人;右下侧注明引用资料(如图件)的单位、编制者及编制日期。也可将上述内容列绘成"责任表"放在图框外右下方。

2.地质平面图、剖面图和柱状图

平面图是反映地表地质条件的图,是最基本的图件。

剖面图是配合平面图,反映一些重要部位的地质条件,它对地层层序和地质构造现象的反映比平面图更清晰、更直观。正规地质图常附有一幅或数幅切过图区主要构造的剖面图,置于图的下方。在地质图上标注出切图位置。剖面图所用地层符号、色谱应与地质图一致。

正式的地质图或地质报告中常附有工作区的综合地层柱状图。地层柱状图可以附在地质图的左边,也可以单独绘制。比例尺可根据反映地层详细程度的要求和地层总厚度而定。图名书写于图的上方,一般标为"××地区综合地层柱状图"。地质图示例如图 1-5-1 所示。

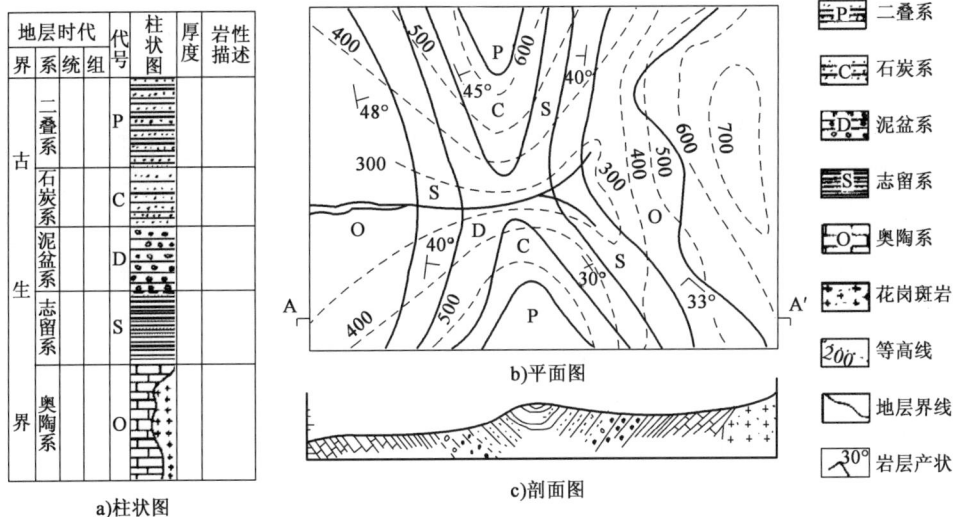

图 1-5-1　地质图示例

综合地层柱状图是按工作区所有涉及的地层的新老叠置关系恢复成原始水平状态而切出的一个具有代表性的柱形。在柱状图中表示出各地层单位、岩性、厚度、时代和地层间的接触关系等。地层柱状图可以附在地质图的左边,也可以单独成一幅图。比例尺可据反映地层详细程度的要求和地层总厚度而定。

(二)地质图反映的地质条件

1. 不同产状岩层界线的分布特征

(1)水平岩层

水平岩层的岩层界线与地形等高线平行或重合,如图 1-5-2 所示。

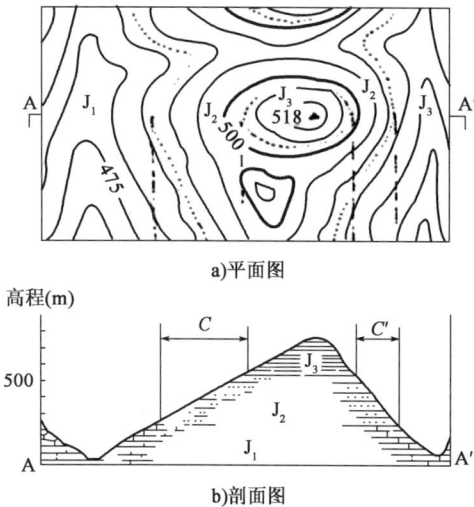

a)平面图

b)剖面图

图 1-5-2　水平岩层在地质图上的分布特征

(2)倾斜岩层

倾斜岩层的分界线在地质图上是一条与地形等高线相交的 V 字形曲线。当岩层倾向与地形坡向不一致时,在山脊处 V 字形的尖端指向山麓,在沟谷处 V 字形的尖端指向沟谷上游,但岩层界线的弯曲程度比地形等高线的弯曲程度要小(如图 1-5-3 中①所示);当岩层倾向与地形坡向一致时,若岩层倾角大于地形坡角,则岩层分界线的弯曲方向和地形等高线的弯曲方向相反(如图 1-5-3 中②所示);当岩层倾向与地形坡向一致时,若岩层倾角小于地形坡角,则岩层分界线弯曲方向和等高线相同,但岩层界线的弯曲度大于地形等高线的弯曲度(如图 1-5-3 中③所示)。

(3)直立岩层

直立岩层的岩层界线不受地形等高线影响,沿走向呈直线延伸,如图 1-5-4 所示。

2. 褶皱

一般根据图例符号识别褶皱,若没有图例符号,则需根据岩层的新、老对称分布关系确定,如图 1-5-5 所示。

3. 断层

一般也是根据图例符号识别断层,若无图例符号,则根据岩层分布重复、缺失、中断、宽窄变化或错动等现象识别。一般有以下两种情况:

(1)当断层走向大致平行岩层走向时,断层线两侧出露老岩层的为上升盘,出露新岩层的为下降盘。图 1-5-6 为一逆断层。

(2)当断层与褶皱轴垂直或相交时:对于背斜而言,变宽的是上升盘;对于向斜而言,变宽的是下降盘。图 1-5-7 为一正断层。

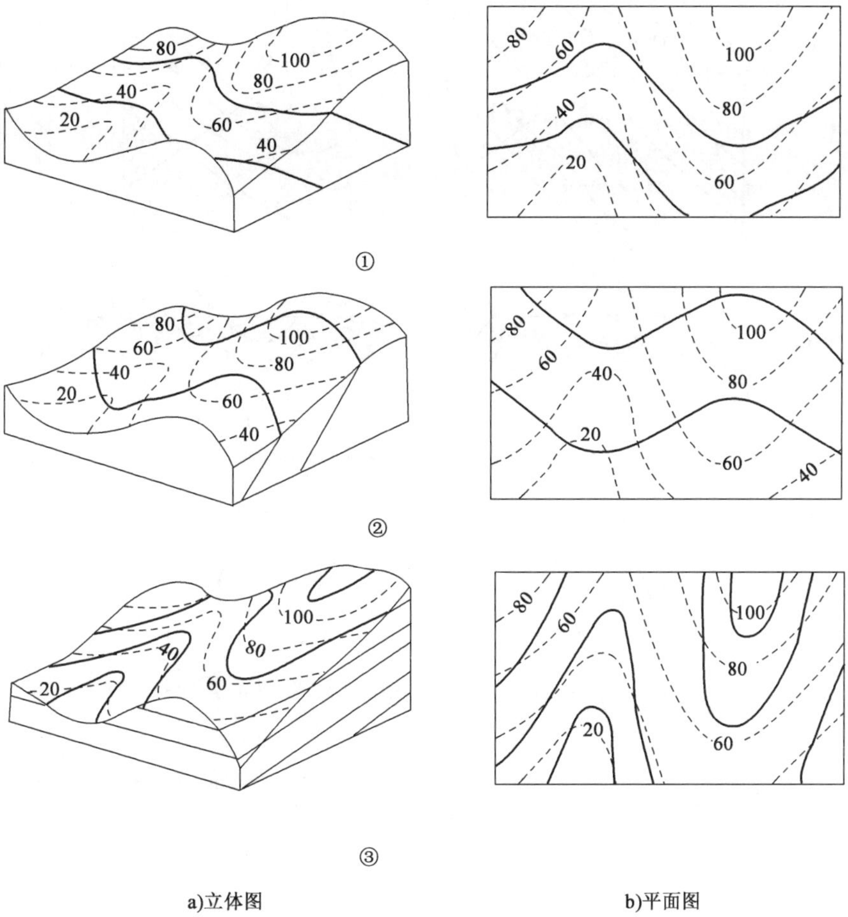

① ② ③

a)立体图   b)平面图

图 1-5-3　倾斜岩层在地质图上的分布特征

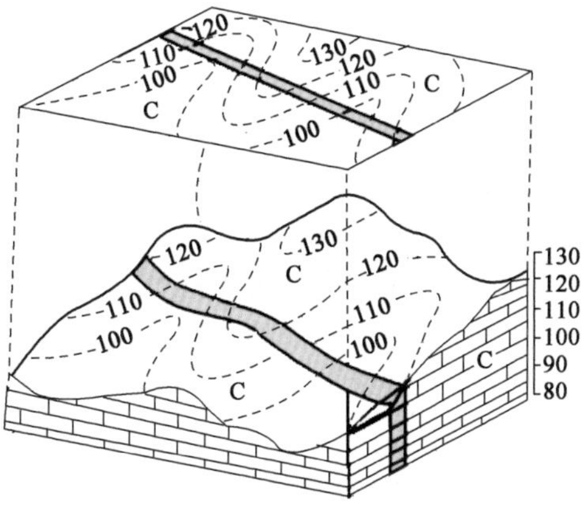

图 1-5-4　直立岩层在地质图上的分布特征

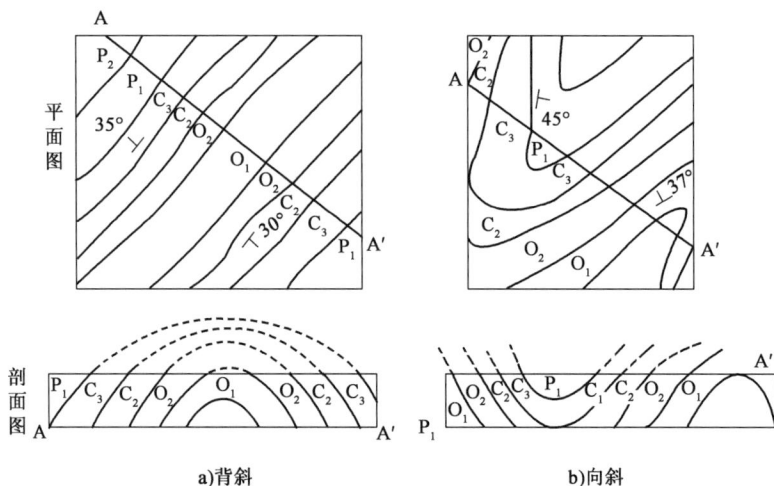

a)背斜   b)向斜

图 1-5-5　褶皱在地质图上的分布特征

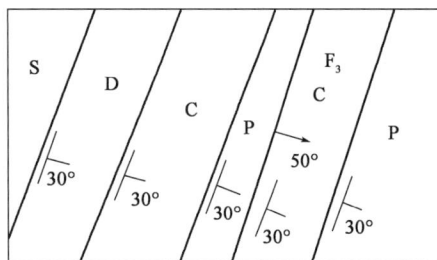

图 1-5-6　断层在地质图上的分布特征

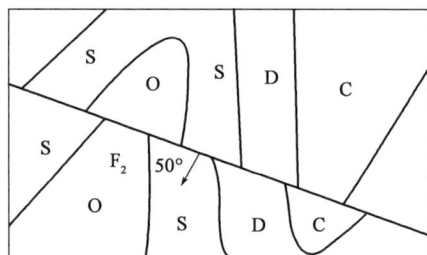

图 1-5-7　断层与褶皱相交时在地质图上的分布特征

4.地层接触关系

整合和平行不整合在地质图上的表现是相邻岩层的界线弯曲特征一致,只是前者相邻岩层时代连续,而后者不连续。角度不整合在地质图上的特征是新岩层的分界线遮断了老岩层的分界线。侵入接触使沉积岩层界线在侵入体出露处中断,但在侵入体两侧无错动,沉积接触表现出侵入体被沉积岩层覆盖中断。

(三) 地质图的阅读分析

1.读图步骤与要求

一幅地质图反映了该地区各方面地质情况。在一定的地形图和地图知识的基础上,应该按照图名、比例尺和图例的顺序读地质图,综合分析各种地质现象之间的关系及规律性。

从图名和图幅代号、经纬度可以了解图幅的地理位置和图的类型;从比例尺可以了解图上线段长度、面积大小和地质体大小及反映详略程度;图幅编绘出版年月和资料来源,便于查明工作区研究史。

在比例尺较大(如大于1∶50000)的地质图上,从等高线形态和水系可了解地形特点。在中小比例尺(1∶10万~1∶50万)地质图上,一般无等高线,可根据水系分布、山峰高程的分布变化,认识地形的特点。通过图例可以了解图示地区出露哪些岩层及其新老关系。看比例尺可以知道缩小的程度。

熟悉图例是读图的基础。首先要熟悉图幅所使用的各种地质符号,从图例可以了解图区出露的地层及其时代、顺序,地层间有无间断以及岩石类型、时代等。读图例时,最好与图幅地区的综合地层柱状图结合起来读,了解地层时代顺序和它们之间的接触关系(整合或不整合)。有的地质平面图往往绘有等高线,可以据此分析山脉的延伸方向、分水岭所在、最高点、最低点、相对高差等。如不带等高线,可以根据水系的分布来分析地形特点,一般河流总是从地势高处流向地势低处,根据河流流向可判断出地势的高低起伏状态。

上述内容仅是阅读地质图的一般步骤和方法,至于如何具体分析,必须通过实践来逐步掌握。

2.普通地质图阅读方法

【**案例**】以黑山寨地区地质图(图 1-5-8、图 1-5-9)为例,介绍阅读地质图的方法。

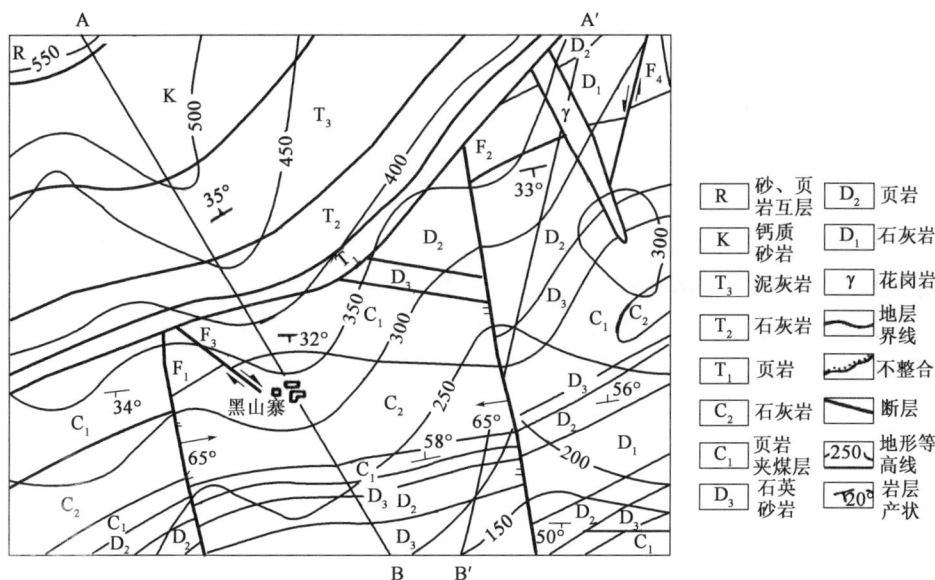

图 1-5-8　黑山寨地区地质图

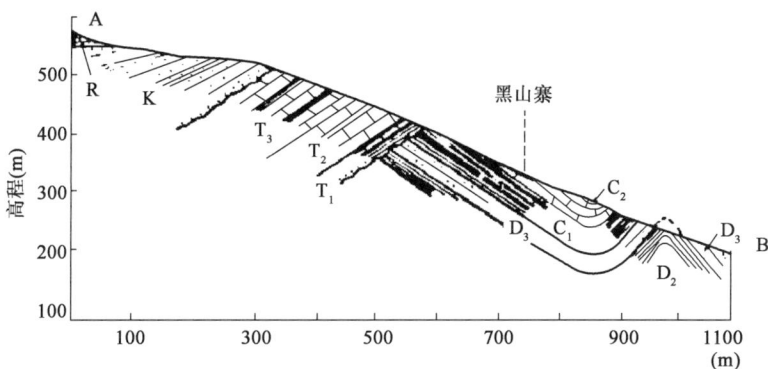

图 1-5-9　黑山寨地区地质剖面图

（1）比例尺

该地质图比例尺为 1∶10000，即图上 1cm 代表实地距离 100m。

（2）地形地貌

该地区西北部最高，高程约为 570m；东南较低，高程约为 100m；相对高差约为 470m。东部有一山岗，高程为 300 多米。顺地形坡向有两条北北西向沟谷。

（3）地层岩性

该区出露地层从老到新有：古生界——下泥盆统（D_1）石灰岩、中泥盆统（D_2）页岩、上泥盆统（D_3）石英砂岩，下石炭统（C_1）页岩夹煤层、中石炭统（C_2）石灰岩；中生界——下三叠统（T_1）页岩、中三叠统（T_2）石灰岩、上三叠统（T_3）泥灰岩，白垩系（K）钙质砂岩；新生界——第三系（R）砂、页岩互层。古生界地层分布面积较大，中生界、新生界地层出露在北、西北部。

除沉积岩层外，还有花岗岩脉侵入，出露在东北部。侵入在三叠系以前的地层中，属海西运动时期的产物。

（4）地质构造

①岩层产状 R 为水平岩层；T、K 为单斜岩层，产状 330°∠35°；D、C 地层大致近东西或北东东向延伸。

②褶皱古生界地层从 D_1 至 C_2 由北部到南部形成 3 个褶皱，依次为背斜、向斜、背斜。褶皱轴向为 NE75°~80°。

a. 东北部背斜：背斜核部较老地层为 D_1，北翼为 D_2，产状 345°∠36°；南翼由老到新为 D_2、D_3、C_1、C_2，岩层产状 165°∠36°；两翼岩层产状对称，为直立褶皱。

b. 中部向斜：向斜核部较新地层为 C_2，北翼即上述背斜南翼；南翼出露地层为 C_1、D_3、D_2、D，产状 345°∠56°~58°；由于两翼岩层倾角不同，故为倾斜向斜。

c. 南部背斜：核部为 D_1，两翼对称分布 D_2、D_3、C_1，为倾斜背斜。

这 3 个褶皱发生在中石炭世（C_2）之后，下三叠世（T_1）以前，因为从 D_1 至 D_2、D_3、C_1 的地层全部经过褶皱变动，而 T_1 以后的地层没有受此褶皱影响，但 T_1~T_3 及 K 地层是单斜构造，产状与 D_1、C 地层不同，它可能是另一个向斜或背斜的一翼，是另一次构造运动形成的，发生在 K 以后，R 以前。

③断层。该区有 F_1、F_2 两条较大断层，因岩层沿走向延伸方向不连续，断层走向 345°，断层面倾角较陡，F_1：75°∠65°，F_2：225°∠65°，两断层都是横切向斜轴和背斜轴的正断层。另从断层同侧向外核部 C_2 地层出露宽度分析，也可说明断层间的岩层相对下移，所以两断层的组合关系为地堑。

此外尚有 F_3、F_4 两条断层，F_3 走向 300°，F_4 走向 30°，为规模较小的平移断层。断层也形成于中石炭世（C_2）之后，下三叠世（T_1）以前，因为断层没有错断 T_1 以后的岩层。

从该区褶皱和断层分布时间和空间来分析，它们是处于同一构造应力场，受到同一构造运动所形成。压应力主要来自北北西向，故褶皱轴向为北东东。F_1、F_2 两断层为受张应力作用形成的正断层，故断层走向大致与压应力方向平行，而 F_3、F_4 则为剪应力所形成的扭性断层。

④接触关系。第三系（R）与其下伏白垩系（K）产状不同，为角度不整合接触。

白垩系（K）与下伏上三叠统（T_3）之间，缺失侏罗系（J），但产状大致平行，故为平行不整合接触。T_3、T_2、T_1 之间为整合接触。

下三叠统（T_1）与下伏石炭系（C_1、C_2）及泥盆系（D）直接接触,中间缺失二叠系（P）及上石炭统 C_3,且产状呈角度相交,故为角度不整合接触。由 C_2 至 D_1 各层之间均为整合接触。

花岗岩脉（γ）切穿泥盆系（D）及下石炭统（C_1）地层并侵入其中,故为侵入接触,因未切穿上覆下三叠统（T_1）地层,故 γ 与 T_1 为沉积接触,说明花岗岩脉（γ）形成于下石炭世（C_1）以后,下三叠世（T_1）以前,但规模较小,产状呈北北西—南南东分布直立岩墙。

二、工程地质图

工程地质图是按比例尺表示工程地质条件在一定区域或建筑区内的空间分布及其相互关系的图,是结合地质工程建筑需要的指标测制或编绘的地图。通常包括工程地质平面图、剖面图、地层柱状图和某些专门性图件,有时还有立体投影图。它以工程地质测绘所得图件为基础,并充实以必要的勘探、试验和长期观测所获得的资料编绘而成。它同工程地质报告书一起作为工程地质勘察的综合性文件,是建筑物的规划、设计和施工的重要基础资料之一。

（一）工程地质图的特点与分类

工程地质图是工程地质图测绘、勘探、试验等项工作的综合总结性成果。它不像地质图或地貌图那样主要是通过测绘"制"成的,而是以这些图件为基础图,再把通过勘探对地下地质的了解,以及通过试验取得的资料等综合起来"编"成的。根据图的比例尺,以及工程的特点和要求,还可以编绘一些其他的图作为附件。工程地质图可按其内容和用途进行分类。

1. 按内容分类

按图的内容可分为工程地质条件图、工程地质分区图和综合工程地质图等。

（1）工程地质条件图

只反映制图区内主要工程地质条件的分布与相互关系。

（2）工程地质分区图

按照工程地质条件相似程度,把制图范围内划分成为若干个区,并可作几级划分。这种图的图面上只有分区界和各区的代号,没有表示工程地质条件的实际资料。常列表说明各区的工程地质特征,作出评价。

（3）综合工程地质图

图上既综合表现了工程地质条件的有关资料,又有分区,并对各区的建筑适宜性作出评价。一般所指的工程地质图即属此类,是生产实际中最常用的图式。

2. 按用途分类

按图的用途可分为通用图和专用图两类。

（1）通用工程地质图

通用图适用于各建设部门,系规划用的小比例尺图,主要反映工程地质条件区域性变化规律。它是以区域地质测量完成的 1:20 万地质图为基础,参阅区内已有的各种专用图件,在室内编制而成。我国1965年出版的《中华人民共和国自然地图集》中的1:1000万《中国工程地质图》即属此类。

（2）专用工程地质图

专用图只适用于某一建设部,所反映的工程地质条件和作出的评价均与某种工程的要求紧密结合。如为公路建筑编制的工程地质图只需了解地表以下10～15m深度内的工程地质条件;渠道建筑所需的工程地质图必须反映土石的渗透性能;为一般工业民用建筑而编制的工程地质图还需反映土石的承载能力等。中国以往的工程地质图,大多是各建设部门为各类工程建筑物的设计和施工的需要,经大比例尺工程地质测绘而编制的专用图。这种图适用于各种比例尺,但更多地用于大中比例尺。按其比例尺和表示的内容,专用工程地质图又分为3种:

①小比例尺专用工程地质图。此种图适用于某一类建筑的规划,例如城市建筑规划,大、中河流流域规划、铁路线路方案比较等。所谓小比例尺,一般地质测绘是指小于1:50万。小比例尺专用工程地质图一般是通过搜集已有的测绘勘探资料和航卫片判释,辅以路线踏勘和少量勘探工作成果,编制而成。

②中等比例尺专用工程地质图。比例尺为1:25万～1:10000。在生产实际中这种图编绘得很多,应用最广。初步设计阶段所提成果即属此类图,在选择建筑地址和设计建筑物配置方式时,这种图能够提供充分的依据和必要的工程地质评价,使主要建筑物建筑在优良的地基上,并使各附属建筑物配置在合理的位置上。这类图件的内容,大量吸取了勘探工作的资料,作为分析工程地质问题和提出工程地质评价的论据。

③大比例尺工程地质图。比例尺为1:5000～1:500。编制这种图所依据的资料主要是勘探、试验和长期观测成果。图上反映的内容精确而细致,划分的岩土单元和地貌形态、水理和力学性质指针,可用等值表示在图上。据此,可进行工程地质分区并作出具有定量性质的工程地质评价。

（二）工程地质图表示的内容

一般来说,正式的工程地质图(一般为综合分区图)上,都有工程地质条件的综合表现,并进行分区、作出工程地质评价。因此,工程地质条件表示的内容主要为:

1.地形地貌

图上表示有地形起伏,沟谷割切的密度、宽度和深度,斜坡的坡度山地、河谷结构、阶地、夷平面及等级、岩溶地貌形态等。

2.岩土类型单元、性质、厚度变化

图上应有基岩中的软弱夹层、松软土的厚度等。

3.地质结构

基岩产状、褶皱及断裂,应在图上用产状符号、褶皱轴线、断层线(在大比例尺上按其实际宽度)加以表示。

4.水文地质条件

应表示出地下水位、井泉位置、隔水层和透水层的分布、岩土含水性及富水性、地下水的化学成分及侵蚀性等。

5.物理地质现象

一般表示有各种物理地质现象,如滑坡、岩溶、岩堆、泥石流、地震烈度及其分区、风化壳厚度等。

(三)工程地质图的附件

工程地质图是由一系列图纸组成,前面所说的是其中的主图,其余的图纸则为附图。有了附图就能使主图的内容更易理解,更加明晰,而且共同充分反映场区工程地质条件,说明分区特征。主要附图为:

1.岩土单元综合柱状图

与地质图上的地层综合柱状图基本相同,所不同的是这里不是按地层划分,而是按工程地质单元划分。对软弱夹层、透水性强烈的单元体还有专门说明。

2.工程地质剖面图

根据地质剖面图、勘探资料试验成果,编制工程地质剖面图,以揭示一定深度范围内的垂向地质结构。

3.立体投影图

包含 X、Y、Z 三轴线的投影图,能够清楚地表示出建筑位置的地质结构,对选择建筑物的位置和预测地基稳定性有帮助。

4.平切面图

用以表示地下某一高程的地质结构的平面图,主要用于重大建筑物的基础底面,拱坝坝肩部位工程地质条件较复杂时。这种图主要是根据勘探和测试资料绘制的。

(四)公路工程地质图

公路工程地质图是公路工程专用的地质图,是在普通地质图的基础上,反映一个地区工程地质条件的地质图。 根据具体工程项目又可细分为路线工程地质图、桥梁工程地质图和隧道工程地质图,一般比例尺较大。详见本项目任务六中工程地质勘察报告书中图表的编录部分。

导图小结(识读
工程地质图)(图片)

在线测试题
(识读工程地质图)(文档)

课后练习题

1.简述在地形地质图上判断倾斜岩层倾向的 V 字形法则。
2.简述在地质图判断褶皱构造的方法。
3.简述在地质图判断断层构造的方法。
4.简述在地质图判断地层接触关系的方法。
5.简述阅读地质图的一般步骤。

任务六　理解工程地质勘察

【学习指南】主要了解工程岩土的勘察任务、掌握工程岩土的勘察方法及公路建设各阶段工程岩土的勘察内容。根据任务学习，让学生能在野外进行公路路线，桥、隧等构筑物的调查、勘察。

【教学资源】包括 3 个微课、3 幅导图、3 个工程案例、4 份勘察报告和 3 套在线测试题。

一、工程地质勘察概述

工程地质勘察
认知（微课）

完成一个工程建设项目需要经过规划、勘察、设计和施工 4 个主要过程，岩土工程勘察是完成工程建设项目的一个重要步骤。只有认真做好工程地质勘察工作，才能针对具体的工程地质条件设计好建筑物的主体工程，进而保证施工的顺利进行；否则就会违背地质规律，带来不可估量的损失。

公路工程地质勘察是为查明影响工程建筑物的地质因素而进行的地质调查研究工作，所需勘察的地质因素包括地质结构或地质构造、地貌、水文地质条件、土和岩石的物理力学性质、自然（物理）地质现象和天然建筑材料等，这些通常称为工程地质条件。查明工程地质条件后，需根据设计建筑物的结构和运行特点，预测工程建筑物与地质环境相互作用（即工程地质作用）的方式、特点和规模，并作出正确的评价，为确定保证建筑物稳定与正常使用的防护措施提供依据。

工程地质勘察是为满足工程设计、施工、特殊性岩土和不良地质处治的需要，采用各种勘察技术、方法，对建筑场地的工程地质条件进行综合调查、研究、分析、评价，以及编制工程地质勘察报告的全过程。

（一）工程地质勘察的目的和任务

工程地质勘察的目的是为工程建筑的规划、设计和施工提供地质资料，运用地质和力学知识回答工程上的地质问题，以便使建筑物/构筑物与地质环境相适应，从地质方面保证建筑物/构筑物的稳定安全、经济合理、运行正常、使用方便。而且尽可能避免因工程的兴建而恶化地质环境，引起地质灾害，达到合理利用和保护环境的目的。

工程地质勘察的任务，具体归纳为以下几个方面：

（1）查明建筑地区的工程地质条件，指出有利和不利条件。阐明工程地质条件的特征及其形成过程和控制因素。

（2）分析研究与建筑有关的工程地质问题，作出定性评价和定量评价，为建筑物/构筑物的设计和施工提供可靠的地质依据。

（3）选出工程地质条件优越的建筑场地。正确选定建筑场地是工程规划、设计中的一项战略性的工作，也是最根本的工作。地点选得合适就能较为充分地利用有利的工程地质条件,避开不利条件,从而减少处理措施,取得最大的经济效益。工程地质勘察的重要性在场地选择方面表现得最为明显而突出。所以选择优越的建筑场地就成为工程地质勘察的任务之一。

(4)配合建(构)筑物的设计与施工,提出关于建(构)筑物类型、结构、规模和施工方法的建议。建(构)筑物的类型与规模应当适应场地的工程地质条件,这样才能保证工程安全;施工方法也要根据地质环境的特点制定具体方案,才能保证工程顺利施工。这一任务应与场地选择结合进行。

(5)为拟定改善和防治不良地质条件的措施提供地质依据。拟定和设计处理措施是设计和施工方面的工作,而针对的是工程地质条件中的缺陷和存在的工程地质问题,只有在阐明不良条件的性质、涉及范围及正确评定有关工程地质问题的严重程度的基础上,才能拟定出合适的措施方案。所以,必须有工程岩土勘察的成果作为依据。

(6)预测工程兴建后对地质环境造成的影响,制定保护地质环境的措施。人类经济活动取得了利用地质环境、改造地质环境为人类谋福利的巨大效益;但是,它同时也成为新的地质营力,产生了一系列不利于人类生活与生产的地质环境问题。例如道路的修建,方便了交通,但是在山区开挖边坡,也常常引起新的滑坡、崩塌等问题。

(二)工程地质勘察的方法

工程地质勘察的方法主要有工程地质测绘、工程地质勘探、工程地质测试等。

1. 工程地质测绘

工程地质测绘是工程地质勘察中的最基本方法,也是最先进行的综合性基础工作。它运用地质学原理,通过野外地质调查,对有可能选择的拟建场地区域内的地形地貌、地层岩性、地质构造、地质灾害等进行观察和描述,将所观察到的地质信息要素按要求的比例尺填绘在地形图和有关图表上,并对拟建场地区域内的地质条件作出初步评价,为后续布置勘探、试验和长期观测打下基础。工程地质测绘贯穿于整个勘察工作的始终,只是随着勘察阶段的不同,要求测绘的范围、内容、精度不同而已。

(1)工程地质测绘的范围

工程地质测绘的范围应根据工程建设类型、规模,并考虑工程地质条件的复杂程度等综合确定。一般,工程跨越地段越多、规模越大、工程地质条件越复杂,测绘范围就相对越广。例如在丘陵和山区修筑高速公路,因其线路穿山越岭、跨江过河,工程地质测绘范围就比水库、大坝选址的工程地质测绘范围要广阔。

(2)工程地质测绘的内容

①地层岩性。查明测区范围内地表地层(岩层)的性质、厚度、分布变化规律,并确定其地质年代、成因类型、风化程度及工程地质特性等。

②地质构造。研究测区范围内各种构造形迹的产状、分布、形态、规模及其结构面的物理力学性质,明确各类构造形迹的工程地质特性,并分析其对地貌形态、水文地质条件、岩石风化等方面的影响,以及构造活动,尤其是地震活动情况。

③地貌条件。调查地表形态的外部特征,如高低起伏、坡度陡缓和空间分布等;进而从地

质学和地理学的观点分析地表形态形成的地质原因和年代,及其在地质历史中不断演变的过程和将来发展的趋势;研究地貌条件对工程建设总体布局的影响。

④水文地质。调查地下水资源的类型、埋藏条件、渗透性;分析水的物理性质、化学成分、动态变化;研究水文条件对工程建设和使用期间的影响。

⑤地质灾害。调查测区内边坡稳定状况,查明滑坡、崩塌、泥石流、岩溶等地质灾害分布的具体位置、规模及其发育规律,并分析其对工程结构的影响。

⑥建筑材料。在建筑场地或线路附近寻找可以利用的石料、砂料、土料等天然建筑材料,查明其分布位置、大致数量和质量、开采运输条件等。

（3）工程地质测绘的方法和技术

工程地质测绘方法有像片成图法、实地测绘法和遥感技术法等。

①像片成图法。

它是利用地面摄影或航空（卫星）摄影的像片,先在室内根据判释标志,结合所掌握的区域地质资料,确定地层岩性、地质构造、地貌、水系和地质灾害等,并描绘在单张像片上,然后在像片上选择需要调查的若干布点和路线,进一步实地调查、校核并及时修正和补充,最后将结果转绘成工程地质图。

②实地测绘法。

它即在野外对工程地质现象进行实地测绘（地质填图）的方法。实地测绘法通常有路线穿越法、布线测点法和界线追索法三种。

路线穿越法。它是沿着在测区内选择的一些路线,穿越整个测绘场地,将沿途遇到的地层、构造、地质灾害、水文地质、地形、地貌界线和特征点等信息填绘在工作底图上的方法。观测路线可以是直线也可以是折线。观测路线应选择在露头较好或覆盖层较薄的地方,起点位置应有明显的地物（如村庄、桥梁等）。观测路线延伸的方向应大致与岩层走向、构造线方向及地貌单元相垂直。

布线测点法。它是根据地质条件复杂程度和不同测绘比例尺的要求,先在地形底图上布置一定数量的观测路线,并在这些路线上设置若干观测点,然后直接到所设置的点进行观测的方法。此方法不需要穿越整个测绘场地。

界线追索法。它是为了查明某些局部复杂构造,沿地层走向或某一地质构造方向或某些地质灾害界线进行布点追索的方法。此方法常是上述两种方法的补充工作。

③遥感技术法。

遥感是以电磁波为媒介的探测技术,即在遥远的地方,不与目标物直接接触,而通过信息系统去获得有关该目标物的信息。其方法是把仪器（电磁辐射测量仪或传感器、照相机等）装在轨道卫星、飞机、航天飞机等运载工具上,对地球上物体发射或反射的电磁波辐射特征进行探测和记录,然后把数据传到地面,经过接收处理得到数据磁带和图像,再进行人工解译,以判别遥感图像上所反映的地质现象,如图1-6-1所示。

以各种飞机、气球等作为传感台和运载工具的遥感技术,称为航空遥感地质调查,也称机载遥感,飞行高度一般在25km以下。其特点是比例尺大、地面分辨率高、细节效果好、机动灵活。而以卫星作为传感台和运载工具的遥感技术,称为卫星遥感地质调查,飞行高度一般在几百公里以上。其特点是拍摄的范围大、卫星照片上的地质体畸变小、多波段扫描成像提高地质判读效果、宏观性强。遥感技术应用于工程地质测绘,可大量节省地面测绘时间及工作量,且完成质量较高,从而节省工程勘察费用。

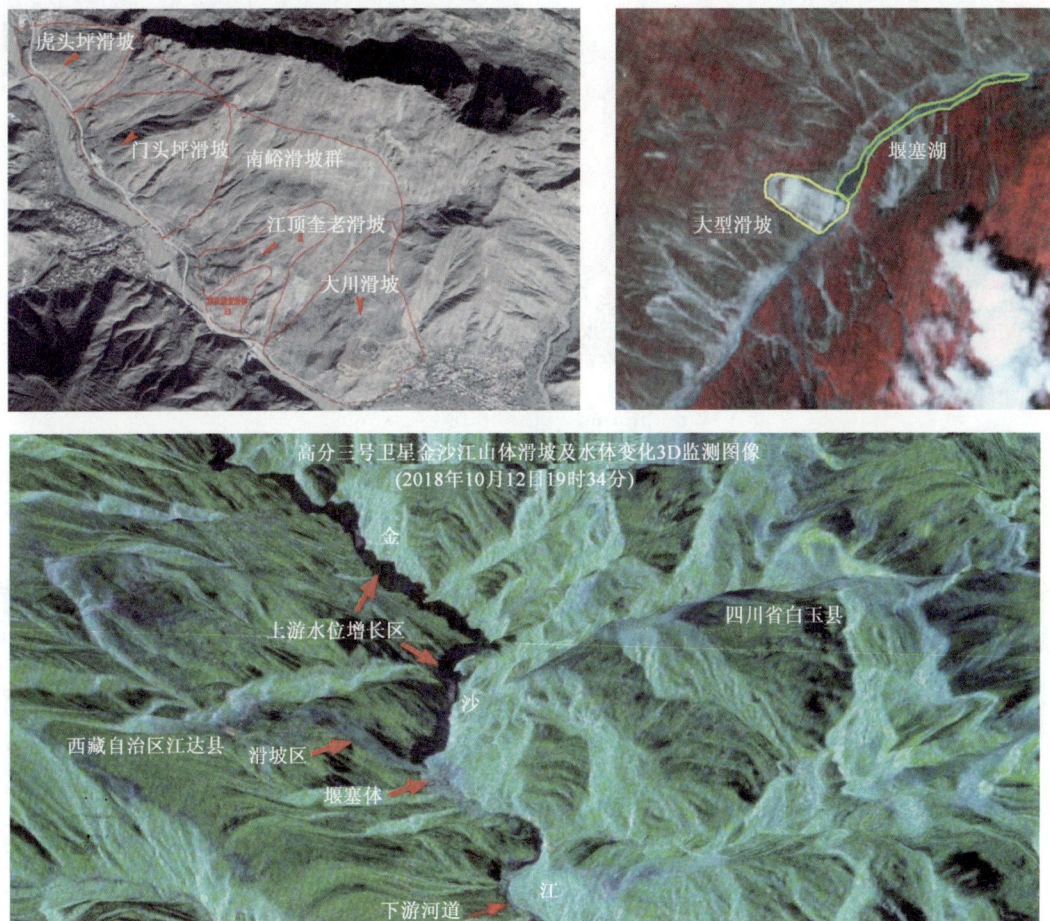

图 1-6-1　遥感影像示意图

2. 工程地质勘探

任何工程地质条件及工程地质问题,从地表到地下的研究,从定性到定量的评价,都离不开勘察、勘探工作。工程地质勘探包括物探、简易钻探、钻探、挖探等。

（1）物探

在工程地质勘察工作中,物探方法是必不可少的一种工程技术手段,在地质勘察中发挥着重要作用,其特点是高效、低成本、无害。

物探是利用专门仪器测定岩层物理(如岩层的导电性、弹性、磁性、放射性和密度等)参数,通过分析地球物理场的异常特征,再结合地质资料,便可了解地下深处地质体的情况,如图 1-6-2 所示。物探一般包括电法、地震、重力、磁法和放射性等勘探。工程岩土勘察中常用的是电法勘探和弹性波勘探。与其他勘探方法相比,物探速度快、效率高、成本低、搬运轻便。不仅能对地质现象进行定性解释,还能给予定量分析。有少量钻探配合,效果更好。

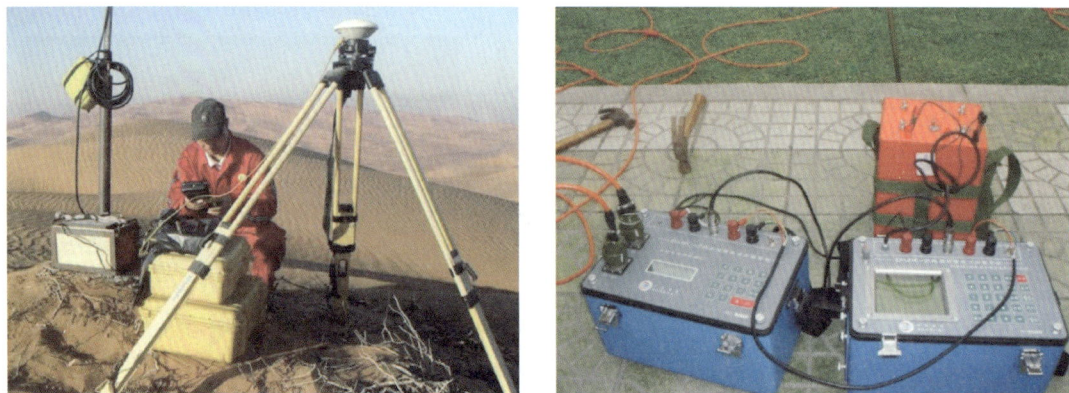

图 1-6-2　野外物探现场

（2）简易钻探

简易钻探是道路工程岩土勘探中经常采用的方法,优点是体积小,操作简便,进尺较快,劳动强度小。缺点是不能采用原状土样,在密实或坚硬地层内不易钻进或不能使用。常用的简易钻探工具有洛阳铲、锥探和小螺纹钻等,如图 1-6-3 所示。其中小螺纹钻是用人工加固回转转进的,适用于黏性土地层,采取扰动土样,钻进深度小于 6m,如图 1-6-4 所示。

图 1-6-3　洛阳铲和锥探

（3）钻探

钻探是工程地质岩土中极为重要的手段,但它在整个工程岩土勘察投资中的费用往往很大。因此,工程地质人员在勘察工作中如何有效地使用钻探并合理布置其工作量,尽可能地取得详细准确的资料,深入了解地下地质结构,是一个值得研究的课题。钻探工作应在测绘和物探的基础上进行,按勘察阶段、工程规模、地质条件复杂程度,有目的有计划地布置勘探线、网,一般按先近后远、先浅后深、先疏后密的原则进行,如图 1-6-5 所示。

图 1-6-4　野外简易钻探现场

图 1-6-5　野外钻探现场

（4）挖探

挖探是工程岩土勘探中最常用的一种方法，可分为坑探和槽探。它是用人工或机械方式进行挖掘坑、槽，以便直接观察岩土层的天然状态及各地层之间接触关系等地质结构，并能取出接近实际的原状结构土样。该方法的优点是地质人员可以直接观察地质结构细节，准确可靠，且可不受限制地取得原状结构试样，因此对研究风化带、软弱夹层、断层破碎带有重要的作用，常用于了解覆盖层的厚度和特征。缺点是可达的深度较浅，且易受自然地质条件的限制。

①坑探：垂直向下掘进的土坑。浅者称试坑，深者称探井。试坑断面一般采用 1.5m × 1.0m 的矩形，深度为 1.5 ~ 2.0m；探井断面一般采用圆形，深度为 2 ~ 4m，如图 1-6-6 所示。坑探用以揭示覆盖层的厚度和性质。

②槽探：是一种长槽形开口的坑道，宽 0.6 ~ 1.0m，长度视需要而定，深小于 3m，如图 1-6-7 所示。常用于追索构造线，查明坡积层、残积层的厚度和性质，揭露地层层序等。

3. 工程地质测试

工程地质测试，也称岩土测试，是在工程地质勘探的基础上，为了进一步研究勘探区内岩、土的工程地质性质而进行的试验和测定。工程地质测试有原位测试和室内测试之分。原位测试是在现场岩土体中对不脱离母体的"试件"进行的试验和测定；而室内测试则是将从野外或钻孔采取的试样送到实验室进行的试验和测定。原位测试是在现场条件下直接测定岩土的性质，避免了岩土样在取样、运输及室内试验准备过程中被扰动，因而所得的指标参数更接近于岩土体的天然状态，一般在重大工程采用；室内测试的方法比较成熟，所取试样体积小，与自然条件有一定的差异，因而成果不够准确，但能满足一般工程的要求。

图 1-6-6　野外坑探现场

图 1-6-7　野外槽探现场

（1）室内试验

取样、试验及化验是工程地质勘察中的重要工作之一，通过对所取土、石、水样进行各种试验及化验，取得各种必需的数据，用以验证、补充测绘和勘探工作的结论，并使这些结论定量化，作为设计、施工的依据。因此，取什么试样，做哪些试验和化验，都必须紧密结合勘察和设计工作的需要。此外，应当积极推行现场原位测试以便更紧密地结合现场实际情况，同时作好室内外试验的对比工作。

土、石、水样的采取、运送和试验、化验应当严格按有关规定进行，否则直接影响工程设计质量及工程建筑物的稳定。

①取样：土、石试样可分原状的和扰动的两种。原状土、石试样要求比较严格，取回的试样要能恢复其在地层中的原来位置，保持原有的产状、结构、构造、成分及天然含水量等各种性质。因此，原状土、石样在现场取出后要注明各种标志，并迅速密封起来，运输、保存时要注意不能太热、太冷和受振动。

取土、石样品，须经工程地质人员在现场选择有代表性的，按照试验项目的要求采取足够数量，采样同时填写试样标签，把样品与标签按一定要求包装起来。

②土工试验：是根据不同工程的要求，对原状土及扰动土样进行试验，求得土的各种物理力学性质指标，如相对密度、重度、含水率、液塑限、抗剪强度等。岩石物理力学试验的目的，则是为了求得岩石的相对密度、重度、吸水率、抗压强度、抗拉强度、弹性模量、抗剪强度等指标。

这些试验为全面评价土、石工程性质及土、岩体的稳定性，为有关的工程设计打下基础。试验目的不同，试验项目的多少、内容也不同。在试验前，应由工程地质人员根据要求填写试验委托书，实验室根据委托书对试验做出设计；对试验人员、设备及试验程序做好计划安排，然后进行试验。图 1-6-8 所示分别为环刀试验和直剪试验的仪器。

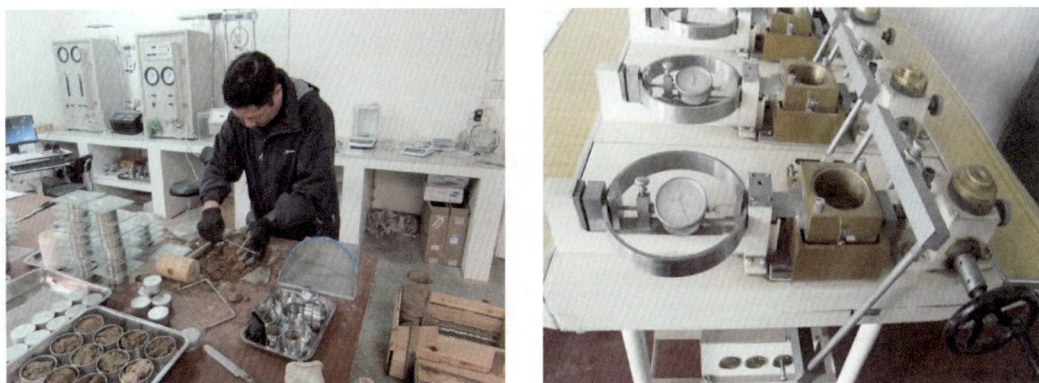

图 1-6-8 环刀试验和直剪试验

（2）野外试验

工程地质勘察中常用的野外试验有三大类。一是水文地质试验，包括钻孔压水试验、抽水试验、渗水试验、岩溶连通试验等。二是岩土力学性质及地基强度试验，包括荷载试验、岩土大型剪力试验、触探试验、岩体弹性模量测定、地基土动力参数测定等。三是地基处理试验：灌浆试验、桩基承载力试验等。下面重点介绍静力荷载试验、静力触探试验和标准贯入试验。

①静力荷载试验。

静力荷载试验是研究在静力荷载下岩土体变形性质的一种原位试验方法，主要用于确定地基土的允许承载力和变形模量，研究地基变形范围和应力分布规律等。荷载试验是加荷于地基，测定地基变形和强度的一种现场模拟试验，可以求得地基土石的变形模量及承载力，以及荷载作用下土石体沉降-时间变化曲线。试验方法是在现场试坑或钻孔内放一荷载板，在其上依次分级加压（p），测得各级压力下土体的最终沉降值（s），直到承压板周围的土体有明显的侧向挤出或发生裂纹，即土体已达到极限状态为止（图 1-6-9）。

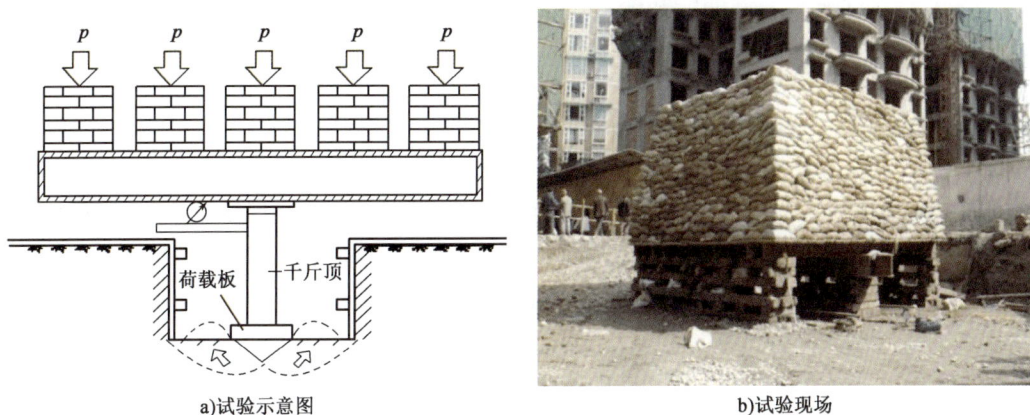

a)试验示意图　　　　　　　　　　　　b)试验现场

图 1-6-9 静力荷载试验

②静力触探试验。

静力触探技术是工程地质勘察特别在软土勘察中较为常用的一种原位测试技术。静力触探的仪器设备包括探杆、带有电测传感器的探头、压入主机、数据采集记录仪等，常将全部仪器设备组装在汽车上,制造成静力触探车,如图1-6-10所示。静力触探试验是用压入装置,以20mm/s的匀速静力,将探头压入被试验的土层,用电阻应变仪测量出不同深度土层的贯入阻力等,以确定地基土的物理力学性质及划分土类。静力触探试验适用于软土、黏性土、粉土、砂土和含少量碎石的土。根据目前的研究与经验,静力触探试验成果可以用来划分土层,评定地基土的强度和变形参数,评定地基土的承载力等。

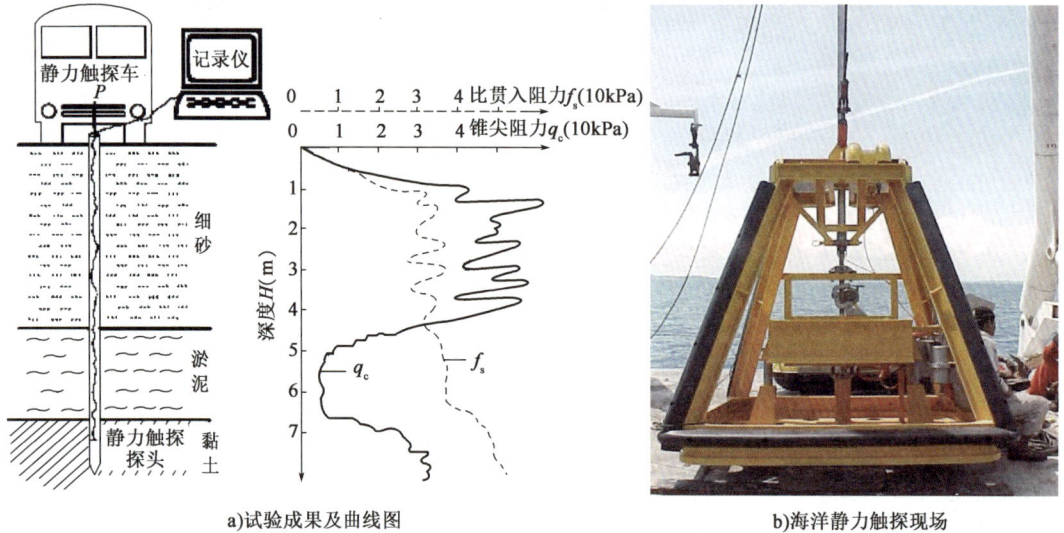

a)试验成果及曲线图 b)海洋静力触探现场

图1-6-10 静力触探试验

③标准贯入试验。

标准贯入试验是用63.5kg的穿心重锤,以76cm的落距反复提起和自动脱钩落下,锤击一定尺寸的圆筒形贯入器,将其贯(打)入土中,测定每贯入30cm厚土层所需的锤击数($N63.5$值),以此确定该深度土层性质和承载力的一种动力触探方法。标准贯入试验的主要成果有:标贯击数N与深度H的关系曲线和标贯孔工程地质柱状图(图1-6-11)。标准贯入试验成果可以用来判断土的密实度和稠度、估算土的强度与变形指标、判别砂土液化、确定地基承载力、划分土层等。

(3)长期观测

长期观测工作在工程岩土勘察中是一项很重要的工作。有些动力地质现象及地质营力随时间推移将不断地明显变化,尤其在工程活动影响下的某些因素和现象将发生显著新变化,又影响工程的安全、稳定和正常运用,这时仅靠工程地质测绘、勘探、试验等工作,还不能准确预测和判断各种动力地质作用的规律性及其对工程使用年限内的影响,因此必须进行长期观测工作。长期观测的主要任务是检验测绘、勘探对工程地质条件评价的正确性,查明动力地质作用及其影响因素随时间的变化规律,准确预测工程地质问题,为防止不良地质作用所采取的措施提供可靠的工程地质依据,检查为防治不良地质作用而采取的处理措施的效果。工程岩土勘察中常进行的长期观测,有与工程有关的地下水动态观测、物理地质现象的长期观测、建筑物建成后与周围地质环境相互作用及动态变化的长期观测等。

常遇到的长期观测问题有:

①已有建筑物变形观测:主要是观测建筑物基础下沉和建筑物裂缝发展情况。常见的有

房屋、桥梁、隧道等建筑物变形的观测,取得的数据可用于分析建筑物变形的原因,建筑物稳定性及应当采取的措施等。

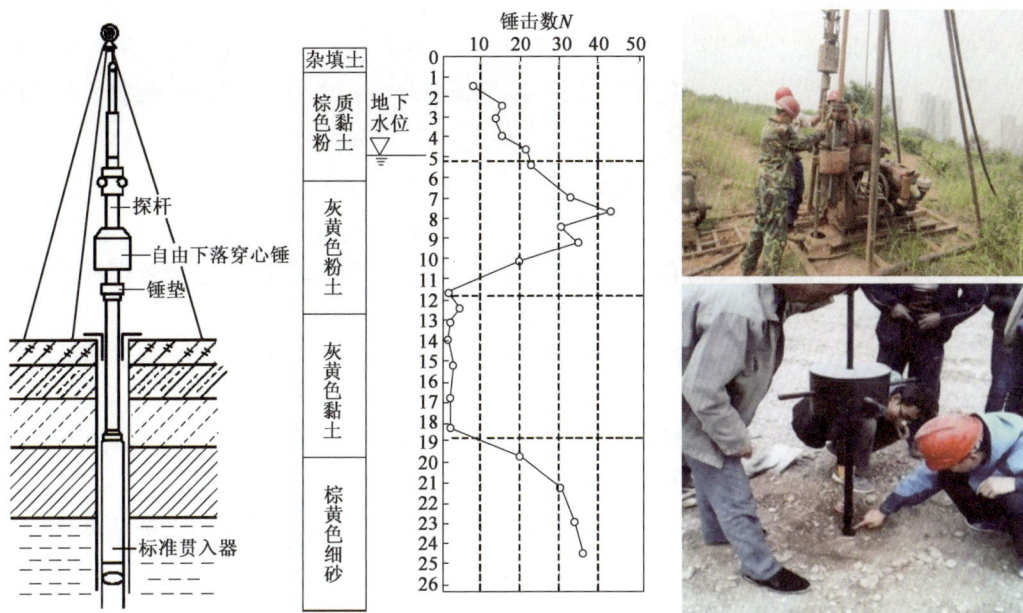

图 1-6-11　标准贯入试验(左图为试验示意及曲线图,右图为试验现场)

②不良地质现象发展过程观测:各种不良地质现象的发展过程多是比较长期的逐渐变化的过程,例如滑坡的发展、泥石流的形成和活动、岩溶的发展等。观测数据对了解各种不良地质现象的形成条件、发展规律有重要意义。

③地表水及地下水活动的长期观测:主要是观测水的动态变化及其对工程的影响。地表水活动观测常见的是对河岸冲刷和水库塌岸的观测,为分析岸坡破坏形式、速度及修建防护工程的可能性提供可靠资料。地下水动态变化规律的长期观测资料则有多方面的广泛用途。

此外,黄土地区地表及土体沉陷的长期观测,为控制软土地区工程施工进行的长期观测等也是需要进行的工作。

由于长期观测的对象和目的不相同,因此使用的方法、设备和观测内容等也有很大差别,这里不再一一列举,可参考有关的专题总结资料。

(4)内业整理

内业整理是工程岩土勘察工作的重要环节,是工程地质勘察成果质量的最终体现。其任务是将测绘、勘探、试验和长期观测的各种资料认真地系统整理和全面地综合分析,找出各种自然地质因素之间的内在联系和规律性,对建筑场区的工程地质条件和工程地质问题作出正确评价,为工程规划、设计及施工提供可靠的地质依据。内业整理要反复检查核对各种原始资料的正确性并及时整理、分析,查对清绘各种原始图件,整理分析岩土各种实验成果。编制工程地质图件,编写工程地质勘察报告。

（三）公路工程地质勘察的目的和任务

1. 公路工程地质勘察的目的

查明工程地质条件，分析存在的地质问题，对公路构筑地区作出工程地质评价，为工程的规划、设计、施工和运营提供可靠的地质依据，以保证公路的安全稳定、经济合理和正常使用。

2. 公路工程地质勘察的任务

为公路的规划、设计和施工提供地质资料，运用地质和力学知识回答工程上的地质问题，以便使建筑物与地质环境相适应，从地质方面保证构筑物的稳定安全、经济合理、运行正常、使用方便。而且尽可能避免因工程的兴建而恶化地质环境，引起地质灾害，达到合理利用和保护环境的目的。

（1）查明各条路线方案的主要工程地质条件，合理确定路线布设，重点调查对路线方案与路线布设起控制作用的地质问题。

（2）沿线工程地质调查。根据选定的路线方案和确定的路线位置，对中线两侧一定范围内的地带，进行详细的工程地质勘察，为路基路面的设计和施工提供可靠资料。

（3）查明填方地段所用路基填筑材料的变形和强度性质。充分发掘、改造和利用沿线的一切就近材料。

（四）公路工程地质勘察的阶段和内容

1. 公路工程地质勘察的阶段

公路工程地质勘察的工作内容是按照规定的设计程序分阶段进行的，**常分为可行性研究、初步勘察和详细勘察3个阶段，**不同勘察阶段对工程地质勘察工作有不同的要求。工程设计是分阶段进行的，与设计阶段相适应，勘察也是分阶段的。公路工程地质勘察必须根据不同的勘察阶段，完成各项勘察任务。各勘察阶段的工作内容和工作深度应与公路各设计阶段的要求相适应。不管公路设计是哪个阶段，一般工程地质勘察时都要用一个地质调查记录簿（包括《公路工程地质调查记录簿》《钻孔、探坑描述记录簿》《筑路材料调查记录簿》）在野外进行勘察记录，3个调查记录本都是记录野外勘察情况，只是在调查的内容上有所区别。

（1）可行性研究阶段

在这一阶段，根据发展国民经济的长远规划和公路网建设规划及项目建议书，对建设项目进行可行性研究。这一阶段的勘测工作是为编制可行性研究报告提供关于建设项目的地形、地质、地震、水文及筑路材料、供水来源等方面的概略性资料。

公路可行性研究按其工作深度，分为预可行性研究和工程可行性研究。其各自的工程地质工作见表1-6-1。

可行性研究阶段的工程地质工作表　　　　　　　　表1-6-1

公路可行性研究分类	工程地质工作
预可行性研究	收集与研究已有的文献地质资料
工程可行性研究	（1）对可能方案作沿线实地调查； （2）对大桥、隧道、不良地质地段等重要工点进行必要的勘探，大致探明地质情况

（2）初步勘察阶段

公路工程基本建设项目一般采用两阶段设计，**即初步设计和施工图设计**。此外，对于技术简单、方案明确的小型建设项目，可采用一阶段（施工图）设计；对于技术复杂而又缺乏经验的建设项目，或建设项目中的个别路段或其他主要工点（如特殊大桥、互通式立体交叉、隧道等），必要时采用三阶段设计，即在初步设计和施工图设计之间增加技术设计阶段。

初勘的目的是根据合同或协议书要求，在工程可行性研究的基础上，对公路工程构筑场地进一步做好工程地质比选工作，为初步选定工程场地、设计方案和编制初步设计文件提供必需的工程地质依据，其任务和内容见表 1-6-2。

初步工程地质勘察的任务和内容表　　　　　　　　　　表 1-6-2

序号	初勘的任务	初勘的内容
1	查明公路工程建筑场地的区域地质、水文地质、工程地质条件，并作出评价	初步查明地层、地质构造、岩性、岩土物理力学性质、地下水埋藏条件及土的冻结深度。如遇岩石地基，尚应对其风化情况加以确定
2	初步查明对确定工程场地的位置起控制作用的不良地质条件，特殊性岩土的类别、范围、性质，提供避绕或治理对策的地质依据	查明不良地质现象的成因、分布范围、对场地或建设项目的安全性及稳定性的影响程度，以及不良地质现象的发展趋势
3	（1）初步查明场地地基的条件，为选择构造物结构和基础类型提供必要的地质资料； （2）对桥位处进行工程地质调查或测绘、物探、钻探、原位测试； （3）查明与桥位方案或桥型方案比选有关的主要工程地质问题，并作出评价； （4）对隧道应查明地质、地震情况、进出口的环境地质条件	
4	查明沿线筑路材料的类别、料场位置、储量和采运条件	
5	查明公路工程构筑场地的地震基本烈度，并对大型公路工程构筑物场地按设计需要进行场地烈度鉴定或地震安全评价	对有地震设防要求的构筑物应判定场地和地基的地震效应，并取得相关的岩土动力参数
6	提供编制初步设计文件所需的地质资料	
初勘工作可按准备工作、工程地质选线、工程地质调绘、勘探、试验、资料整理等顺序进行		

（3）详细勘察阶段

详细工程地质勘察工作的目的，是根据已批准的初步设计文件中所确定的修建原则、设计方案、技术要求等资料，有针对性地进行工程地质勘察工作，为确定公路路线、工程构造物的位置和编制施工图设计文件，提供准确、完整的工程地质资料，其任务和内容见表 1-6-3。

详细工程地质勘察的任务和内容表　　　　　　　　　　表 1-6-3

序号	详勘的任务	详勘的内容
1	在初勘的基础上，根据设计需要进一步查明建筑场地的工程地质条件，最终确定公路路线和构造物的布设位置	查明构筑物范围内的地层结构情况和岩土物理力学性质、承载能力及变形特性，并作出正确评价
2	查明构造物地基的地质结构、工程地质及水文地质条件，准确提供工程和基础设计施工必需的地质参数	提供针对不良地质现象的防治工程设计和施工所需的计算指标及资料
3	根据初勘拟定的对不良地质、特殊性岩土防治的方案，具体查明其分布范围、性质，提供防治设计必需的地质资料和地质参数	查明不良地质的分布范围、类型，查明地下水的埋藏条件、动态变化幅度及规律和侵蚀性，必要时还应查明岩土体的渗透性、固结特性等
4	对沿线筑路材料料场进行复核和补勘，最后确定施工时所采用的料场	判定地基岩土和地下水在建筑物施工和使用中可能产生的变化及影响，提出相应的应对措施
详勘工作可按准备工作、沿线工程地质调绘、勘探、试验、资料整理等顺序进行		

2. 公路工程地质勘察的内容

公路是陆地上绵延长度极大的线形构筑物。公路结构由三类构筑物所组成：第一类为路基，是公路的主体构筑物，包括路堤和路堑；第二类为桥隧，如桥梁、隧道、涵洞等，是为了使公路跨越河流、山谷、不良地质现象地段和穿越高山峻岭或河、湖、海底；第三类是防护构筑物，如明洞、挡土墙、护坡、排水盲沟等。在不同的公路中，各类构筑物的比例不同，这主要取决于路线所经地区工程地质条件的复杂程度。

（1）新建公路工程地质勘察的内容

①路线工程地质勘察。主要查明与路线方案及路线布设有关的地质问题。选择地质条件相对良好的路线方案，在地形、地质条件复杂的地段，重点调查对路线方案与路线布设起控制作用的地质问题，确定路线的合理布设。

②路基路面工程地质勘察。在初勘、定测阶段，根据选定的路线位置，对中线两侧一定范围的地带进行详细的工程地质勘察，为路基路面的设计与施工提供工程地质和水文地质资料。

③桥涵工程地质勘察。按初勘、详勘阶段的不同深度要求，进行相应的工程地质勘察，为桥涵的基础设计提供地质资料。大、中桥桥位多是路线布设的控制点，常有比较方案。因此，桥梁工程地质勘察一般包括两项内容：一是对各比较方案进行调查，配合路线、桥梁专业人员，选择地质条件比较好的桥位；二是对选定的桥位进行详细的工程地质勘察，为桥梁及其附属工程的设计和施工提供所需的地质资料。

④隧道工程地质勘察。隧道多是路线布设的控制点且影响路线方案的选择。通常包括两项内容：一是隧道方案与位置的选择，包括隧道与展线或明挖的比较；二是隧道洞口与洞身的勘察。

⑤天然筑路材料勘察。修建公路需要大量的筑路材料，其中绝大部分都是就地取材，如石料、砂、黏土、水等。这些材料质量的好坏和运输距离的远近，直接影响工程的质量和造价，有时还会影响路线的布局。筑路材料勘察的任务是充分发掘、改造和利用沿线的一切就近材料。对分布在沿线的天然筑路材料和工业废料按初勘和详勘阶段的不同深度进行勘察，为公路设计提供筑路材料的资料。

（2）改建公路工程地质勘察的内容

①收集沿线的地形、地貌、工程地质、水文地质、气象、地震等资料。

②桥梁、隧道和防护、排水等构造物的新建、改建或加固工程所需的地质资料。

③收集原有公路路况资料。

④公路的路基、路面、小桥涵等人工构造物的状况及病害，研究病因及防治的效果。对原有公路的工程地质、不良地质地段的公路病害应力求根治。

⑤当路线因提高等级或绕避病害而另选新线的路段，应按新建公路的要求进行工程地质勘察工作。

（3）工程案例：汝城（赣湘界）至郴州高速公路工程地质勘察

①工程概况。拟建项目汝城（赣湘界）至郴州高速公路，是国家高速公路厦门至成都高速公路湖南省境的重要组成部分。项目起点位于汝城县热水镇以东湘赣交界的塘口，与厦门至成都高速公路江西省境段相接，向西经汝城县益将、汝城县城南、岭秀、文明镇南、宜章县里田镇、赤石，于铁山里村与京珠高速公路及厦门至成都高速公路湖南省境西段相连，推荐方案路

线全长约 101.6km。

②工程地质勘察的目的。对拟建项目区进行工程地质勘察,以了解项目所在地的工程地质特征、各工程方案的工程地质条件与控制工程方案的主要地质问题,为拟定路线走向、桥位、隧址工程方案的比选及编制工程可行性研究报告等提供地质资料。

③工程地质勘察的内容。

a. 研究项目区的自然地理、区域地质与工程地质条件及其与工程的关系,并做出初步评价。

b. 对控制路线方案的复杂地形地段,了解地质与不良地质概况,提出路线方案的布设与比选意见。

c. 对控制路线方案的不良地质、特殊性岩土地段,了解其类型、性质、范围及发生和发展情况,评价其对公路工程的影响程度,并提出防治意见。

d. 对控制路线方案的特大、大桥桥位,了解其自然与地质条件,提出桥位比选意见。

e. 对控制路线方案的隧道,了解洞身的围岩级别、地应力分布、水文地质条件、洞口稳定条件及其对环境的影响等,提出隧道位置的比选意见。

f. 了解项目区筑路材料的分布、质量、储量、开采和运输条件,以及工程用水的水源和水质。

二、公路工程地质勘察

导图小结(工程地质勘察认知)(图片)　在线测试题(工程地质勘察概述)(文档)　公路工程地质勘察(微课)

(一)路线工程地质勘察

在符合国家建设发展需要的前提下,结合自然条件选定合理的路线,达到行车迅速、安全、舒适,并使筑路费用与使用质量得到正确的统一。

1. 公路选线的基本原则

(1)充分利用地形地势,回避不良地段;正确运用技术标准,保证线形的均衡性;从行车安全、畅通和施工、养护的经济、方便,使路线平、纵、横三个面结合,力求平面短捷舒顺,纵断面平缓均匀,横断面稳定经济。

(2)注意山、水、田、林、路的综合治理,做到少占耕田。

(3)贯彻工程经济与运营经济相结合的原则,在条件许可时,应论证地选用较好的指标,以提高公路的使用质量。对于分期修筑的路线,应注意到使前期工程为后期所充分利用。

2. 公路选线步骤

(1)公路视察是根据规划路线,初步确定路线总体布局,拟定路线的基本走向。

(2)踏勘测量中的选线是选定路线的有利地带,决定路线分段布局,选定轮廓线位。

(3)详细测量中的定线是最终确定路线的合理位置,即"插大旗"的工作。按照选定的路线方案,在地面上确定道路中线的具体位置就是道路定线。

公路选线方法分为**航测选线、纸上定线、实地定线**,详见表 1-6-4。

公路选线方法　　　　　　　　　　　　　　　　　　　　　　　　　　表 1-6-4

序号	公路选线类型	主要内容
1	航测选线	利用航摄照片及其镶嵌复照图,借助立体镜仪器,建立室内立体模型进行公路选线,能较好地按三维空间选定路线。随着技术的发展,现在较多采用遥感技术提取 DEM 数据,采用三维建模技术进行公路选线。路线方案拟定后,沿路线地带进行导线控制点测量,埋设标志。运用航摄大比例尺像片,通过精密立体测图仪绘出等高线地形图,即可进行纸上定线
2	纸上定线	纸上定线时,先按路线平均纵坡拟定导向线(零点线),再拟定交角点及曲线半径,具体布设路线。同时绘出导向线的纵坡线,比较研究,最后确定路线方案。 对山区复杂路段及重要路线,可利用 1:500 ~ 1:2000 比例的地形图先在纸上定线,最后实地现场布线
3	实地定线	一般均采用人工水准放坡,结合地形确定控制断面,考虑线形标准,最后拟定曲线及直线位置,确定交角点及路线的具体位置

3. 不同地区选线特点

(1)山地区公路选线

根据线路行经山地区的地形地貌特征,山地区的公路主要线形有沿河(溪)线、山腰线、山脊线和越岭线 4 类。不同的线形具有不同的特点。

①沿河(溪)线。沿河(溪)线的优点是坡度缓,路线顺直,工程简易,挖方少,施工方便。但在平原河谷选线常遇有低地沼泽、洪水危害,而丘陵河谷的坡度大,阶地常不连续,河流冲刷路基,泥石流淹埋路线,遇支流时需修较大桥梁。山区河谷,弯曲陡峭,阶地不发育,开挖方量大,不良地质现象发育,桥隧工程量大。沿河线如图 1-6-12 所示。

图 1-6-12　沿河线

②山腰线(图 1-6-13)。山腰线的最大优点是可以选任意路线坡度,路基多采用半填半挖,但路线曲折,土石方量大,不良地质现象发育,桥隧工程多。

③山脊线(图 1-6-14)。山脊线的优点是地形平坦,挖方量少,无洪水,桥隧工程量少。但山脊宽度小,不便于工程布置和施工。有时地形不平,地质条件复杂。若山脊全为土体组成,则需外运道渣,更严重的是取水困难。

④越岭线(图 1-6-15)。横越山地的路线通常是最困难的,一上一下需要克服很大的高差,常有较多的展线。其最大优点是能通过巨大山脉降低坡度和缩短距离,但地形崎岖,展线复

杂,不良地质现象发育,要选择适宜的垭口通过,或选择隧道通过,如图 1-6-15 所示。越岭线布局的主要问题:一是垭口选择;二是过岭高程选择;三是展线山坡选择。三者相互联系、相互影响,应全面综合考虑。

图 1-6-13 山腰线

图 1-6-14 山脊线

 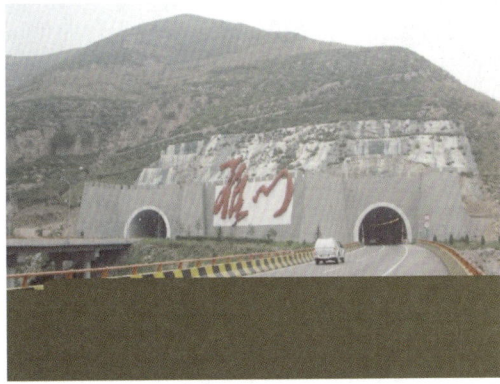

a)垭口越岭   b)隧道越岭

图 1-6-15 越岭线

（2）平原区公路选线

平原区公路选线应尽可能采用较高的技术标准，路线方向应服从路线总方向，平面线形平顺，联系集镇，一般没有坡度限制。平原区公路选线要注意三点：一是要选择地势较高或地下水位较深的地方，避免洪水淹没；二是选择土质较好、石材丰富的区域通过，节省工程造价；三是在强震区一定要远离河岸或水渠，确保路线安全。平原区公路如图1-6-16所示。

（3）丘陵区公路选线

丘陵区公路选线应特别注意横向土石方的平衡，结合地形兼顾平面及纵面。路线平面往往迂回曲折、纵面起伏。等级高的公路线直坡缓，等级低的公路则结合地形多起伏转折。丘陵区公路如图1-6-17所示。

图1-6-16　平原区公路

图1-6-17　丘陵区公路

4. 公路选线案例

图1-6-18为一工程地质选线案例。由图可知，其路线A、B两点间共有3个基本选线方案，方案Ⅰ需修两座桥梁和一座长隧洞，路线虽短但隧洞施工困难，不经济；方案Ⅱ需修一座短隧洞，但西段为不良地质现象发育地区，整治困难，维修费用大，也不经济；方案Ⅲ为跨河走对岸线，需修两座桥梁，比修一座隧洞容易，但也不经济。综合上述3个方案的优点，从工程地质观点提出较优的方案Ⅳ：把河湾过于弯曲地段取直，改移河道，取消西段两座桥梁而改用路堤通过，使路线既平直，又避开不良地质现象发育地段，而东段则连接方案Ⅱ的沿河路线。此方案的路线虽稍长，但工程条件较好，维修费用少，施工方便，长远来看还是经济的，故为最优方案。

（二）路基工程地质勘察

湖北省道汉沙线改建工程初步设计工程地质勘察报告（文档）

路基是公路的主体构筑物，公路的工程地质问题主要是路基工程地质问题。在平原地区比较简单，路基工程地质问题较少，但在丘陵和山区，尤其是在地形起伏较大的山区修建公路时，往往需要通过高填或深挖才能满足线路最大纵向坡度的要求。因此，路基的主要工程地质问题是路基边坡稳定性问题、路基基底稳定性问题、路基土冻害问题以及天然构筑材料问题等。

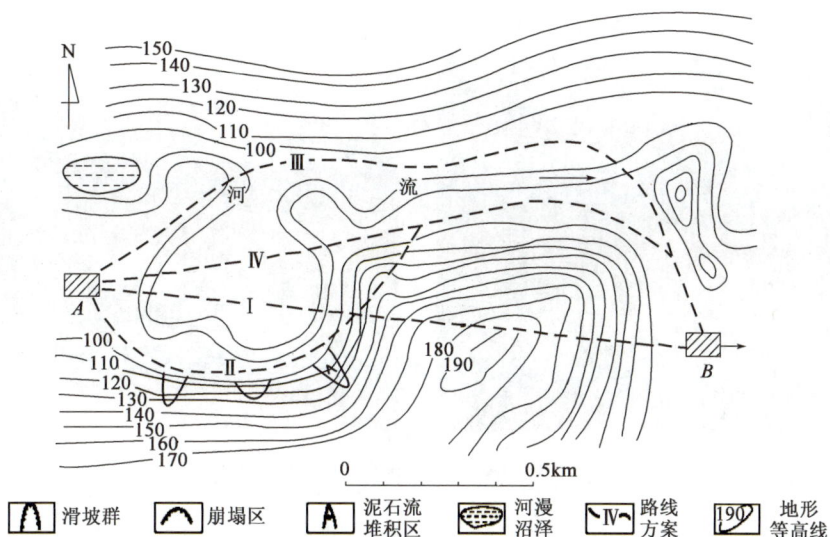

图1-6-18 公路选线地质条件分析

1.路基工程的主要工程地质问题

（1）路基边坡稳定性问题

边坡都具有一定坡度和高度，边坡岩土体均处于一定的应力状态，在重力作用、河流的冲刷或工程结构的影响下，边坡发生不同形式的变形与破坏，如图1-6-19所示。其破坏形式主要表现为滑坡和崩塌。路堑边坡不仅可能产生滑坡，且在一定条件下，还能引起古滑坡"复活"。当施工开挖使其滑动面临空时，易引起处于休止阶段的古滑坡重新活动，造成滑坡灾害。滑坡对路基的危害程度，主要取决于滑坡的性质、规模，滑体中含水情况及滑动面的倾斜程度。

图1-6-19 路基边坡失稳

（2）路基基底稳定性问题

路基基底稳定性问题多发生于填方路基地段，其主要表现形式为滑移、挤出和塌陷，如图1-6-20所示。一般路堤和高填路堤对路基基底的要求是要有足够的承载力，它不仅承受车辆在运营中产生的动荷载，而且还承受很大的填土压力。基底土的变形性质和变形量的大小主要取决于基底土的物理力学性质、基底面的倾斜程度、软弱夹层或软弱结构面的性质与产状等。当高填路堤通过河漫滩或阶地时，若基底下分布有饱水厚层淤泥，往往使基底产生挤出变形。路基基底若为不良土，应进行路基处理或架桥通过或改线绕避等。

图 1-6-20　路基基底变形破坏

（3）路基冻害问题

季节性或常年冻土区，冬季路基土体因水的冻结作用会引起路基冻胀，到了春季因冰的融化作用而使路面翻浆，结果都会使路基产生变形破坏，危害公路的安全和正常使用，如图 1-6-21所示。

图 1-6-21　路基冻胀翻浆

（4）建筑材料问题

路基工程需要天然构筑材料的种类较多，包括道砟、土料、片石、砂和碎石等。它不仅在数量上需求较大，而且要求各种构筑材料产地最好沿路线两侧零散分布。在山区、平原和软岩山区，常常找不到强度符合要求的填料、护坡片石和道砟等。因此，寻找符合要求的天然构筑材料有时成为公路选线的关键性问题，常常被迫采用高桥代替高路堤的设计方案，从而提高了公路的造价。

2.路基工程地质勘察的基本内容

（1）路基工程地质勘察要点

路基工程地质勘察包含沿线地质情况、不良地质现象、特殊岩土、填筑材料等，具体勘察要点如下：

①沿线的地形、地貌和地质构造。

②不良地质、特殊岩土的类型、性质及分布。

③大型路基工程场地的地质条件。

④路基填筑材料的来源。

⑤预测可能产生工程地质病害的地段、病害性质及其对工程方案的影响。

⑥勘察范围为沿路线两侧各宽 150～200m。

（2）路基勘察记录

路基沿线地质情况、不良地质现象、特殊岩土、填筑材料等勘察内容皆通过《公路工程地质调查记录簿》将野外实际地质情况记录下来，或者采用数字化填图，直接在便携式电脑中进行记录。记录的形式如下：

①记录簿上方要填写调查者、日期、天气、第几页等内容。

②记录簿左侧内容为道路沿线（包含路基、桥、涵及构筑物等）地质现象的文字记录和描述。

③记录簿右侧内容为对应记录簿左侧文字描述的野外地形、地貌等的示意图或简单地质素描图。

④记录时一律采用铅笔，不得涂改。

（三）桥梁工程地质勘察

桥梁是公路跨越河流、山谷或不良地质现象发育地段等而修建的构筑物。桥梁是公路工程中的重要组成部分，也是公路选线时考虑的重要因素之一，大、中型桥梁的桥位大多是方案比较选线的控制因素。桥梁工程的特点是通过桥台和桥墩把桥梁上的荷载，如桥梁本身自重、车辆和人行荷载，传递到地基中去。桥梁工程一般都是建造在沟谷和江河湖海上，这些地区本身工程地质条件就比较复杂，加之桥台和桥墩的基础需要深挖埋设，也造成一些更为复杂的工程地质问题。

湖北省十堰至房县高速公路第 01 合同段 ZK80＋700～ZK80＋900 段路基工程地质勘察资料（文档）

1. 桥梁工程地质问题

桥梁的工程地质问题主要集中于桥墩和桥台，包括桥墩和桥台的地基稳定性、桥台的偏心受压、桥墩和桥台地基基础的冲刷问题等。

（1）桥墩和桥台的地基稳定性问题

桥墩和桥台地基稳定性主要取决于桥墩和桥台地基中岩土体的承载力。它是桥梁设计的重要力学参数之一，对选择桥梁的基础和确定桥型起决定性作用，并且影响工程造价。

桥墩和桥台的基底面积虽然不大，但是由于桥梁工程处于地质条件比较复杂地段，不良地质现象严重影响桥基的稳定性。如在溪谷沟底、河流阶地、古河湾及古老洪积扇等处修建桥墩和桥台时，往往遇到强度很低的饱水淤泥和淤泥质软土层，有时也遇到较大的断层破碎带、近期活动的断裂带，或基岩面高低不平，风化深槽，软弱夹层，或深埋的古滑坡等地段。这些均能使桥墩台基础产生过大沉降或不均匀下沉，甚至造成整体滑动。

（2）桥台的偏心受压问题

桥台除了承受垂直压力外，还承受岸坡的侧向主动土压力。在有滑坡的情况下，还受到滑坡的水平推力作用，使桥台基底总是处在偏心荷载状态下。桥台的偏心荷载，由于车辆在桥梁上行驶突然中断而产生，这种作用对桥台的稳定性影响很大。

（3）桥墩和桥台地基基础的冲刷问题

桥墩和桥台的修建,使原来的河槽过水断面减小,局部增大了河水流速,改变了流态,对其地基基础产生强烈冲刷,如图1-6-22所示。有时可把河床中的松散沉积物局部或全部冲走,进而冲刷桥墩和桥台的地基及基础,严重影响其安全。

图1-6-22　桥墩和桥台地基基础冲刷

2. 桥梁工程地质勘察要点

（1）初步设计勘察阶段

初步设计勘察阶段的目的在于查明桥址各线路方案的工程地质条件,并对建桥适宜性和稳定性有关的工程地质条件做出结论性评价,为选择最优方案、初步论证桥梁基础类型和施工方法提供必要的工程地质资料。工程地质钻探是桥梁工程地质勘察常用的方法,钻孔一般沿桥轴线或其两侧布置,原则上应布置在与工程地质有关的地点,并考虑地貌和构造单元。其钻孔数量与深度参照表1-6-5确定。此阶段的勘察要点如下:

①查明河谷的地质及地貌特征,覆盖岩土层的性质、结构和厚度,基岩的结构、性质和埋藏深度,经行岩土试验,获取物理力学性质及腐蚀性。

②确定桥梁基础范围内的基岩类型,获取其强度指标和变形参数。

③阐明桥址区内第四纪沉积物及基岩中含水层状况、水头高及地下水的侵蚀性,并进行抽水试验、研究岩石的渗透性。

④论述滑坡及岸边冲刷对桥址区内岸坡稳定性的影响,查明河床下岩溶发育情况及区域地震基本烈度等问题。

初勘桥位钻孔数量与深度表　　　　　　　　　　　　　　　　表1-6-5

桥梁按跨径分类	工程地质条件简单		工程地质条件复杂	
	孔数（个）	孔深（m）	孔数（个）	孔深（m）
中桥	2～3	8～20	3～4	20～35
大桥	3～5	10～35	5～7	35～50
特大桥	5～7	20～40	7～10	40～120

注:1. 表中所列数值是参考值,工作中应结合实际情况确定。

2. 河床中钻孔深度是以河床面高程控制,河岸处孔深应按地面确定。

3. 表中孔深,当地基承载力小时取大值,大时取小值。

（2）施工设计勘察阶段

施工设计勘察阶段是在选定的桥址方案提供桥墩和桥台施工设计所需要的工程地质资料。该阶段的勘察要点如下：

①探明桥墩和桥台地基的覆盖层及基岩风化层的厚度、岩体的风化与构造破碎程度、软弱夹层情况和地下水状态；测试岩土的物理力学性质，提供地基的基本承载力、桩壁摩阻力、钻孔桩极限摩阻力，为最终确定桥墩和桥台基础埋置深度提供地质依据。

②提供地基附加应力分布线计算深度内各类岩石的强度指标和变形参数，提出地基承载力参考值。

③查明水文地质条件对桥墩和桥台地基基础稳定性的影响。

④查明各种不良地质对桥梁施工过程和成桥后的不利影响，并提出预防和处理措施的建议。

3. 桥梁位置选择

（1）桥梁位置选择的一般原则

桥梁位置的选择应综合考虑路线方向、路线要求、城乡规划及地质条件等多方面的因素。一般中、小桥位由路线决定，特大桥和大桥则往往先选好桥位，再统一考虑路线条件，**要重视桥位地段的地质、地貌特征和河流水文特征**。

①桥位应选在河床相对稳定的河段，避免给桥梁的设计和桥墩的布置带来困难，或直接影响航行安全。

②桥位可规划在相对顺直的或微弯河道中，避免河流侧向侵蚀影响桥墩安全。

③桥位应选择在岸坡稳定、地基条件良好、无严重不良地质现象的地段，以保证桥梁和引道的稳定并降低工程造价。

④桥位应尽可能避开平行桥梁轴向的大的构造带，尤其不可在未胶结的断裂构造带和具有活动性的断裂带上建桥，如图 1-6-23 所示。

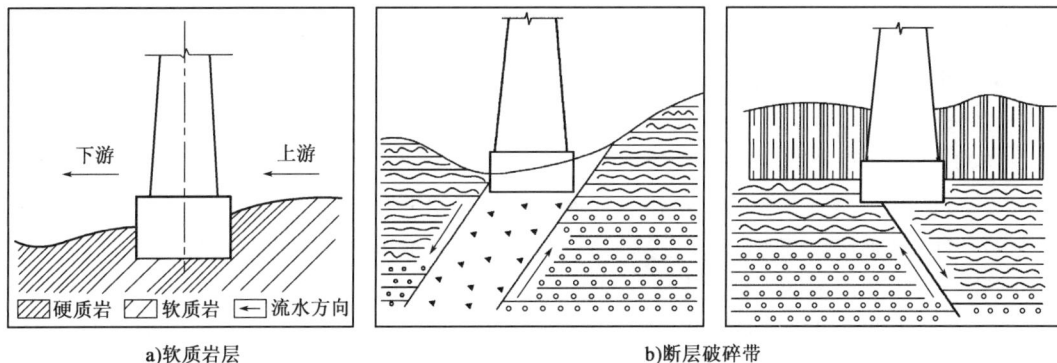

a)软质岩层　　　　　　　　　　b)断层破碎带

图 1-6-23　桥梁的不利位置

（2）桥梁位置选择案例分析[1]

某特大拱形桥桥位选择。从现场看，该段地形高大陡峻，由于断层作用，造成地层岩性、完整程度相差极大，如图 1-6-24 所示。

---

[1]　该案例资料来自微信公众号"悠游 2019"，原创成永刚。

图 1-6-24　桥位现场地质情况

原设计方案:桥位布设于水库两岸,特大桥两侧与隧道直接相连,桥位的小里程侧为近直立、较完整的变质砂岩,大里程侧为较破碎的灰岩,有利于桥梁的安全布设,但缺点是便道投入和施工难度极大。

比选设计方案:桥位向上游移动近300m,但桥位的小里程侧为产状紊乱的破碎砂泥岩,大里程侧为破碎的变质砂岩,不利于桥梁的安全布设。若桥梁布设于此,需要布设强大的坡体加固工程,且小里程侧山体突出,不利于抗震。但优点是便道投入和施工难度相对较小。

因此,该桥址的选择是工程安全度、工程造价与施工难易程度的综合比选,需综合考虑,所以选择原设计方案。

(四)隧道工程地质勘察

安徽池州桥工程
地质勘察资料
（文档）

1.隧道工程地质问题

隧道工程最常遇到的工程地质问题主要包括:围岩压力及洞室围岩的变形与破坏问题,地下水及洞室涌水问题,洞室进出口的稳定问题等。

(1)围岩压力及洞室围岩的变形与破坏问题

岩体在自重和构造应力作用下,处于一定的应力状态。在没有开挖之前,岩体原应力状态是稳定的,不随时间而变化。隧道开挖后,原来处于挤压状态的围岩,由于解除束缚而向洞室空间松胀变形,这种变形超过了围岩本身所能承受的能力,便发生破坏,从母岩中分离、脱落,形成坍塌、滑移、底鼓和岩爆等,如图1-6-25所示。围岩压力通常指围岩发生变形或破坏而作用在洞室衬砌上的力。围岩压力和洞室围岩变形破坏是围岩应力重分布和应力集中引起的。因此,研究围岩压力,应首先研究洞室周围应力重分布和应力集中的特点,以及研究测定围岩的初始应力大小及方向,并通过分析洞室结构的受力状态,合理地选型和设计洞室支护,选取合理的开挖方法。

（2）地下水及洞室涌水问题

当隧道穿过含水层时，将会有地下水涌进洞室，给施工带来困难。地下水也是造成塌方和围岩失稳的重要原因。地下水对不同围岩的影响程度不同，其主要表现为：

①以静水压力的形式作用于隧道衬砌。

②使岩质软化强度降低。

③促使围岩中的软弱夹层泥化，减少层间阻力，易于造成岩体滑动。

④石膏、岩盐及某些以蒙脱石为主的黏土岩类，在地下水的作用下发生剧烈的溶解和膨胀而产生附加的围岩压力。

⑤如地下水的化学成分中含有害化合物（硫酸、二氧化碳、硫化氢等），对衬砌将产生侵蚀作用。

⑥最为不利的影响是突然发生大量涌水。在富水岩体中开挖洞室，开挖中当遇到相互贯通又富含水的裂隙、断层带、蓄水洞穴、地下暗河时，就会产生大量地下水涌入洞室内，如图1-6-26所示。已开挖的洞室，如有与地面贯通的导水通道，当遇暴雨、山洪等突发性水源时，也可造成地下洞室大量涌水。这样，新开挖的洞室就成了排泄地下水的新通道。若施工时排水不及时，积水严重时就影响工程作业，甚至可以淹没洞室，造成人员伤亡。

图1-6-25　隧道围岩垮塌

图1-6-26　隧道涌水

（3）洞室进出口的稳定问题

洞口是隧道工程的咽喉部位，洞口地段的主要工程地质问题是边、仰坡的变形问题。其变形常引起洞门开裂、下沉或坍塌等灾害，如图1-6-27所示。

（4）腐蚀

地下洞室围岩的腐蚀主要指岩、土、水、大气中的化学成分和气温变化，对洞室混凝土的腐蚀。地下洞室的腐蚀性对洞室衬砌造成严重破坏，从而影响洞室稳定性。成昆铁路百家岭隧道，由三叠系中、上统石灰岩、白云岩组成的围岩中含硬石膏层（$CaSO_4$），开挖后，水渗入围岩使石膏层水化，膨胀力使原整体道床全部风化开裂，地下水中$[SO_4^{2-}]$高达1000mg/L，致使混凝土被腐蚀得像豆腐渣一样。

（5）地温

对于深埋洞室，地下温度是一个重要问题，相关规范规定隧道内温度不应超过25℃，超过这个界线就应采取降温措施。隧道温度超过32℃时，施工作业困难，劳动效率大大降低。所以深埋洞室必须考虑地温影响。

（6）瓦斯

地下洞室穿过含煤地层时，可能遇到瓦斯。瓦斯能使人窒息致死，甚至可以引起爆炸，造成严重事故。地下洞室一般不宜修建在含瓦斯的地层中，如必须穿越含瓦斯的煤系地层，则应尽可能与煤层走向垂直，并呈直线通过。洞口位置和洞室纵坡要利于通风、排水。施工时应加强通风，严禁火种，并及时进行瓦斯检测，开挖时工作面上的瓦斯含量超过1%时，就不准装药放炮；超过2%时，工作人员应撤出，进行处理。

（7）岩爆

地下洞室在开挖过程中，围岩突然猛烈释放弹性变形能，造成岩石脆性破坏，或将大小不等的岩块弹射或掉落，并常伴有响声的现象叫作岩爆，如图1-6-28所示。轻微的岩爆仅使岩片剥落，无弹射现象，无伤亡危险。严重的岩爆可将几吨重的岩块弹射到几十米以外，释放的能量相当于200多吨TNT炸药，可造成地下工程严重破坏和人员伤亡。

图1-6-27　隧道洞口塌方　　　　　　　　　　图1-6-28　岩爆

2. 隧道位置选择的一般原则

（1）洞身位置的选择

隧道洞身位置的选择，主要以地形、地质为主综合考虑。在实际工作中，宜首先排除显著不良地质地段，按地形条件拟定隧道及接线方案，再进行深入的地质调查。综合各方面因素，最后选定隧道洞身的位置。

①选择地质构造简单、地层单一、岩性完整、无软弱夹层、工程地质条件较好的地段，在倾斜岩层中，以隧道轴线垂直岩层走向为宜，如图1-6-29所示。

②选择在山体稳定、山形较完整、山体无冲沟、无山洼等地形切割不大、岩层基本稳定的地段通过。

③隧道应尽量避开大的构造线，若无法避开，应尽量避开褶皱的核部，穿过断层时，尽量垂直穿过，如图1-6-30所示。

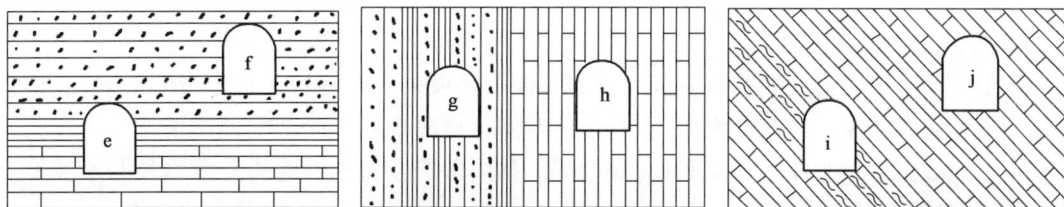

图 1-6-29　隧道位置选择

e、g、i-隧道不稳定;f、h、j-隧道稳定

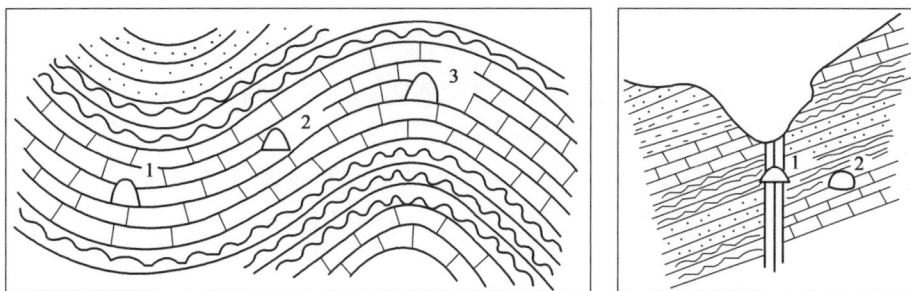

图 1-6-30　隧道位置选择

1、3-不利;2-有利

④选择地下水影响小、无有害气体、无矿产资源和不含放射性元素的地层通过。隧道通过工程地质及水文地质条件极复杂地段,一般伴随有特殊不良地质问题发生。而这些问题的发生有一个漫长变化的过程,在一般勘察阶段的短短几个月中是难以对这些问题有深入的了解,所以对其变化规律的认识和预测它的发展,需要安排超前工程地质和水文地质工作。

⑤对低等级公路隧道选址,原则上应尽量避让各种不良地质现象地段;但对于高等级公路,往往受路线等级的限制,不可避免地经过各种不良地质现象地段。在不良地质现象区选择隧道位置总的原则是:尽量避让,以免对隧道造成毁灭性、破坏性影响;尽量选择在影响范围小、影响距离短、影响时间短的地段;通过各方面因素综合考虑,把不良地质的影响降到最低限度。

（2）洞口位置选择

洞口位置选择应分清主次,综合考虑,全面衡量。在保证隧道稳定性、安全性、没有隐患的前提下再考虑造价、工期等因素。一般应根据周围的**地质环境、地表径流、人工构造物、地表和地下水体等**因素对隧道的影响综合考虑。高速公路、一级公路和风景区洞门设计力求与环境相协调,隧道洞门应与隧道轴线正交,关于隧道洞口位置选择的具体要求如下:

①确保洞口、洞身的稳定,不留地质隐患。

②便于施工场地布置,便于运输和弃渣处理,少占或不占可耕地。

③洞口外接线工程数量少、里程短、工程造价低等。

④对于水下隧道,主要应考虑地表水对洞口倒灌的影响。

3.隧道工程地质勘察要点

隧道工程地质勘察是指为隧道工程的设计、施工等进行的专门工程地质

湖北省十堰至房县
高速公路第 09 合同段
通省隧道工程地质
勘察资料（文档）

调查工作,隧道勘察一般分为初步勘察阶段和详细勘察阶段。

（1）初步勘察阶段

主要是通过地表露头的勘察或采用简单的揭露手段来查明隧道区地形、地貌、岩性、构造等以及它们之间的关系和变化规律,从而推断不完全显露或隐埋深部的地质情况。通过测绘主要弄清对隧道有控制性的地质问题(如地层、岩性、构造),进而对隧道工程地质与水文地质条件作出定性的评价。

对不良地质现象地区隧道应充分利用现有的地质资料和航空照片、卫星照片等遥感信息资料,通过大量的野外露头调查或人工简易揭露等手段来发现、揭露不良地质现象的存在,找出它们之间的关系以及变化规律。

（2）详细勘察阶段

详勘内容主要有3个方面:一是核对初勘地质资料;二是勘探查明初勘未查明的地质问题;三是对初勘提出的重大地质问题做深入细致的调查。

①地质调查与测绘的范围、测点、物探网的点线范围和布设,物探方法的运用和钻探孔、坑、槽的数量与位置等,应与初勘时未能查明的地质条件相适应,但对隧道有影响的大构造和复杂地质地段,勘察追踪范围可适当放大。

②重点调查隧道通过的严重不良地质、特殊地质地段,以确定隧道准确位置的工程地质条件。

③解决设计施工中的具体工程地质问题,主要调查:a. 绘制沿隧道轴线的地质纵剖面图;确定隧道开挖后将遇到的岩层,特别是软弱岩层的具体位置、性质和宽度;确定围岩不同的稳定性分段以及地下水和有害气体的可能涌出地段等。b. 根据岩体稳定程度及其他工程地质条件,提出掘进方式的建议等。

新时期下岩土工程勘察工作的展望(微课)　　导图小结(公路工程地质勘察)(图片)　　在线测试题(公路工程地质勘察)(文档)

三、工程地质勘察报告

工程地质勘察报告书是工程地质勘察的文字成果,为工程建设的规划、设计和施工提供参考应用。

（一）工程地质勘察报告书的内容

工程地质勘察的最终成果是以工程地质勘察报告书的形式提交的,如图1-6-31所示。报告书中包含了直接或间接得到的各种工程地质资料,还包含了勘察单位对这些资料的检查校对、分析整理和归纳总结过程、有关场地工程地质条件的评价结论及相关分析评价依据。

报告以简要明确的文字和图表两种形式编写而成,具体内容除应满足《岩土工程勘察规范》(GB 50021—2001)的相关内容外,还与勘察阶段、勘察任务要求和场地及工程的特点等有关。单项工程的勘察报告书一般包括如下内容:

1. 文字部分

（1）工程概况、勘察任务、勘察基本要求、勘察技术要求及勘察工作简况。

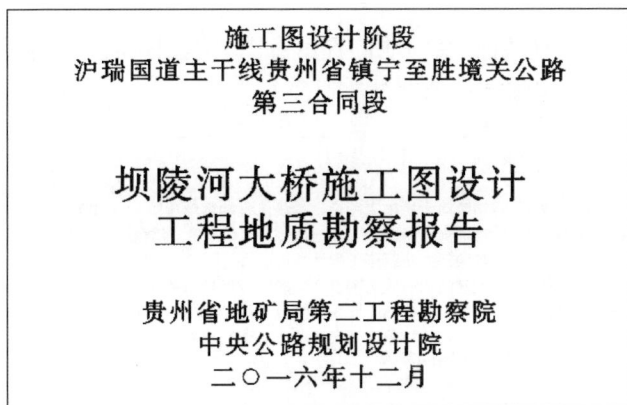

图 1-6-31　工程地质勘察报告书封面

（2）场地位置、地形地貌、地质构造、不良地质现象及地震设防烈度等。

（3）场地的岩土类型、地层分布、岩土结构构造或风化程度、场地土的均匀性、岩土的物理力学性质、地基承载力及变形和动力等其他设计计算参数或指标。

（4）地下水的埋藏条件、分布变化规律、含水层的性质类型、其他水文地质参数、场地土或地下水的腐蚀性及地层的冻结深度。

（5）关于建筑场地及地基的综合工程地质评价及场地的稳定性和适宜性等结论。

（6）针对工程建设中可能出现或存在问题的处理措施和施工建议。

详细内容如图 1-6-32 中目录所示。

图 1-6-32　工程地质勘察报告书目录

2. 图表部分

（1）勘察点（线）的平面位置图及场地位置示意图、钻孔柱状图、工程地质剖面图、综合地质柱状图。详见图1-6-33中附图目录。

```
附图目录

附图1    坝陵河大桥施工图设计阶段工程勘察地质图      1:5000
附图2    坝陵河大桥东岸工程地质图                    1:2000
附图3    坝陵河大桥西岸工程地质图                    1:2000
附图4    坝陵河大桥施工图设计阶段工程勘察地质纵剖面图1:2000
附图5    坝陵河大桥施工图设计阶段工程勘察地质横断面图1:500
附图6    坝陵河大桥施工图设计阶段工程勘察钻孔地质柱状图
        1:300~1:400


附表目录

坝陵河大桥施工图设计阶段工程勘察岩石试验成果表
```

图1-6-33　工程地质勘察报告书附录

（2）土工试验成果总表和其他测试成果图表（如现场荷载试验、标准贯入试验、静力触探试验等原位测试成果图表）。

并不是每一份勘察报告都必须全部具备上述报告书的内容，具体编写时可视工程要求和实际情况酌情简化。

勘探点平面布置图及场地位置示意图是在勘察任务书所附的场地地形图的基础上绘制的，图中应注明建筑物的位置，各类勘探、测试点的编号、位置（力求准确），并用图例表将各勘探、测试点及其地面高程和探测深度表示出来。图例还应对剖面连线和所用其他符号加以说明。

（二）工程地质勘察报告书的编制

工程地质勘察报告书的编制是在综合分析各项勘察工作所取得的成果基础上进行的，必须结合建筑类型和勘察阶段规定其内容和格式。各类勘察规范中虽然载有编制工程地质报告书的提纲，但也要根据实际情况适当灵活，不可受其拘束、强求统一。

1. 工程地质勘察报告书文字部分的编制

报告书的任务在于阐明工作地区的工程地质条件，分析存在的工程地质问题，从而对建筑地区作出工程地质评价，得出结论，适应任务的要求。报告书在内容结构上一般分为绪论、通论、专论和结论几个部分。每一部分的内容各有侧重，且紧密联系。

（1）绪论的内容主要是说明勘察工作的任务、勘察阶段和需要解决的问题、采用的勘察方法、工作量及其质量，以及取得的成果，附以实际材料图。为了明确勘察的任务和意义，应先说明建筑的类型和规模，以及它的国民经济意义。

（2）通论是阐明工作地区的工程地质条件、区域地质地理环境和各种自然因素，如气象水文、地形地貌、地层岩性、地质构造、水文地质等，对该区工程地质条件形成的意义。因而通论一般可分为区域自然地理概述，区域地质、地貌、水文地质概述，以及建筑地区工程地质条件概述等,其内容应当既能阐明当地工程地质条件的特征及其变化规律,又须紧密联系工程目的。

(3)专论是工程地质报告书的中心内容。因为它既是结论的依据,又是结论内容选择的标准。专论的内容是对建设中可能遇到的工程地质问题进行分析,并回答设计方面提出的地质问题与要求,对建筑地区作出定性的乃至定量的工程地质评价;作为选定建筑物位置、结构形式和规模的地质依据,并在明确不利的地质条件的基础上,考虑合适的处理措施。专论部分的内容与勘察阶段的关系特别密切,勘察阶段不同,专论涉及的深度和定量评价的精度也有差别。

(4)结论的内容是在专论的基础上对各种具体问题作出简要明确的回答。态度要明朗,措辞要简炼,评价要具体,对问题不要含糊其词,模棱两可。

【实例】我们用以下"×××公路工程地质勘察报告"中的"结论与建议"的具体内容来看看它的评价与措辞。

×××公路工程地质勘察报告

第九章　结论与建议

一、结论

1. 桥涵基础类型及埋置深度

段内覆土及基岩全强风化层普遍较薄,桥涵的墩台建议多采用明挖基础,个别桥址区覆土较厚,可采用桩基,基础均应置于基岩的弱风化带(W2)一定深度内;施工时注意加强基坑排水和临时支护,河谷地段基坑施工应预防涌泥涌沙,到持力层以后及时清底和下基封闭,严禁长期暴晒和浸泡,以免降低持力层强度。

2. 隧道工程

段内隧道进出口普遍存在风化土层,岩层节理发育,围岩类别低,施工时应加强进出口临时支护和地表的排水工作,洞内施工时加强通风和监测工作。

3. 路基工程

段内路基填方地段,覆土一般无软弱土及液化土,地基土一般不会产生不均匀沉降问题;局部丘间洼地、河谷平原、水田地段和浸水湿地及陡坡地段设计施工时应考虑对表层软土和杂草的清除,必要时对较厚软土层进行清除换填或碎石桩等加固处理;施工时需分层夯实填筑并控制填筑速度,做好表水排水工作。

段内挖方地段,地层岩性为砂岩、花岗岩类及泥质粉砂岩、砾、页岩,花岗岩区段风化层较厚,节理较发育,岩体破碎,边坡不宜过陡,应分级预留平台,同时加强高边坡的挡护和绿化,做好天沟和边沟的排水工作。

段内分布的一些土质浅层滑坡和崩塌,一般规模较小,对构筑物影响小或无影响,个别路线附近滑坡可采用挖方清除、抗滑及排水等措施处理。

二、存在的问题

由于本阶段勘探和勘测同时进行,路线方案根据工程数量不断优化,致使部分钻孔偏离路线中心,个别工点无钻探孔控制,工点地质资料只能参考附近钻探孔填绘。

三、下阶段应注意事项

1. 进一步采用综合勘察手段,查明段内覆土、浅层软土分布范围、厚度及埋深等,以便为工程设计和处理提供可靠的地质依据。

2. 加强地下水、地表水水质复查,取样密度应加大。

---

2. 附录部分(图表)的编制

工程地质报告必须与工程地质图一致,互相照映,互为补充,共同达到为工程服务的目的。

(1)钻孔柱状图是根据钻孔的现场记录整理出来的,记录中除了注明钻进所用的工具、方法和具体事项外,其主要内容是关于地层的分布和各层岩土特征和性质的描述。在绘制柱状图之前,应根据室内土工试验成果及保存的土样对分层的情况和野外鉴别记录加以认真的校核。当现场测试和室内试验成果与野外鉴别不一致时,一般应以测试试验成果为准,只有当样本太少且缺乏代表性时,才以野外鉴别为准,存在疑虑较大时,应通过补充勘察重新确定。绘制柱状图时,应自下而上对地层进行编号和描述,并按公认的勘察规范所认定的图例和符号以一定比例绘制,在柱状图上还应同时标出取土深度、标准贯入试验等原位测试位置,地下水位等资料。柱状图只能反映场地某个勘探点的地层竖向分布情况,而不能说明地层的空间分布情况,也不能完全说明整个场地地层在竖向的分布情况。

(2)工程地质剖面图是通过彼此相邻的数个钻孔柱状图得来,它能反映某一勘探线上地层竖向和水平向的分布情况(空间分布状态)。剖面图的垂直距离和水平距离可采用不同的比例尺。由于勘探线的布置常与主要地貌单元或地质构造轴线相垂直,或与建筑物的轴线相一致,故工程地质剖面图是勘察报告的最基本图件之一。

(3)绘制工程地质剖面图时,应首先将勘探线的地形剖面线画出,并标出钻孔编号,然后绘出勘探线上各钻孔中的地层层面,并在钻孔符号的两侧分别标出各土层层面的高程和深度。再将相邻钻孔中相同的土层分界点以直线相连。当某地层在邻近钻孔中缺失时,该层可假定于相邻两孔中间消失。剖面图中还应标出原状土样的取样位置、原位测试位置及地下水的深度。

(4)综合工程地质剖面图是通过场地所有钻孔柱状图而得,比例为1:200~1:50,须清楚表示场地的地层新老次序和地层层次,图上应注明层厚和地质年代,并对各层岩土的主要特征和性质进行概括描述,以方便设计单位进行参数选取和图纸设计。

(5)土工试验成果总表和其他测试成果图表是设计工程师最为关心的勘察成果资料,是地基基础方案选择的重要依据,因此应将室内土工试验和现场原位测试的直接成果详细列出。必要时,还应附以分析成果图(例如静力荷载试验 p-s 曲线、触探成果曲线等)。

总的说来,报告书应当简明扼要,切合主题,内容安排应当合乎逻辑顺序,前后连贯,成为一个严密的整体;所提出的论点应有充分的实际资料为依据,并附有必要的图表,能起到节省文字,加强对比的作用。但对问题来说,文字说明仍应作为主要形式,因而,以"表格化"代替报告书是不可取的。

【实例】下面以某公路为例,来展示勘察报告的主要图表资料内容。

(1)工程地质图例

凡是图内出现的地层、岩性、土、构造、不良地质界线、不良地质、钻孔、岩层产状及其他地质现象都应在图例中表示出来,如图 1-6-34 所示。

(2)综合地层柱状图

柱状图中从地面往下不同深度要有厚度标注,并对应有岩性描述和工程地质特性描述,如图 1-6-35 所示。

(3)路线工程地质平面图

在路线工程地质平面图中,沿公路路线两侧应标明岩性、地层年代、覆盖层情况、岩层产状、钻孔位置及不良地质等,如图 1-6-36 所示。

图例
1.地层
新生界

Q	第四系	T	三叠系	Q$_{2-3}$	中-上奥陶统
Qh	全新统	T$_3$	上三叠系	Q$_2$	中奥陶统
Qp^{3}Qh	上更新统和全新统	T$_{2-3}$	中-上三叠统	Q$_{1-2}$	下-中奥陶统
Qp	更新统	T$_2$	中三叠统	Q$_1$	下奥陶统
Qp^3	上更新统	T$_{1-2}$	下-中三叠统		奥陶系及更老地层
Qp$^{2-3}$	中-上更新统	T$_1$	下三叠统	∈	寒武系
Qp^2	中更新统		三叠系及更老地层	∈$_4$	芙蓉统
Qp$^{1-2}$	下-中更新统	Mz	中生界(TK, T$_3$K, T$_2$K$_1$)	∈$_{2-4}^{3-4}$	第3统-芙蓉统/第2统-芙蓉统
Qp^1	下更新统		**古生界**	∈$_3$	第3统
	新近系和第四系	P	二叠系	∈$_{1-3}^{1-3}$	第2统-第3统/纽芬兰统-第3统
N	新近系	P$_3$	乐平统	∈$_2$	第2统
N$_2$	上新统	P$_{2-3}$	瓜德鲁普统-乐平统	∈$_{1-2}$	纽芬兰统-第2统
N$_{1-2}$	中新统-上新统	P$_3$	瓜德鲁普统	∈$_1$	纽芬兰统
N$_1$	中新统	P$_{1-2}$	乌拉尔统-瓜德鲁普统	Pz$_1$	下古生界
EN	新近系和更老地层	P$_1$	乌拉尔统	Pz	古生界
E	古近系		二叠系及更老地层		元古界-寒武系
E$_3$	渐新统	C	石炭系		前寒武系

图 1-6-34　工程地质图例

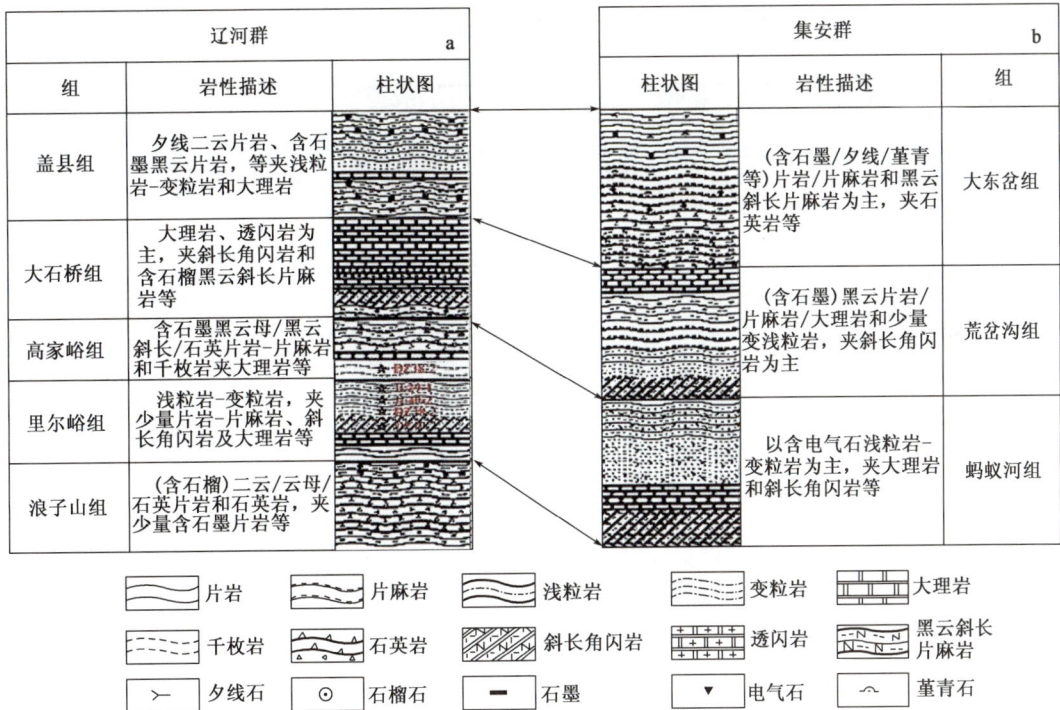

辽河群			a		集安群		b
组	岩性描述	柱状图		柱状图	岩性描述		组
盖县组	夕线二云片岩、含石墨黑云片岩,等夹浅粒岩-变粒岩和大理岩				(含石墨/夕线/董青等)片岩/片麻岩和黑云斜长片麻岩为主,夹石英岩等		大东岔组
大石桥组	大理岩、透闪岩为主,夹斜长角闪岩和含石榴黑云斜长片麻岩等				(含石墨)黑云片岩/片麻岩/大理岩和少量变浅粒岩,夹斜长角闪岩为主		荒岔沟组
高家峪组	含石墨黑云母/黑云斜长/石英片岩-片麻岩和千枚岩夹大理岩等						
里尔峪组	浅粒岩-变粒岩,夹少量片岩-片麻岩、斜长角闪岩及大理岩等				以含电气石浅粒岩-变粒岩为主,夹大理岩和斜长角闪岩等		蚂蚁河组
浪子山组	(含石榴)二云/云母/石英片岩和石英岩,夹少量含石墨片岩等						

	片岩		片麻岩		浅粒岩		变粒岩		大理岩
	千枚岩		石英岩		斜长角闪岩		透闪岩		黑云斜长片麻岩
	夕线石		石榴石		石墨		电气石		董青石

图 1-6-35　综合地层柱状图

（4）路线工程地质纵断面图

在路线工程地质纵断面图中,同样应标明岩性、地层年代、覆盖层情况、岩层产状、钻孔位置及不良地质等,并且在断面图下方还应有地质概况说明,如图 1-6-37 所示。

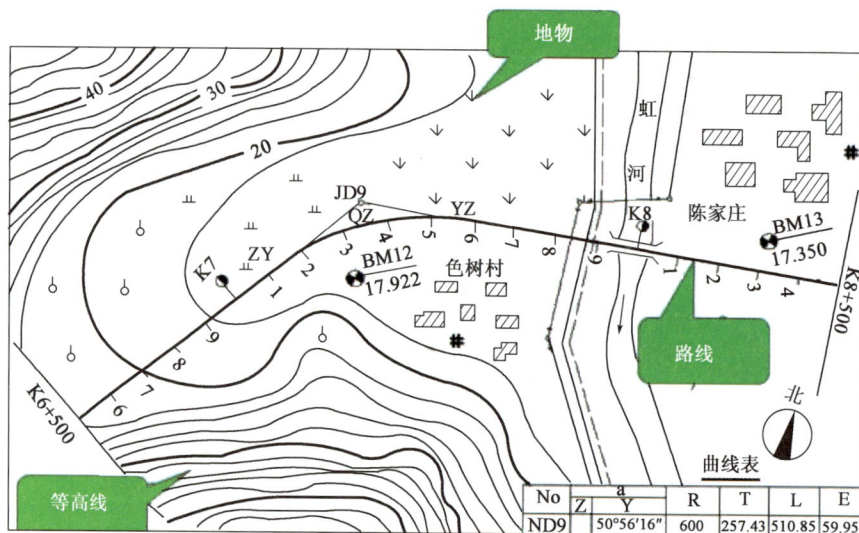

图 1-6-36　路线工程地质平面图

（5）不良地质地段表

不良地质地段表需要根据野外勘察调查的资料填写不同的起讫桩号所对应的长度(m)/位置、不良地质类型、不良状况描述和处理措施，见表 1-6-6。

不良地质地段表　　　　　　　　　　表 1-6-6

起讫桩号	长度(m)/位置	类型	不良状况	处理措施
K44 + 620 ~ K44 + 740	120/右侧	汇水岩溶洼地	山间溶蚀洼地，其地形为四周相对高，成为汇集坡面雨水的洼地，排水不畅，雨季洼地常常集水，集水深度为 1m 左右，并通过洼地底部岩溶裂隙和落水洞缓慢排泄，排泄时间为 3 ~ 4d，对填方路基稳定性不利	清除洼地黏土覆盖层；路堤底部填石；设置排水沟，将坡面汇水排至 K44 + 600 右侧垭口排除

（6）沿线筑路材料料场表

沿线筑路材料料场表需要根据野外勘察调查的资料填写不同的筑路材料名称所对应的料场编号、位置桩号、上路桩号、上路距离(km)、材料及料场、储量(km³)、覆盖层厚度(m)、成料率(%)、开采方式、运输方式、便道(km)和便桥(km)，见表 1-6-7。

沿线筑路材料料场表　　　　　　　　　　表 1-6-7

贵州省板坝(桂黔界)至江底(黔滇界)高速公路第 T11 合同段

材料名称	料场编号	位置桩号	上路桩号	上路距离(km)	材料及料场	储量(km³)	覆盖层厚度(m)	成料率(%)	开采方式	运输方式	便道桥(km)
块片石、碎石、砂	L-1	K43 + 590 中心	K43 + 590	0.0	利用 K43 + 500 ~ K43 + 680 挖余石方作料场，岩石为中 ~ 厚层状灰白色 ~ 深灰色白云质灰岩，风化轻微，石质强度高可开采块片石，机器加工碎砂	32	0	85	人工爆破	机运	

高程(m)

虎岔口 213°　196°　210°　民族路

505
500
495
490
485
480
475
470
465
460
455
450
445
440
435

112°∠31°(24.6°)　128°∠42°(-53.5°)

白云质灰岩　白云质灰岩　白云质灰岩　白云质灰岩

ZK6 470.900 K4+820
21+38+21厚盐渍层 K4+861发现埋深大桥
ZK8 475.100 K4+860
ZK80 484.200 K4+910

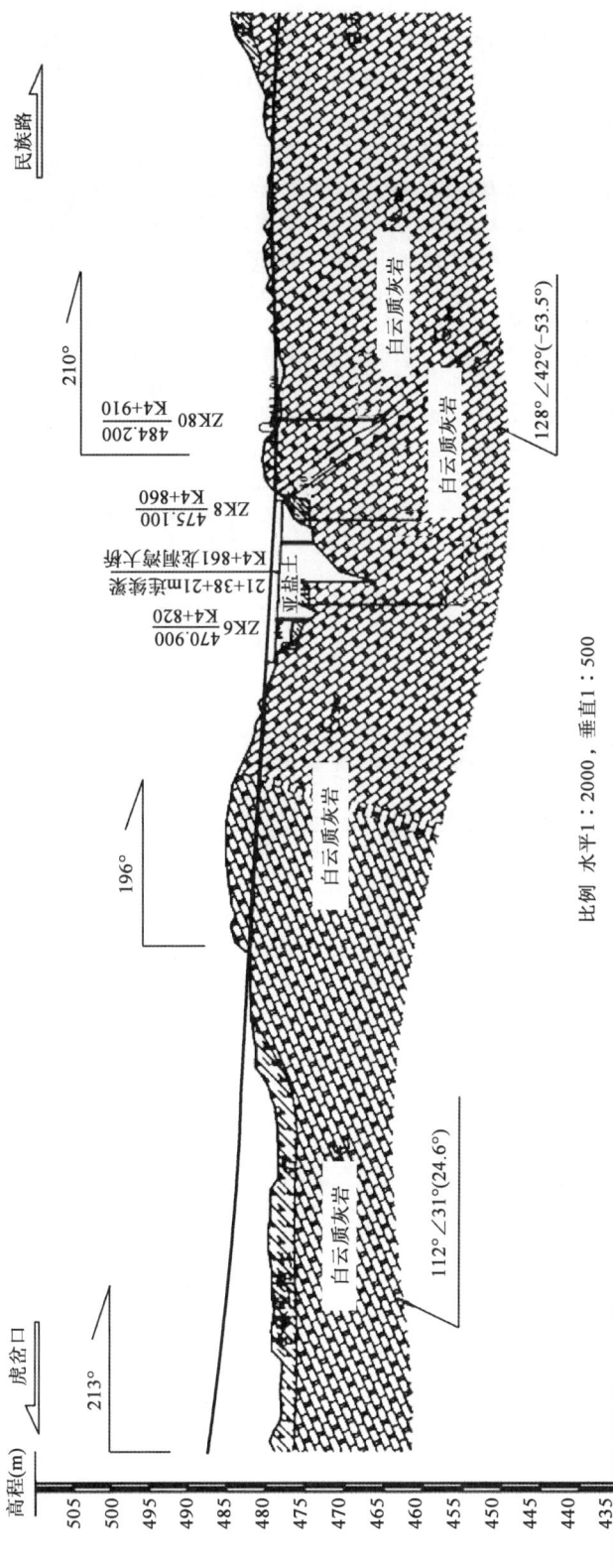

比例　水平1:2000，垂直1:500

里程桩号	K4+400	K4+500	K4+600	K4+700	K4+800	K4+900	K5+000	K5+100

地质概况：属构造剥蚀中低山地貌区，线路经过段地面高程在466~485m之间，相对高差为19m，地形坡度为15°~25°，地面上覆坡积黏性土，系上统耗子坨子沱群(ε3hz)灰~浅灰色微~细晶白云质灰岩，角砾灰岩，岩质比较坚硬，轻微溶蚀，表面溶沟、溶槽发育，深0.50~1.50m。山间沟谷，斜坡地带覆盖1~2m厚第四系残坡积(Q4el+dl)黄褐色含砾黏性土。

工程地质：
属填方路基段，顺向坡，山体坡向SE，单斜，坡度为15°~25°，万吨铁路从线路右100~150mm的滑坡上通过，坡上有一铁路正在治理中的滑坡，最大填筑高度约9m，溶沟中浮土后可回填路基土，边坡坡率1:1.5~1:1.75满足抗滑稳定的要求。

线路跨越穿河冲沟，山体坡向SE，坡度为20°~30°，为顺向前坡，最大挖方高度约5m，需对岩体采取加固措施。钻孔在20.8m以内未见明显溶蚀现象，拟建斜坡基础类型可采用扩大基础，以弱风化基岩层作基础持力层，基础理埋深需满足抗滑稳定的要求。

属浅挖浅填路基段，大部分基岩裸露，地面上植被不发育，大部分基岩裸露，地层岩性为塞武系岩性充填，山间溶沟、溶槽发育，深0.50~1.50m。山体坡向SE，坡度为25°~30°，为黄褐色残坡积黏性土。

属挖方路基段，山体坡向SE，坡度为25°~30°，为顺向坡，最大填方高度1m，建议开挖高度约6.5m，开挖清除溶槽、溶沟中浮土后可回填需对岩体加固路基土。

水文地质：水文地质条件较简单，地表水主要为冲沟中水流，流量较大，季节性强，水量贫乏，地下水主要为松散黏性土中孔隙上层滞水及基岩裂隙水，岩溶水，接受大气降水入渗的补给；地下水以接受大气降水补给为主，季节性变化，水位根据季节，地表水、地下水对钢筋混凝土及混凝土具弱腐蚀性。富水性弱，岩溶水，水量贫乏，接受大气降水入渗的补给，但对钢筋混凝土及混凝土具弱腐蚀性。

图1-6-37　路线工程地质纵断面图

（7）高边坡（挖、填方）稳定性评价表

高边坡（挖、填方）稳定性评价表是根据设计计算作出的评价，具体内容为起讫桩号所对应的工程概况与工程地质条件以及工程地质评价与处理措施，见表1-6-8。

高边坡（挖、填方）稳定性评价表　　　　表1-6-8

起讫桩号	工程概况与工程地质条件	工程地质评价与处理措施
K45 +520 ~ K45 +620	工程概况：该段位于 K45 +520 ~ K45 +620 左侧，坡长 100m，路基设计高程 1218.416 ~ 1217.576m，左侧挖方边坡最大高度 43m，设计坡率 1∶0.5。 地形、地貌：属岩溶化山原峰丛洼地地貌，路堑斜穿一高山原，相对高差 10 ~ 60m，山坡地面横坡下缓上陡，坡度 15° ~ 30°，为圆顶山，坡面植被较发育，分布灌木及林木。 地质条件：山体坡面分布 0 ~ 1.5m 褐黄色亚黏土，基岩为灰 ~ 灰白色、弱 ~ 微风化中厚层状白云质灰岩，岩质坚硬，呈层状，局部大块状构造，溶蚀沟、槽发育，基岩大部出露，全、强风化层厚度小于 2m，岩层主导理产状：185°＜19°；路堑所在山体水文地质条件简单，地下水类型为基岩风化裂隙水，受地形条件控制，地下水富水性弱，来源为季节性大气降水补给，通过坡面径流，就近坡脚排泄	边坡整体稳定性较好，但边坡高度较大，受开挖坡面、层理面、裂隙面影响，坡面可能产生小规模掉块、落石现象。采取主动防护网防止落石及种植藤蔓植物绿化

有的公路勘察报告中，还会列入勘探成果资料汇总表、土工试验成果汇总表、静力触探实验成果表和现场部分照片。

（8）勘察工作量统计表

勘察工作量统计表包含的内容有野外工作和室内试验所完成的工作，详见表1-6-9。

勘察工作量统计表　　　　表1-6-9

	测量	钻孔定位（孔）		81		一般物理性试验	（件）	2325
野外工作	钻探	进尺（m）	覆盖层	6937.25	室内试验	直剪快剪试验	（组）	906
			基岩	29.60		直剪固快试验	（组）	132
	标准贯入试验（次）			2840		三轴不固结不排水剪试验	（组）	4
	取试件	原状样（件）		2332		固结系数	（件）	10
		扰动样（件）		33		无侧限抗压强度试验	（件）	58
						灵敏度	（件）	58
		岩样（件）		12		压缩	（件）	1246
						渗透系数试验	（组）	156
		水样（件）		1		颗粒分析	（件）	693
						休止角	（个）	51
	工程地质测绘（km²）			1		相对密度	（件）	199
	岩芯拍照（张）			1376		水质分析	（组）	1

（9）土工试验成果汇总表

土工试验成果汇总表见表1-6-10。

（10）静力触探试验成果表

静力触探试验成果表见表1-6-11。

土工试验成果汇总表

表 1-6-10

土样编号	取样深度(m)	以下粒径(mm)对应的颗粒组成(%) >20	20~10	10~5	5~2	2~0.5	0.5~0.25	0.25~0.075	<0.075	天然含水率 w(%)	天然重度 γ(N/m³)	干重度 γ_d(N/m³)	土粒比重 G	天然孔隙比 e	饱和度 S_r(%)	液限 w_L(%)	塑限 w_P(%)	塑性指数 I_P	液性指数 I_L	压缩系数 a_{1-2}(MPa⁻¹)	压缩模量 E_{s1-2}(MPa)	快剪试验 内摩擦角 φ(°)	黏聚力 c(kPa)	无侧限抗压强度 q_u(kPa)	土样定名	备注
2-1	5.0~5.2									31.18	1.84	1.32	2.63	0.932	99.6	44.8	27.6	20.8	0.543	0.53	3.512	11.0	18.5		粉质黏土夹粉砂	
2-2	8.5~8.7									33.00	1.98	1.43	2.71	0.818	98.6	36.8	25.3	15.9	0.475	0.36	5.213	21.3	3.6		淤泥质粉质黏土	
2-3	10.5~10.7									34.50	1.93	1.52	2.78	0.783	97.3	31.5	22.5	10.6	0.735	0.33	5.011	4.3	39.0		黏土	
2-4	15.5~15.7									32.00	1.92	1.41	2.61	0.842	96.8	39.8	22.8	17.6	0.436	0.53	3.689	11.0	18.6		粉质黏土	
2-5	18.5~18.7							85.50	14.10																粉砂	
4-1	2.2~2.3									32.20	1.89	1.48	2.53	0.765	98.6	33.5	18.6	14.6	0.743	0.34	4.356	11.5	16.8		粉质黏土夹粉砂	
4-2	6.8~7.0									31.20	1.84	1.44	2.36	0.834	98.2	31.5	16.8	13.6	0.945	0.63	3.156	12.3	11.8		淤泥质粉质黏土	
4-3	8.2~8.4									30.18	1.98	1.34	2.15	0.876	98.6	33.5	17.5	13.6	0.875	0.59	3.452	12.6	13.2		黏土	
4-4	10.3~10.5									31.00	2.13	1.58	2.63	0.653	93.6	24.6	16.3	9.5	0.789	0.23	8.364	18.6	21.5		粉质黏土	
4-5	15.2~15.4									33.80	1.87	1.48	2.73	1.143	99.8	35.6	23.6	11.4	1.236	0.69	3.523	8.0	7.6		粉质黏土夹粉砂	
4-6	18.2~18.4							84.30	15.30																粉砂	
6-1	4.4~4.6									30.56	1.88	1.23	2.53	0.912	98.6	43.8	27.3	21.5	1.512	0.43	3.125	11.3	17.8		粉质黏土夹粉砂	

续上表

土样编号	取样深度(m)	以下粒径(mm)对应的颗粒组成(%)								天然含水率 w (%)	天然重度 γ (N/m³)	干重度 γ_d (N/m³)	土粒比重 G	天然孔隙比 e	饱和度 S_r (%)	液限 w_L (%)	塑限 w_P (%)	塑性指数 I_P	液性指数 I_L	压缩系数 a_{1-2} (MPa⁻¹)	压缩模量 E_{s1-2} (MPa)	快剪试验 内摩擦角 φ (°)	黏聚力 c (kPa)	无侧限抗压强度 q_u (kPa)	土样定名	备注
		>20	20~10	10~5	5~2	2~0.5	0.5~0.25	0.25~0.075	<0.075																	
6-2	6.2~6.4									30.28	1.88	1.36	2.68	0.798	97.6	37.6	24.3	16.3	0.487	0.41	4.893	22.3	4.3		淤泥质粉质黏土	
6-3	9.6~9.8									30.26	1.63	1.47	2.68	0.753	98.4	33.6	21.6	11.2	0.768	0.43	4.956	5.4	37.6		黏土	
6-4	13.6~13.8									32.00	1.89	1.36	2.58	0.813	96.3	38.9	22.8	18.1	0.435	0.49	3.786	12.6	17.6		粉质黏土	
6-5	18.6~18.8									30.00	1.93	1.44	2.36	0.943	99.8	43.6	22.6	17.6	0.425	0.42	3.654	6.2	22.6		粉质黏土	
6-6	21.6~21.8							85.30	14.10																粉砂	

| ××市公路勘察设计院 | 省道汉沙线监利半路堤延至何赵段改建工程 | K0+550,K1+315,K1+880 路基土工试验汇总表 | 编制 ×× | 复核 ×× | 审核 ×× | 图号 ×× | C-2-4 | 日期 |

静力触探试验成果表 表 1-6-11

工程名称	省道汉沙线监利半路堤至何赵段改建工程					工程编号				2011120			
里程桩号	K0+110					钻孔编号				JK1			
开孔日期	2011.11.20					终孔日期				2011-11-20			
孔口高程(mm)	30.84			横坐标X		397788.734			纵坐标Y		3300396.622		

地质年代成因	层底深度(m)	层底高程(m)	分层厚度(m)	岩土名称	柱状图 1∶85	静力触探曲线 比贯入阻力(MPa) 0 1 2 3 4 5 6 7 8 9 10	比贯入阻力平均值(MPa)	允许承载力(s)(kPa)	压缩模量 E_s(kPa)
Q_4^{al}	0.8	30.04	0.8	冲填土			1.36		
Q_4^{al+pl}	7.3	23.54	6.5	粉质黏土夹粉砂			1.53	120	6.58
Q_4^{al+pl}	10.0	20.84	2.7	黏土			1.58	173	7.54
Q_4^{al+pl}	15.2	15.64	5.2	粉质黏土			1.13	115	5.36
Q_4^{al+pl}	18.1	12.74	2.9	粉质黏土夹粉土			2.36	182	7.56
Q_4^{al+pl}	20.6	10.24	2.5	粉砂			1.58	175	13.42

（11）现场工程地质照片

现场工程地质照片是地质勘察工作人员在野外勘察阶段对沿线地质情况拍摄的照片,如图 1-6-38、图 1-6-39 所示。

图 1-6-38　钻孔勘探取出的岩芯

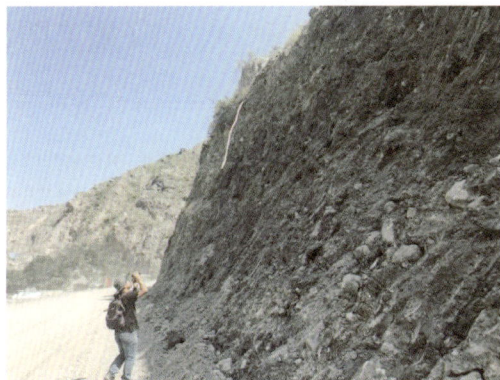

图 1-6-39　野外勘察

（三）工程地质勘察报告案例

不同的勘察报告,其内容可以有所不同,只要能反映该区域工程地质资料及有关场地工程地质条件的评价结论就可以了,我们用 3 个实例来看看勘察报告的文字部分内容。

1.甘肃省舟曲县南峪乡江顶崖滑坡灾害治理工程勘察报告案例

（1）报告封面

舟曲县南峪乡江顶崖滑坡灾害治理工程

勘 察 报 告

（施工图设计阶段）

甘肃省地质环境监测院

二〇一八年八月

（2）报告签字页

舟曲县南峪乡江顶崖滑坡灾害治理工程

勘 察 报 告

（施工图设计阶段）

委托单位：舟曲县国土资源局

承担单位：甘肃省地质环境监测院

项目总负责：

项目负责：

技术负责：

报告编写： ×× ×× ×× ××

审　核：

总工程师： ××

院　长： ××

提交单位：甘肃省地质环境监测院

提交时间： 2018.08

(3)报告内容目录

2.×××场地岩土工程勘察报告案例

报告目录如下所示：

甘肃舟曲县南峪乡江顶崖滑坡灾害治理工程勘察报告（文档）

<table>
<tr><td colspan="2">目　　录</td><td colspan="2"></td></tr>
<tr><td colspan="2">一、前言</td><td colspan="2">2.场地地震效应评价(场地类别、抗震设计参数)</td></tr>
<tr><td colspan="2">1.委托单位</td><td colspan="2">3.边坡稳定性评价(分析方法、定性分析与评价、定量分析与评价)</td></tr>
<tr><td colspan="2">2.场地地理位置</td><td colspan="2">4.场地岩土物理力学性质评价</td></tr>
<tr><td colspan="2">3.工程简况</td><td colspan="2">5.地基均匀性评价</td></tr>
<tr><td colspan="2">4.勘察目的任务(要求)</td><td colspan="2">五、地基基础设计方案论证</td></tr>
<tr><td colspan="2">5.勘察工作日期</td><td colspan="2">1.天然地基</td></tr>
<tr><td colspan="2">二、勘察方法及工作布置</td><td colspan="2">2.其他地基</td></tr>
<tr><td colspan="2">1.勘察技术依据</td><td colspan="2">3.论证分析结果</td></tr>
<tr><td colspan="2">2.勘察工作布置</td><td colspan="2">4.边坡治理方案及论证</td></tr>
<tr><td colspan="2">三、场地岩土工程件</td><td colspan="2">结论</td></tr>
<tr><td colspan="2">1.地形地貌</td><td colspan="2">附录:图表及其他资料</td></tr>
<tr><td colspan="2">2.气象与水文</td><td colspan="2">1.工程勘察平面布置图</td></tr>
<tr><td colspan="2">3.地层结构及岩土特征</td><td colspan="2">2.综合工程地质图或工程地质分区图</td></tr>
<tr><td colspan="2">4.岩土物理力学性质</td><td colspan="2">3.工程地质剖面图</td></tr>
<tr><td colspan="2">5.地下水</td><td colspan="2">4.地质柱状图或综合地质柱状图</td></tr>
<tr><td colspan="2">6.不良地质现象</td><td colspan="2">5.有关测试图表</td></tr>
<tr><td colspan="2">四、场地工程地质评价</td><td colspan="2">6.有关编录描述及照片或影像资料</td></tr>
<tr><td colspan="2">1.场地稳定性评价</td><td colspan="2"></td></tr>
</table>

3.×××路线工程地质勘察报告案例

报告目录如下所示：

目录	图表资料
1.序言	
1.1　工程概况	
1.2　勘察工作目的、依据、起讫时间、完成的工作量	
1.3　勘察工作的主要方法	工程地质图例
2.自然地理	综合地层柱状图
2.1　地形、地貌	路线工程地质平面图 1:2000
2.2　交通、气候	路线工程地质纵断面图(横 1:2000、竖 1:500)
2.3　水文及河流	工程地质横断面图 1:400～1:1000
3.工程地质条件	路基工程地质条件分段说明表
3.1　地层岩性	小桥、涵洞工程地质条件表
3.2　地质构造与地震烈度	道路交叉地质条件表
3.3　水文地质特征	不良地质地段表
3.4　不良地质和特殊岩土	沿线筑路材料料场表
4.岩土主要物理力学指标	高边坡(挖、填方)稳定性评价表
5.筑路材料	各类测试成果资料表
5.1　储量、质量及运输条件	勘探成果资料汇总表
6.工程地质评价	工程地质照片
6.1　道路工程地质条件及主要问题与处理建议	
6.2　桥、隧主要场地工程地质评价	
6.3　填、挖方高边坡稳定性评价	

从以上 3 个实例可以看出,工程地质勘察报告(或岩土工程勘察报告)常常是按照勘察规范中的编写提纲进行编写的。一般来说,建筑类型和勘察阶段不同,其报告的内容也有所不同。我们要根据实际情况,在综合分析各项勘察成果的基础上进行编写。

浙江舟山市金塘大桥工程施工图设计阶段工程地质勘察报告(文档)	路基工程地质勘察报告(文档)	导图小结(工程地质勘察报告)(图片)	在线测试题(工程地质勘察报告)(文档)

课后练习题

1. 简述公路工程地质勘察的目的及勘察工作的内容和任务。
2. 工程地质勘察的方法有哪些? 常用的勘探方法有哪几种?
3. 工程地质勘察报告书文字部分主要包括哪些内容?
4. 工程地质勘察报告书中一般包括哪些图表?
5. 公路勘测设计中需要完成哪些工程地质图表?
6. 试分析公路路基勘察中的主要工程地质问题。

学习项目二
LEARNING PROJECT TWO
测定岩土物理力学性质指标

【项目导学】

1. 情景设定:某软土地区路基施工前,你作为试验检测工程师,需完成取土场土样全套指标检测,为路基换填方案提供数据支撑。

2. 痛点列举:含水率超标会导致"弹簧土"现象;抗剪强度误测可能引发边坡滑移。

3. 应用场景:

(1)指标测定:测定液塑限指标,判断软土是否需石灰改良。

(2)参数应用:通过击实试验确定最优含水率。

(3)岩石分级:科学地进行隧道围岩分级,可指导支护结构设计,优化施工方法,为潜在塌方、变形等风险提供预警依据。

任务一　评价岩石的工程性质

【学习指南】主要了解岩石的物理性质、水理性质和力学性质,熟悉影响岩石工程性质的因素,了解岩石的工程分类,重点掌握影响岩石工程性质的因素。

【教学资源】包括 1 个微课、1 幅导图和 1 套在线测试题。

岩石的工程性质(微课)

一、岩石的工程性质

1. 岩石的物理性质

岩石的物理性质是由岩石结构中矿物颗粒的排列形式及颗粒间孔隙的连通情况所反映的特性。孔隙中有水或气,或二者皆有,岩石的物理性质取决于岩石的固相、液相和气相三者的比例关系,它是评价岩基承载力、计算边坡稳定系数、选配建筑材料所必须测试的指标。通常从岩石的相对密度、密度和孔隙性三个方面来分析。

(1)岩石的相对密度

岩石的相对密度指岩石固体部分的质量与同体积4℃水的质量的比值。

岩石相对密度大小取决于组成岩石矿物的相对密度及其在岩石中的相对含量,如超基性、基性岩含铁镁矿物较多,其相对密度较大,酸性岩则相反。岩石的相对密度为2.50~3.30,测定其数值常采用比重瓶法。

(2)岩石的密度

岩石的密度指包括孔隙在内的单位体积岩石的质量。

$$\rho = \frac{m}{V} \tag{2-1-1}$$

式中:ρ——岩石的密度(g/cm^3);

m——岩石的总质量(g),$m = m_s + m_w + m_a$,其中m_s为岩石固体部分的质量(g),m_w为岩石孔隙中水分的质量(g),m_a为岩石孔隙中气体的质量(视为0,可忽略不计);

V——岩石的总体积(cm^3),$V = V_s + V_w + V_a$,其中V_s为岩石固体部分的体积(cm^3),V_w为岩石孔隙中水分的体积(cm^3),V_a为岩石孔隙的总体积(cm^3)。

岩石的总质量m中包含固体部分的质量m_s和孔隙中所含天然水分的质量m_w,ρ常称为岩石的天然密度。

岩石密度的大小取决于组成岩石的矿物成分、孔隙性及含水情况,常取2.30~3.10g/cm^3。

按岩石孔隙含水状况不同,密度可分为天然密度、干密度和饱和密度。由于岩石的孔隙不大,因此区分岩石的不同特征的密度意义亦不大。

(3)岩石的孔隙性

岩石的孔隙是岩石的孔隙和裂隙的总称。岩石的孔隙性指岩石孔隙和裂隙的发育程度。岩石中孔隙、裂隙的大小、多少及其连通情况等,对岩石的强度及透水性有着重要的影响,一般可用孔隙率和孔隙比来表示。

孔隙率n指岩石的孔隙总体积V_a与岩石的总体积V的百分比。

$$n = \frac{V_a}{V} \times 100\% \tag{2-1-2}$$

孔隙比e指岩石的孔隙总体积V_a与岩石固体部分的体积V_s的比值。

$$e = \frac{V_a}{V_s} \tag{2-1-3}$$

岩石孔隙主要取决于岩石的结构和构造,也受到外力因素的影响。由于岩石中孔隙、裂隙发育程度变化很大,其孔隙率的变化也很大。例如,三叠系砂岩的孔隙率为0.6%~27.2%,碎屑沉积岩的时代越新,其胶结越差,则空隙率越高。结晶岩类的孔隙率较低,一般不大于3%。随着孔隙率的增大,岩石透水性增大,强度降低,削弱了岩石的整体性,同时加快了风化的速度,使空隙不断扩大。

2. 岩石的水理性质

岩石的水理性质指岩石和水相互作用时所表现出的性质,包括吸水性、透水性、软化性和抗冻性。

(1)岩石的吸水性

岩石在一定试验条件下的吸水性能称为岩石的吸水性。它取决于岩石孔隙数量、大小、开闭程度、连通与否等情况。表征岩石吸水性的指标有吸水率、饱和吸水率和饱水系数等。

吸水率是指岩石试件在室温条件下吸入水的质量与烘干试件质量之比。

饱和吸水率是指在强制饱水条件下，岩石试件最大吸水质量与烘干试件质量之比。

用式（2-1-4）、式（2-1-5）分别计算吸水率、饱和吸水率，计算结果精确至0.01％：

$$w_a = \frac{m_1 - m_d}{m_d} \times 100 \tag{2-1-4}$$

$$w_{sa} = \frac{m_2 - m_d}{m_d} \times 100 \tag{2-1-5}$$

式中：w_a——岩石吸水率（％）；

w_{sa}——岩石饱和吸水率（％）；

m_d——烘至恒量时的试件质量（g）；

m_1——吸水48h时的试件质量（g）；

m_2——试件经强制饱和后的质量（g）。

饱水系数指岩石吸水率与饱水率的比值。饱水系数反映了岩石大开型孔隙与小开型孔隙之相对数量，饱水系数越大，表明岩石的吸水能力越强，受水作用越加显著。一般认为饱水系数$K_W < 0.8$的岩石抗冻性较高，一般岩石饱水系数介于0.5~0.8之间。

（2）岩石的透水性

岩石能被水透过的性能称为岩石的透水性。它主要取决于岩石孔隙的大小、数量、方向及其相互连通的情况。岩石透水性可用渗透系数衡量。

（3）岩石的软化性

岩石受水的浸泡作用后，其力学强度和稳定性趋于降低的性能称为岩石的软化性。它的大小取决于岩石的孔隙性、矿物成分及岩石结构、构造等因素。凡孔隙大、含亲水性或可溶性矿物多、吸水率高的岩石，受水浸泡后，岩石内部颗粒间的联结强度降低，导致岩石软化。

岩石软化性的大小常用软化系数来衡量。软化系数是指岩石饱和单轴抗压强度与干燥状态的单轴抗压强度的比值。

$$\eta = \frac{R_W}{R_C} \tag{2-1-6}$$

式中：η——软化系数；

R_W——岩石饱水状态下的抗压强度；

R_C——岩石干燥状态下的抗压强度。

软化系数是判定岩石耐风化、耐水浸能力的指标之一。软化系数愈大，则岩石的软化性愈小。当$\eta > 0.75$时，岩石工程性质较好。

（4）岩石的抗冻性

岩石抵抗反复冻融破坏的性能称为岩石的抗冻性。由于岩石浸水后，当温度降到0℃以下时，其孔隙中的水将冻结，体积膨胀，产生较大的膨胀压力，使岩石的结构和构造发生改变，直到破坏；经反复冻融后，岩石的强度将降低。可用强度损失率和质量损失率表示岩石的抗冻性。

强度损失率指冻融后饱和岩样抗压强度差与冻融前饱和抗压强度的比值。

质量损失率指冻融试验前后干试件的质量差与试验前干试件质量的比值。

强度损失率和质量损失率的大小主要取决于岩石开型孔隙发育程度、亲水性和可溶性矿物含量及矿物颗粒间的联结强度。一般认为，强度损失率小于25％或质量损失率小于2％时的岩石是抗冻的。此外,吸水率 $w_a < 0.5\%$,软化系数 $\eta > 0.75$ 时,均为抗冻岩石。

现将常见岩石的物理性质和水理性质的有关指标列于表 2-1-1 中。

岩石的物理性质和水理性质指标表　　　　　　　　　　表 2-1-1

岩石名称	相对密度	天然密度(g/cm^3)	孔隙率(%)	吸水率(%)	软化系数
花岗岩	2.50 ~ 2.84	2.30 ~ 2.80	0.04 ~ 2.80	0.10 ~ 0.70	0.75 ~ 0.97
闪长岩	2.60 ~ 3.10	2.52 ~ 2.96	0.25 左右	0.30 ~ 0.38	0.60 ~ 0.84
辉长岩	2.70 ~ 3.20	2.55 ~ 2.98	0.29 ~ 0.13		0.44 ~ 0.90
辉绿岩	2.60 ~ 3.10	2.53 ~ 2.97	0.29 ~ 1.13	0.80 ~ 5.00	0.44 ~ 0.90
玄武岩	2.60 ~ 3.30	2.54 ~ 3.10	1.28	0.30	0.71 ~ 0.92
砂岩	2.50 ~ 2.75	2.20 ~ 2.70	1.60 ~ 28.30	0.20 ~ 7.00	0.44 ~ 0.97
页岩	2.57 ~ 2.77	2.30 ~ 2.62	0.40 ~ 10.00	0.51 ~ 1.44	0.24 ~ 0.55
泥灰岩	2.70 ~ 2.75	2.45 ~ 2.65	1.00 ~ 10.00	1.00 ~ 3.00	0.44 ~ 0.54
石灰岩	2.48 ~ 2.76	2.30 ~ 2.70	0.53 ~ 27.00	0.10 ~ 4.45	0.58 ~ 0.94
片麻岩	2.63 ~ 3.01	2.60 ~ 3.00	0.30 ~ 2.40	0.10 ~ 3.20	0.91 ~ 0.97
片岩	2.75 ~ 3.02	2.69 ~ 2.92	0.02 ~ 1.85	0.10 ~ 0.20	0.49 ~ 0.80
板岩	2.48 ~ 2.86	2.70 ~ 2.87	0.45	0.10 ~ 0.30	0.52 ~ 0.82
大理岩	2.70 ~ 2.87	2.63 ~ 2.75	0.10 ~ 6.00	0.10 ~ 0.80	
石英岩	2.63 ~ 2.84	2.60 ~ 2.80	0.00 ~ 8.70	0.10 ~ 1.45	0.96

3. 岩石的力学性质

岩石的力学性质指岩石在各种静力、动力作用下所表现出的性质,主要包括变形和强度。岩石在外力作用下首先产生变形,当外力继续增加,达到或超过某一极限时,便开始破坏。岩石的变形与破坏是岩石受力后发生变化的两个阶段。

岩石抵抗外荷载而不破坏的能力称为岩石强度,当荷载过大并超过岩石所能承受的能力时,便造成破坏,岩石开始破坏时所能承受的极限荷载称为岩石的极限强度,简称为强度。

按外力作用方式不同将岩石强度分为抗压强度、抗拉强度和抗剪切强度。

(1)抗压强度

岩石抗压强度一般是岩石试件在无侧限条件下,受轴向压力作用破坏时,单位面积上所承受的荷载,也称为单轴抗压强度。

单轴抗压强度通常采用在室内采用试验机对试件进行加压试验确定。目前多采用圆柱体($\phi 50mm \times 100mm$)或立方体(边长为 50mm 或 70mm)。影响抗压强度的主要因素有:岩石的矿物成分、颗粒大小、结构、构造;岩石风化程度;饱和条件下岩石抗压强度小于天然状态或干燥条件下岩石的抗压强度;试验条件等。

(2)抗拉强度

岩石在单向拉伸破坏时的最大拉应力称为抗拉强度。

抗拉强度试验一般采用劈裂法;除此之外,也可采用直接单向拉伸法等。抗拉强度主要取决于岩石中矿物组成之间黏聚力的大小。

(3)抗剪切强度

抗剪切强度指岩石在一定的压力条件下被剪断时的极限剪切应力值(τ)。根据岩石受剪时的条件不同,通常把抗剪切强度分为 3 种类型。

①抗剪强度。抗剪强度指两块岩样在垂直接合面上有一定压应力的作用下，岩样接触面之间所能承受的最大剪切力。测试该指标的目的在于求出接触面的抗剪系数值，为坝基、桥基、隧道等基底滑动和稳定验算提供试验数据。

②抗切强度。抗切强度指在岩石剪断面上无正压应力作用下，岩石被剪断时的最大剪应力值。它是测定岩石黏聚力的一种方法。

③抗剪断强度。抗剪断强度指在岩石剪断面上有一定压应力的作用下，被剪断时的最大剪应力值。

室内测定抗剪断强度时一般采用直剪仪。

常见岩石的抗压、抗剪及抗拉强度指标列于表 2-1-2 中。

常见岩石的抗压、抗剪及抗拉强度（MPa）　　　　　　表 2-1-2

岩石名称	抗压强度	抗剪切强度	抗拉强度
花岗岩	100～250	14～50	7～25
闪长岩	150～300		15～30
辉长岩	150～300		15～30
玄武岩	150～300	20～60	10～30
砂岩	20～170	8～40	4～25
页岩	5～100	3～30	2～10
石灰岩	30～250	10～50	5～25
白云岩	30～250		15～25
片麻岩	50～200		5～20
板岩	100～200	15～30	7～20
大理岩	100～250		7～20
石英岩	150～300	20～60	10～30

二、影响岩石工程性质的因素

影响岩石工程性质的因素，可归纳为两个方面：一是内因，即由岩石自身的内在条件所决定的，如组成岩石的矿物成分、结构、构造等；二是外因，即来自岩石外部的客观因素，如气候、环境、风化作用、水文特性等。

（一）内因

1. 矿物成分

组成岩石的矿物成分对岩石的工程性质有直接影响。单矿岩与复矿岩比较，前者较后者耐风化。如石英岩（单矿岩）主要矿物为石英，其平均抗压强度可达250MPa，而花岗岩（复矿岩）除含有石英外，还含有片状云母和中等解理的长石，其平均抗压强度为200MPa，可见花岗岩的强度较石英岩低。

矿物的硬度与岩石抗压强度有密切关系。如石英岩和大理岩，由于石英岩中的石英要比大理岩的中方解石硬度高得多，故石英岩的抗压强度为150～300MPa，而大理岩的抗压强度为100～250MPa。

矿物的相对密度决定着岩石的相对密度,含铁镁质矿物多的岩石相对密度要比含硅铝质矿物多的岩石相对密度大。如辉长岩的主要矿物成分是辉石和基性斜长石,而花岗岩的主要矿物成分是长石和石英,故辉长岩的平均相对密度(3.28)要比花岗岩的平均相对密度(2.65)大。

从组成岩石的矿物颜色而论,深色矿物(橄榄石、辉石、角闪石和黑云母等)的抗风化能力要比浅色矿物(石英、长石、白云母等)的抗风化能力差。其中按照原生矿物对化学风化的反应来看,石英、白云母、石榴子石等为稳定的矿物;角闪石、辉石、正长石、酸性斜长石等为稍稳定的矿物;基性斜长石、黑云母、黄铁矿等为不稳定的矿物。因此,一般而言,在岩浆岩中酸性岩比基性岩的抗化学风化能力强,沉积岩抗风化能力要比岩浆岩和变质岩强。

2. 结构

岩石的内部结构对岩石的力学强度有极大的影响。按岩石的结构特征,可将岩石分为结晶联结的岩石和胶结联结的岩石两大类。

(1)结晶联结

结晶结构的岩石,如大部分岩浆岩、变质岩和一部分沉积岩等,其晶粒直接接触,结合力强,孔隙比小,吸水率低。在荷载作用下,变形小,弹性模量大,抗压强度高,如闪长岩、辉长岩、玄武岩、石英砂岩等的抗压强度均在150~300MPa。

结晶结构的晶粒大小对强度也有明显的影响。通常细晶岩石的强度要高于同成分的粗晶岩石的强度,因细晶具有较高的结合力,故强度高。例如细晶花岗岩的强度可达180~200MPa,而粗晶花岗岩的强度只有120~140MPa;具有微晶至隐晶质的玄武岩,比中粗晶粒的基性岩强度更高;致密的结晶灰岩要比粗晶大理岩的强度高2~3倍。

(2)胶结联结

胶结联结主要是指以沉积岩的碎屑结构为胶结物充填胶结而成的联结形式。胶结联结的岩石,其强度和稳定性取决于胶结物的成分和胶结的形式及碎屑成分的影响。

胶结物的成分已在"沉积岩的矿物组成"中作了分析。硅质胶结的岩石强度和稳定性,要远远高于泥质胶结的岩石。

胶结联结的形式,是指胶结物与碎屑物之间的组合关系。一般可分为基底胶结、孔隙胶结和接触胶结3种形式,如图2-1-1所示。

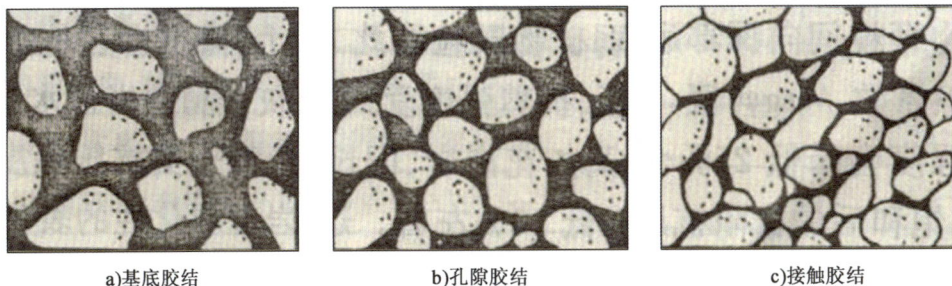

a)基底胶结   b)孔隙胶结   c)接触胶结

图2-1-1　胶接联结的三种形式

①基底胶结:是一种碎屑物散布于胶结物中,彼此不接触的结构。这种结构孔隙比小,其物理力学性质完全取决于胶结物的性质。如果胶结物与碎屑物同为硅质或钙质,就有可能经重结晶作用转化为结晶联结,其强度和稳定性也随之提高。

②孔隙胶结：是指碎屑颗粒互相直接接触，胶结物充填于碎屑之间的孔隙中的一种结构。其强度和稳定性取决于碎屑物和胶结物的成分。一般而言，这种结构强度和稳定性较好。

③接触胶结：是指在碎屑颗粒的接触处，由少量的胶结物将其彼此联结起来的一种结构。这种结构的孔隙比大、重度小、吸水率高，其强度和稳定性很差。

3. 构造

构造对岩石工程性质的影响，可从以下两个方面来分析：

一方面，某些构造体现了矿物成分在岩石中分布的极不均匀性，如片理构造、流纹构造等。这些构造能使一些强度低、易风化的矿物常呈定向富集，或呈条带状分布，或呈局部聚集。当岩石受荷载作用时，首先从这些软弱的部位发生变化，从而影响岩石的物理力学性质。

另一方面，在矿物成分均匀的情况下，由于某些构造，如层理、节理、裂隙和各种成因的孔隙，使岩石结构的连续性与整体性受到一定程度的影响或破坏，从而使岩石的强度和透水性在不同方向上具有明显的差异。一般情况下，垂直层面的抗压强度大于平行层面的抗压强度，平行层面的透水性大于垂直层面的透水性，垂直层面的变形模量小于平行层理的变形模量。

如果上述两方面的情况同时存在，则岩石的强度和稳定性就会表现出明显叠加性降低。

（二）外因

1. 风化

岩石在风化作用下发生物理化学变化的过程，称为岩石风化。岩石风化使岩体的工程地质特征也发生改变，其表现如下：

（1）岩体的完整性受到破坏。风化作用使岩体原生裂隙扩大，并增加新的风化裂隙，导致岩体破碎为碎块、碎屑，进而分解为黏粒，从根本上改变了岩体的物理力学性质。

（2）岩石的矿物成分发生变化。岩石在化学风化过程中，使原生矿物经化学反应，逐渐分化为次生矿物。随着化学风化的发展，层状矿物（如高岭石、蒙脱石等黏土矿物）和鳞片状矿物（如绿泥石、绢云母等）不断增多，导致岩体的强度和稳定性大为降低。

（3）风化作用改变了岩石的水理力学性质。由于风化使岩石具有一些黏性土的特性，诸如亲水性、孔隙性、透水性和压缩性都明显增强，从而大大降低了岩石的力学强度，抗压强度可由原来的几十至几百兆帕，降低到几兆帕。但当风化剧烈，黏土矿物增多时，渗透性也趋于降低。

2. 水

任何岩石饱水后，其强度都会降低。这是因为水能沿着岩石极细微的孔隙、裂隙浸入，在其矿物颗粒间向深部运移，从而削弱矿物颗粒彼此之间的联结力，降低岩石的内聚力 c 值和内摩擦系数 $f(\tan\varphi)$ 值，使岩石的抗压、抗剪强度受到影响。如石灰岩和砂岩饱水后的极限抗压强度会降低 $25\% \sim 45\%$；又如花岗岩、闪长岩和石英岩等抗压强度很高的岩石，经水饱和后的极限抗压强度会降低 10% 左右。这实质上是岩石软化性的表现。

水对岩石强度的影响，在一定限度内是可逆的，即被水饱和的岩石，经干燥后其强度仍可恢复。但是，如果发生干湿循环，岩石成分和结构发生改变后，使岩石强度降低，就转化为不可逆的过程了。

三、岩石的工程分类

（1）岩石按强度分类。在工程上，根据岩石饱和单轴极限抗压强度 R_b 将其划分为 3 类，见表 2-1-3。

岩石按强度分类表　　表 2-1-3

岩石类别		饱和单轴极限抗压强度（MPa）	代表性岩石
硬质岩石	坚硬岩	>60	未风化～微风化的： 花岗岩、正长岩、闪长岩、辉绿岩、玄武岩、安山岩、片麻岩、硅质板岩、石英岩、硅质胶结的砾岩、石英砂岩、硅质石灰岩等
	较坚硬岩	30～60	1. 中等（弱）风化的坚硬岩； 2. 未风化～微风化的： 熔结凝灰岩、大理岩、板岩、白云岩、石灰岩、钙质砂岩、粗晶大理岩等
软质岩石	较软岩	15～30	1. 强风化的坚硬岩； 2. 中等（弱）风化的较坚硬岩； 3. 未风化～微风化的： 凝灰岩、千枚岩、砂质泥岩、泥灰岩、泥质砂岩、粉砂岩、砂质页岩等
	软岩	5～15	1. 强风化的坚硬岩； 2. 中等（弱）风化～强风化的较坚硬岩； 3. 中等（弱）风化的较软岩； 4. 未风化的泥岩、泥质页岩、绿泥石片岩、绢云母片岩等
极软岩石	极软岩	≤5	1. 全风化的各种岩石； 2. 强风化的软岩； 3. 各种半成岩

软质岩石往往具有一些特殊性质，如可压缩性、软化性、可溶性等。这类岩石不仅强度低，而且抗水性差，在水的长期作用下，其内部的联结力会逐渐降低，甚至消失。

（2）岩石按施工难易程度划分为 3 级，见表 2-1-4。

岩石的工程分级表　　表 2-1-4

岩石等级	岩石名称	钻眼 1m 所需的时间			爆破 1m³ 所需的炮眼长度（m）		开挖方法
		湿式凿岩一字合金钻头净钻时间（min）	湿式凿岩普通钻头净钻时间（min）	双人打眼（人工）（min）	路堑	隧道导坑	
Ⅰ 软石	各种松软岩石、盐岩、胶结不紧的砾岩、泥质页岩、砂岩、较坚实的泥灰岩、块石土及漂石土、软且节理较多的石灰岩		<7	<0.2	<0.2	<2.0	部分用撬棍或大锤开挖，部分用爆破法开挖
Ⅱ 次坚石	硅质页岩、硅质砂岩、白云岩、石灰岩、坚实的泥灰岩、软玄武岩、片麻岩、正长岩、花岗岩	<15	7～20	0～1.0	0.2～0.4	2.0～3.5	用爆破法开挖
Ⅲ 坚石	硬玄武岩、坚实的石灰岩、白云岩、大理岩、石英岩、闪长岩、粗粒花岗岩、正长岩	>15	>20	>1.0	>0.4	>3.5	用爆破法开挖

（3）岩石按风化程度的分类，见表 2-1-5。

按风化程度划分的岩石等级　　　　　　　　　　　　　　　　　表2-1-5

风化程度	风化系数(K_1)	野外特征
未风化	$0.9 < K_1 < 1$	岩石结构构造未变，岩质新鲜
微风化	$0.8 < K_1 \leq 0.9$	内质新鲜，表面稍有风化现象
中等(弱)风化	$0.4 < K_1 \leq 0.8$	结构未破坏，构造层理清晰； 结构体被节理裂隙分割成块碎状(20~40cm)，裂隙中填充少量风化物； 矿物成分基本未变化，仅沿节理面出现次生矿物； 锤击声脆，岩块不易击碎，不能用镐挖掘，岩芯钻方可钻进
强风化	$0.2 \leq K_1 \leq 0.4$	结构已部分破坏，构造层理不甚清晰； 岩体被节理裂隙分割成块碎状(2~20cm)； 矿物成分已显著变化； 锤击声哑，碎石可用手折断，用镐可以挖掘，手摇钻不易钻进
全风化	$K_1 < 0.2$	结构已全部破坏，仅保持外观原岩状态； 结构体被节理裂隙分割成散体状； 除石英外，其他矿物均变质成次生矿物； 岩石可用手捏碎，手摇钻可钻进

导图小结(岩石的
工程性质)(图片)

在线测试题(岩石的
工程性质)(文档)

课后练习题

1. 岩石的物理性质指标有哪些?

2. 岩石的水理性质指标有哪些?

3. 试比较同种岩石的抗压、抗剪和抗拉强度的大小，并分析呈现这种结果的原因。

4. 请简要分析影响岩石工程性质的因素。

5. 请列举岩石按强度、施工难易程度和风化程度进行的分类。

任务二　掌握土的物理性质指标测定

【**学习指南**】本任务教学建议采用试验训练法，通过大量的土工实训，帮助学生理解土的物理性质指标及其测量方法。主要学习任务是了解土的三相组成，掌握土的物理性质指标和物理状态指标，理解土的结构类型和压实性，熟悉土的工程分类，重点要求掌握土的物理性质指标的测定。

【**教学资源**】包括6个微课、6幅导图、1套图片和6套在线测试题。

土的三相组成
(微课)

一、土的三相组成

土是地壳母岩经强烈风化作用的产物，包括岩石碎块(如漂石)、矿物颗粒(如石英砂)和黏土矿物(如高岭石)。

土的三相组成是指土由固体土颗粒、水和气体三相物质组成。土中的固体矿物构成土的骨架,骨架之间贯穿大量孔隙,孔隙中充填着液体水和气体。

随着环境的变化,土的三相比例也发生相应的变化。土的三相比例不同,土的状态和工程性质也随之各异。例如:

固体 + 气体(液体 = 0)为干土,此时,黏土呈干硬状态,砂土呈松散状态。

固体 + 液体 + 气体为湿土,此时,黏土多为可塑状态。

固体 + 液体(气体 = 0)为饱和土,此时,粉细砂或粉土遇强烈地震,可能产生液化,而使工程遭受破坏;黏土地基受建筑荷载作用发生沉降需较长时间才能稳定。

由此可见,研究土的工程性质,首先需从最基本的、组成土的三相(固相、液相和气相)本身开始研究。

(一)土中固体颗粒(固相)

土中固体颗粒是土的三相组成中的主体,其粒度成分、矿物成分决定着土的工程性质。

1. 粒度成分

土粒组成土的骨架,各个土粒的特征以及土粒集合体的特征,对土的工程性质起着决定性的影响。

(1)土颗粒的大小与形状

自然界中的土是由大小不同的颗粒组成的,土粒的大小称为粒度。土颗粒大小相差悬殊,有大于几十厘米的漂石,也有小于几微米的胶粒。为便于研究,工程上把大小相近的土粒合并为组,称为粒组。粒组间的分界线是人为划定的,划分时应使粒组界限与粒组性质的变化相适应,并按一定的比例递减关系划分粒组的界限值。我国《土的工程分类标准》(GB/T 50145—2007)和《公路土工试验规程》(JTG 3430—2020)中的粒径划分方案见表 2-2-1。

粒组划分表　表 2-2-1

粒组统称	《土的工程分类标准》(GB/T 50145—2007)			《公路土工试验规程》(JTG 3430—2020)		
	粒组名称		粒组范围(mm)	粒组名称		粒组范围(mm)
巨粒组	漂石(块石)		>200	漂石(块石)		>200
	卵石(碎石)		200～60	卵石(小块石)		200～60
粗粒组	砾	粗砾	60～20	砾	粗砾	60～20
		中砾	20～5		中砾	20～5
		细砾	5～2		细砾	5～2
	砂	粗砂	2～0.5	砂	粗砂	2～0.5
		中砂	0.5～0.25		中砂	0.5～0.25
		细砂	0.25～0.075		细砂	0.25～0.075
细粒组	粉粒		0.075～0.002	粉粒		0.075～0.002
	黏粒		<0.002	黏粒		<0.002

土粒形状对土体密度及稳定性具有显著影响。土粒的形状取决于矿物成分,它反映土料的来源和地质历史。

在描述土粒形状时,常用两个指标:浑圆度和球度。

浑圆度为 $\sum(r_i/R)/N$,反映土粒尖角的尖锐程度。其中 r_i 为颗粒突出角的半径;R 为土粒的内接圆半径;N 为颗粒尖角的数量。

球度为 D_d/D_c,反映土粒接近圆球的程度。其中 D_d 为在扁平面上与土粒投影面积相等的圆的半径;D_c 为最小外接圆半径。球度为1,即为圆球体。

有些文献资料中,还用体积系数和形状系数描述土粒形状。

体积系数 V_c:

$$V_c = \frac{6V}{\pi d_m^3} \tag{2-2-1}$$

式中:V——土粒体积;

　　　d_m——土粒的最大直径。

V_c 愈小,土粒离圆体愈远。圆球,$V_c=1$;立方体,$V_c=0.37$;棱角状土粒,V_c 更小。

形状系数 F:

$$F = \frac{AC}{B^2} \tag{2-2-2}$$

式中:A、B、C——土粒的最大、中间、最小尺寸。

（2）粒度成分及粒度成分分析方法

土的粒度成分是指土中各种不同颗粒的相对含量(以干土质量的百分数表示),故又称为"颗粒级配"。例如某砂黏土,经分析,其中含黏粒25%、粉粒35%、砂粒40%,即为该土中各颗粒干质量占该土总干质量的百分含量。粒度成分可用来描述土的各种不同粒径土粒的分布特征。

为了准确地测定土的粒度成分,所采用的各种手段统称为粒度成分分析或粒组分析。其目的在于确定土中各粒组的相对含量。

目前,我国常用的粒度成分分析方法有:对于粗粒土,即粒径大于 0.075mm 的土,用筛分法直接测定,对于粒径大于 60mm 的土样,则筛分法不适用;对于粒径小于 0.075mm 的土,用密度计法和移液管法测定。当土中粗细粒兼有时,可联合使用上述两种方法。

①筛分法。将所称取的一定质量风干土样放在筛网孔逐级减小的一套标准筛(圆孔)上摇振,分层测定各筛中土粒的质量,即为不同粒径颗粒的土质量,可计算出每一粒组质量占土样总质量的百分数,并可计算小于某一筛孔孔径土粒的累计质量及累计百分含量。有关筛分试验的详细内容,请参见《公路土工试验规程》(JTG 3430—2020)有关内容。

②密度计法。密度计法采用的土样为风干土,试样质量为30g,即悬液浓度为3%,本方法应进行温度、土粒比重和分散剂的校正。有关密度计法的详细内容,请参见《公路土工试验规程》(JTG 3430—2020)有关内容。

③移液管法。移液管法适用于粒径小而比重大的细粒土。

（3）粒度成分的表示方法

常用的粒度成分表示方法有:表格法、累计曲线法和三角坐标法。

①表格法。表格法是以列表形式直接表达各颗粒的相对含量。它用于粒度成分的分类是十分方便的。表格法有两种不同的表示方法:一种是以累计百分含量表示的,见表2-2-2;另一种是以粒组表示的,见表2-2-3。累计百分含量是直接由试验求得的结果,粒组是由相邻两个粒径的累计百分含量之差求得。

粒度成分的累计百分含量表示法　　　　表 2-2-2

粒径 d_i (mm)	粒径小于或等于 d_i 的累计百分含量 p_i（%）			粒径 d_i (mm)	粒径小于或等于 d_i 的累计百分含量 p_i（%）		
	土样 A	土样 B	土样 C		土样 A	土样 B	土样 C
10	—	100.0	—	0.10	9.0	23.6	92.0
5	100.0	75.0	—	0.075	—	19.0	77.6
2	98.9	55.0	—	0.01	—	10.9	40.0
1	92.9	42.7	—	0.005	—	6.7	28.9
0.5	76.5	34.7	—	0.001	—	10.0	—
0.25	35.0	28.5	100.0				

土的粒度成分分析结果表　　　　表 2-2-3

粒组 (mm)	粒度成分(以质量百分数计,%)			粒组 (mm)	粒度成分(以质量百分数计,%)		
	土样 A	土样 B	土样 C		土样 A	土样 B	土样 C
10 ~ 5	—	25.0	—	0.10 ~ 0.075	9.0	4.6	14.4
5 ~ 2	1.1	20.0	—	0.075 ~ 0.01	—	8.1	37.6
2 ~ 1	6.0	12.3	—	0.01 ~ 0.005	—	4.2	11.1
1 ~ 0.5	16.4	8.0	—	0.005 ~ 0.001	—	5.2	18.9
0.5 ~ 0.25	42.5	6.2	—	<0.001	—	1.5	10.0
0.25 ~ 0.10	26.0	4.9	8.0				

②**累计曲线法**。累计曲线法是一种图示的方法,通常用半对数坐标纸绘制,横坐标(按对数比例尺)表示粒径 d,纵坐标表示小于某一粒径的土粒累计质量百分数 p_i(注意:不是某一粒径的百分含量)。采用半对数坐标,可以把细粒含量更好地表达清楚,若采用普通坐标,则不可能做到这一点。

根据表 2-2-3 提供的资料,在半对数坐标纸上点出各粒组累计质量百分数及粒径对应的点,然后将各点连成一条平滑曲线,即得该土样的粒径级配累计曲线,如图 2-2-1 所示。

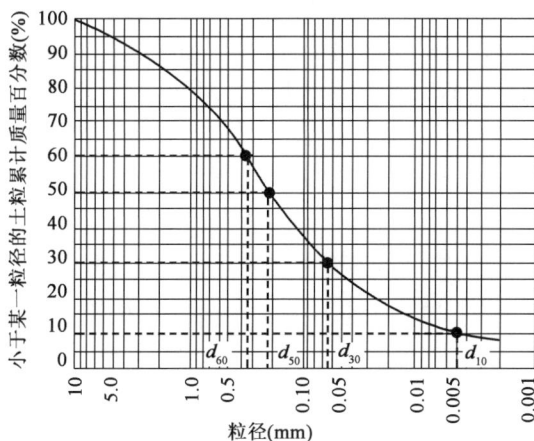

图 2-2-1　土的粒径级配累计曲线

累计曲线的用途主要有以下两个方面:

一是由累计曲线可以直观地判断土中各粒组的分布情况。曲线可以表示:该土绝大部分是由比较均匀的砂粒组成;该土是由各粒组的土粒组成,土粒极不均匀;该土中砂粒极少,主要是由细颗粒组成的黏性土。

二是由累计曲线可以确定土粒的级配指标。

不均匀系数 C_u 为：

$$C_u = \frac{d_{60}}{d_{10}} \tag{2-2-3}$$

定义土的粒径级配累计曲线的曲率系数 C_c 为：

$$C_c = \frac{d_{30}^2}{d_{60} \times d_{10}} \tag{2-2-4}$$

式中：d_{10}、d_{30}、d_{60}——累计百分含量为 10%、30% 和 60% 的粒径，其中 d_{10} 称为有效粒径，d_{60} 称为限制粒径。

不均匀系数 C_u 反映颗粒级配的不均匀程度。C_u 值越大表示土颗粒大小越不均匀，级配越好，作为填方工程的土料时，则比较容易获得较大的密实度。反之，C_u 值越小，土粒越均匀。曲率系数 C_c 表示的是累计曲线的分布范围，反映级配曲线的整体形状。当级配曲线斜率很大时，表明某一粒组含量过于集中，其他粒组含量相对较少。

在一般情况下，工程上把 $C_u \le 5$ 的土看作是均粒土，属不良级配；$C_u > 5$ 时，称为不均粒土；$C_u > 10$ 的土属级配良好的非均粒土。经验证明，当级配连续时，C_c 的范围为 1～3；因此，当 $C_c < 1$ 或 $C_c > 3$ 时，均表示级配不连续。

从工程上看，$C_u \ge 5$ 且 $C_c = 1 \sim 3$ 的土，称为级配良好的土；不能同时满足上述两个要求的土，称为级配不良的土。

③**三角坐标法**。三角坐标法也是一种图示法，可用来表达黏粒、粉粒和砂粒 3 种粒组的百分含量。它是利用几何上等边三角形中任意一点到三边的垂直距离之和恒等于三角形的高的原理，即 $h_1 + h_2 + h_3 = H$ 来表达粒度成分。

上述 3 种方法各有其特点和适用条件。表格法能很清楚地用数量说明土样的各粒组含量，但对于大量土样之间的比较就显得过于冗长，且无直观概念，使用比较困难。累计曲线法能用一条曲线表示一种土的粒度成分，而且可以在一张图上同时表示多种土的粒度成分，能直观地比较其级配状况。三角坐标法能用一点表示一种土的粒度成分，在一张图上能同时表示许多种土的粒度成分，便于进行土料的级配设计。三角坐标图中不同的区域表示土的不同组成，因而，还可以用来确定按粒度成分分类的土名，如图 2-2-2 所示。

2. 矿物成分

（1）土的矿物类型

和岩石一样，土是由矿物组成的。根据土中矿物的特性不同，土的物理力学性质也不同。对土进行工程地质研究时，必须注意土的矿物成分、矿物的特性及其对土的物理力学性质的影响。

组成土的矿物可分为以下几类。

①原生矿物：是直接由岩石经物理风化作用而来的、性质未发生改变的矿物，最主要的是石英，其次是长石、云母等。这类矿物的化学性质稳定，具有较强的抗水性和抗风化能力，亲水性弱。由这类矿物组成的土粒一般较粗大，是砂类土和粗碎屑土（砾类土）的主要组成矿物。

②次生矿物：主要是在通常温度和压力条件下，矿物经受风化变异，或被分解而形成的新矿物。这类矿物比较复杂，对土的物理力学性质的影响比较大。在对土进行研究时，应着重于这类

矿物的研究,虽然其含量有时并不很大。次生矿物可分为可溶性次生矿物和不溶性次生矿物。

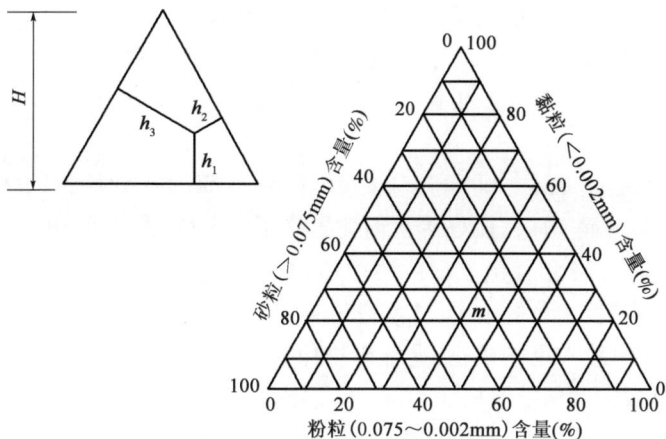

图 2-2-2　三角坐标表示粒度成分

可溶性次生矿物是由原生矿物遭受化学风化,可溶性物质被水溶走,在别的地方又重新沉淀而成的矿物。根据其溶解的难易程度又可分为易溶次生矿物、中溶次生矿物和难溶次生矿物三类。易溶次生矿物如岩盐;中溶次生矿物如石膏;难溶次生矿物如方解石、白云石等。

不溶性次生矿物多是风化残余物及新生成的黏土矿物。其一般颗粒非常细小,成为黏性土的主要组成部分,而由于其性质特殊,使黏性土具有一系列特殊的物理力学性质。

③除上述矿物外,土中还常含有生物形成的腐殖质、泥炭和生物残骸,统称为有机质。其颗粒很细小,具有很大的比表面积,对土的工程地质性质影响也很大。

(2)土的矿物成分和粒度成分的关系

土是地质作用的产物,一定的地质作用过程和形成条件形成一定类型的土,使它具有某种粒度成分的同时,也必然具有某种矿物成分。这就使土的矿物成分和粒度成分之间存在着极其密切的内在联系,特别明显地表现在粒组与矿物成分的关系方面。

①粒径 >2mm 的砾粒组,包括砾石、卵石等岩石碎屑,它们大多为原生矿物的集合体,有时是多矿物的,有时是单矿物的。

②粒径为 0.075 ~ 2mm 的砂粒组,其颗粒与岩石中原生矿物的颗粒大小差不多。砂粒多是单矿物,以石英最为常见,有时为长石、云母及其他深色矿物。在某些情况下,还有白云石组成的砂粒,如白云石砂。

③粒径为 0.002 ~ 0.075mm 的粉粒组,由一些细小的原生矿物和次生矿物,如粉粒状的石英和难溶的方解石、白云石构成。

④粒径 <0.002mm 的黏粒组,主要是一些不溶性次生矿物,如黏土矿物类、倍半氧化物、难溶盐矿、次生二氧化硅及有机质等。

石英抗风化能力很强,尽管在风化、搬运过程中不断破碎变小,但很少发生化学分解。在砂粒、粉粒组中石英是最常见的矿物,并可形成黏粒。白云母也是比较稳定的矿物,在砂粒、粉粒组中常见,甚至在黏粒组中也可见。

长石具解理,易破碎,化学稳定性较差,极易发生变异,变为别的矿物。因而,只能形成砂粒,有时可形成粉粒,不可能形成黏粒。黑云母也是如此,其他暗色矿物在粉粒中也很少见。

在黄土中，粉粒有时为方解石或白云石。

黏粒主要由不可溶的次生矿物组成。这类矿物一般都很细小，成为黏粒。不可溶的次生矿物最常见的有三大类，即次生二氧化硅、倍半氧化物和黏土矿物。

次生二氧化硅是由铝硅酸盐原生矿物分解而成的细小二氧化硅颗粒，因其很细小，所以在水中呈胶体状态。

倍半氧化物是由 Fe^{3+}、Al^{3+} 和 O^{2-}、OH^-、H_2O 等组成的各种矿物的统称，可用 R_2O_3 表示，R 代表 Fe^{3+} 或 Al^{3+}，而 OH^-、H_2O 等被简化省略了。R_2O_3 可看作 $RO_{1.5}$，即 O 为 R 的一倍半，所以，R_2O_3 矿物称为倍半氧化物。Fe^{3+} 往往与 Al^{3+} 共生，而 Fe^{3+} 使土呈红、棕、黄、褐等色，故一般土具有这些颜色，可知 R_2O_3 常见于土中，且多呈细黏粒。

黏土矿物是黏粒中最常见的矿物，这种矿物种类很多，主要是高岭石、蒙脱石和水云母，统称为黏土矿物。其和黏土、黏粒等概念不同，不得混淆。黏土矿物都是极细小的铝硅酸盐，它们含有 SiO_2 和 R_2O_3 等化学成分。这类矿物对黏性土的塑性、压缩性、胀缩性及强度等工程性质影响很大。黏性土的工程性质主要受粒间的各种相互作用力所制约，而粒间的各种相互作用力又与矿物颗粒本身的结晶格架特征有关，即与组成矿物的原子和分子的排列有关，与原子、分子间的键力有关。关于运用胶体化学的原理来分析黏粒与水相互作用的一些重要现象及影响黏性土工程性质的有关因素方面的问题，可查阅有关资料，在此不再详述。

综上可见，一定大小的粒组，反映着一定的矿物成分。粗大的颗粒多由原生矿物组成，细小的颗粒(黏粒)多为次生矿物和有机质。因此，土的粒度成分间接反映了矿物成分的特性，它们均是决定土的工程地质性质的重要指标。粒组与矿物成分的关系可以示意地用图 2-2-3 表示。

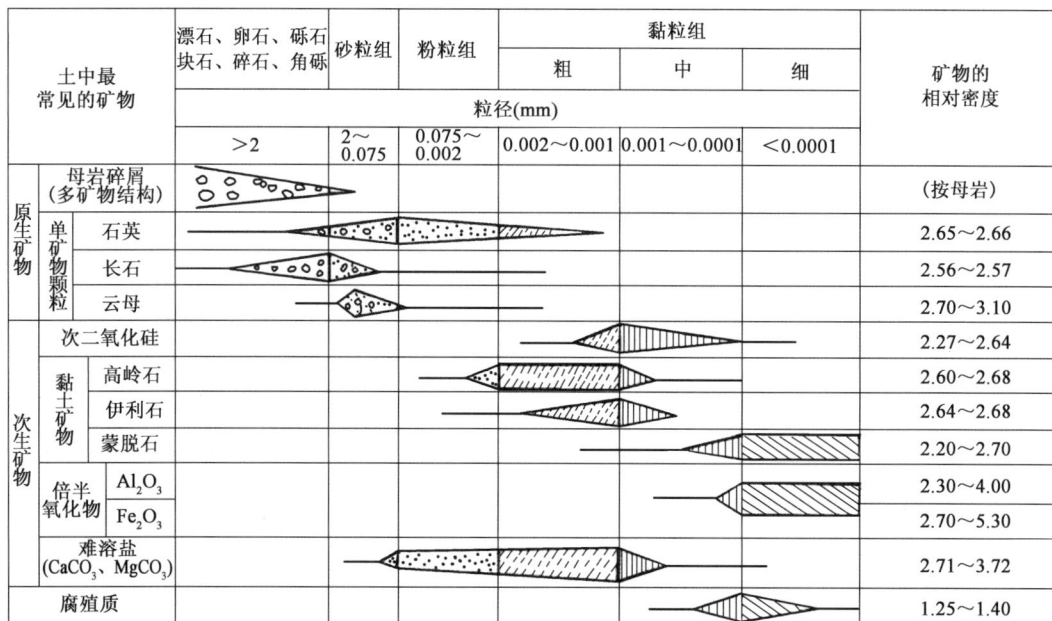

土中最常见的矿物			漂石、卵石、砾石块石、碎石、角砾	砂粒组	粉粒组	黏粒组			矿物的相对密度
						粗	中	细	
			粒径(mm)						
			>2	2～0.075	0.075～0.002	0.002～0.001	0.001～0.0001	<0.0001	
原生矿物	母岩碎屑(多矿物结构)								(按母岩)
	单矿物颗粒	石英							2.65～2.66
		长石							2.56～2.57
		云母							2.70～3.10
次生矿物	次二氧化硅								2.27～2.64
	黏土矿物	高岭石							2.60～2.68
		伊利石							2.64～2.68
		蒙脱石							2.20～2.70
	倍半氧化物	Al_2O_3							2.30～4.00
		Fe_2O_3							2.70～5.30
	难溶盐($CaCO_3$、$MgCO_3$)								2.71～3.72
	腐殖质								1.25～1.40

图 2-2-3　土的矿物成分与粒度成分对应关系

（3）矿物成分对土的工程性质的影响

土的矿物成分和粒度成分是土最重要的物质基础，它们对土的工程地质性质的影响很大。

随着组成土的矿物成分不同,其工程性质也有所差异。

①原生矿物石英、长石、云母。

a. 塑性:黑云母最大,石英无。

b. 毛细上升高度:

粒径 >0.1mm 时,云母 > 浑圆石英 > 长石 > 尖棱石英。

粒径 <0.1mm 时,云母 > 尖棱石英 > 长石 > 浑圆石英。

c. 孔隙度的变化:云母 > 长石 > 尖棱石英 > 浑圆石英。

d. 渗透系数:云母 > 长石 > 尖棱石英。

e. 内摩擦角:尖棱石英 > 浑圆石英 > 云母。

粒径 <0.1mm 时,各种矿物的内摩擦角十分近似。

②次生矿物不溶性黏土矿物。

a. 亲水性:蒙脱石 > 伊利石 > 高岭石。

b. 渗透性:伊利石 > 高岭石 > 蒙脱石。

c. 压缩性:蒙脱石 > 高岭石。

d. 内摩擦角:蒙脱石的内摩擦角小,在石英中加入百分之几的蒙脱石,则石英的内摩擦角可降低到原来的三分之一或更小。

③次生可溶盐。从存在的状态看,固态的可溶盐(碳酸盐类)起胶结作用,把土粒胶结起来,使土的孔隙率减小,强度增加。可溶盐分布常常不均匀,有时是结核状的、斑点状的,对土的影响不一样。液态的可溶盐包围着土颗粒,在其周围起介质作用。

(二)土中的水(液相)

土中的水以不同形式和不同状态存在着,它们对土的工程性质起着不同的作用和影响。土中的水按其工程地质性质可分为结合水和自由水。

1. 结合水

黏土颗粒与水相互作用,土粒表面通常是带负电荷的,在土粒周围就产生一个电场。土粒表面由强烈吸附的水化阳离子和水分子构成了吸附水层(也称强结合水或吸着水)。土粒表面的负电荷为双电层的内层,扩散层为双电层的外层。扩散层由水分子、水化阳离子和阴离子组成,形成土粒表面的弱结合水(也称薄膜水)。

黏土只含强结合水时呈固体坚硬状态,砂土含强结合水时呈散粒状态。

2. 自由水

自由水离土粒较远,在土粒表面的电场作用以外,水分子自由散乱地排列,主要受重力作用的控制。自由水包括以下几种:

(1)毛细水

毛细水位于地下水位以上土粒的细小孔隙中,是介于结合水与重力水之间的一种过渡型水,受毛细作用而上升。粉土中孔隙小,毛细水上升高,在寒冷地区要注意由于毛细水而引起的路基冻胀问题,尤其要注意毛细水源源不断地提升、地下水上升产生的严重冻胀。

毛细水水分子排列的紧密程度介于结合水和普通液态水之间,其冰点也在普通液态水之下。毛细水还具有极微弱的抗剪强度,在剪应力较小的情况下会立刻发生流动。

(2)重力水

重力水是指在重力作用下,自由向下渗透入土中的水。这种水位于地下水位以下较粗颗粒的孔隙中,只受重力控制,不受土粒表面吸引力影响。受重力作用由高处向低处流动,具有浮力的作用。

(3)气态水

气态水以水汽状态存在于土孔隙中。它能从气压高的空间向气压低的空间运移,并可在土粒表面凝聚转化为其他各种类型的水。气态的迁移和聚集使土中水和气体的分布状态发生变化,可改变土的性质。

(4)固态水

固态水是气温降至0℃以下时,由液态的自由水冻结而成的水。由于水的密度在4℃时为最大,低于0℃的冰,不是冷缩,反而膨胀,使基础发生冻胀,因此,寒冷地区基础的埋置深度要考虑冻胀问题。

(三)土中气体(气相)

土的孔隙中没有被水占据的部分都是气体。

土中气体,除来自空气外,也可由生物化学作用和化学反应所生成。

土中气体按其所处状态和结构特点,可分为以下几大类:吸附气体、溶解气体、密闭气体及自由气体。

在自然条件下,在沙漠地区的表层中可能遇到比较大的气体吸附量。

溶解气体可以改变水的结构及溶液的性质,对土粒施加荷载作用;当温度和压力增高时,在土中可形成密闭气体;可以加速化学潜蚀过程。自由气体与大气连通,对土的性质影响不大。密闭气体的体积与压力有关,压力增大,则体积缩小;压力减小,则体积增大。因此,密闭气体的存在增加了土的弹性。密闭气体可降低地基的沉降量,但当其突然排除时,可导致基础与建筑物的变形。密闭气体在不可排水的条件下,其可压缩性会造成土的压密。密闭气体的存在能降低土层透水性,阻塞土中的渗透通道,降低土的渗透性。

二、土的物理性质指标

导图小结(土的三相组成)(图片)　在线测试题(土的三相组成)(文档)　土的物理性质指标(微课)

土是由固相(土粒)、液相(水溶液)和气相(空气)组成的三相分散体系。前面已定性说明,土中三相之间相互比例不同,土的工程性质也不同。现在需要定量研究三相之间的比例关系,即土的物理性质指标的物理意义和数值大小。利用物理性质指标可间接地评定土的工程性质。

为了得到三相比例指标,把土体中实际上是分散的三个相,如图2-2-4a)所示,抽象地分别集合在一起:固相集中于下部,液相居中部,气相集中于上部,构成理想的三相图,如图2-2-4b)所示。在三相图的右边注明各相的体积,左边注明各相的质量,如图2-2-4c)所示。

土样的体积V可由式(2-2-5)表示。

$$V = V_s + V_w + V_a \qquad (2\text{-}2\text{-}5)$$

式中:V_s、V_w、V_a——土粒、水、空气的体积。

土样的质量 m 可由式(2-2-6)、式(2-2-7)表示。

$$m = m_s + m_w + m_a \qquad (2\text{-}2\text{-}6)$$

或

$$m \approx m_s + m_w, m_a \approx 0 \qquad (2\text{-}2\text{-}7)$$

式中:m_s、m_w、m_a——土粒、水、空气的质量。

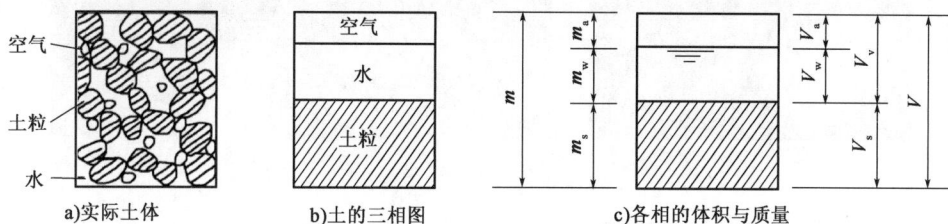

图 2-2-4　土的三相图

下面分别阐述土的物理性质指标的名称、符号、物理意义、表达式、单位、常见值及测定方法等。

(一)土的三相基本物理性质指标

1.土的密度(ρ)和土的重度(γ)

(1)物理意义

ρ 为单位体积土的质量。

γ 为单位体积土的重量,即 $\gamma = \rho g \approx 10\rho$。

土的密度与土的结构、所含水分多少及矿物成分有关,在测定土的天然密度时,必须用原状土样(即其结构未受扰动破坏,并且保持其天然结构状态下的天然含水率)。如果土的结构破坏了或水分变化了,则土的密度也就改变了,这样就不能正确测得真实的天然密度,用这种指标进行工程计算就会得出错误的结果。

(2)表达式

$$\rho = \frac{m}{V} = \frac{m_s + m_w}{V_s + V_a + V_w} \qquad (2\text{-}2\text{-}8)$$

(3)常见值

$$\rho = 1.6 \sim 2.2 \text{g/cm}^3$$
$$\gamma = 16 \sim 22 \text{kN/m}^3$$

(4)常用测定方法

①环刀法。环刀法适用于细粒土。

用内径 6 ~ 8cm、高 2 ~ 5.4cm、壁厚 1.5 ~ 2.2mm 的不锈钢环刀切土样,用天平称其质量(感量 0.1g),按密度表达式计算。该试验须进行两次平行测定,取其算术平均值,其平行差值不得大于 0.03g/cm³,如图 2-2-5 所示。

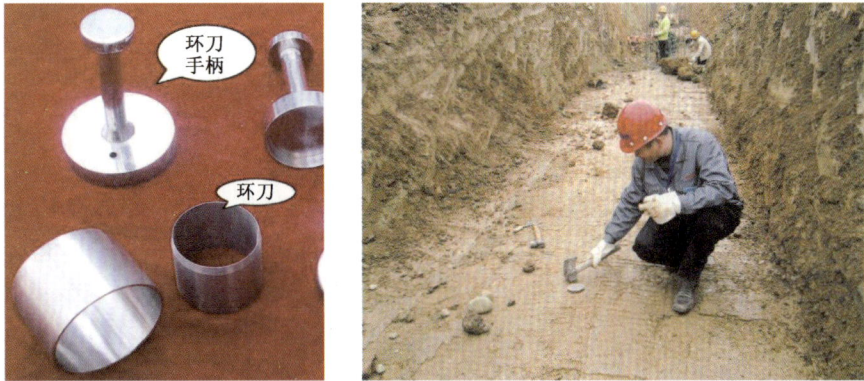

图 2-2-5　环刀及环刀法取土

②灌水法。适用于现场测定粗粒土和巨粒土的密度。

现场挖试坑，将挖出的试样装入容器，称其质量，再用塑料薄膜平铺于试坑内，然后将水缓慢注入塑料薄膜中，直至薄膜袋内水面与坑口齐平，注入水量的体积即为试坑的体积。该试验须进行两次平行测定，取其算术平均值，其平行差值不得大于 $0.03g/cm^3$。

2. 土粒比重（G_s）

（1）物理意义

土粒比重是指土在 105～110℃下烘至恒重时的质量与同体积 4℃蒸馏水质量的比值。

土粒比重只与组成土粒的矿物成分有关，而与土的孔隙大小及其中所含水分多少无关。

（2）表达式

$$G_s = \frac{m_s}{V_s \rho_w} = \frac{\rho_s}{\rho_w} \qquad （数值上近似） \tag{2-2-9}$$

ρ_s 称为土粒密度，是干土粒的质量 m_s 与其体积 V_s 之比。

（3）常见值

砂土 $G_s = 2.65～2.69$。

粉土 $G_s = 2.70～2.71$。

黏性土 $G_s = 2.72～2.75$。

（4）常用测定方法

①比重瓶法。比重瓶法适用于粒径小于 5mm 的土。

用容积为 100mL 的比重瓶，将烘干土样 15g 装入比重瓶，用感量为 0.001g 的天平称瓶加干土质量，如图 2-2-6 所示。注入半瓶纯水后煮沸，煮沸时间自悬液沸腾时算起，砂及低液限黏土应不少于 30min，高液限黏土应不少于 1h，使土粒分散。冷却后将纯水注满比重瓶，再称总质量，并测定瓶内水温后计算。该试验必须进行二次平行测定，取其算术平均值，以两位小数表示，其平行差值不得大于 0.02。

②浮称法和浮力法。两种方法的基本原理一样。均适用于粒径大于或等于 5mm 的土，且其中粒径大于或等于 20mm 的土质量应小于总土质量的 10%。该试验必须进行二次平行测定，取其算术平均值，以两位小数表示，其平行差值不得大于 0.02。

图 2-2-6　比重瓶法

③虹吸筒法。适用于粒径大于等于 5mm 的土，且其中粒径大于或等于 20mm 的土质量应大于或等于总土质量的 10%。该试验必须进行二次平行测定，取其算术平均值，以两位小数表示，其平行差值不得大于 0.02。

3. 土的含水率（w）

（1）物理意义

土的含水率表示土中含水的数量，为土体中水的质量与固体矿物质量的比值，用百分数表示。

土的含水率只能表明土中固相与液相之间的数量关系，不能描述有关土中水的性质；只能反映土孔隙中水的绝对值，不能说明其充满程度。

（2）表达式

$$w = \frac{m_w}{m_s} \times 100\% = \frac{m - m_s}{m_s} \times 100\% \tag{2-2-10}$$

（3）常见值

砂土 $w = 0 \sim 40\%$。

黏性土 $w = 20\% \sim 60\%$。

当 $w \approx 0$ 时，砂土呈松散状态，黏性土呈坚硬状态。当黏性土的含水率很大时，其压缩性高，强度低。

（4）常用测定方法

①烘干法。适用于黏质土、粉质土、砂类土、有机质土和冻土等土类。

取代表性试样，细粒土为 15 ~ 30g，砂类土、有机质土为 50g，砂砾石为 1 ~ 2kg，装入称量盒内称其质量，然后放入烘箱内，在 105 ~ 110℃ 的恒温下烘干（细粒土不得少于 8h，砂类土不得少于 6h），取出烘干后土样，冷却后再称量，进行计算。

②酒精燃烧法适用于快速简易测定土（含有机质的土和盐渍土除外）的含水率。

将称完质量的试样盒放在耐热桌面上，倒入工业酒精至与试样表面齐平，点燃酒精，熄灭后用针仔细搅拌试样，重复倒入酒精燃烧 3 次，冷却后称质量（准确至 0.01g），并进行计算，如图 2-2-7 所示。

以上 3 项土的基本物理性质指标：土的密度 ρ、土粒比重 G_s、土的含水率 w 均需通过试验方法测定其数值。

图 2-2-7　酒精燃烧法测土的含水率

(二)土的其他常用物理性质指标

1.反映土的松密程度的指标

(1)土的孔隙比 e

①物理意义。

土的孔隙比为土中孔隙体积与固体颗粒体积的比值。

土的孔隙比可直接反映土的密实程度,孔隙比愈大,土愈疏松;孔隙比愈小,土愈密实。它是确定地基承载力的指标。

②表达式。

$$e = \frac{V_v}{V_s} \qquad (2\text{-}2\text{-}11)$$

③常见值。

砂土 $e = 0.5 \sim 1.0$。当砂土 $e < 0.6$ 时,呈密实状态,为良好地基。

黏性土 $e = 0.5 \sim 1.2$。当黏性土 $e > 1.0$ 时,为软弱地基。

④确定方法。

根据土的密度 ρ、土粒比重 G_s、土的含水率 w 实测值计算而得,该指标公路工程应用广泛。

(2)土的孔隙率 n

①物理意义。

土的孔隙率表示土中孔隙大小的程度,为土中孔隙体积占土的总体积的百分比。

②表达式。

$$n = \frac{V_v}{V} \times 100\% \qquad (2\text{-}2\text{-}12)$$

③常见值。

$n = 30\% \sim 50\%$。

④确定方法。

根据土的密度 ρ、土粒比重 G_s、土的含水率 w 实测值计算而得。孔隙率 n 与孔隙比 e 相比,工程应用很少。

2.反映土中含水程度的指标

土的饱和度 S_r 是反映土中含水程度的指标。

(1)物理意义

土的饱和度指土中水的体积与土的全部孔隙体积的比值,表示孔隙被水充满的程度。

(2)表达式

$$S_r = \frac{V_w}{V_v} \times 100\%$$
(2-2-13)

(3)常见值

$$S_r = 0 \sim 100\%$$

(4)确定方法

根据土的密度 ρ、土粒比重 G_s、土的含水率 w 实测值计算而得。

(5)工程应用饱和度对砂土和粉土有一定的实际意义,砂土以饱和度作为湿度划分的标准,分为稍湿的($0 < S_r \leq 0.5$)、很湿的($0.5 < S_r \leq 0.8$)和饱和的($0.8 < S_r \leq 1.0$)三种湿度状态。

颗粒较粗的砂土和粉土,对含水率的变化不敏感,当发生某种改变时,它的物理力学性质变化不大,所以对砂土和粉土的物理状态可用 S_r 来表示。但对黏性土而言,它对水的变化十分敏感,随着含水率增加,体积膨胀,结构也发生改变。当黏土处于饱和状态时,其力学性质可能降低为0;同时,还因黏粒间多为结合水,而不是普通液态水,这种水的相对密度大于1,则 S_r 值也偏大,故对黏性土一般不用 S_r 这一指标。

3.特定条件下土的密度及重度

(1)干密度 ρ_d

$$\rho_d = \frac{m_s}{V} \quad (g/cm^3)$$
(2-2-14)

干密度反映了土的孔隙性,因而可用以计算土的孔隙率,它往往通过土的密度及含水率计算得来,也可以实测。

土的干密度一般常在 $1.3 \sim 2.0 g/cm^3$ 之间。

工程上常把干密度作为评定土体紧密程度的标准,以控制填土工程的施工质量。

(2)饱和密度 ρ_{sat}

$$\rho_{sat} = \frac{m_s + V_v \rho_w}{V} \quad (g/cm^3)$$
(2-2-15)

式中:ρ_w——水的密度(工程计算中可取 $1 g/cm^3$)。

土的饱和密度的常见值为 $1.8 \sim 2.30 g/cm^3$。

(3)浮重度 ρ'

$$\rho' = \rho_{sat} - \rho_w \quad (g/cm^3)$$
(2-2-16)

浮重度一般为 $0.8 \sim 1.30\mathrm{g/cm^3}$。

（4）饱和含水率 w_{sat}

$$w_{\mathrm{sat}} = \frac{V_{\mathrm{v}}\rho_{\mathrm{w}}}{m_{\mathrm{s}}} \times 100\% \qquad (2\text{-}2\text{-}17)$$

饱和含水率又称饱和水密度，它既反映了水中孔隙充满普通液态水时的含水特性，又反映了孔隙的大小。

（三）土的不同物理性质指标之间的换算

在土的物理性质指标中，土的密度 ρ、土的含水率 w 和土粒比重 G_{s} 是由试验测定的，称为试验指标，而其余的指标均可以由 3 个试验指标计算得到。下面介绍它们之间的换算思路。

如已知 3 个试验指标 ρ、w、G_{s}（或 ρ_{s}），可假定土的总体积 $V = 1$，如图 2-2-8 所示，则由此可求得：

土的总质量 $m = \rho$；土粒质量 $m_{\mathrm{s}} = \dfrac{\rho}{1+w} = \rho_{\mathrm{d}}$；水的质量 $m_{\mathrm{w}} = \dfrac{\rho w}{1+w} = w\rho_{\mathrm{d}}$；土粒体积 $V_{\mathrm{s}} = \dfrac{\rho}{\rho_{\mathrm{s}}(1+w)}$；孔隙体积 $V_{\mathrm{v}} = 1 - \dfrac{\rho}{\rho_{\mathrm{s}}(1+w)}$。

至此，各相质量及体积均已确定，即可代入相应公式化简求解。

如已知指标 G_{s}（或 ρ_{s}）、w、e，则可假定土粒体积 $V_{\mathrm{s}} = 1$，如图 2-2-9 所示，则由此可求得：

孔隙体积 $V_{\mathrm{v}} = e$；土的总体积 $V = 1 + e$；土粒质量 $m_{\mathrm{s}} = \rho_{\mathrm{s}}$；水的质量 $m_{\mathrm{w}} = w\rho_{\mathrm{s}}$；土的总质量 $m = \rho_{\mathrm{s}}(1+w)$。

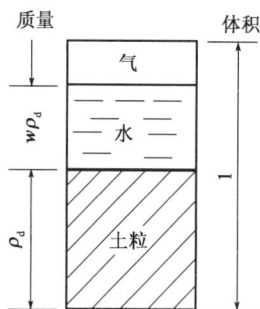

图 2-2-8　假定土总体积 $V = 1$ 计算示意图　　图 2-2-9　假定土粒体积 $V_{\mathrm{s}} = 1$ 计算示意图

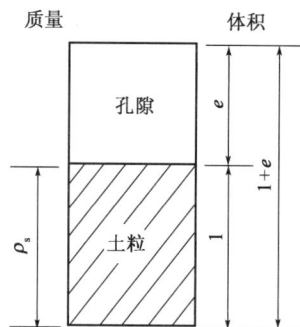

至此，各相质量及体积均已确定，也可计算各相关指标。

导图小结（土的物理性质指标）（图片）　　在线测试题（土的物理性质指标）（文档）　　土的物理状态指标（微课）

三、土的物理状态指标

所谓土的物理状态，对于粗粒土，指土的密实程度，如图 2-2-10 所示；对于细粒土，指土的软硬程度，或称为黏性土的稠度。

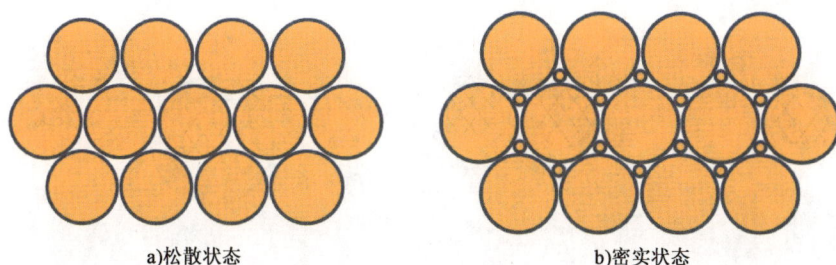

a)松散状态　　　　　　　　　　　　b)密实状态

图 2-2-10　粗粒土的密实度比较

(一)粗粒土(无黏性土)的密实度

1.粗粒土(无黏性土)的相对密实度 D_r

用天然孔隙比 e 与同一种砂的最疏松状态孔隙比 e_{max} 和最密实状态孔隙比 e_{min} 进行对比,看 e 是靠近 e_{max} 还是靠近 e_{min},以此来判别它的密实度,即相对密实度。

相对密实度 D_r 为:

$$D_r = \frac{e_{max} - e}{e_{max} - e_{min}} \tag{2-2-18}$$

当 $D_r = 0$,即 $e = e_{max}$ 时,表示砂土处于最疏松状态;当 $D_r = 1$,即 $e = e_{min}$ 时,表示砂土处于最紧密状态。

2.标准贯入试验

标准贯入试验是在现场进行的一种原位测试。这项试验的方法是:用卷扬机将质量为 63.5kg 的钢锤提升至 76cm 高度,让钢锤自由下落,打击贯入器,将使贯入器贯入土中深为 30cm 所需的锤击数记为 $N_{63.5}$(简记为 N),如图 1-6-11 所示。

《公路桥涵地基与基础设计规范》(JTG 3363—2019)中规定用 N 来判定砂土的密实度,将砂土分为 4 级,见表 2-2-4。

砂土密实度划分表　　　　　　　　　　　　　　　　　　　表 2-2-4

密实度	标准贯入锤击数 N(63.5kg)
密实	>30
中密	$15 < N \leqslant 30$
稍密	$10 < N \leqslant 15$
松散	$N \leqslant 10$

(二)黏性土的稠度

黏性土的颗粒很细,黏粒粒径 $d < 0.002mm$,细土粒周围形成电场,电分子吸引水分子定向排列,形成黏结水膜。土粒与土中水相互作用显著,关系极密切。例如,同一种黏性土,当它的含水率小时,土呈半固体坚硬状态。若含水率适当增加,土粒间距离加大,土呈可塑状态。如果含水率再增加,土中出现较多的自由水时,黏性土变成液体流动状态,如图 2-2-11 所示。

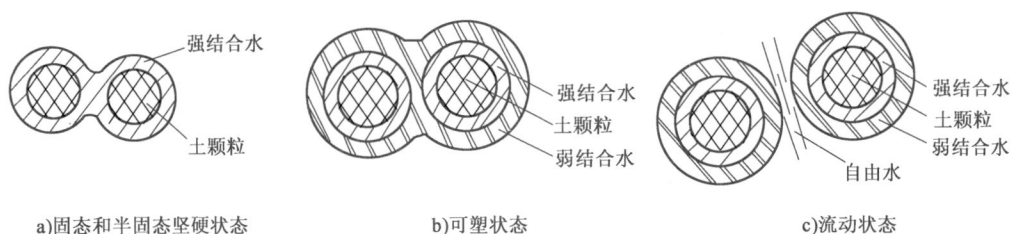

图 2-2-11　黏性土的稠度

　　黏性土随着含水率不断增加，土的状态变化为固态→半固态→塑性→液态，相应的，地基土的承载力基本值由 $f_0 > 450\text{kPa}$ 逐渐下降为 $f_0 < 45\text{kPa}$，亦即承载力基本值相差 10 倍以上。由此可见，黏性土最主要的物理特性是土粒与土中水相互作用产生的稠度，即土的软硬程度或土对外力引起变形或破坏的抵抗能力。

　　黏性土的稠度，是反映土粒之间的联结强度随含水率高低而变化的性质。其中，各种不同状态之间的界限含水率具有重要的意义。

　　1. 液限 w_L（%）

　　（1）定义

　　液限为黏性土呈液态与塑态之间的界限含水率。

　　（2）测定方法

　　液塑限联合测定法。

　　2. 塑限 w_P（%）

　　（1）定义

　　塑限为黏性土呈塑态与半固态之间的界限含水率。

　　（2）测定方法

　　液塑限联合测定法或滚搓法。

　　3. 缩限 w_S（%）

　　（1）定义

　　缩限为黏性土呈半固态与固态之间的界限含水率。这是因为土样含水率减少至缩限后，土体体积发生收缩而得名。

　　（2）测定方法

　　收缩皿法。

　　4. 塑性指数 I_P

　　（1）定义

　　塑性指数为黏性土与粉土的液限与塑限的差值，去掉百分号，称作塑性指数，记为 I_P。

$$I_P = (w_L - w_P) \times 100 \tag{2-2-19}$$

　　应当指出：w_L 与 w_P 都是界限含水率，以百分数表示。而 I_P 只取其数值，去掉百分号。

（2）物理意义

塑性指数反映细颗粒土体处于可塑状态时含水率变化的最大区间。一种土的 w_L 与 w_P 之间的差值大，即 I_P 大，表明该土能吸附的结合水多，但仍处于可塑状态，亦即该土黏粒含量高或矿物成分吸水能力强。

（3）工程应用

可用塑性指数 I_P 对细粒土进行分类和命名。

5. 液性指数 I_L

（1）定义

黏性土的液性指数为天然含水率与塑限的差值和液限与塑限的差值之比，即：

$$I_L = \frac{w - w_P}{w_L - w_P} \tag{2-2-20}$$

（2）物理意义

液性指数又称相对稠度，是将土的天然含水率 w 与 w_L 及 w_P 相比较，以表明是靠近 w_L 还是靠近 w_P，反映土的软硬程度。

（3）工程应用

可用液性指数 I_L 来划分黏性土的稠度状态，见表 2-2-5。

液性指数 I_L 对黏性土的稠度状态划分表 表 2-2-5

状态	坚硬	硬塑	可塑	软塑	流塑
液性指数 I_L	$I_L \leq 0$	$0 < I_L \leq 0.25$	$0.25 < I_L \leq 0.75$	$0.75 < I_L \leq 1$	$I_L > 1$

另外，液性指数在公路工程中是确定黏性土承载力的重要指标。应当指出，根据液性指数所判定的稠度状态的标准值，是根据室内扰动土样测定的，未考虑其土的结构影响，故只能作参考。

6. 活动度 A

（1）定义

活动度指黏性土的塑性指数与土中胶粒含量百分数的比值，即：

$$A = \frac{I_P}{m} \tag{2-2-21}$$

式中：m——土中胶粒（$d < 0.002\text{mm}$）含量百分数。

（2）物理意义

活动度反映黏性土中所含矿物的活动性。根据活动度的大小黏性土可分为：

$A \leq 0.75$，不活动黏土；

$0.75 < A \leq 1.25$，正常黏土；

$A > 1.25$，活动黏土。

A 值越大，胶粒对土塑性的影响越大。

7. 灵敏度 S_t

（1）定义

灵敏度为黏性土的原状土无侧限抗压强度与原土结构完全破坏的重塑土的无侧限抗压强度的比值，其表达式为：

$$S_t = \frac{q_u}{q_u'} \qquad (2\text{-}2\text{-}22)$$

式中：S_t——土的灵敏度；

q_u——无侧限条件下，原状土抗压强度；

q_u'——无侧限条件下，扰动土抗压强度。

对某一黏性土而言，q_u 为定值，q_u' 值的变化决定着灵敏度的大小。当 $q_u = q_u'$ 时，$S_t = 1$，即结构破坏后的强度与天然结构的强度一样，表明该土为非灵敏或无触变性黏土。只有在 $q_u' < q_u$ 的条件下才能体现其触变性（其定义见下）。

（2）物理意义

灵敏度反映黏性土结构性的强弱。根据灵敏度的数值大小黏性土可分为：

$S_t \geq 8$，特别灵敏性黏土；

$S_t = 4 \sim 8$，灵敏性黏土；

$S_t = 2 \sim 4$，一般黏土。

（3）工程应用

①保护基槽：遇灵敏度高的土，施工时应特别注意保护基槽，防止人来车往，践踏基槽，破坏土的结构，降低地基强度。

②利用触变性：当黏性土结构受扰动时，土的强度降低，但静置一段时间，土的强度又逐渐增强，这种性质称为土的触变性。例如，在黏性土中打预制桩，桩周围土的结构受破坏，强度降低，使桩容易打入。

导图小结(土的物理
状态指标)（图片）

在线测试题(土的
物理状态指标)
（文档）

土的结构
（微课）

四、土的结构

很多试验资料表明，同一种土，原状土样和重塑土样（将原状土样破碎，在试验室内重新制备的土样，称为重塑土样）的力学性质有很大的区别。甚至用不同方法制备的重塑土样，尽管组成和密度相同，性质也有所差别。也就是说，土的组成和物理状态尚不是决定土的性质的全部因素。另一个对土的性质影响很大的因素就是土的结构。土的结构指土粒或团粒（几个或许多个土颗粒联结成的集合体）在空间的排列和它们之间的相互联结（联结也就是粒间的结合力）。土的天然结构是在其沉积和存在的整个历史过程中形成的。土因其组成、沉积环境和沉积年代不同而形成各色各样复杂的结构。

（一）粗粒土的结构

粗粒土的比表面积小，在粒间作用力中，重力起决定性的作用。粗颗粒在重力作用下下沉时，一旦与已经稳定的颗粒相接触，找到自己的平衡位置，稳定下来，就形成单粒结构。这种结构的特点是颗粒之间是点与点的接触。当颗粒缓慢沉积，没有经受很高的压力作用，特别是没有受过动力作用时，所形成的结构为松散的单粒结构，如图 2-2-12a）所示。松散结构受较大的压力作用，特别是受动力作用后孔隙减小，部分颗粒破碎，土体变密，成为图 2-2-12b）所示的密实单粒结构。单粒结构的孔隙率 n 一般在 $0.2 \sim 0.55$ 之间。级配很不均匀的土，孔隙率还可以更小。

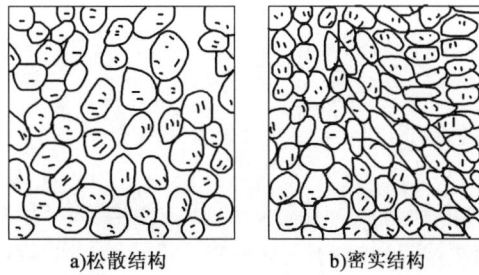

a)松散结构　　　　b)密实结构

图 2-2-12　单粒结构

地下水位以上一定范围内的土以及饱和度不高、颗粒间的缝隙处存在着毛细水的土,颗粒除受重力作用外,还受毛细压力的作用。毛细压力增加了土粒间的联结,所以当散粒状的砂土含有少量水分时具有假黏聚力,但是当土饱和时,这种联结作用即消失。因此,由于毛细力而呈现的黏性是暂时性的,在工程问题中,其有利的作用一般不予考虑。

(二)细粒土的结构

土中的细颗粒,尤其是黏土颗粒,比表面积很大,颗粒很薄,重量很轻,重力常常不起主要作用。在结构形成中,其他的粒间力起主导作用,这些粒间力既有引力也有斥力。它们包括以下几种力:

(1)范德华力

范德华力是分子间的引力,力的作用范围很小,只有几个分子的距离。因此,这种粒间引力只发生于颗粒间紧密接触点处。当距离很近时,范德华力很大,但它随距离的增加而迅速衰减,经典概念的范德华力与距离的 7 次方成反比。但有的学者研究表明,土中的范德华力与距离的 4 次方成反比。总之,距离稍远,这种力就不存在。范德华力是细粒土黏结在一起的主要原因。

(2)库仑力

库仑力即静电作用力。黏土颗粒表面带电荷,通常平面带负电荷而边角处带正电荷。所以,当颗粒按平衡位置,面对面叠合排列时,如图 2-2-13a)所示,颗粒之间因同号电荷而存在静电斥力。当颗粒间的排列是边对面或角对面时,如图 2-2-13b)、c)所示,接触线处或接触点处因异号电荷而产生静电引力。因此,静电力可以是斥力或引力,视颗粒的排列情况而异。一般库仑力的大小与电荷间距离的平方成反比,实际上由于结合水和阳离子的存在,使颗粒间的静电力呈复杂的关系,然而作用力随距离而衰减的速度总是比范德华力慢。

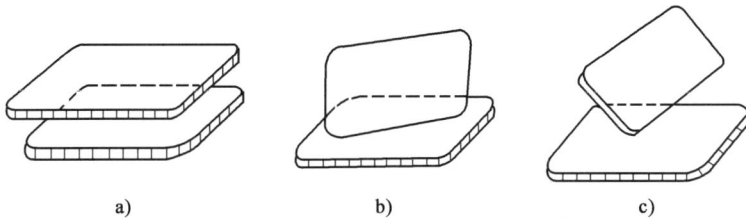

a)　　　　　　　b)　　　　　　　c)

图 2-2-13　片状颗粒的联结

（3）胶结作用

土粒间通过游离氧化物、碳酸盐和有机质等胶体而联结在一起。一般认为这种胶结作用是化合键，因而具有较高的黏聚力。

（4）毛细力

细粒土的直径很小，对于非饱和土，若按理论计算，土粒间将存在着相当大的毛细力，表现为一种吸力。不过，由于细粒土的外面包围着结合水膜，结合水的性质与自由水有很大的不同，因此细粒土间的毛细压力该如何计算目前尚缺少研究。饱和土体的内部则不存在毛细压力。

细粒土的天然结构就是在其沉积的过程中受这些力的共同作用而形成的。当微细的颗粒在淡水中沉积时，因为淡水中离子的浓度小，颗粒表面吸附的阳离子较少，存在着较高的未被平衡的负电位，因此颗粒间的结合水膜比较厚，粒间作用力以斥力占优势，这种情况下沉积的颗粒常形成面对面的片状堆积，如图2-2-14a）所示。这种结构称为分散结构。分散结构的特点是密度较大，土在垂直于定向排列的方向和平行于定向排列的方向上性质不同，即具有各向异性。

当细颗粒在海水中沉积时，海水中含有大量的阳离子，浓密的阳离子被吸附于颗粒表面，平衡了相当数量的表面负电位，使颗粒得以相互靠近，因此斥力减少而引力增加。这种情况下容易形成以角、边与面或边与边搭接的排列形式，如图2-2-14b）所示，称为凝聚结构。凝聚结构具有较大的孔隙，对扰动比较敏感，性质比较均匀，且各向同性较好。

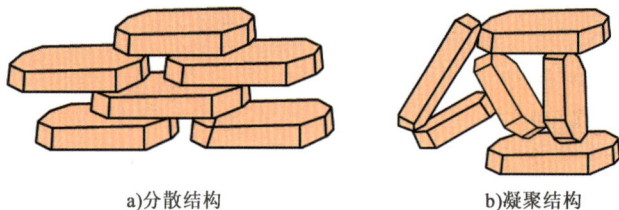

a)分散结构　　　　　　b)凝聚结构

图2-2-14　细粒土的结构

总的来说，当孔隙比相同时，凝聚结构较之分散结构具有较高的强度、较低的压缩性和较大的渗透性。因为当颗粒处于不规则排列状态时，粒间的吸引力大，不容易相互移动；同样大小的过水断面，流道少而孔隙间的直径大。

以上是细粒土的两种典型的结构形式。实际上，天然土的结构要复杂得多。通常不是单一的结构，而是呈多种类型的综合结构。往往是先由颗粒联结成大小不等的团粒或片组，再由各种团粒和原级颗粒组成不同的结构形式。

导图小结（土的
结构）（图片）

在线测试题（土的
结构）（文档）

土的压实性
（微课）

五、土的压实性

土的击实指通过夯打、振动、碾压等，使土体变得密实、以提高土的强度、减小土的压缩性和渗透性。土的压实性是指土在一定的击实能量（击实功）作用下密度增长的特性。在工程建设中，常用土料填筑土堤、土坝、路基和地基等，为了提高填土的强度，增加土的密实度，减小压缩性和渗透性，一般都要经过压实。压实的方法很多，可归结为碾压、夯实和振动三类。大量的实践证明,在对黏性土进行压实时,土太湿或太干都不能被较好地压实,只有当含水率控制为某一适宜值时,压实效果才能达到最佳。黏性土在一定的压实功下能达到最密实的含水率称为最佳含水率,用 w_{op} 表示;与其对应的干密度则称为最大干密度,用 ρ_{dmax} 表示。因此,为了既经济又可靠地对土体进行碾压或夯实,必须要研究土的这种压实特性,即土的击实性。

（一）土的击实试验

室内击实试验装置为击实仪(图 2-2-15),把某一含水率的试样分三层放入击实筒内,每放一层用击实锤击打至一定击数,对每一层土所做的击实功为锤体重力、锤体落距和击打次数三者的乘积,将土层分层击实至满筒后(试验时,使击实土稍超出筒高,然后将多余部分削去),测定击实后土的含水率和湿密度,计算出干密度。用同样的方法将 5 个以上不同含水率的土样击实,可得到每一土样经击实后的含水率与干密度,以含水率为横坐标、干密度为纵坐标绘出这些数据点,连接各点得到的曲线,即为土的击实曲线,如图 2-2-16 所示。

图 2-2-15　土的击实试验装置　　　　图 2-2-16　土的击实曲线

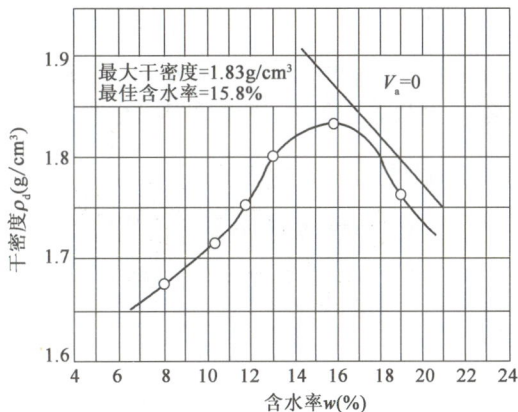

1. 黏性土的击实特性

由图 2-2-16 可知,当含水率较低时,土的干密度较小,随着含水率的增加,土的干密度也逐渐增大,表明压实效果逐步提高;当含水率超过某一限值时,干密度则随着含水率的增大而减小,即压密效果下降。这说明土的压实效果随着含水率而变化,并在击实曲线上出现一个峰值,与这个峰值对应的含水率就是最佳含水率。

黏性土的击实机理:当含水率较小时,土中水主要是强结合水,土粒周围的水膜很薄,颗粒间具有很大的分子引力,阻止颗粒移动,受到外力作用时不易改变原来位置,因此压实就比较困难。当含水率适当增大时,土中结合水膜变厚,土粒间的连接力减弱而使土粒易于移动,则压实效果变好。但当含水率继续增大时,土中水膜变厚,以致土中出现了自由水,击实时由于土样受力时间较短,孔隙中过多的水分不易立即排出,势必阻止土粒的靠拢,所以击实效果下降。

2. 无黏性土的压实特性

无黏性土(主要是砂和砂砾等粗粒土)的压实性也与含水率有关,不过一般不存在一个最

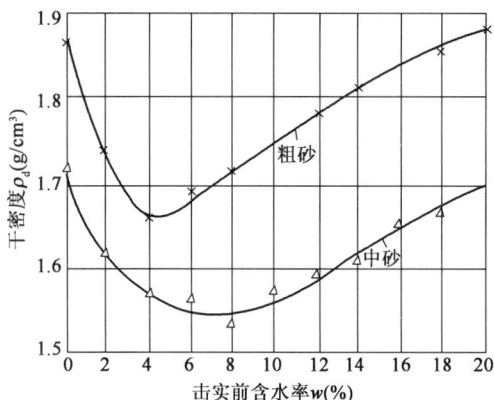

图 2-2-17　粗粒土的击实曲线

佳含水率。在完全干燥或者充分饱和的情况下容易压实到较大的干密度。潮湿状态下，由于毛细压力增加了粒间阻力，压实干密度显著降低。粗砂在含水率为 4% ～ 5%、中砂在含水率为 7% 左右时，压实干密度最小，如图 2-2-17 所示。所以，在压实砂砾时可充分洒水使土料饱和。

工程实践证明，对于粗粒土的压实，应施加一定静荷载与动荷载联合作用，才能达到较好的压实度。所以，对于不同性质的粗粒土，振动碾是最为理想的压实工具之一。

在工程实践中，常用土的压实度来直接控制填土的工程质量。压实度的定义是：工地压实时要求达到的干密度与室内击实试验所得到的最大干密度的比值，即：

$$\lambda = \frac{\rho_\mathrm{d}}{\rho_\mathrm{dmax}} \tag{2-2-23}$$

可见，λ 值越接近 1，表示对压实质量的要求越高。在建筑、公路等填方工程中，一般要求 $\lambda > 0.95$；对于一些次要工程，λ 值可适当取小些。

（二）影响土的击实效果的因素

影响土的击实效果的因素有很多，但最重要的是含水率、击实功能、土粒级配和土的类别。

1. 含水率

由前可知，土太湿或太干都不能被较好地压实，只有当含水率控制为某一适宜值即最佳含水率时，土才能得到充分压实，得到土的最大干密度。实践表明，当压实土达到最大干密度时，其强度并非最大，当含水率小于最佳含水率时，土的抗剪强度均比最佳含水率时高，但将其浸水饱和后，则强度损失很大，只有在最佳含水率时浸水饱和后的强度损失最小，压实土的稳定性最好。

2. 击实功能

夯击的击实功能与夯锤的质量、落高、夯击次数等有关。碾压的压实功能则与碾压机具的质量、接触面积、碾压遍数等有关。对于同一土料，击实功能小，则所能达到的最大干密度也小；击实功能大，所能达到的最大干密度也大。而最佳含水率正好相反，即击实功能小，最佳含水率大；击实功能大，则最佳含水率小。但是，应当指出，击实效果增大的幅度是随着击实功能的增大而降低的。企图单纯用增大击实功能的办法来提高土的干密度是不经济的。

3. 土粒级配和土的类别

在相同的击实功能条件下，级配不同的土，击实效果也不同。一般来说，粗粒含量多、级配良好的土，最大干密度较大，最佳含水率较小。粗粒土的击实性与黏性土不同，一般在完全干燥或充分洒水饱和的状态下，容易击实到较大的干密度；而在潮湿状态下，由于毛细水的作用，填土不易击实。所以，粗粒土一般不做击实试验，在压实时，只要对其充分洒水使土料接近饱和，就可得到较大的干密度。

六、土的工程分类

(一)概述

影响土的工程性质的 3 个主要因素是土的三相组成、土的物理状态和土的结构,其中起主要作用的是土的三相组成。在三相组成中,关键是土的固体颗粒,首先是颗粒的粗细。工程上以土的颗粒粒径大于 0.075mm 的质量占全部土粒质量的 50% 作为第一个分类界限,含量大于 50% 的称为粗粒土,含量小于 50% 的称为细粒土。

粗粒土的工程性质,如透水性、压缩性和强度等,很大程度上取决于土的粒径级配,因此,粗粒土按其粒径级配累积曲线可再细分。

细粒土的工程性质不仅取决于粒径级配,而且与土粒的矿物成分有密切的关系。可以认为,比表面积和矿物成分在很大程度上决定了这类土的性质。直接量测和鉴定土的比表面积和矿物成分均较困难,但是它们表现为土的吸附结合水的能力。反映土吸附结合水能力的特性指标有液限 w_L、塑限 w_P 和塑性指数 I_P,在这三个指标中,独立的其实只有两个,因此国内外对细粒土的分类,多用塑性指数 I_P 或者液限 w_L 加塑性指数 I_P 作为分类指标。

以下介绍现行规范中的分类法。

(二)《公路土工试验规程》(JTG 3430—2020)的分类法

1.一般规定

(1)土的工程分类(简称"分类")适用于公路工程用土的鉴别、定名和描述,以便对土的性状作定性评价。

(2)应以土的下列特征作为土的分类依据。

①土的颗粒组成特征。

②土的塑性指标:液限(w_L)、塑限(w_P)和塑性指数(I_P)。

③土中有机质含量。

(3)一般土可分为巨粒土、粗粒土和细粒土,分类如图 2-2-18 所示。

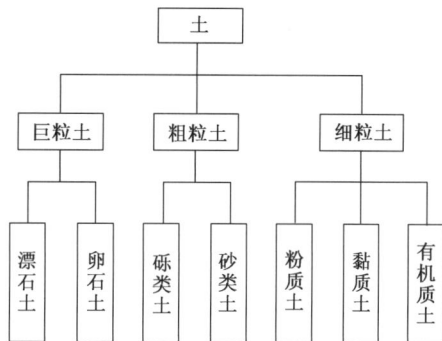

图 2-2-18　土分类总体系

（4）细粒土应根据塑性图分类。土的塑性图以液限（w_L）为横坐标、塑性指数（I_p）为纵坐标构成。

（5）土的成分、级配、液限和特殊土等基本代号应按下列规定构成。

①土的成分代号见表 2-2-6。

土的成分代号   表 2-2-6

漂石 B	砾 G	砂 S	粉土 M	细粒土 F
块石 B_a	角砾 G_a		黏土 C	（混合）土（粗、细粒土合称）Sl
卵石 Cb				有机质土 O
小块石 Cb_a				

②土的级配代号：级配良好 W；级配不良 P。

③土液限高低代号：高液限 H；低液限 L。

④特殊土代号：黄土 Y；膨胀土 E；红黏土 R；盐渍土 St；冻土 Ft；软土 Sf。

（6）土类名称可用一个基本代号表示。

当由两个基本代号构成时，第一个代号表示土的主成分，第二个代号表示副成分（土的液限或土的级配）；当由三个基本代号构成时，第一个代号表示土的主成分，第二个代号表示液限的高低（或级配的好坏），第三个代号表示土的次要成分。土类的名称和代号见表 2-2-7。

土类的名称和代号   表 2-2-7

名称	代号	名称	代号	名称	代号
漂石	B	粉土质砾	GM	含砂低液限粉土	MLS
块石	B_a	黏土质砾	GC	高液限黏土	CH
卵石	Cb	级配良好砂	SW	低液限黏土	CL
小块石	Cb_a	级配不良砂	SP	含砾高液限黏土	CHG
漂石夹土	BSl	粉土质砂	SM	含砾低液限黏土	CLG
卵石夹土	CbSl	黏土质砂	SC	含砂高液限黏土	CHS
漂石质土	SlB	高液限粉土	MH	含砂低液限黏土	CLS
卵石质土	SlCb	低液限粉土	ML	有机质高液限黏土	CHO
级配良好砾	GW	含砾高液限粉土	MHG	有机质低液限黏土	CLO
级配不良砾	GP	含砾低液限粉土	MLG	有机质高液限粉土	MHO
含细粒土砾	GF	含砂高液限粉土	MHS	有机质低液限粉土	MLO

2. 巨粒土分类

（1）巨粒土应按图 2-2-19 定名分类。

①巨粒组质量大于总质量 75% 的土称漂（卵）石。

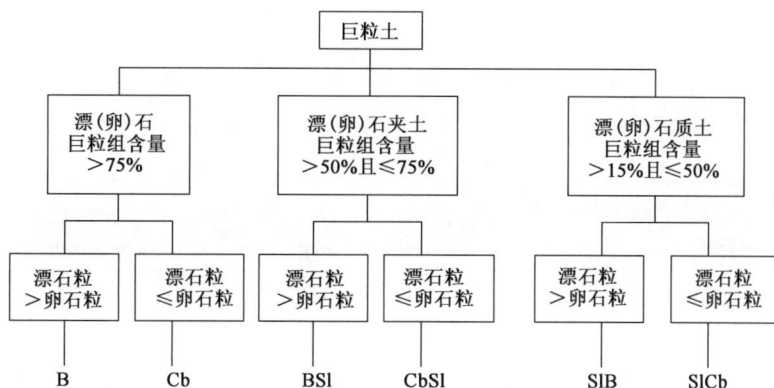

图 2-2-19 巨粒土分类体系

注:1.巨粒土分类体系中的漂石换成块石,B 换成 B_a,即构成相应的块石分类体系。

2.巨粒土分类体系中的卵石换成小块石,C_b 换成 C_{ba},即构成相应的小块石分类体系。

②巨粒组质量为总质量 50% ~ 75%(含 75%)的土称漂(卵)石夹土。

③巨粒组质量为总质量 15% ~ 50%(含 50%)的土称漂(卵)石质土。

④巨粒组质量少于或等于总质量 15% 的土,可扣除巨粒,按粗粒土或细粒土的相应规定分类定名。

(2)漂(卵)石按下列规定定名:

①漂石粒组质量多于卵石粒组质量的土称漂石,记为 B。

②漂石粒组质量少于或等于卵石粒组质量的土称卵石,记为 Cb。

(3)漂(卵)石夹土按下列规定定名:

①漂石粒组质量多于卵石粒组质量的土称漂石夹土,记为 BSl。

②漂石粒组质量少于或等于卵石粒组质量的土称卵石夹土,记为 CbSl。

(4)漂(卵)石质土应按下列规定定名:

①漂石粒组质量多于卵石粒组质量的土称漂石质土,记为 SlB。

②漂石粒组质量少于或等于卵石粒组质量的土称卵石质土,记为 SlCb。

③如有必要,可按漂(卵)石质土中的砾、砂、细粒土含量定名。

3.粗粒土分类

(1)试样中巨粒组土粒质量少于或等于总质量 15%,且巨粒组土粒与粗粒组土粒质量之和多于总土质量 50% 的土称粗粒土。

(2)粗粒土中砾粒组质量多于砂粒组质量的土称砾类土。砾类土应根据其中细粒含量和类别以及粗粒组的级配进行分类。分类体系如图 2-2-20 所示。

①砾类土中细粒组质量少于或等于总质量 5% 的土称砾,按下列级配指标定名:

a.当 $C_u \geqslant 5$,且 $C_c = 1 \sim 3$ 时,称级配良好砾,记为 GW。

b.不同时满足上述条件时,称级配不良砾,记为 GP。

②砾类土中细粒组质量为总质量 5% ~ 15%(含 15%)土称含细粒土砾,记为 GF。

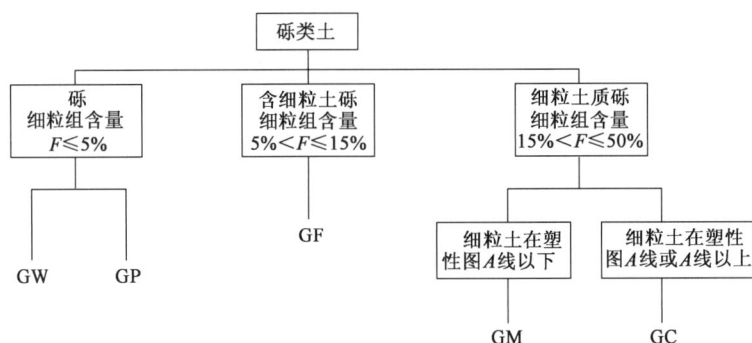

图 2-2-20   砾类土分类体系

注:砾类土分类体系中的砾石换成角砾,G 换成 G_a,即构成相应的角砾土分类体系。

③砾类土中细粒组质量大于总质量的 15%,并小于或等于总质量的 50% 的土称细粒土质砾,按细粒土在塑性图中的位置定名:

a. 当细粒土位于塑性图 A 线以下时,称粉土质砾,记为 GM。

b. 当细粒土位于塑性图 A 线或 A 线以上时,称黏土质砾,记为 GC。

（3）粗粒土中砾粒组质量少于或等于砂粒组质量的土称砂类土。砂类土应根据其中细粒含量和类别以及粗粒组级配进行分类。分类体系如图 2-2-21 所示。

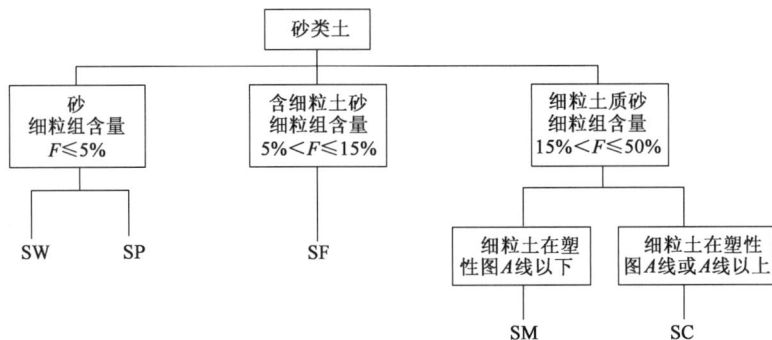

图 2-2-21   砂类土分类体系

注:需要时,砂可进一步细分为粗砂、中砂和细砂。

粗砂——粒径大于 0.5mm 颗粒多于总质量 50%;

中砂——粒径大于 0.25mm 颗粒多于总质量 50%;

细砂——粒径大于 0.075mm 颗粒多于总质量 75%。

根据粒径分组由大到小,以首先符合者命名。

①砂类土中细粒组质量少于或等于总质量 5% 的土称砂,按下列级配指标定名:

a. 当 $C_u \geqslant 5$,且 $C_c = 1 \sim 3$ 时,称级配良好砂,记为 SW。

b. 不同时满足上述条件时,称级配不良砂,记为 SP。

②砂类土中细粒组质量为总质量 5%~15%（15%）的土称含细粒土砂,记为 SF。

③砂类土中细粒组质量大于总质量的 15%,并小于或等于总质量 50% 的土称细粒土质砂,按细粒土在塑性图中的位置定名:

a.当细粒土位于塑性图 A 线以下时,称粉土质砂,记为 SM。

b.当细粒土位于塑性图 A 线或 A 线以上时,称黏土质砂,记为 SC。

4.细粒土分类

(1)试样中细粒组土粒质量多于或等于总质量50%的土称细粒土。分类体系如图 2-2-22 所示。

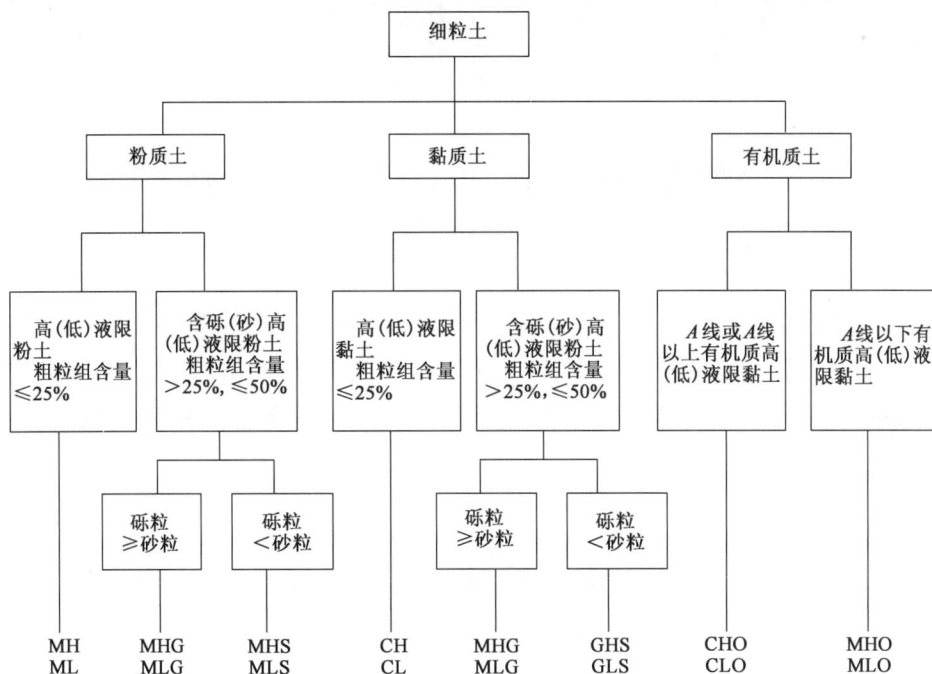

图 2-2-22　细粒土分类体系

(2)细粒土应按下列规定划分:

①细粒土中粗粒组质量少于或等于总质量25%的土称粉质土或黏质土。

②细粒土中粗粒组质量为总质量 25% ~ 50%(含 50%)的土称含粗粒的粉质土或含粗粒的黏质土。

③试样中有机质含量多于或等于总质量5%,且少于总质量10%的土称有机质土。试样中有机质含量多于或等于10%的土称为有机土。

(3)细粒土应按塑性图分类。本"分类"的塑性图采用下列液限分区,如图 2-2-23 所示。

低液限:$w_L < 50\%$;

高液限:$w_L \geqslant 50\%$。

(4)细粒土应按其在图 2-2-23 中的位置确定土名称。

①当细粒土位于塑性图 A 线或 A 线以上时,按下列规定定名:

在 B 线或 B 线以右,称高液限黏土,记 CH;

在 B 线以左,$I_P = 7$ 线以上,称低液限黏土,记为 CL。

②当细粒土位于 A 线以下时,按下列规定定名:

在 B 线或 B 线以右,称高液限粉土,记为 MH；

在 B 线以左,$I_P = 4$ 线以下,称低液限粉土,记为 WL。

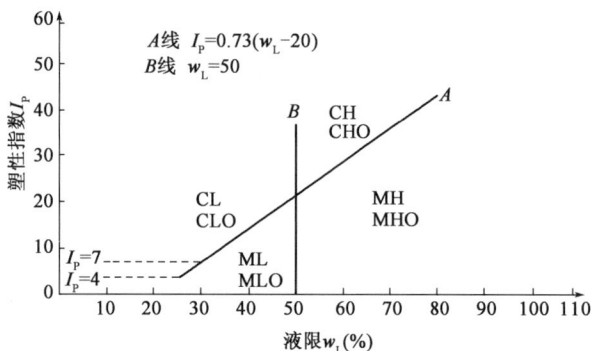

图 2-2-23　塑性图

③黏土～粉土过渡区（CL～WL）的土可以按相邻土层的类别考虑定名。

（5）本"分类"确定的是土的学名和代号,必要时,允许附列通俗名称或当地习惯名称。

（6）含粗粒的细粒土应先按上述（4）的规定确定细粒土部分的名称,再按以下规定最终定名：

①当粗粒组中砾粒组质量多于砂粒组质量时,称含砾细粒土,应在细粒土代号后缀以代号"G"。

②当粗粒组中砂粒组质量多于或等于砂粒组质量时,称含砂细粒土,应在细粒土代号后缀以代号"S"。

（7）土中有机质包括未完全分解的动植物残骸和完全分解的无定形物质。后者多呈黑色、青黑色或暗色;有臭味;有弹性和海绵感。借目测、手摸及嗅感判别。

当不能判定时,可采用下列方法:将试样在 105～110℃ 的烘箱中烘烤。若烘烤 24h 后试样的液限小于烘烤前的四分之三,则该试样为有机质土。当需要测有机质含量时,按有机质含量试验（T 0151—1993）进行。

（8）有机质土应根据图 2-2-23 按下列规定定名。

①位于塑性图 A 线或 A 线以上时：

在 B 线或 B 线以右,称有机质高液限黏土,记为 CHO；

在 B 线以左,$I_P = 7$ 线以上,称有机质低液限黏土,记为 CLO。

②位于塑性图 A 线以下时：

在 B 线或 B 线以右,称有机质高液限粉土,记为 MHO；

在 B 线以左,$I_P = 4$ 线以下,称有机质低液限粉土,记为 MLO。

③黏土～粉土过渡区（CL～ML）的土可以按相邻土层的类别考虑细分。

5. 特殊土分类

（1）各类特殊土应根据其工程特性进行分类。

（2）盐渍土按表 2-2-8 和表 2-2-9 规定分类。

盐渍土按含盐性质分类   表 2-2-8

盐渍土名称	离子含量比值	
	Cl^-/SO_4^{2-}	$(CO_3^{2-}+HCO_3^-)/(Cl^-+SO_4^{2-})$
氯盐渍土	>2.0	—
亚氯盐渍土	1.0~2.0	—
亚硫酸盐渍土	0.3~1.0	—
硫酸盐渍土	<0.3	—
碳酸盐渍土	—	>0.3

注:离子含量以 1kg 土中离子的毫摩尔数计(mmol/kg)。

盐渍土按盐渍化程度分类   表 2-2-9

盐渍土类型	细粒土的平均含盐量 (以质量百分数计)		粗粒土通过 1mm 筛孔土的平均含盐量 (以质量百分数计)	
	氯盐渍土 及亚氯盐渍土	硫酸盐渍土 及亚硫酸盐渍土	氯盐渍土 及亚氯盐渍土	硫酸盐渍土 及亚硫酸盐渍土
弱盐渍土	0.3~1.0	0.3~0.5	2.0~5.0	0.5~1.5
中盐渍土	1.0~5.0	0.5~2.0	5.0~8.0	1.5~3.0
强盐渍土	5.0~8.0	2.0~5.0	8.0~10.0	3.0~6.0
过盐渍土	>8.0	>5.0	>10.0	>6.0

注:离子含量以 100g 干土内的含盐总量计。

导图小结(土的
工程分类)(图片)　　在线测试题(土的
工程分类)(文档)

课后
练习题

1. 某原状土样,经试验测得天然密度 $\rho=1.67\text{g/cm}^3$,含水率为 12.9%,土粒比重为 2.67,求孔隙比 e、孔隙率 n、饱和度 S_r。

2. 在某原状土试验中,环刀体积为 50cm³,湿土样质量为 0.098kg,烘干后质量为 0.078kg,土粒比重为 2.70。试计算土的天然密度 ρ、干密度 ρ_d、饱和密度 ρ_{sat}、有效密度 ρ'、天然含水率 w、孔隙比 e、孔隙率 n 及饱和度 S_r,并比较 ρ、ρ_d、ρ_{sat}、ρ' 的数值大小。

3. 某干砂土样密度为 1.65g/cm³,土粒比重为 2.68,置于雨中,若砂样体积不变,饱和度增加到 50%,求此砂样在雨中的孔隙比 e。

4. 若某饱和土的饱和重度 $\gamma_{sat}=15.8\text{kN/m}^3$,天然含水率 $w=65\%$。试求土粒比重及孔隙比。

5. 实验室中需要制备土样，现有的土样含水率为20%，若取300g现有试样，并将其制备成含水率为35%的试样，则需要加多少水？

6. 某黏性土，其土粒比重为2.7，密度为$1.6g/cm^3$，饱和度为82%，液限为50%，塑限为35%。试求其液性指数、塑性指数，并判断其物理状态。

7. 某工地回填土工程，土料的天然含水率为15%，夯实需要土的最优含水率为19%，试问应该在每吨土中加多少公斤水方可满足夯实要求？

8. 某无黏性土样的颗粒分析结果列于下表，试定出该土的名称。

粒径(mm)	10 ~ 2	2 ~ 0.5	0.5 ~ 0.25	0.25 ~ 0.075	<0.075
相对含量(%)	4.5	12.4	35.5	33.5	14.1

任务三　掌握土的水理性质

【学习指南】主要了解土的渗透性、毛细性等水理性质，重点掌握土的渗透性和毛细性对土的工程性质的影响及其预防措施。

【教学资源】包括1个微课、1幅导图和2套在线测试题。

土的水理性质
（微课）

一、土的渗透性

（一）渗透的概念

土中的自由液态水在重力作用下沿孔隙发生运动的现象，称为渗透。土能使水透过孔隙的性能，称为土的透水性。

土的透水性强弱，主要取决于土的粒度成分及其孔隙特征，即孔隙的大小、形状、数量及连通情况等。粗碎屑土和砂土都是透水性良好的土，细粒土为透水性不良的土，而黏土因有较强的结合水膜，若再加上有机质的存在，则自由水不易透过，可视为不透水层，也称为"隔水层"。隔水只是相对的，黏性土也不是绝对不透水的，自然界的黏性土层的透水性具有各向异性的特征，如带状结构的黏性土，其水平方向的透水性大于垂直方向；黄土类土，由于垂直节理发育，故在垂直方向的透水性大于水平方向。

土的透水性是实际工程中不可忽视的工程地质问题。例如，路基土的疏干、桥墩基坑出水量的计算，饱和黏性土地基稳定时间的计算，河滩路堤填料的渗透性分析，河岸、小型水库的防水土坝的隔水层的选料等。

土是由固体相的颗粒、孔隙中的液体和气体三相组成的，而土中的孔隙具有连续的性质，当土作为水土建筑物的地基或直接把它用作水土建筑物的材料时，水就会在水头差作用下从水位较高的一侧透过土体的孔隙流向水位较低的一侧。在水头差作用下，水透过土体孔隙的现象称为**渗透**，土允许水透过的性能称为土的渗透性。

（二）渗透定律——达西定律

水在孔隙中渗透或渗流，其运动状态常随水流的速度不同而分为两种：层流和紊流。在细小孔隙中运动着的水，水流质点彼此不相混杂、干扰，流线大致呈互相平行方式运动，故称为**层流**。土中水的层流不同于管道或沟壑中的层流，它不可能是顺直、有规律的流线，而是曲折、甚至是迂回地运动着。但水在土的孔隙中受重力作用的影响，总是由高水压区流向低水压区，由此产生水头压力。水头压力的大小取决于水力梯度，如图 2-3-1 所示。水力梯度（J）是指两点之间的水头差（$\Delta H = H_1 - H_2$）与单位流程长度（L）之比值。即：

$$J = \frac{\Delta H}{L} = \frac{H_1 - H_2}{L} \tag{2-3-1}$$

水在土体中渗透，一方面会造成水量损失，影响工程效益；另一方面将引起土体内部应力状态的变化，从而改变水土建筑物或地基的稳定条件，甚者还会酿成破坏事故。此外，土的渗透性的强弱，对土体的固结、强度及工程施工都有非常重要的影响。

1956 年，达西利用试验装置（图 2-3-2），对砂土的渗流性进行了研究，发现水在土中的渗流速度与试样两端面间的水头差成正比，而与渗流长度成反比，于是他把渗流速度表示为：

$$v = K\frac{\Delta h}{l} = Ki \tag{2-3-2}$$

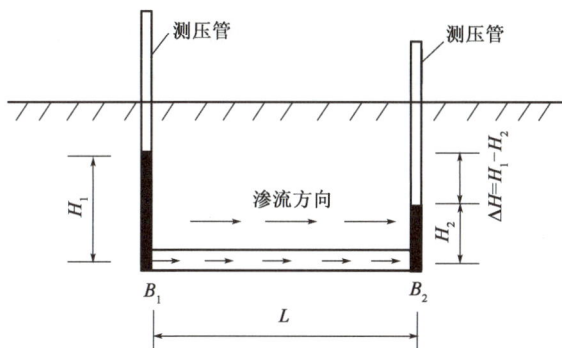

图 2-3-1　水在土中渗流示意图

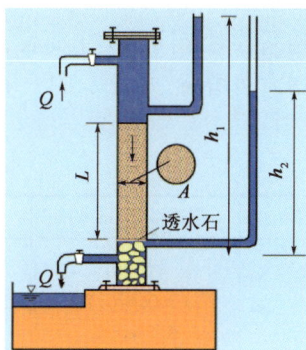

图 2-3-2　达西试验装置示意图

或

$$Q = vA = KiA \tag{2-3-3}$$

这就是著名的**达西定律**。

式中：v——断面平均渗透速度（m/s）；

K——渗透系数（m/s），其物理意义是当水力坡降 $i = 1$ 时的渗透速度。

达西定律说明：①在层流状态的渗流中，渗流速度 v 与水力坡降的一次方成正比，并与土的性质有关。或砂土的渗透速度与水力坡降呈线性关系。②但对于密实的黏土，由于吸着水具有较大的黏滞阻力，因此只有当水力坡降达到某一数值，克服了吸着水的黏滞阻力以后，才能发生渗透。我们将这一开始渗透时的水力坡降称为黏性土的起始水力坡降 i。

试验资料表明，密实的黏土不但存在起始水力坡降，而且当水力坡降超过起始坡降后，渗透速度与水力坡降的规律还偏离达西定律而呈线性关系。

$$v = K(i - i_0) \qquad (2\text{-}3\text{-}4)$$

式中：i_0——密实黏土的起始水力坡降。

此外，试验也表明，在粗颗粒土（如砾石、卵石），只见在小的水力坡降下，渗透速度与水力坡降才能呈线性关系，而在较大的水力坡降下，水在土中的流动即进入紊流状态，渗透速度与水力坡降呈非线性关系，此时达西定律不能适用。

（三）渗透系数及其影响因素

1.渗透系数的测定方法

渗透系数是一个代表土的渗透性强弱的定量指标，也是渗透计算时必须用到的一个基本参数。主要分现场试验和室内试验两大类，一般来说，现场试验比室内试验得到的成果要准确可靠。

（1）试验室测定法

常水头试验法（适用于透水性大的砂性土）、变水头试验法（适用于透水性小的无黏性土）。

（2）现场测定法

①实测流速法：色素法、电解质法、食盐法、注水法。

②抽水法：降低水位法、水位恢复法。

渗透系数对于同一类土而言，应为一定值常数，但却因土类不同而异，其规律是：K 值随着土粒的增大而增高，见表 2-3-1。在实际工程中，常采用最简便的方法，即根据经验数值查表而得。

各种土的渗透系数表

表 2-3-1

土名	渗透系数（m/d）	土名	渗透系数（m/d）	土名	渗透系数（m/d）
黏土	<0.001	粉砂	0.5～1.0	粗砂	15～50
亚黏土	0.001～0.1	细砂	1～5	砾石砂	50～100
亚砂土	0.1～0.5	中砂	5～15	砾石	100～200

注：摘自《普通水文学》，河北师范大学等三校地理系合编。

2.影响渗透系数的因素

影响土的渗透系数的因素主要有以下 6 个方面：

（1）土的粒度成分和矿物成分

土的颗粒大小、形状及级配，影响土中空隙大小及形状，因而影响渗透性。

土粒越粗，越浑圆，越均匀时，渗透性就越大。砂土中含有较多粉土或黏土颗粒时，其渗透系数就大大降低。土中含有亲水性较大的黏土矿物或有机质时，也大大降低了土的渗透性。

（2）土的孔隙比

由 $e = V_v/V_s$ 可知，孔隙比 e 越大，V_v 越大，渗透系数越大，而孔隙比的影响，主要取决于土体中的孔隙体积，而孔隙体积又取决于孔隙的直径大小，取决于土粒的颗粒大小和级配。

（3）土的结构构造

天然土层通常不是各向同性的，在渗透性方面往往也是如此。

如黄土特别是具湿陷性黄土，其竖直方向的渗透系数要比水平方向大得多。

层状黏土常夹有薄的粉砂层，其在水平方向的渗透系数要比竖直方向大得多。

（4）结合水膜厚度

黏性土中若土粒的结合水膜较厚时，会阻塞土的孔隙，降低土的渗透性。

（5）土中气体

当土孔隙中存在密闭气泡时，会阻塞水的渗流，从而降低土的渗透性。这种密闭气泡有时是由溶解于水中的气体分离而形成的，故水的含水率也影响土的渗透系数。

（6）水的性质

试验表明，K 与渗透液体的重度 γ_w 及黏滞系数有关；水温不同，γ_w 相差不大，但黏滞系数变化较大水温升高，黏滞系数降低，K 增大。

（四）土的渗透变形

土的渗透变形是指土体在地下水渗透力（动水压力）的作用下，部分颗粒或整体发生移动，引起土体的变形和破坏的作用和现象，表现为鼓胀、浮动、断裂、泉眼、砂浮、土体翻动等。渗透水流作用于土上的力称为渗透水压或动水压力，只要有渗流存在就存在这种压力，当此力达到一定大小时，岩土中的某颗粒就会被渗透水流携带和搬运，从而引起沿岩土的结构变松，强度降低，甚至整体发生破坏。

渗透变形是土石坝、挡土墙等的主要工程地质问题，对坝基、路基、桥基、基坑、地下巷道掘进、矿山等带来危害。如图 2-3-3 所示，图 a) 为岸坡渗流引起防渗体变形，图 b) 为基坑渗流引发基坑坍塌，图 c) 为边坡渗流引发滑坡、泥石流，图 d) 为水井内渗流引发地面沉降。这里主要介绍流土和管涌两种基本渗透变形形式。

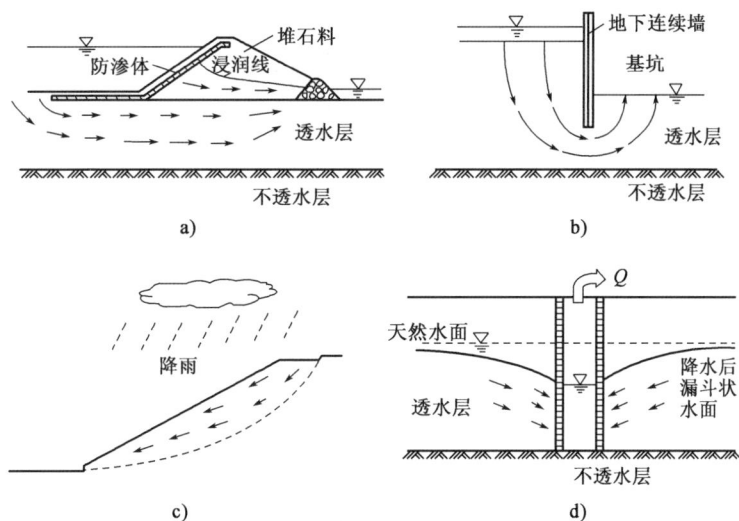

图 2-3-3　土的渗透变形表现

1. 流土

流土也称流砂，是指在渗流作用下，某一范围内土体的表面隆起、浮动或某一颗粒群的同时起动而流失的一种砂沸现象，如图 2-3-4 所示。任何类型的土，只要水力坡降达到一定的大小，都可发生流土破坏。

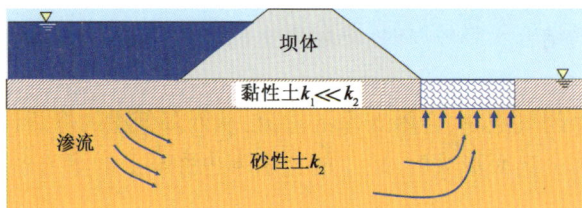

图 2-3-4　流土形成示意图

在粒径均匀的细颗粒（一般粒径在 0.01mm 以下的颗粒含量在 30% ~ 35% 以上）组成的土层中，含有较多的片状、针状矿物（如云母、绿泥石等）和附有亲水胶体矿物颗粒，从而增加了岩土的吸水膨胀性，降低了土粒重力。因此，在不大的水流冲力下，细小土颗粒即悬浮流动。水动力条件充足，水力梯度较大，流速增大，当沿渗流方向的渗透力大于土的有效重度时，就能使土颗粒悬浮流动形成流土。

防治流土的关键在于控制渗流逸出处的水力坡降，基本措施是确保实际的逸出处水力坡降不超过允许值。流土现象的防治原则是：减小或消除水头差，如采取基坑外的井点降水法降低地下水位，或采取水下挖掘；增长渗流路径，如打板桩；在向上渗流出口处地表用透水材料覆盖压重以平衡渗流力；土层加固处理，如冻结法、注浆法等。

2. 管涌

管涌也称翻砂鼓水，是在渗流作用下，土体细颗粒沿骨架颗粒形成孔隙，水在土孔隙中的流速增大引起土的细颗粒被冲刷带走的现象，如图 2-3-5 所示。涌水口径小者几厘米，大者几米，孔隙周围多形成隆起的砂环。

图 2-3-5　非黏性土管涌形成示意图

当堤坝、水闸地基土壤级配缺少某些中间粒径的非黏性土壤，在上游水位升高，出逸点渗透坡降大于土壤允许值时，地基土体中较细土粒被渗流推动带走形成管涌。

无黏性土产生管涌必须具备下述两个条件：土中粗颗粒所构成的孔隙直径必须大于细颗粒直径；渗透力能够带动细颗粒在孔隙间移动。

管涌的抢护原则是：临截背导，导压兼施，降低渗压，防止渗流带出泥砂。主要有如下方法：

（1）反滤围井

在冒水孔周围垒土袋，筑成围井。井壁底与地面紧密接触，井内按三层反滤要求分铺垫砂石或柴草滤料。在井口安设排水管，将渗出的清水引走，以防溢流冲塌井壁。如遇涌水势猛量大，粗砂压不住，可先填碎石、块石消杀水势。再按反滤要求铺填滤料，注意观察防守，若填料下沉，则继续加填，直到稳定为止。此法适应于地基土质较好、管涌集中出现、险情较严重的情况。

（2）养水盆

在管涌周围用土袋垒成围井，井中不填反滤料，井壁须不漏水。如险情面积较大，险口附近地基良好时，可筑成土堤，形成一个蓄水池（即养水盆），不使渗水流走，蓄水抬高井（池）内水位，以减小临背水位差，制止险情发展。此法适用于临背水位差小、高水位持续时间短的情况，也可与反滤井结合处理。

（3）滤水压浸台

在大片管涌面上分层铺填粗砂、石屑、碎石，下细上粗，每层厚 20cm 左右，最后压块石或土袋。此法适用于管涌数目多，出现范围较大的情况。如系水下发生管涌，切不可将水抽干再填料，以免险情恶化。

二、土的毛细性

毛细水是受到水与空气交界面处表面张力的作用、存在于地下水位以上的透水层中自由水。土的毛细现象是指土中水在表面张力的作用下，沿着细的孔隙向上及向其他方向移动的现象。土体能够产生毛细现象的性质称为土的毛细性。土的毛细性，是引起路基冻害、地下室过分潮湿的主要原因，在工程中必须引起高度重视。

在线测试题（土的渗透性）（文档）

（一）土层中的毛细水带

土层中由于毛细现象所湿润的范围称为毛细水带。

毛细水带根据形成条件和分布状况，分为正常毛细水带、毛细网状水带和毛细悬挂水带三种。

1. 正常毛细水带

正常毛细水带（又称毛细饱和带）位于毛细水带的下部，主要是由潜水面直接上升而形成的，与地下潜水连通。毛细水几乎充满了全部孔隙。正常毛细水带随着地下水位的升降而变化。

2. 毛细网状水带

毛细网状水带位于毛细水带的中部。当地下水位急剧下降时，它也随之急速下降，这时在较细的毛细孔隙中有一部分毛细水来不及移动，仍残留在孔隙中，而较粗的毛细孔隙中由于毛细水的下降，孔隙中会留下气泡，毛细水便呈网状分布。毛细网状水带中的水，可以在表面张力和重力作用下移动。

3. 毛细悬挂水带

毛细悬挂水带位于毛细带的上部，是由于地表水渗入而形成的，水悬挂在土颗粒之间，不与中部或下部的毛细水相连。

当地表有水补给时，毛细悬挂水在重力作用下向下移动。

上述三个毛细水带不一定同时存在,这取决于当地的水文地质条件。当地下水位较低时,可能同时出现三种毛细水带;当地水位很高时,可能就只有正常毛细水带,而没有毛细悬挂水带和毛细网状水带。在毛细水带内,土的含水率随着深度而变化,自地下水位向上含水率逐渐减少,但到毛细悬挂水带后,含水率反而有所增加,如图2-3-6所示。

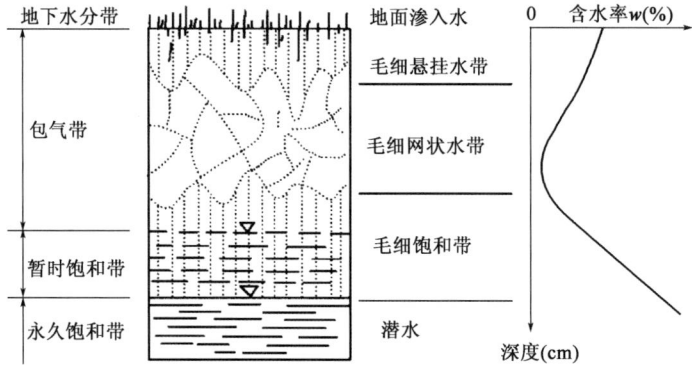

图2-3-6　土中毛细水带示意图

(二) 毛细水上升高度与上升速度

分布在土粒内部相互贯通的孔隙,可以看成是许多形状不一、直径互异、彼此连通的毛细管,管径不一样,管中液体上升的高度也不一样,如图2-3-7所示。关于毛细水上升的高度和速度,通过物理实验即可得到证明,如图2-3-8所示。用一毛细管插入水中,当弯液面与管壁表面张力对毛细管内液体的作用的湿润角(亦称接触角)$\theta < 90°$时,毛细管内液体沿管壁上升。因水具表面张力,管中弯液面沿管壁周边的表面张力σ的方向垂直向上,其合力也是垂直向上的,这个合力的大小等于弯液面周边长πd与水表面张力σ的乘积,即$\sigma \pi d$为拉应力。由此可知,在同一温度条件下,拉应力值可视为常数,若湿润角$\theta_e < 90°$,则毛细管内弯液面上的应力大小与毛细管的直径大小成反比,即毛细管愈细,弯液面力愈大。

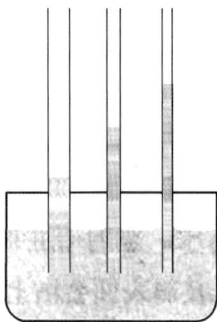

图2-3-7　液体在毛细管中上升

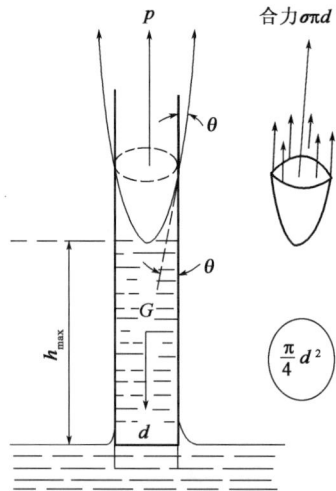

图2-3-8　表面张力对毛细水的作用示意图

但是,在天然土层中,由于土中的孔隙是不规则的,与圆柱状毛细管根本不同,特别是土颗粒与水之间的物理化学作用,使天然土层中的毛细现象比毛细管的情况要复杂得多。实际工程中,常采用经验公式来估算毛细水上升的高度,这里就不细讲了。

在黏性土中,由于黏粒或胶粒周围存在着结合水膜,它影响着毛细水弯液面的形成,减小土中孔隙的有效直径,使毛细水的活动受到很大的阻滞力,毛细水上升速度很慢,上升的高度也受影响;当土粒间全被结合水充满时,虽有毛细现象,但毛细水已无法存在。

毛细水上升的速度和上升高度一样,也与土粒及其粒间孔隙大小密切相关。根据实验,用人工制备的石英砂,以不同粒径的土测试其毛细水上升速度与上升高度的关系,如图 2-3-9 所示。

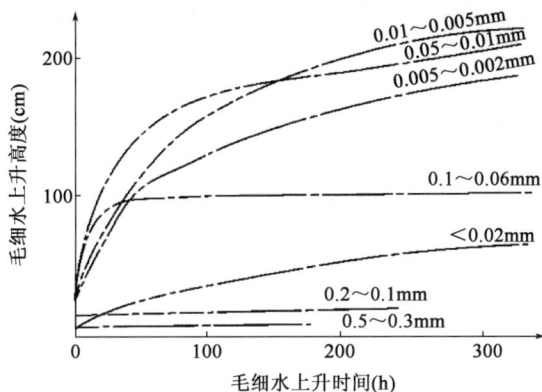

图 2-3-9   不同粒径的石英砂中毛细水上升时间与上升高度关系曲线

①0.05 ~ 0.005mm 粉土,上升的最大高度可达 200cm 以上,其上升速度开始为 1.75cm/h,100h 以后毛细水上升速度明显减慢,约为 0.17cm/h,直到达到最大高度为止。

②0.1 ~ 0.06mm 极细砂土,开始以 4.5cm/h 速度上升,20h 以后上升速度骤减,以 0.125cm/h 上升,在 80h 内毛细水仅上升 10cm。

③0.2 ~ 0.1mm 细砂及中砂土,毛细水上升的最大高度约为 20cm,开始以 5.5 ~ 60cm/h 速度上升很快,在数小时即可接近最高值,然后以极慢的速率上升直到最高值。

总的来说,毛细水在土中不是匀速上升的,而是随着高度的增加而减慢,直至接近最大高度时逐渐趋近于零。从粒径而言,毛细水上升的速度也是先快后慢,虽然其速率都比较小,但持续时间长,于是上升高度大。

毛细水是路基冻胀和翻浆的主要原因,了解土中毛细水的上升高度对土质路基、地基有着重要的意义。

导图小结(土的水理
性质)(图片)

在线测试题(土的
毛细性)(文档)

课后
练习题

1. 简述达西定律的主要结论。
2. 试分析影响渗透系数的因素。
3. 简述土的流土渗透变形产生的条件。
4. 简述土的渗透变形方式及其特点。
5. 试分析正常毛细水带的特点。
6. 简述毛细水对公路工程的影响。

任务四　掌握土的力学性质测定

【**学习指南**】熟悉土中应力定义和计算，了解土的压缩性和抗剪强度，熟悉土压力的类型及应用。重点是掌握土中自重应力计算，熟练土的压缩试验和直接剪切试验。

【**教学资源**】包括 4 个微课、4 幅导图和 1 套在线测试题。

土中应力（微课）

一、土中应力

（一）土中应力

应力：物体由于外因（受力、湿度、温度场变化等）而变形时，在物体内各部分之间产生相互作用的内力，以抵抗这种外因的作用，并试图使物体从变形后的位置恢复到变形前的位置。应力用内力与截面面积的比值表示，单位为 Pa。

应变：物体在受到外力作用下会产生一定的变形，变形的程度称为应变。

正应力：垂直于截面的应力分量称为正应力（或法向应力），用 σ 表示；**剪应力**：相切于截面的应力分量称为剪应力或切应力，用 τ 表示。应力图示如图 2-4-1 所示。

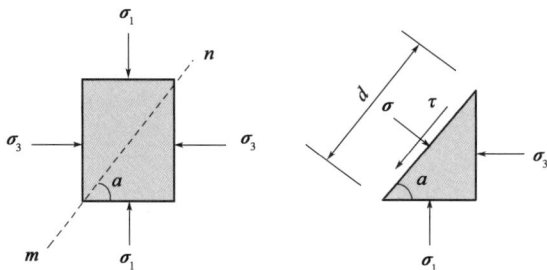

图 2-4-1　应力图示

对于工程岩土而言，建筑物、构筑物、车辆等的荷载，要通过基础或路基传递到土体上。在这些荷载及其他作用力（如渗透力、地震力等）的作用下，土中产生应力。土中应力的增加将引起土的变形，使建筑物发生下沉、倾斜及水平位移。为了使所设计的建筑物、构筑物既安全可靠又经济合理，就必须研究土体的变形、强度、地基承载力、稳定性等问题，而不论研究上述何种问题,都必须首先了解土中的应力分布状况。

土中应力主要由自身重力产生的自重应力及外部荷载产生的附加应力构成。自重应力是建筑物修建以前,地基中由土体本身的有效重力所产生的应力。附加应力是建筑物修建以后,建筑物重力等外荷载在地基中引起的应力。所谓的"附加",是指在原来自重应力基础上增加的压力。

在分析工程岩土体的应力状态时,将土体或岩体视为均质、各向同性、线性变形体,计算地基应力时,一般将地基当作半无限空间弹性体来考虑,即把地基看作一个具有水平界面、深度和广度都无限大的空间弹性体,如图 2-4-2 所示。土层中任意一点的应力分布如图 2-4-3 所示。

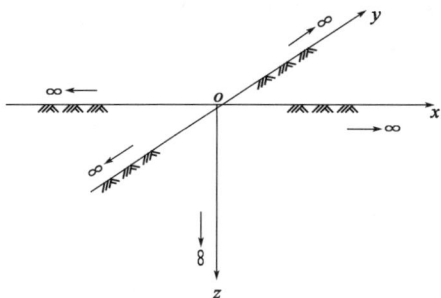

图 2-4-2 无限空间弹性体   图 2-4-3 土层中任意一点的应力分布图

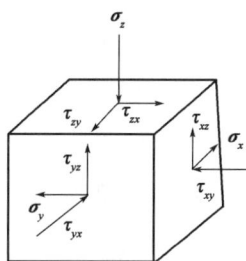

常见的地基中的应力状态有如下 3 种。

①三维(向)应力状态。荷载作用下,地基中的应力状态均属三维应力状态。每一点的应力都是 x、y、z 的函数,每一点的应力状态都有 9 个应力分量,如图 2-4-3 所示。每一个正应力在其作用的水平面上可以产生两个剪切应力。因此,在地基中引起的应力状态,属于三维状态。

②二维应变状态。二维应变状态是指地基中的每一点应力分量只是两个坐标 x、y 的函数,因为天地面可看作一个平面,并且沿 y 方向无应变。由于土层的对称性,$\tau_{xy} = \tau_{yz} = 0$。因此,在地基中引起的应力状态可简化为二维状态。

③侧限应力状态。侧限应力状态是指侧向应变为零的一种应力状态,土体只发生竖直向的变形。由于任何竖直面都是对称面,故在任何竖直面和水平面上都不会有剪应力存在,即 $\tau_{xy} = \tau_{yz} = \tau_{zx} = 0$,由 $\varepsilon_x = \varepsilon_y = 0 \Rightarrow \sigma_x = \sigma_y$,并与 σ_z 成正比。

(二)土中应力与应变的关系

土体是自然历史的产物,具有碎散性、三相性和时空变异性,加之土体所处环境的复杂性与可变性,实际上土是分散的、有限的,介于弹性体和塑性体之间。物体在外力作用下产生变形,当外力消除后可完全恢复原状的性能叫作**弹性**;当消除外力后很少或完全不能恢复原状的性能叫作**塑性**。在一定的力学条件(指外力的大小、作用时间和作用方式等条件)下,固体物质中往往既表现出弹性,又具有塑性,这样的物体叫作弹性塑性体,或简称弹塑性体。而理论计算和工程实践都可以证明,当土中的应力不大,距离土的破坏强度尚远的时候,土层中应力与应变呈线性关系,属于弹性体,服从广义虎克定律,可直接应用弹性理论得出应力的解析。

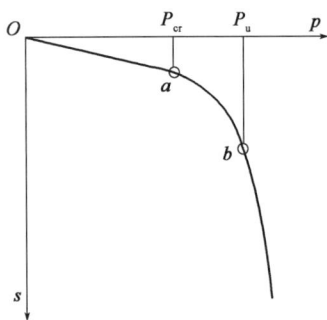

图 2-4-4　荷载试验曲线

实践证明,尽管这一假定是对真实土体性质的高度简化,用弹性理论得到的土中应力解答会有误差,但在一定条件下,再配以合理的判断和处理,引用古典弹性理论计算土中应力尚能满足工程需要。当应力增大到一定的程度,土层中会产生塑性区,随着应力的增大,塑性区也不断扩大。当荷载产生的剪切力达到一定程度,土体会发生剪切破坏。

在土力学计算时假定土层为半无限的、理想的弹性体。

现场荷载试验的曲线很好地说明了土的应力与应变的关系,如图 2-4-4 所示。

试验加载初期,应力与应变呈线性关系,说明土体在这个阶段表现为弹性体。在应力增大时,土中产生塑性区,应力与应变呈曲线关系,最后土体产生破坏。

(三) 土中应力的计算

计算土中应力时所用的假定条件:假定地基土为连续、匀质、各向同性的半无限弹性体,按弹性理论计算。

对于地基土体来说,其应力分为两类:一类为自重应力,另一类为附加应力。其中地基中的自重应力是指由土体本身的有效重力产生的应力。附加应力则是由建筑物荷载在地基土体中产生的应力,在附加应力的作用下,地基土将产生压缩变形,引起基础沉降。

地基中除有作用于水平面上的竖向自重应力外,在竖直面上还作用有水平向的侧向自重应力。由于沿任一水平面上均匀地无限分布,所以地基土在自重作用下只能产生竖向变形,而不能有侧向变形和剪切变形。

1. 土自重应力的计算

(1) 竖向自重应力

①基本公式。除对于新近沉积或新填土层,考虑其在自重应力作用下继续变形的问题外,多年的沉积土层变形已经稳定。设地基中某单元体离地面的距离 z,土的重度为 γ,则单元体上竖直向自重应力等于单位面积上的土柱有效重力,如图 2-4-5 所示。即:

$$\sigma_{cz} = \gamma \cdot z \quad (kPa) \tag{2-4-1}$$

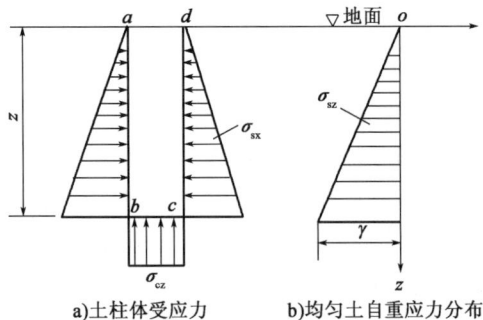

a)土柱体受应力　　b)均匀土自重应力分布

图 2-4-5　地基中土的自重应力分布

②成层土体的自重力。当地基土是由不同重度的土层构成时,需要分层来计算。计算每一土层上下边界处的自重应力,然后叠加,即:

$$\sigma_{cz} = \gamma_1 z_1 + \gamma_2 z_2 + \gamma_3 z_3 + \cdots + \gamma_n z_n = \sum_{i=1}^{n} \gamma_i z_i \qquad (2\text{-}4\text{-}2)$$

式中: γ_i——第 i 层土的重度;

z_i——第 i 层土的厚度。

③水下土体的自重应力。当土中有地下水时,计算地下水位以下的自重应力时,应根据土的性质确定是否需要考虑水的浮力作用。若计算应力点在地下水位以下,土体受到地下水的浮力作用,则水下部分土的重度应按浮重度 γ' 计算,计算方法如同成层土的情况。砂性土是松散土,所以对于水下的砂性土一般是考虑浮力作用的,要用有效重度进行计算。但对于黏性土,如果水下的黏性土,其液性指数 $I_L \geq 1$,则土颗粒之间存在着大量自由水,土处于流动状态,可以认为土体受到水的浮力作用;如果 $I_L \leq 0$,则土处于固体状态,可以认为土体不受水的浮力作用;若 $0 < I_L < 1$,则土处于塑性状态,土颗粒是否受到水的浮力作用,一般在实践中均按不利状态来考虑。水下土体的自重应力分布如图 2-4-6 所示。

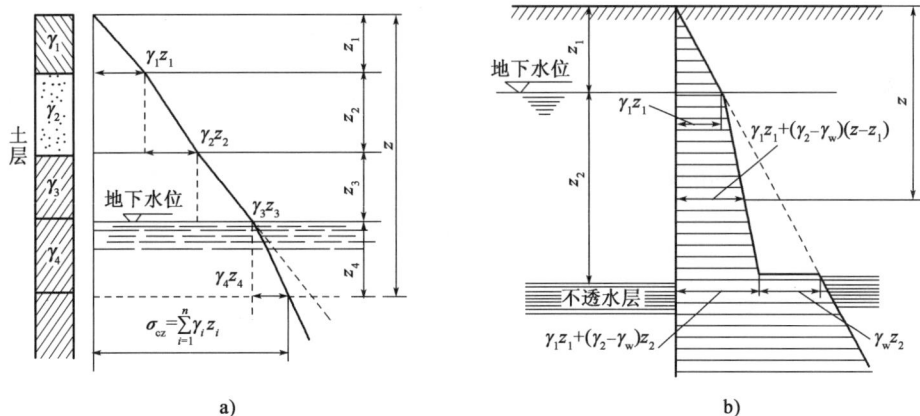

图 2-4-6 水下土体自重应力分布

由于土的自重应力取决于土的有效重力,所以地下水位的升降变化会引起土体自重应力的变化,如果大量抽取地下水,导致地下水位长期大幅度下降,使地基中原有水位以下的有效自重应力增加,会造成地表下沉的后果。

【例题 2-4-1】 图 2-4-7 所示的土层,已知上层为透水性土,下层为非透水性土,求河底处及点 1～点 7 处的竖向自重应力,并绘出应力分布线。

解:竖向自重应力按式(2-4-2)计算,其中水下透水性土用浮重度 γ' 计算,非透水性土则用 γ 计算。河底处自重应力为零,其他各点如下。

点 1: $\sigma_{C1} = \gamma' z_1 = 9.3 \times 3.5 = 32.6 \text{(kPa)}$

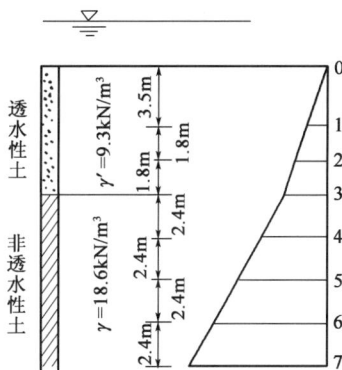

图 2-4-7 例题 2-4-1 图

点 $2:\sigma_{C2} = \gamma'(z_1 + z_2) = 9.3 \times 5.3 = 49.3(\text{kPa})$

点 $3:\sigma_{C3\pm} = \gamma'(z_1 + z_2 + z_3) = 9.3 \times 7.1 = 66.0(\text{kPa})$

点 $3:\sigma_{C3\mathrm{F}} = \gamma'(z_1 + z_2 + z_3) + \gamma(z_1 + z_2 + z_3) = 9.3 \times 7.1 + 10 \times 7.1 = 137(\text{kPa})$

点 $4:\sigma_{C4} = 137 + \gamma z_4 = 66.0 + 18.6 \times 2.4 = 181.6(\text{kPa})$

点 $5:\sigma_{C5} = 137 + 18.6 \times 4.8 = 226.3(\text{kPa})$

点 $6:\sigma_{C6} = 137 + 18.6 \times 7.2 = 270.9(\text{kPa})$

点 $7:\sigma_{C7} = 137 + 18.6 \times 9.6 = 315.6(\text{kPa})$

将以上的计算结果,按比例绘出应力分布线,如图 2-4-7 所示。

（2）水平自重应力

在半无限体内,由侧限条件可知,土发生侧向变形$(\varepsilon_x = \varepsilon_y = 0)$。因此,该单元体上两个水平向应力相等并按式(2-4-3)计算。

$$\sigma_{cx} = \sigma_{cy} = K_0 \sigma_{cz} = K_0 \gamma z \qquad (2\text{-}4\text{-}3)$$

式中:K_0——土的侧压力系数,它是侧限条件下土中水平向有效应力与竖直向有效应力之比,可由试验测定,$K_0 = \dfrac{\mu}{1 - \mu}$,其中 μ 是土的泊松比,取值见表 2-4-1。

土的泊松比参考值   表 2-4-1

土的种类与状态		泊松比 μ
碎石土		0.15 ~ 0.20
砂土		0.20 ~ 0.25
粉土		0.25
粉质黏土	坚硬状态	0.25
	可塑状态	0.30
	软塑及流塑状态	0.35
黏土	坚硬状态	0.25
	可塑状态	0.35
	软塑及流塑状态	0.42

2. 基底压力的计算

建筑物通过基础将上部荷载传到地基中。因此,基底压力的大小和分布状况,对地基内部的附加应力有着十分重要的影响;而基底压力的大小和分布状况,又与荷载的大小和分布、基础的刚度、基础的埋置深度以及土的性质等多种因素有关。根据经验,在基础的宽度不太大,而荷载较小的情况下,基底压力分布近似地按直线变化的假定(弹性理论中圣维达原理)所引起的误差是允许的,也是工程中经常采用的简化计算方法。

（1）中心荷载下的基底压力

$$p = \frac{N}{A} \qquad (2\text{-}4\text{-}4)$$

式中:p——基础底面的压应力(kPa);

　　N——作用于基底中心上的竖向荷载合力(kN);

　　A——基础底面面积(m^2)。

如果基础为条形(长度大于宽度的 10 倍),则沿长度方向取 1m 来计算,即计算单位长度的基底压力。

(2)偏心荷载下的基底压力

设荷载的作用线与基础中心线的距离为 e,称为偏心距。

$$p_{max} 、 p_{min} = \frac{N}{A} \pm \frac{M}{W} = \frac{N}{A} \pm \frac{N \cdot e}{w} = \frac{N}{ab}\left(1 \pm \frac{6e}{b}\right) \qquad (2\text{-}4\text{-}5)$$

式中:p_{max}、p_{min}——基底最大压力值和最小压力值。

当 $e > \frac{b}{6}$ 时,基底压力分布图为梯形,如图 2-4-8a)所示;当 $e = \frac{b}{6}$ 时,基底压力分布图为三角形,如图 2-4-8b)所示;当 $e > \frac{b}{6}$ 时,$p_{min} < 0$,表示基底一侧出现拉应力,如图 2-4-8c)所示,此时基底压力将重分布。一般情况下,工程上不允许基底出现拉应力。因此,在设计基础尺寸时,应满足 $e \leqslant \frac{b}{6}$ 的条件,以保证安全。

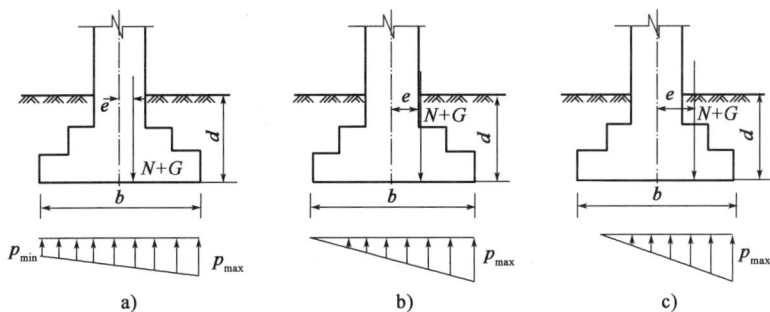

图 2-4-8　基底压力分布图

3. 土中附加应力的计算

(1)地基内部附加应力的传递与分布

附加应力是由外荷载的作用产生的,在具体谈及附加应力的计算前,先粗略地说明一下附加应力在土中的分布特点。为便于说明,可以把构成土骨架的土粒假定为一个个大小相同的小圆柱,并假定它们分层迭码。设地面有集中力 $F = 1$ 作用,此力开始由第一层的一个小圆柱承受,然后此圆柱将受到的 $F = 1$ 的力传递给第二层的两个小圆柱,这两个小圆柱各受到 1/2 的力,它们又把力传递给第三层的 3 个小圆柱,如此下去,每个小圆柱都把自己受到的力传给下一层的两个小圆柱,于是可得到如图 2-4-9 所示的各层小圆柱的受力图。由此可大致得出附加应力的分布有如下特点:

①土中应力的扩散范围随深度逐渐增加;②应力随深度变化的总趋势是越深越小;③在同

一水平面上,离集中力作用线的水平距离越远,应力越小,位于作用线上者最大。地基中土的结构比图中的假想排列要复杂得多,土中附加应力的实际分布不会如此简单,但总的分布规律大致如此。

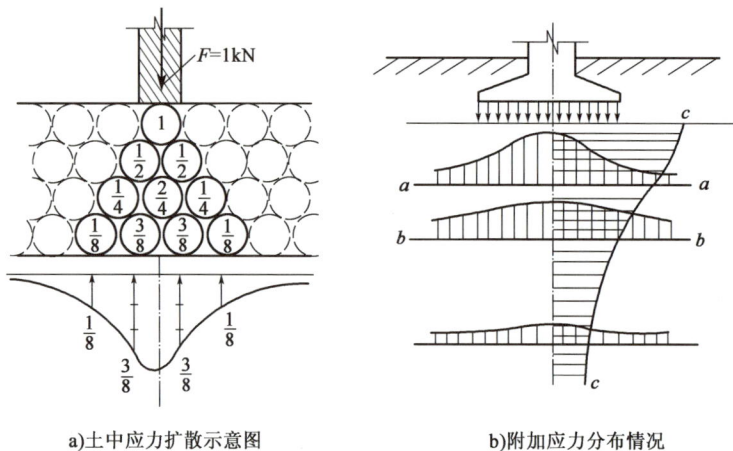

a)土中应力扩散示意图　　　　　b)附加应力分布情况

图 2-4-9　土中应力分布图

（2）附加应力的叠加原理和替代

①叠加原理。由几个外力共同作用时所引起的某一参数（内力、应力或位移）,等于每个外力单独作用时所引起的该参数值的代数和。两个集中应力作用下 σ_z 的叠加分布图如图 2-4-10 所示。

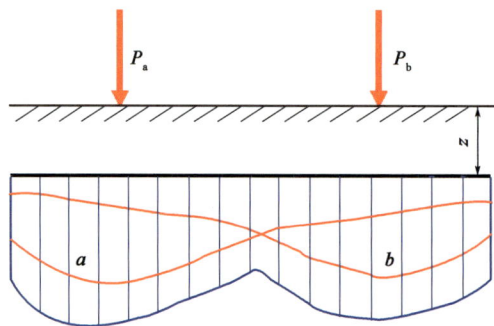

图 2-4-10　两个集中应力作用下 σ_z 的叠加分布图

②等代荷载法。如果地基中某点 M 与局部荷载的距离比荷载面尺寸大很多,就可以用一个集中力 P 代替局部荷载。若干个竖向集中力 P_i（$i=1,2,\cdots,n$）作用在地基表面上,按叠加原理则地面下 z 深度处某点 M 的附加应力应为各集中力单独作用时在 M 点所引起的附加应力之总和。土中应力等代荷载示意图如图 2-4-11 所示。

（3）附加应力的计算

①竖向集中力作用下的附加应力。著名的布西奈斯克用弹性理论推出了在半无限空间弹性体表面上作用有竖直集中力 P 时,在弹性体内任意一点 M 所引起的应力和位移的解析解,如图 2-4-12 所示。

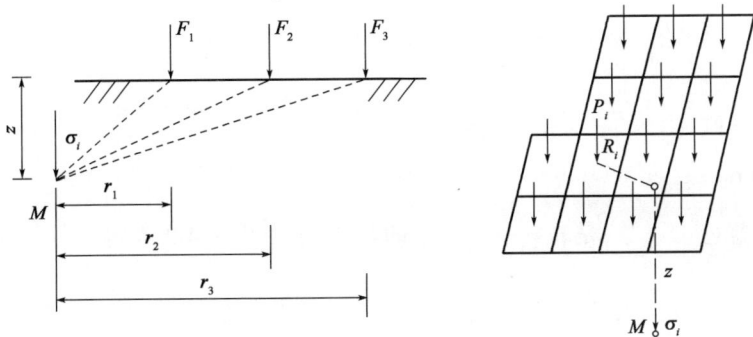

图 2-4-11 土中应力等代荷载示意图

以竖向的正应力与位移来看:

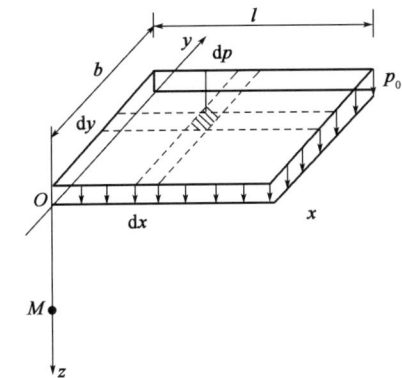

$$\sigma_z = \frac{3Q}{2\pi} \cdot \frac{z^3}{R^5} = \frac{3Q}{2\pi \cdot z^2} \cdot \frac{1}{\left[1 + \left(\frac{r}{z}\right)^2\right]^{5/2}} \qquad (2\text{-}4\text{-}6)$$

式中:Q——作用在原点 O 的竖向集中荷载(kN);

z——M 点的深度(m);

r——M 点与集中荷载作用线之间的水平距离(m);

R——M 点至坐标原点 O 的距离(m),$R = \sqrt{x^2 + y^2 + z^2}$。

图 2-4-12 布西奈斯克课题

由式(2-4-6)可知:

a. 在集中力作用线上,附加应力 σ_z 随着深度 z 的增加而递减。

b. 当离集中力作用线某一距离 r 时,在地表处的附加应力 $\sigma_z = 0$,随着深度的增加 σ_z 逐渐递增,但到一定深度后,σ_z 又随着深度 z 的增加而减小。

c. 当 z 一定时,即在同一水平面上,附加应力 σ_z 随着 r 的增大而减小。

②矩形面积上均布荷载作用下角点下的附加应力。矩形基础当底面受到竖直均布荷载(此处指均布压力)作用时,基础角点下任意点深度处的竖向附加应力,如图 2-4-13 所示,可以利用集中力公式沿着整个矩形面积进行积分求得。

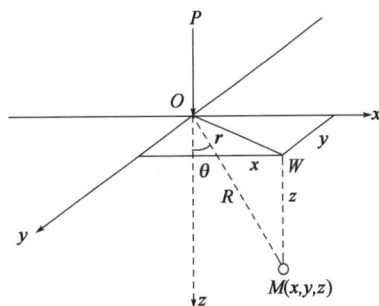

图 2-4-13 M 点处竖向应力计算

若设基础面上作用着强度为 p_0 的竖直均布荷载,则微小面积 $dxdy$ 上的作用力 $dp = p_0 dxdy$ 可作为集中力来看待,于是,由该集中力在基础角点 O 以下深度为 z 处的 M 点所引起的竖向附加应力为:

$$d\sigma_z = \frac{3p_0}{2\pi} \cdot \frac{1}{\left[1 + \left(\frac{r}{z}\right)^2\right]^{5/2}} \cdot \frac{dxdy}{z^2} \qquad (2\text{-}4\text{-}7)$$

将 $r^2 = x^2 + y^2$ 代入式(2-4-7)并沿整个基底面积积分,即可得到矩形基底竖直均布荷载对角点 O 以下深度为 z 处所引起的附加应力:

$$\sigma_z = \int_0^b\int_0^l \frac{3p_0}{2\pi} \cdot \frac{z^3 \mathrm{d}x\mathrm{d}y}{\left(\sqrt{x^2 + y^2 + z^2}\right)^5}$$

$$= \frac{p_0}{2\pi}\left[\frac{mn}{\sqrt{1 + m^2 + n^2}} \cdot \left(\frac{1}{m^2 + n^2} + \frac{1}{1 + n^2}\right) + \arctan\left(\frac{m}{\sqrt{1 + m^2 + n^2}}\right)\right]$$

$$= \alpha_0 \cdot p_0 \tag{2-4-8}$$

式中：α_0——附加应力系数，是 $m = \dfrac{l}{b}$，$n = \dfrac{z}{b}$ 的函数，可由表 2-4-2 查得。

矩形面积受均布荷载作用角点下附加应力系数 α_0 值　　　表 2-4-2

n	m									
	1.0	1.2	1.4	1.6	1.8	2.0	3.0	4.0	5.0	10
0.0	0.250	0.250	0.250	0.250	0.250	0.250	0.250	0.250	0.250	0.250
0.2	0.249	0.249	0.249	0.249	0.249	0.249	0.249	0.249	0.249	0.249
0.4	0.240	0.242	0.243	0.243	0.244	0.244	0.244	0.244	0.244	0.244
0.8	0.200	0.208	0.212	0.215	0.217	0.218	0.220	2.220	0.220	0.220
1.0	0.175	0.185	0.191	0.196	0.198	0.200	0.203	0.204	0.204	0.205
1.2	0.152	0.163	0.171	0.176	0.179	0.182	0.187	0.188	0.189	0.189
1.4	0.131	0.142	0.151	0.157	0.161	0.164	0.171	0.173	0.174	0.174
1.6	0.112	0.124	0.133	0.140	0.145	0.148	0.157	0.159	0.160	0.160
1.8	0.097	0.108	0.117	0.24	0.129	0.133	0.143	0.146	0.147	0.148
2.0	0.084	0.095	0.103	0.110	0.116	0.120	0.131	0.135	0.136	0.137
2.5	0.060	0.069	0.077	0.083	0.089	0.093	0.106	0.111	0.114	0.115
3.0	0.045	0.052	0.058	0.064	0.069	0.073	0.087	0.093	0.096	0.099
4.0	0.027	0.032	0.036	0.040	0.044	0.048	0.060	0.067	0.071	0.076
5.0	0.018	0.021	0.024	0.027	0.030	0.033	0.044	0.050	0.055	0.061
7.0	0.010	0.011	0.013	0.015	0.016	0.018	0.025	0.031	0.035	0.043
8.0	0.007	0.009	0.010	0.011	0.013	0.014	0.020	0.025	0.028	0.037
9.0	0.006	0.007	0.008	0.009	0.010	0.011	0.016	0.020	0.024	0.032
10.0	0.005	0.006	0.007	0.007	0.008	0.009	0.013	0.017	0.020	0.028

注：1. 对于在基底范围以内或以外任意点下的竖向附加应力，可利用式（2-4-8）并按叠加原理进行计算，这种方法称为"角点法"。

2. 对矩形基底竖直均布荷载，在应用"角点法"时，l 始终是基底长边的长度，b 为短边的长度。

③矩形面积上三角分布荷载角点下的附加应力。矩形基底受竖直三角形分布荷载作用时，把荷载强度为零的角点 O 作为坐标原点，同样可利用公式 $\sigma_z = \dfrac{3p_0}{2\pi} \cdot \dfrac{z^3}{R^5}$ 沿着整个面积积分来求得。作用在地基上的三角形分布荷载及 M 点应力计算如图 2-4-14 所示。

于是角点 O 以下任意深度 z 处，由该集中力所引起的竖向附加应力为：

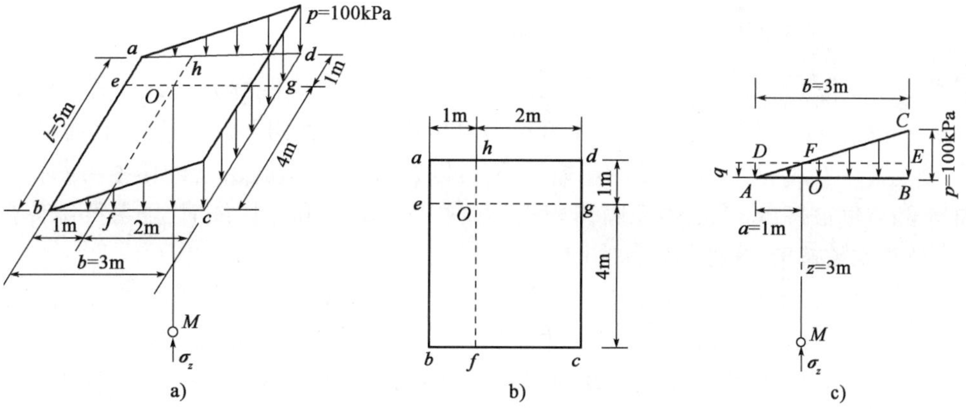

图 2-4-14　作用在地基上的三角形分布荷载及 M 点应力计算

$$\sigma_z = \alpha_t \cdot p_t \qquad (2\text{-}4\text{-}9)$$

式中：α_t——矩形面积受三角形作用荷载最小值点 A 下，荷载最大值角点 B 的附加应力系数，

它也是 $m = \dfrac{l}{b}$，$n = \dfrac{z}{b}$ 的函数，亦可从表 2-4-3 中查得。

矩形面积受三角形分布荷载作用角点下附加应力系数 α_t 值　　　　表 2-4-3

n	m									
	0.2		0.4		0.6		0.8		1.0	
	1	2	1	2	1	2	1	2	1	2
0.0	0.000	0.250	0.000	0.250	0.000	0.250	0.000	0.250	0.000	0.250
0.2	0.022	0.182	0.280	0.211	0.029	0.216	0.030	0.217	0.030	0.218
0.4	0.026	0.109	0.042	0.160	0.048	0.178	0.051	0.184	0.053	0.187
0.6	0.025	0.070	0.044	0.116	0.056	0.140	0.062	0.152	0.065	0.157
0.8	0.00223	0.048	0.042	0.085	0.055	0.109	0.063	0.123	0.068	0.131
1.0	0.020	0.034	0.037	0.063	0.050	0.085	0.060	0.099	0.066	0.108
1.2	0.017	0.026	0.032	0.094	0.045	0.067	0.054	0.080	0.061	0.090
1.4	0.014	0.020	0.027	0.038	0.039	0.054	0.042	0.054	0.049	0.062
1.6	0.012	0.016	0.023	0.031	0.033	0.044	0.042	0.054	0.049	0.062
1.8	0.010	0.013	0.020	0.025	0.029	0.036	0.037	0.045	0.045	0.053
2.0	0.009	0.010	0.017	0.021	0.025	0.030	0.032	0.038	0.038	0.045
2.5	0.006	0.007	0.012	0.014	0.018	0.020	0.023	0.026	0.028	0.031
3.0	0.004	0.001	0.003	0.003	0.005	0.005	0.007	0.007	0.008	0.009
5.0	0.001	0.001	0.003	0.003	0.003	0.002	0.002	0.007	0.008	0.009
7.0	0.000	0.001	0.001	0.001	0.002	0.002	0.003	0.003	0.004	0.004
10.0	0.000	0.000	0.000	0.001	0.001	0.001	0.001	0.001	0.002	0.002

二、土的压缩性

土在压力作用下体积减小的特性称为土的压缩性。研究表明，在一般工程压力 $100 \sim 600 kPa$ 作用下，土的三相物质组成当中，土颗粒的压缩很小，可以忽略不计。所以，土的压缩可看作是由于孔隙中水和空气被挤出，使土中孔隙体积减小而产生的。饱和土压缩时，随着孔隙体积的减小，土中孔隙水被挤出，这种现象称为固结。

在荷载作用下，透水性大的无黏性土，其压缩过程在很短的时间内就可完成，而透水性很小的黏性土，其压缩过程需要很长时间才能完成。一般认为，砂土的压缩在施工期间即告完成；高压缩性黏性土的压缩，在施工期间只完成最后沉降量的 $5\% \sim 20\%$。研究土的压缩固结，对于在建筑物设计时预留它们有关部分之间的净空、考虑连接方法及施工顺序等，都是十分重要的。

（一）压缩试验

土的孔隙比与压力的关系，反映了土的压缩性质，可由侧限压缩试验确定。压缩试验就是用环刀切取原状土样，放在压缩仪（也称固结仪）内，然后逐级加铅直压力 p，并用百分表测量相应稳定压缩量 s，再经过换算，求得相应的孔隙比 e。

若以纵坐标表示在各级压力下试样压缩稳定后的孔隙比 e，以横坐标表示压力 p，根据压缩试验的成果，可以绘制出孔隙比与压力的关系曲线，称为压缩曲线。

压缩曲线的形状与土样的成分、结构、状态以及受力历史等有关。若压缩曲线较陡，说明压力增加时孔隙比减小得多，则土的压缩性高；若曲线是平缓的，则土的压缩性低。

（二）压缩性指标

1. 压缩系数 a

从压缩曲线可以看出，孔隙比 e 随压力 p 增大而减小。当压力变化不大时，令

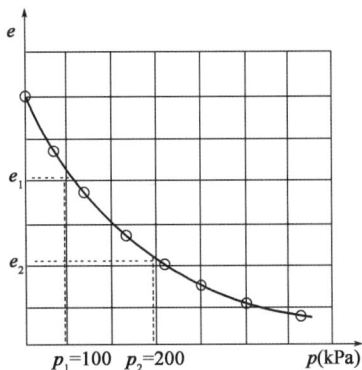

$$a = \tan\beta = 1000 \times \frac{e_1 - e_2}{p_2 - p_1} \qquad (2\text{-}4\text{-}10)$$

图 2-4-15　压缩曲线

式中：1000——单位换算系数；

　　　a——压缩系数（MPa^{-1}）；

　　　p_1、p_2——固结压力（kPa）；

　　　e_1、e_2——相应于 p_1、p_2 时的孔隙比。

压缩系数 a 表示单位压力下孔隙比的变化。显然，压缩系数越大，土的压缩性就越大。由图 2-4-15 可见，土的压缩系数并不是常数，而是随压力 p_1、p_2 数值的改变而改变。在计算地基沉降时，p_1 和 p_2 应取实际压力，即 p_1 取土的自重应力，p_2 取土的自重应力与附加应力之和。

在工程实际中，规范常以 $p_1 = 0.1 MPa$、$p_2 = 0.2 MPa$ 的压缩系数即 $a_{1\text{-}2}$ 作为判断土的压缩性高低的标准。但当压缩曲线较平缓时，也常用 $p_1 = 100 kPa$ 和 $p_3 = 300 kPa$ 之间的孔隙比减少

量求得 $a_{1\text{-}2}$。

低压缩性土：$a_{1\text{-}2} < 0.1\text{MPa}^{-1}$

中压缩性土：$0.1\text{MPa}^{-1} \leqslant a_{1\text{-}2} < 0.5\text{MPa}^{-1}$

高压缩性土：$a_{1\text{-}2} \geqslant 0.5\text{MPa}^{-1}$

2. 压缩模量

除了采用压缩系数 $a_{1\text{-}2}$ 作为土的压缩性指标外，在工程上还常采用压缩模量作为土的压缩性指标。压缩模量是指在侧限条件下受压时压应力与相应应变之比值，即：

$$E_s = \Delta p / \Delta \varepsilon \qquad (2\text{-}4\text{-}11)$$

其中，在侧限条件下，土样应变变化量为：

$$\Delta \varepsilon = \Delta h / h_1 = \frac{e_1 - e_2}{1 + e_1} \qquad (2\text{-}4\text{-}12)$$

压缩模量与压缩系数的关系：E_s 越大，表明在同一压力范围内土的压缩变形越小，土的压缩性越低。

$$E_s = \frac{1 + e_1}{a} \qquad (2\text{-}4\text{-}13)$$

式中：e_1——相应于压力 p_1 时土的孔隙比；

$\quad a$——相应于压力从 p_1 增至 p_2 时的压缩系数。

3. 压缩指数

当采用半对数坐标来绘制 $e\text{-}p$ 关系曲线时，得到 $e\text{-}\lg p$ 曲线（图2-4-16）。在 $e\text{-}\lg p$ 曲线中可以看到，当压力较大时，$e\text{-}\lg p$ 曲线接近直线。

压缩指数为：

$$C_c = \frac{e_1 - e_2}{\lg p_2 - \lg p_1} \qquad (2\text{-}4\text{-}14)$$

压缩指数与压缩系数不同，它在压力较大时为常数，不随压力变化而变化。C_c 值越大，土的压缩性越高，低压缩性土的 C_c 一般小于0.2，高压缩性土的 C_c 一般大于0.4。

图 2-4-16 $e\text{-}\lg p$ 曲线

4. 变形模量

土的压缩性，除了采用上述室内压缩试验测定的指标——压缩系数和压缩模量外，还可通过现场原位测试方法测定的变形模量来表示。由于变形模量是在现场原位测得的，所以它能比较准确地反映土在天然状态下的压缩性。其中，荷载试验是一种比较有效的原位测试方法。

进行荷载试验时，先在现场挖一个试坑，其深度等于基础的埋置深度，宽度不小于荷载板宽度（或直径）的3倍。荷载板的面积采用 $0.25 \sim 0.5\text{m}^2$。加载方法视具体条件采用铅块或油压千斤顶。

试验的加荷标准应符合下列要求：加荷等级不小于8级，最大加载量不小于设计荷载的2

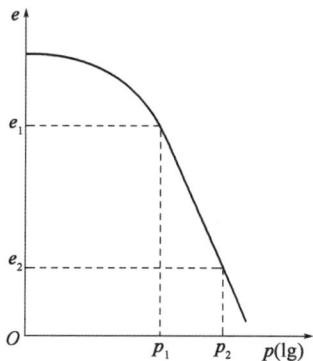

倍。每级加载后，按间隔 10min、10min、10min、15min、15min，以后每隔半小时读一次沉降值。当连续 2h，每小时的沉降量小于 0.1mm 时，则认为已趋于稳定，可加下一级荷载。第一级荷载（包括设备重力），宜接近开挖试坑所卸除土的自重力，其后每级荷载增量，对松软土采用 10~25kPa，对较坚硬土采用 50kPa。并观测累计荷载下的稳定沉降量（mm），直至地基土达到极限状态，即出现下列情况之一时加载终止：

①荷载板周围的土有明显的侧向挤出；

②荷载 p 增加很小，但沉降量 s 却急剧增大；

③在荷载不变的情况下，24h 内，沉降速率不能达到稳定标准；

④总沉降量 $s \geqslant 0.06b$（b 为荷载板宽度或直径）。

满足前三种情况之一时，其对应的前一级荷载定为极限荷载。

根据荷载试验的记录，可以绘制荷载板底面应力与沉降量的关系曲线，即 p-s 曲线，如图 2-4-4 所示。从图中可以看出，荷载板的沉降量随压力的增大而增加；当压力小于 p_{cr} 时，沉降量和应力近似成正比。

在土的压密变形阶段（即图 2-4-4 中 oa 段），假定土为弹性材料，则可根据材料力学理论，推导出变形模量 E_0 和压缩模量 E_s 之间的关系。

$$E_0 = \left(1 - \frac{2\mu^2}{1-\mu}\right)E_s \tag{2-4-15}$$

令 $\beta = \left(1 - \frac{2\mu^2}{1-\mu}\right)$，则 $E_0 = \beta E_s$。

当 $\mu = 0 \sim 0.5$ 时，$\beta = 0 \sim 1$，即 E_0/E_s 的比值在 $0 \sim 1$ 之间变化，$E_0 < E_s$。但很多情况下 E_0/E_s 都大于 1。究其原因：一是土不是真正的弹性体，并具有结构性；二是土的结构影响；三是两种试验的要求不同。

（三）土的应力历史

工程上，所谓土的应力历史，是指土层在地质历史发展过程中所形成的先期应力状态，以及这个状态对土层强度与变形的影响。

1. 先期固结压力

土层在历史上所承受过的最大固结压力，称为先期固结压力，用 p_c 表示。目前可以通过室内压缩试验获得的 e-$\lg p$ 曲线来确定，如卡萨格兰德法。

2. 土的固结状态

工程中根据先期固结压力与目前自重应力的相对关系，将土层的天然固结状态划分为 3 种，即正常固结、超固结和欠固结。用超固结比（先期固结比）OCR 作为反映土层固结状态的定量指标。

$$\text{OCR} = \frac{P_c}{\sigma_{cz}} \tag{2-4-16}$$

天然土层按如下方法划分为正常固结、超固结和欠固结土：

常固结土，$P_c = \sigma_{cz}$，即 OCR = 1.0；

超固结土，$P_c > \sigma_{cz}$，即 OCR > 1.0；

欠固结土，$P_c < \sigma_{cz}$，即 OCR < 1.0。

饱和土的有效应力原理：

碎石土和砂土的压缩性小而渗透性大，在受荷后固结稳定所需的时间很短，可以认为在外荷载施加完毕时，其固结变形就已经基本完成。饱和黏性土与粉土地基在建筑物荷载作用下需要经过相当长的时间才能达到最终沉降，例如厚的饱和软黏土层，需要几年甚至几十年才能完成固结。

作用于饱和土体内某截面上的总应力 σ 由两部分组成：一部分为孔隙水压力 u，为土中的水所承担；另一部分为有效应力 σ'，为土中土颗粒所承担。其关系为：

$$\sigma = \sigma' + u \tag{2-4-17}$$

式(2-4-17)称为饱和土的有效应力公式，或称为有效应力原理，表达为：

①饱和土体内任一平面上受到的总应力等于有效应力与孔隙水压力之和；

②土的强度的变化和变形只取决于土中有效应力的变化。

(四)地基土最终总沉降量的计算

地基最终沉降量是指地基在建筑物荷载作用下，最后的稳定沉降量。计算地基最终沉降量的目的，在于确定建筑物最大沉降量、沉降差和倾斜，并控制在容许范围以内，以保证建筑物的安全和正常使用。

计算地基沉降量的方法有多种，如弹性理论法、分层总和法及规范法，在此介绍**分层总和法**。

1. 计算原理及公式

假定：

(1)地基土受荷后不能发生侧向变形。

(2)按基础底面中心点下附加应力计算土层分层的压缩量。

(3)基础最终沉降量等于基础底面下压缩层范围内各土层分层压缩量的总和。

将基础底面下压缩层范围内的土层划分为若干分层，现分析第 i 分层的压缩量的计算方法，如图2-4-17所示。在建筑物建造以前，第 i 分层仅受到土的自重应力作用，在建筑物建造以后，该分层除受自重应力外，还受到建筑物荷载所产生的附加应力的作用。如前所述，在一般情况下，土的自重应力产生的变形过程早已完结，而只有附加应力(新增加的)才会产生土层新的变形，从而使基础沉降。由于假定土层受荷后不产生侧向变形，所以它的受力状态与压缩试验时的土样一样，故第 i 层的压缩量可按式(2-4-18)计算。

$$s_i = \Delta\varepsilon_i h_i \tag{2-4-18}$$

将式(2-3-12)代入式(2-4-18)，得：

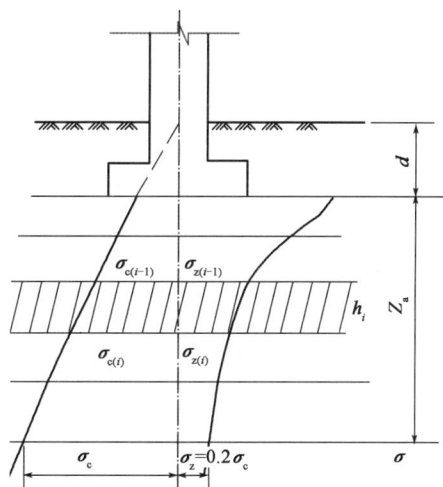

图2-4-17　分层总和法沉降计算

$$\Delta s_i = \frac{e_{1i} - e_{2i}}{1 + e_{1i}} h_i = \frac{\sigma_{zi}}{E_{si} \cdot h_i} \tag{2-4-19}$$

最后求以总和，即得基础的沉降量：

$$s_n = \sum_{i=1}^{n} \Delta s_i = \sum_{i=1}^{n} \frac{e_{1i} - e_{2i}}{1 + e_{1i}} h_i \tag{2-4-20}$$

式中：s_n——基础最终沉降量（cm）；

e_{1i}——第 i 分层在建筑物建造前，土的平均自重应力作用下的孔隙比；

e_{2i}——第 i 分层在建筑物建造后，土的平均自重应力和平均附加应力作用下的孔隙比；

h_i——第 i 分层的厚度（cm），为了保证计算的精确性，一般取 $h_i \leqslant 0.4B$（B 为基础宽度）；

n——压缩层范围内土层分层数目。

2. 地基压缩层厚度

地基土层产生压缩变形是由荷载产生的附加应力引起的，地基土内的附加应力随深度增加而减小。在基础底面以下某一深度的土层压缩变形很小，可以忽略不计。这个深度范围内的土层称为**压缩层**，即地基沉降计算的范围。

目前，确定压缩层厚度的方法有以下几种。

①当无相邻荷载影响，基础宽度 B 在 $1 \sim 50\text{m}$ 范围内时，基础中点的地基沉降计算深度可按下列简化公式计算：

$$Z_n = B(2.5 - 0.411nB) \tag{2-4-21}$$

式中：B——基础宽度（m）。

如 Z_n 以下有较软土层时，还应继续向下计算，直到再次满足式（2-4-20）为止。在计算深度范围内存在基岩时，此值可取至基岩表面。

②当有相邻基础影响时，地基沉降计算深度应满足式（2-4-22）的要求。

$$\Delta s_n' \leqslant 0.025 \sum_{i=1}^{n} \Delta s_i' \tag{2-4-22}$$

式中：$\Delta s_n'$——深度 Z_n 处，向上取计算厚度为 ΔZ（按表 2-4-4 确定）的沉降计算变形值（cm）；

$\Delta s_i'$——深度 Z_n 范围内，第 i 层土的沉降计算变形值（cm）。

计算层厚度 ΔZ 值   表 2-4-4

B(m)	$B \leqslant 2$	$2 < B \leqslant 4$	$4 < B \leqslant 8$	$8 < B \leqslant 15$	$15 < B \leqslant 30$	$B > 30$
ΔZ(m)	0.3	0.6	0.8	1.0	1.2	1.5

③附加应力与自重应力比值法。如前所述，附加应力随深度增加而减小，而土的自重应力随深度的增加而增大。一般情况下，自重应力已不再使土层产生压缩，可以认为当基底下某处附加应力与自重应力的比值小到一定程度时，该处就为压缩层的下限。一般认为，可取附加应力与自重应力的比值不大于 0.2（软土取 0.1）处作为压缩层的下限条件，或可采取附加应力与 0.2（软土取 0.1）倍自重应力差值的绝对值小于 5kPa 使用，即满足式（2-4-23）。

$$|\sigma_z - 0.2\sigma_{cz}| \leqslant 5\text{kPa} \text{ 或 } |\sigma_z - 0.1\sigma_{cz}| \leqslant 5\text{kPa} \tag{2-4-23}$$

3. 基础总沉降量的规范公式

由于采用了一系列计算假定，按式（2-4-20）求出的总压缩量与工程实际有一定的出入，故现行规范用经验系数 m_s 进行修正。规范中的沉降公式为：

$$s = m_s \sum_{i=1}^{n} \frac{e_{1i} - e_{2i}}{1 + e_{1i}} h_i \quad (\text{cm}) \qquad (2\text{-}4\text{-}24)$$

或

$$s = m_s \sum_{i=1}^{n} \frac{\sigma_{zi}}{E_{si}} h_i \quad (\text{cm}) \qquad (2\text{-}4\text{-}25)$$

式中：n——压缩层内划分的薄土层的层数；

e_{1i}——第 i 薄层对应于平均自重应力 $p_{1i} = \sigma_{ci}$ 作用下的孔隙比；

e_{2i}——第 i 薄层对应于平均总应力 $p_{zi} = \sigma_{ci} + \sigma_{zi}$ 作用下的孔隙比；

σ_{ci}——第 i 薄层土的平均自重应力（kPa）；

σ_{zi}——第 i 薄层对应于土的平均附加应力（kPa）；

h_i——第 i 薄层土的厚度（cm）；

E_{si}——第 i 薄层土的压缩模量（kPa）；

m_s——沉降计算经验系数，按地区建筑经验确定，如缺乏资料可参考表 2-4-5。

沉降计算经验系数 m_s 表 2-4-5

E_s（MPa）	1 ~ 4	4 ~ 7	7 ~ 15	15 ~ 20	>20
m_s	1.8 ~ 1.1	1.1 ~ 0.8	0.8 ~ 0.4	0.4 ~ 0.2	0.2

注：1. E_{si} 为地基压缩层范围内土的压缩模量，当压缩层由多层组成时，可按厚度的加权平均值采用。

　　2. 表中与给出的区间值，应对应取值。

【例题 2-4-2】 某水中基础如图 2-4-18 所示，基底尺寸为 6m×12m，作用于基底的中心荷载 $N = 17490\text{kN}$（只考虑恒载作用，其中包括基础重力及水的浮力），基础埋置深度 $h = 3.5\text{m}$，地基上层为透水的亚砂土，其 $\gamma_{\text{sat}} = 19.3\text{kN/m}^3$，下层为硬塑黏土，其 $\gamma = 18.6\text{kN/m}^3$，求基础的沉降量。已知地层中两层土的 $e\text{-}p$ 曲线如图 2-4-19 所示。

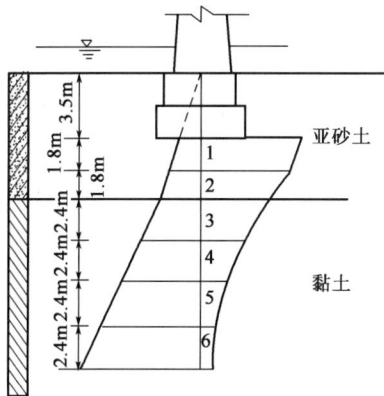

图 2-4-18　水中基础

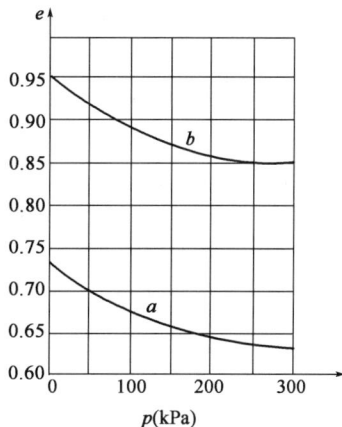

图 2-4-19　$e\text{-}p$ 曲线

解：①基底面积 $A = 6 \times 12 = 72（\text{m}^2）$

基底总应力 $\sigma = p = \dfrac{N}{A} = \dfrac{17490}{72} = 242.9（\text{kPa}）$

基底自重应力 $\gamma h = 9.31 \times 3.5 = 32.6(\text{kPa})$

基底附加应力 $p_0 = p - \gamma h = 210.3(\text{kPa})$

②划分薄层：薄层通常取 $0.4B$（B 为基础宽度），但必须将不同土层的界面或潜水位面划分为薄层的分界面。由于 $0.4B = 0.4 \times 6 = 2.4(\text{m})$，而基底下亚砂土层厚 3.6m，宜分两层，每层厚度为 1.8m，以下黏土层每薄层均取 2.4m，如图 2-4-18 所示。各薄层界面处自重应力与附加应力计算结果填在表 2-4-6 中。

例题 2-4-2 计算结果　　　　　　　　　　表 2-4-6

土名	点号	自重应力（kPa）	附加应力（kPa）	各层平均应力（kPa）			e_{1i}	e_{2i}	$e_{1i} - e_{2i}$	$\dfrac{e_{1i} - e_{2i}}{1 + e_{1i}}$	h_i（cm）	Δs_i（cm）	E_s（MPa）
				σ_{ci}	σ_{zi}	$\sigma_{ci} + \sigma_{zi}$							
(1)	(2)	(3)	(4)	(5)	(6)	(7)=(5)+(6)	(8)	(9)	(10)	(11)	(12)	(13)=(11)×(12)	(14)=$\dfrac{(6)}{(11)} \times 10^{-3}$
亚砂土	1	32.6	210.3										
				41.0	202.6	243.6	0.710	0.644	0.066	0.0386	180	6.95	5.24
	2	49.3	195.0										
				57.7	174.0	231.7	0.695	0.645	0.050	0.0295	180	5.31	5.88
	3	66.0	153.0										
黏土				88.3	127.0	215.3	0.900	0.860	0.040	0.0211	240	5.06	6.03
	4	110.6	101.0										
				133.0	84.4	217.4	0.885	0.860	0.025	0.0113	240	3.19	6.35
	5	155.3	67.7										
				177.6	57.4	235.0	0.870	0.855	0.015	0.0080	240	1.92	7.16
	6	199.9	47.1										
				222.3	40.8	263.1	0.860	0.854	0.006	0.0032	240	0.77	12.72
	7	244.6	34.5										

③计算各薄层自重应力、附加应力与总应力的平均值：将 σ_{ci}、σ_{zi}、$\sigma_{ci} + \sigma_{zi}$ 分别列于表 2-4-6 中。

④按式（2-4-25）计算各薄层的压缩量：e_{1i} 和 e_{2i} 由各薄层的自重应力平均值 σ_{ci} 和总应力平均值 $\sigma_{ci} + \sigma_{zi}$，从图 2-4-19 中相应的压缩曲线中查得，计算结果列于表 2-4-6 中。

⑤确定压缩层的计算深度 Z_n：由于点 7 处 $\dfrac{\sigma_z}{\sigma_c} = \dfrac{34.5}{244.6} = 0.141 < 0.2$，与式（2-4-23）不符，故可以假设为压缩层底。计算由此向上厚为 1m 的薄层压缩量：平均自重应力 $\sigma_c = \sigma_{c7} - 0.5r = 244.6 - 0.5 \times 18.6 = 235.3(\text{kPa})$。

该薄层顶的深度 $z = 13.2 - 1.0 = 12.2(\text{m})$，$B = 3\text{m}$，由 $\dfrac{z}{B} = 4.07$，$\dfrac{L}{B} = 2$ 查表 2-4-3 经内插

得 $\alpha_0 = 0.0462$，则有：

层顶附加应力 $\sigma_z = 4 \times 0.0462 \times 210.3 = 38.9(\text{kPa})$

平均附加应力 $\sigma_z = \dfrac{38.9 + 34.5}{2} = 36.7(\text{kPa})$

由 $p_1 = \sigma_c = 235.3\text{kPa}, p_2 = \sigma_c + \sigma_z = 235.3 + 36.7 = 272.0(\text{kPa})$，从图 2-4-19 黏土的压缩曲线可以查得相应的 $e_{1i} = 0.855, e_{2i} = 0.853$，从而得到：

$$\Delta s_n' = \frac{e_1 - e_2}{1 + e_1} \times 100 = \frac{0.855 - 0.853}{1 + 0.855} \times 100 = 0.108(\text{cm})$$

$$s_n = \sum_{i=1}^{n} \Delta s_i = 6.95 + 5.31 + 5.06 + 3.19 + 1.92 + 0.77 = 23.2(\text{cm})$$

$$\frac{\Delta s_n'}{S_n} = \frac{0.108}{23.2} = 0.0047 < 0.025$$

以上结果满足式(2-4-22)要求，故点 7 可作为压缩层底，即压缩层的计算深度为：

$$Z_n = 2 \times 1.8 + 4 \times 2.4 = 13.2(\text{m})$$

⑥确定沉降计算经验系数：由式(2-4-25)可求得地基压缩层范围内各层土的压缩模量，计算结果列在表 2-4-6 中。

整个压缩层的压缩模量按厚度的加权平均值计算，得到：

$$E_s = \frac{\sum_{i=1}^{n} E_{si} h_i}{Z_n} = \frac{(5.24 + 5.88) \times 1.8 + (6.03 + 6.35 + 7.16 + 12.72) \times 2.4}{13.2} = 7.38(\text{MPa})$$

由算得的 E_s 值参照表 2-4-6 经内插得 $m_s = 0.78$，所以基础总沉降量为：

$$s = m_s \sum_{i=1}^{n} \frac{e_{1i} + e_{2i}}{1 + e_{1i}} h_i = 0.78 \times 23.2 = 18.1(\text{cm})$$

三、土的抗剪强度

土是由固体颗粒组成的，土粒间的联结强度远远小于土粒本身的强度，故在外力作用下，土粒之间发生相对错动，引起土中的一部分相对于另一部分产生移动。研究土的强度特征，就是研究土的抗剪强度特性，简称**抗剪性**。土的抗剪强度则是土体对外荷载所产生的剪应力的极限抵抗能力。其数值等于土体产生剪切破坏时滑动面上的剪应力。土的抗剪强度，首先取决于其自身的性质，即土的物质组成、土的结构和土所处的状态等。土的性质又与它所形成的环境和应力历史等因素有关。其次，土的性质还取决于土当前所受的应力状态。

（一）土的抗剪强度指标

c, φ 为土的抗剪强度指标。其中土的黏聚力 c 是由土颗粒间的联结形成的，土的内摩擦角 φ 是由土颗粒间的摩擦形成的。

（二）直接剪切试验

为了研究土的抗剪强度，法国科学家库仑于 1776 年首先采用直剪试验得到土的抗剪强度与法向应力的关系，即土的抗剪强度定律，也称库仑定律。

导图小结（土的压缩性）（图片）　土的抗剪强度（微课）

通过直接剪切仪器进行直接剪切试验。试验中,一般需要采用至少4个相同的土样,分别对这些土样施加不同的法向应力,并使之产生剪切破坏,可以得到4组不同 τ_f 和 σ 数值。然后,以 τ_f 作为纵坐标轴,以 σ 作为横坐标轴,就可绘制出土的抗剪强度 τ_f 和法向应力 σ 的关系,如图 2-4-20 所示。

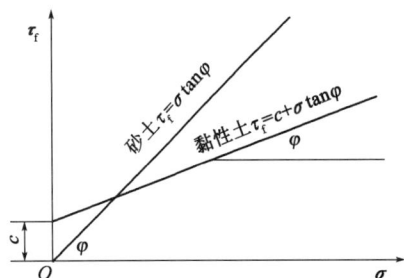

图 2-4-20　砂土和黏土的强度线

$$\tau_f = \sigma \tan\varphi + c \tag{2-4-26}$$

式中：τ_f——土的抗剪强度（kPa）；

$\quad\quad\sigma$——法向应力（kPa）；

$\quad\quad\varphi$——土的内摩擦角（°）；

$\quad\quad c$——土的黏聚力（kPa）。

（三）土的极限平衡理论

1. 土中某点的应力状态

在荷载作用下,土体内任一点都将产生应力,当通过该点某一方向的平面上的剪应力等于土的抗剪强度时,即 $\tau = \tau_f$,就称该点处于**极限平衡状态**。所以,土的剪切破坏条件就是土的极限平衡条件。

如图 2-4-21 所示,在地基土中任意点取出一微分单元体,设作用在该微分体上的最大和最小主应力分别为 σ_1 和 σ_3。且微分体内与最大主应力 σ_1 作用平面成任意角度 α 的平面 mn 上有正应力 σ 和剪应力 τ,根据静力平衡或在应力莫尔圆上都可推出：

$$\begin{cases} \sigma = \dfrac{1}{2}(\sigma_1 + \sigma_3) + \dfrac{1}{2}(\sigma_1 - \sigma_3)\cos 2\alpha \\ \tau = \dfrac{1}{2}(\sigma_1 - \sigma_3)\sin 2\alpha \end{cases} \tag{2-4-27}$$

用图解法求应力所采用的圆通常称为莫尔应力圆。由于莫尔应力圆上点的横坐标表示土中某点在相应斜面上的正应力,纵坐标表示该斜面上的剪应力。所以,我们可以用莫尔应力圆来研究土中任一点的应力状态,如图 2-4-22 所示。

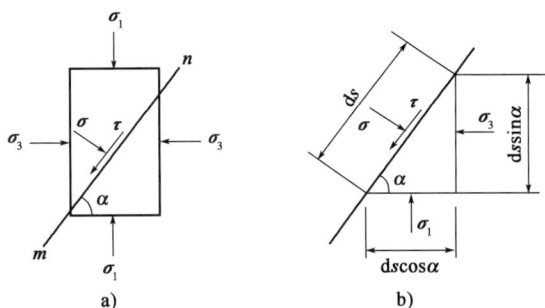

图 2-4-21　土中一点的应力状态

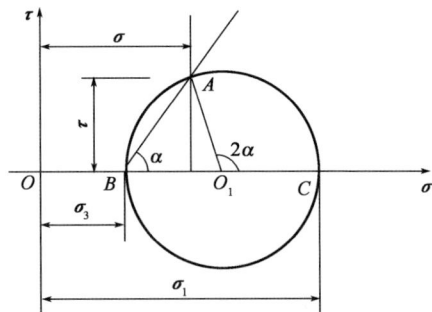

图 2-4-22　莫尔应力圆

2. 土的极限平衡条件——莫尔-库仑破坏准则

通过土中一点,在 σ_1、σ_3 作用下可出现一对剪切破裂面[图 2-4-21b)]。它们与最小主应

力作用方向的交角 α 为 $45° + \dfrac{\varphi}{2}$，这一对破裂面之间的夹角在 σ_1 作用方向为 $\theta = 90° - \varphi$。

从应力圆的几何条件进一步整理可得：

$$
\begin{cases}
\dfrac{\sigma_1 - \sigma_3}{2} = c \cdot \cos\varphi + \dfrac{\sigma_1 + \sigma_3}{2}\sin\varphi \\[2mm]
\sigma_1 = \sigma_3\tan^2\left(45° + \dfrac{\varphi}{2}\right) + 2c \cdot \tan\left(45° + \dfrac{\varphi}{2}\right) \\[2mm]
\sigma_3 = \sigma_1\tan^2\left(45° - \dfrac{\varphi}{2}\right) - 2c \cdot \tan\left(45° - \dfrac{\varphi}{2}\right)
\end{cases}
\tag{2-4-28}
$$

注：①由公式 $\sigma_1 = \sigma_3\tan^2\left(45° + \dfrac{\varphi}{2}\right) + 2c \cdot \tan\left(45° + \dfrac{\varphi}{2}\right)$ 可推求土体处于极限状态时所能承受的最大主应力 σ_{1m}（若实际最大主应力为 σ_1）。

②同理，由实测 σ_1 及公式 $\sigma_3 = \sigma_1\tan^2\left(45° - \dfrac{\varphi}{2}\right) - 2c \cdot \tan\left(45° - \dfrac{\varphi}{2}\right)$ 可推求土体处于极限平衡状态时所能承受的最小主应力 σ_{3m}（若实测最小主应力为 σ_3）。

③判断：

当 $\sigma_{1m} > \sigma_1$ 或 $\sigma_{3m} < \sigma_3$ 时，土体处于稳定状态；

当 $\sigma_{1m} = \sigma_1$ 或 $\sigma_{3m} = \sigma_3$ 时，土体处于极限平衡；

当 $\sigma_{1m} < \sigma_1$ 或 $\sigma_{3m} > \sigma_3$ 时，土体处于失稳状态。

(四)地基容许承载力的确定

地基容许承载力是指地基土在外荷载的作用下，不产生剪切破坏且基础的沉降量不超过允许值时，单位面积上所能承受的最大荷载。确定单位地基承载力的方法有很多，《公路桥涵地基与基础设计规范》(JTG 3363—2019)规定：桥涵地基的容许承载力，可根据地质勘探、原位测试、野外荷载试验、邻近旧桥涵调查对比，以及既有的建筑经验和理论公式的计算综合分析确定。如上述数据缺乏，可根据地基土的类别，查出本规范给出的相应容许承载力表，再经过相应的经验公式计算修正后确定。对地质和结构复杂的桥涵地基的容许承载力，应经现场荷载试验确定。

1. 理论公式确定地基容许承载力

地基容许承载力的理论公式主要依据为土的强度理论，因此需要应用土的抗剪强度指标 c 和 φ 值。理论公式一般假定地基土为均质材料，并由条形基础均布荷载作用推导得来。对矩形基础或圆形基础，理论公式一般也可以应用，其结果偏于安全。地基的临塑荷载、临界荷载和极限荷载均可作为地基的容许承载力，但其安全程度和经济效果不同，现简单分述如下。

(1)地基的临塑荷载

地基的临塑荷载是指在外荷载的作用下，地基中刚开始产生塑性变形（即局部剪切破坏）时，基础底面单位面积上所承受的荷载。临塑荷载计算公式为：

$$p_{cr} = \frac{\pi(\gamma d + c \cdot \cot\varphi)}{\cot\varphi - \dfrac{\pi}{2} + \varphi} + \gamma d \qquad (2\text{-}4\text{-}29)$$

式中：p_{cr}——地基的临塑荷载（kPa）；

　　γ——基础埋深范围内土的重度（kN/m³）；

　　d——基础埋深（m）；

　　c——基础底面下土的黏聚力（kPa）；

　　φ——基础底面下土的内摩擦角（°）。

（2）地基的临界荷载

当地基中的塑性变形区最大深度：中心荷载作用时，为 $Z_{max} = \dfrac{b}{4}$ 或偏心荷载作用时，为

$Z_{max} = \dfrac{b}{3}$，与之相对应的基础底面的压力，分别以 $p_{\frac{1}{4}}$ 或 $p_{\frac{1}{3}}$ 表示，称之为地基临界荷载。

中心荷载作用下的公式：

令 $Z_{max} = \dfrac{b}{4}$，则：

$$p_{\frac{1}{4}} = \frac{\pi\left(\gamma d + \dfrac{1}{4}\gamma d + c \cdot \cot\varphi\right)}{\cot\varphi - \dfrac{\pi}{2} + \varphi} + \gamma d \qquad (2\text{-}4\text{-}30)$$

其中，b 为基础宽度（m），矩形基础为短边，圆形基础采用 $b = \sqrt{A}$，其中 A 为圆形基础底面积；

其他符号意义同上。

偏心荷载作用下的公式：

令 $Z_{max} = \dfrac{b}{3}$，则：

$$p_{\frac{1}{3}} = \frac{\pi\left(\gamma d + \dfrac{1}{3}\gamma d + c \cdot \cot\varphi\right)}{\cot\varphi - \dfrac{\pi}{2} + \varphi} + \gamma d \qquad (2\text{-}4\text{-}31)$$

符号意义同上。

（3）地基的极限荷载

地基的极限荷载是指地基即将失去稳定性，土体将要从基底被挤出时作用于地基上的外荷载。当作用在地基上的荷载较小时，地基处于压密状态。随着荷载的增大，地基中产生局部剪切破坏的塑性区也越大。当荷载达到极限值时，地基中的塑性区已发展为连续贯通的滑动面，使地基丧失整体稳定而滑动破坏。

因对地基破坏时滑裂面形式做了不同假定，所得计算结果不一致，不能完全符合地基的实际情况，故对应每一个公式时，要注意它的适用范围。一般常用的公式有以下几个：**太沙基公式（适用于条形基础、方形基础和圆形基础）；斯凯普顿公式（适用于饱和软土地基，内摩擦角 $\varphi = 0$ 的浅基础）；汉森公式（适用于倾斜荷载情况）**，本书就不详细介绍了。

2. 按规范法确定地基容许承载力

《公路桥涵地基与基础设计规范》(JTG 3363—2019)中,根据大量的地基荷载试验资料和已建成桥梁的使用经验,经过统计分析,给出了各类土的地基容许承载力表及修正公式。由于按规范确定地基容许承载力比较简单和准确,所以该方法广泛应用于公路一般的桥涵基础设计。但应指出,由于我国地域广阔,特殊的土类和性质比较复杂的土类,在规范中均未一一列入,此时应按规范要求,采用多种方法综合分析确定。按规范确定的地基容许承载力的方法就是先根据地基土的类别和物理性质,从规范相应的表格中查找出其相应的地基容许承载力,然后再按修正计算公式算出修正后的地基容许承载力。

地基容许承载力与土的性质、基础宽度和基础埋置深度三方面因素有关。因此规范给出的地基容许承载力表及修正公式也与这三方面因素有关。规范中的地基容许承载力表只给出了当设计的基础宽度 $b \leqslant 2m$、埋置深度 $h \leqslant 3m$ 时的地基容许承载力,用 $[\sigma_0]$ 表示。当设计的基础宽度和埋置深度符合上述条件时,地基容许承载力就可以根据土的物理力学性质指标,直接查表选用;若设计的基础宽度或埋置深度超过上述范围时,则地基容许承载力将在 $[\sigma_0]$ 的基础上,按规范给出的修正公式予以修正提高。该修正公式为:

$$[\sigma] = [\sigma_0] + k_1 \gamma_1 (b - 2) + k_2 \gamma_2 (h - 3) \tag{2-4-32}$$

式中: $[\sigma]$——按设计的基础宽度和埋置深度修正后的地基容许承载力(kPa);

$[\sigma_0]$——查规范表得到的地基土的容许承载力(kPa);

b——基础底面的宽度(或直径)(m),当 $b < 2m$ 时,取 $b = 2m$ 计算;当 $b > 10m$ 时,取 $b = 10m$ 计算;

h——基础的埋置深度(m),对于受水流冲刷的基础,由一般冲刷线算起;对于不受水流冲刷的基础,由天然地面算起;位于挖方内的基础,由挖方后的地面算起,当 $h < 3m$ 时,取 $h = 3m$ 计算;

γ_1——基础底面下持力层土的重度(kN/m³),如持力层在水下且为透水的,采用浮重度);

γ_2——基础底面以上土的重度(kN/m³),多层土时采用各层土的重度按其厚度的加权平均值;若持力层在水下且是不透水的,则不论基底以上土的透水性如何,应一律采用饱和重度;如持力层为透水的,采用浮重度;

$k_1 、 k_2$——地基土的容许承载力随基础宽度和埋置深度的修正系数,按持力层土的类别和性质查表。

【例题 2-4-3】 如图 2-4-23 所示,已知基础底面宽度 $b = 5m$,长度 $L = 10m$,埋置深度 $h = 4m$,作用在基底中心的竖直荷载 $N = 8000kN$,地基土的性质如图所示。试按《公路桥涵地基与基础设计规范》(JTG 3363—2019),确定地基容许承载力是否满足要求。已知 $k_1 = 1.0, k_2 = 0.2, [\sigma_0] = 100kPa$。

解:由已知基底下持力层为中密粉砂(水下), $[\sigma_0] = 100kPa$,持力层在水下透水,故 γ_1 应采用浮重度, $\gamma_1 = \gamma_{sat} - \gamma_w = 20 - 10 = 10 (kN/m^3)$;已知基础底面以上也为中密粉砂,但在水面以上,故其重度 $\gamma_2 = 20kN/m^3$;已知 $k_1 = 1.0$,

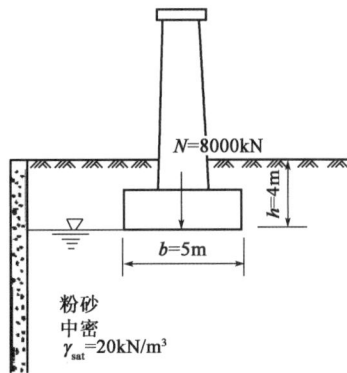

图 2-4-23 例题 2-4-3 图

$k_2 = 0.2$，将上述条件代入修正公式（2-4-32）得：

$$[\sigma] = [\sigma_0] + k_1\gamma_1(b-2) + k_2\gamma_2(h-3) = 100 + 1 \times 10 \times (5-2) + 2 \times 20 \times (4-3)$$
$$= 100 + 30 + 40 = 170(kPa)$$

基底压力 $\sigma = \dfrac{N}{b \times L} = \dfrac{8000}{5 \times 10} = 160(kPa) < [\sigma]$

故地基强度能够满足要求。

导图小结（土的
抗剪强度）（图片）

土压力（微课）

四、土压力

（一）土压力导入

土压力是指作用于各种挡土结构物（统称为挡土墙）上的侧向压力。它是挡土结构物承受的主要荷载，其值的大小直接影响挡土墙的稳定性，所以计算土压力是设计挡土结构物中的一个重要内容。土压力的大小及其分布规律同挡土结构物的侧向位移的方向、大小、土的性质、挡土结构物的刚度及高度等因素有关，根据挡土墙可能产生位移的方向和墙后填土中不同的应力状态，将土压力分为如下三种。

1. 静止土压力

挡土墙保持初始位置静止不动，此时作用在挡土墙上的土压力称为静止土压力，如图 2-4-24a）所示。作用在每延米挡土墙上的静止土压力的合力用 E_0（kN/m）表示，这时墙后填土中各点均处于弹性平衡状态。

2. 主动土压力

挡土墙在墙后填土作用下（是土主动推墙），背离填土方向发生位移，这时作用在墙上的土压力将由静止土压力逐渐减小，当墙后土体达到极限平衡，并出现连续滑动面使土体下滑，这时土压力减至最小值，称为主动土压力，如图 2-4-24b）所示，用 E_a（kN/m）表示。

3. 被动土压力

挡土墙在外力作用下，向填土方向移动，这时作用在墙上的土压力将由静止土压力逐渐增大，一直到土体达到极限平衡，并出现连续滑动面，墙后土体向上挤出隆起，这时土压力增至最大值，称为被动土压力，如图 2-4-24c）所示，用 E_p 表示。

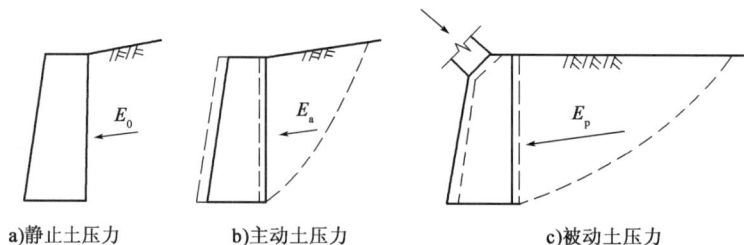

a）静止土压力　　b）主动土压力　　c）被动土压力

图 2-4-24　三种土压力

土压力是挡土结构物与土体相互作用的结果，大部分情况下的土压力介于上述三种极限状态土压力之间。在影响土压力大小及其分布的诸因素中，挡土结构物的位移是关键因素，

图 2-4-24 中给出了土压力与挡土结构位移间的关系,从中可以看出,挡土结构物达到被动土压力所需的位移远大于导致主动土压力所需的位移。

在设计挡土墙时,究竟采用哪种土压力,除了根据挡土墙产生位移的方向确定外,还应根据结构物的受力情况、可能产生的位移及填土等具体情况来确定。一般对建于分散土地基上的梁桥桥台或挡土墙,按主动土压力计算;对拱桥桥台应根据受力和填土的压实情况,采用静止土压力或静止土压力加土抗力(土抗力指土体对结构的弹性抗力,与位移成正比);对临时性挡土结构物(如板桩),按其变位和位置不同,采用主动土压力或静止土压力。

(二)土压力的计算

1. 静止土压力计算

静止土压力,墙静止不动,土体无侧向位移,可假定墙后填土内的应力状态为半无限弹性体的应力状态。在半无限弹性土体中,任一竖直面都是对称面,对称面上无剪应力,所以竖直面和水平面都是主应力面。

在深度 z 处,由土体自重所引起的竖直和水平应力分别为 $\sigma_z = \gamma_z$,$\sigma_x = \sigma_y = \xi\sigma_z = \xi\gamma z$,且都是主应力,如图 2-4-25a)所示。若将某一竖直面换成挡土墙的墙背,如图 2-4-25b)所示的 AB,墙背静止不动时,墙后填土无侧向位移,说明墙背对墙后填土的作用力强度与该竖直面上原有的水平向应力 σ_x 相同,即:

$$p_0 = \sigma_x = \xi\sigma_z = \xi\gamma z \tag{2-4-33}$$

式中:p_0——作用于墙背上的静止土压力强度(kPa);

ξ——静止土压力系数(即土的侧压力系数),压实土的 ξ 值可参考表 2-4-7;

γ——墙后填土的重度(kN/m³);

z——计算点离填土表面的深度(m)。

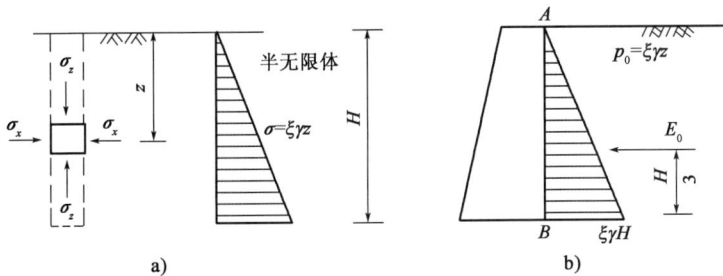

a)   b)

图 2-4-25 静止土压力计算图式

压实土的静止土压力系数   表 2-4-7

土的名称	砾石、卵石	砂石	亚砂土	亚黏土	黏土
ξ	0.20	0.25	0.35	0.45	0.55

由式(2-4-33)可知,静止土压力强度 p_0 与 z 成正比,所以 p_0 沿深度的分布图为三角形。当墙高为 H 时,作用于每延米挡土墙上的静止土压力为:

$$E_0 = \frac{1}{2}(\xi\gamma H)H = \frac{1}{2}\xi\gamma H^2 \qquad\qquad (2\text{-}4\text{-}34)$$

式中：H——挡土墙高度（m）。

E_0 的方向水平，作用线通过 p_0 的分布图形，离墙脚的高度为 $\dfrac{H}{3}$，如图 2-4-25b）所示。静止土压力在墙后填土表面作用有均布荷载 q 时，竖向应力为 $\sigma_z = q + \gamma z$，代入式（2-4-33）得 $p_0 = \xi(q+\gamma z)$，绘出 p_0 的分布图，分布图形的面积即为作用在每延米挡土墙上的合力 E_0，p_0 分布图形心的高度即为合为 E_0 的作用点高度。

在墙后填土中有地下水时，水下土应考虑水的浮力，即式（2-4-33）中的 γ 采用浮重度 γ' 计算，同时考虑作用在挡土墙上的静水压力。

【例题 2-4-4】　如图 2-4-26 所示，求嵌固于岩基上的重力式挡土墙所受的土压力。已知 $\xi = 0.25$。

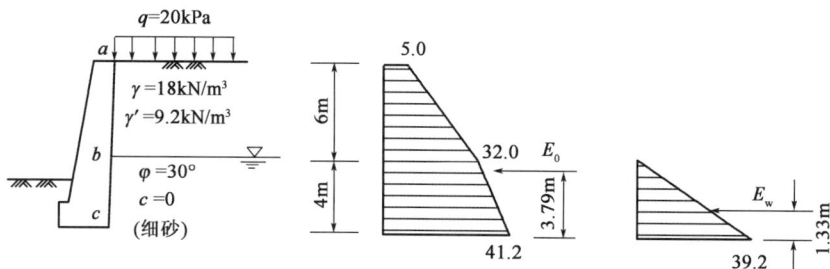

图 2-4-26　例题 2-4-4 图

解：因为是求嵌固于岩基上的重力式挡土墙所承受的土压力，故可按静止土压力计算。

①求各特征点的竖向应力

$\sigma_{za} = q = 20\text{kPa}$

$\sigma_{zb} = q + \gamma_1 h_1 = 20 + 18 \times 6 = 128(\text{kPa})$

$\sigma_{zc} = q + \gamma_1 h_1 + \gamma'_2 h_2 = 128 + 9.2 \times 4 = 164.8(\text{kPa})$

②求各特征点的土压力强度

$p_{0a} = \xi\sigma_{za} = 0.25 \times 20 = 5.0(\text{kPa})$

$p_{0b} = \xi\sigma_{zb} = 0.25 \times 128 = 32.0(\text{kPa})$

$p_{0c} = \xi\sigma_{zc} = 0.25 \times 164.8 = 41.2(\text{kPa})$

C 点静水压强：$p_{0b} = \gamma_w h_w = 9.8 \times 4 = 39.2(\text{kPa})$

③求 E_0、E_w

由计算结果绘出土压力强度 p_0 及静水压力 p_w 分布图，如图 2-4-26 所示。将土压力强度 p_0 分布分为四块（矩形或三角形），分别求其面积，总和即为 E_0：

$E_{01} = p_{0a}h_1 = 5.0 \times 6 = 30.0(\text{kN/m})$

$E_{02} = \frac{1}{2}(p_{0b} - p_{0a})h_1 = \frac{1}{2}(32.0 - 5.0) \times 6 = 81.0(\text{kN/m})$

$E_{03} = p_{0b}h_2 = 32.0 \times 4 = 128.0(\text{kN/m})$

$E_{04} = \frac{1}{2}(p_{0c} - p_{0b})h_2 = \frac{1}{2}(41.2 - 32.0) \times 4 = 18.4(\text{kN/m})$

$$E_0 = E_{01} + E_{02} + E_{03} + E_{04} = 30.0 + 81.0 + 128.0 + 18.4 = 257.4\,(\mathrm{kN/m})$$

$$E_w = \frac{1}{2}p_{wc}h_w = \frac{1}{2} \times 39.2 \times 4 = 78.4\,(\mathrm{kN/m})$$

④求 E_0 和 E_w 作用点

$$z_{oc} = \frac{\sum E_{oi} \cdot Z_i}{\sum E_{oi}} = \frac{E_{01}\left(h_2 + \dfrac{h_1}{2}\right) + E_{02} \cdot \left(h_2 + \dfrac{h_1}{3}\right) + E_{03} \cdot \dfrac{h_2}{2} + E_{04} \cdot \dfrac{h_2}{3}}{E_{0i}}$$

$$= \frac{30.0 \times \left(4 + \dfrac{6}{2}\right) + 81.0 \times \left(4 + \dfrac{6}{3}\right) + 128.0 \times \dfrac{4}{2} + 184.0 \times \dfrac{4}{3}}{257.4}$$

$$= 3.79\,(\mathrm{m})$$

$$z_{wc} = \frac{h_w}{3} = \frac{4}{3} = 1.33\,(\mathrm{m})$$

2. 朗肯土压力理论

朗肯于 1857 年提出了土压力理论,虽然不够完善,但由于计算简单,在一定条件下其计算结果与实际较符合,所以目前仍被广泛应用。

朗肯土压力理论是从分析挡土结构物后面土体内部因自重产生的应力状态入手去研究土压力的,如图 2-4-27a) 所示。在半无限土体中取一竖直切面 AB,因竖直面(是对称面)和水平面上均无剪应力,故 AB 面上深度 z 处单元土体上的竖向应力 σ_z 和水平应力 σ_x 均为主应力。当土体处于弹性平衡状态时,$\sigma_z = \gamma z$,$\sigma_x = \xi\gamma z$,其应力圆如图 2-4-27d) 中的 MN_1,与土的抗剪强度线不相交。在 σ_z 不变的条件下,若 σ_x 逐渐减小,到土体达到极限平衡时,其应力圆将与抗剪强度线相切,如图 2-4-27d) 中的 MN_2。σ_z 和 σ_x 分别为最大及最小主应力,称为朗肯主动极限平衡状态,土体中产生的两组滑动面与水平面成夹角 $45° + \dfrac{\varphi}{2}$,如图 2-4-27b) 所示;在 σ_z 不变的条件下,若 σ_x 不断增大,到土体达到极限平衡时,其应力圆将与抗剪强度线相切,如图 2-4-27d) 中的 MN_3,但 σ_z 为最小主应力,σ_x 为最大主应力,称为朗肯被动极限平衡状态。土体中产生的两组滑动面与水平面成夹角 $45° - \dfrac{\varphi}{2}$,如图 2-4-27c) 所示。

朗肯假定:把半无限土体中的任一竖直面,如图 2-4-28a) 中的 AB,换成一个光滑(无摩擦)的挡土墙墙背,当墙体位移使墙后土体达到主动或被动极限平衡状态时,墙背上的土压力强度等于相应状态下的水平应力 σ_x。注意,这里介绍的朗肯土压力公式只适用于墙背竖直、光滑(墙背与土体间摩擦力不计)、墙后填土表面水平且与墙顶齐平的情况。

(1)主动土压力计算

由上述分析可知,当土体推动墙发生位移,土体达到主动极限平衡状态时,$\sigma_x = \sigma_3 = p_a$,$\sigma_z = \sigma_1 = \gamma z$,根据极限平衡条件,可得出深度 z 处的土压力强度:

$$p_a = \sigma_z \tan^2\left(45° - \frac{\varphi}{2}\right) - 2c \cdot \tan\left(45° - \frac{\varphi}{2}\right)\sigma_z m^2 - 2cm \qquad (2\text{-}4\text{-}35)$$

式中:p_a——主动土压力强度(kPa);

σ_z——深度 z 处的竖向应力（kPa）；

φ——土体的内摩擦角（°）；

c——土的黏聚力（kPa）；

m——土压力系数，$m = \tan\left(45° - \dfrac{\varphi}{2}\right)$。

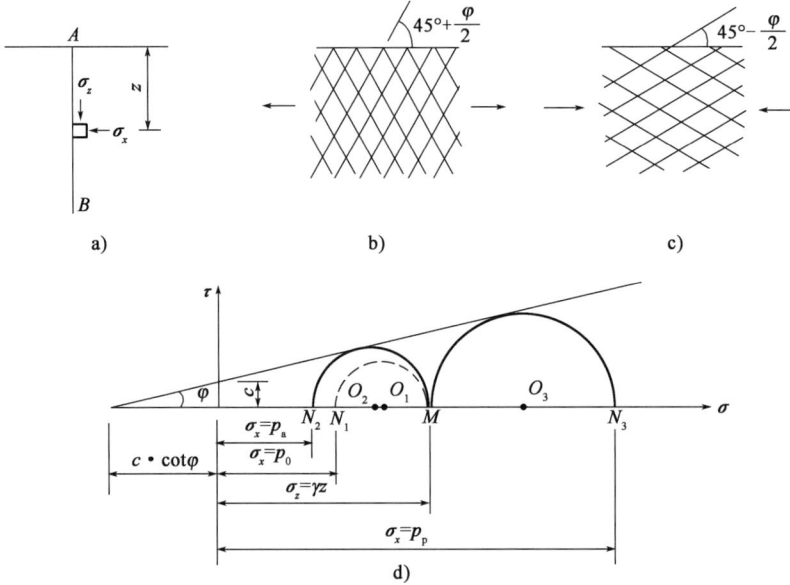

图 2-4-27　朗肯极限平衡状态

对于砂性土，$c = 0$，$p_a = \sigma_z m^2 = \gamma z m^2$，$p_a$ 与 z 成正比例，其分布图为三角形，如图 2-4-28b）所示。作用于每延米挡土墙上的主动土压力合力 E_a 等于该三角形的面积，即：

$$E_a = \frac{1}{2}rH^2\tan^2\left(45° - \frac{\varphi}{2}\right) = \frac{1}{2}rH^2m^2 \qquad (2\text{-}4\text{-}36)$$

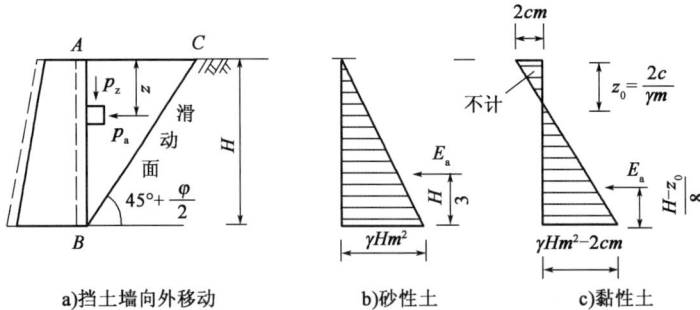

图 2-4-28　朗肯主动土压力计算图式

E_a 的方向水平，单位为 kN/m，通过分布图的形心，作用点离墙脚的高度为 $\dfrac{1}{3}H$。

对于黏性土（$c \neq 0$），当 $z = 0$ 时，$\sigma_z = \gamma z = 0$，$p_a = -2cm$；当 $z = H$ 时，$\sigma_z = \gamma z$，$p_a = \gamma Hm^2$，其分布图如图 2-4-28c）所示，图中阴影部分表示受拉，设 $p_a = 0$ 处的深度为 z_0，由式（2-3-35）得

$z_0 = \dfrac{2c}{rm}$。由于墙背与土体间不可能有拉应力，故计算土压力时，这部分应略去不计。因此，作用于每延米挡土墙上的主动土压力 E_a 等于分布图中压力部分三角形的面积，即：

$$E_a = \frac{1}{2}(H - Z_0)(rHm^2 - 2cm) = \frac{1}{2}rH^2m^2 - 2cHm + \frac{2c}{r} \qquad (2\text{-}4\text{-}37)$$

E_a 的方向水平，单位为 kN/m，通过分布图的形心，作用点离墙脚的高度为 $\dfrac{H - Z_0}{3}$。

（2）被动土压力计算

同理，当墙推动土产生位移，土体达到极限平衡状态时，如图 2-4-29a) 所示，$p_p = \sigma_x = \sigma_1$，$\sigma_x = \gamma z = \sigma_3$，根据极限平衡条件，可得出被动土压力计算式：

$$p_p = \sigma_z \tan^2\left(45° + \frac{\varphi}{2}\right) + 2c \cdot \tan\left(45° + \frac{\varphi}{2}\right) = \sigma_z \frac{1}{m^2} + 2c \frac{1}{m} \qquad (2\text{-}4\text{-}38)$$

式中：p_p——被动土压力强度（kPa）；

$\dfrac{1}{m} = \tan\left(45° + \dfrac{\varphi}{2}\right)$；

其他符号意义同前。

对于砂性土，$c = 0$，$p_p = \gamma z \tan^2\left(45° + \dfrac{\varphi}{2}\right) = \sigma_z \dfrac{1}{m^2} = \dfrac{rz}{m^2}$，$p_p$ 与 z 成正比，其分布图为三角形，如图 2-4-29b) 所示。作用于每延米挡土墙上的合力 E_p 等于该三角形的面积，即：

$$E_p = \frac{1}{2}\gamma H^2 \frac{1}{m^2} = \frac{rH^2}{2m^2} \qquad (2\text{-}4\text{-}39)$$

对于黏性土（$c \neq 0$），当 $z = 0$ 时，$\sigma_z = 0$，$p_p = \dfrac{2c}{m}$；当 $z = H$ 时，$\sigma_z = \gamma H$，$p_p = \dfrac{rH}{m^2} + \dfrac{2c}{m}$，其分布图形为梯形，如图 2-4-29c) 所示。作用于每延米挡土墙上的合力 E_p 等于该梯形分布图的面积，即：

$$E_p = \frac{rH^2}{2m^2} + \frac{2cH}{m} \qquad (2\text{-}4\text{-}40)$$

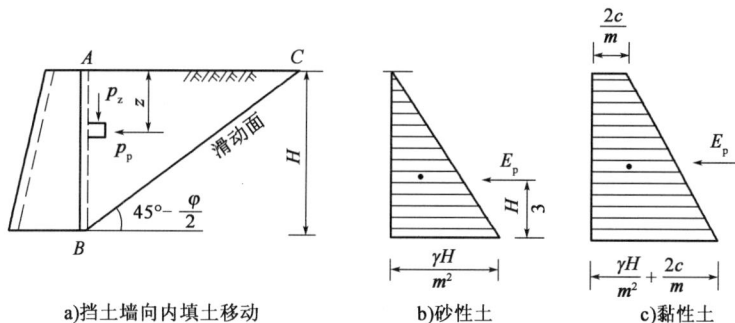

a)挡土墙向内填土移动　　b)砂性土　　c)黏性土

图 2-4-29　朗肯被动土压力计算图式

E_p 的方向水平（指向挡土墙），单位为 kN/m，作用点位置与其分布的形心同高。

（3）朗肯土压力公式的应用

①填土表面上作用有连续均布荷载时，应先求出深度 z 处的竖向总应力，即 $\sigma_z = q + \gamma z$。

②墙后填土为多层时，需分层计算其土压力。

③墙后填土有地下水时，将地下水位处看作一个土层分界面，水位以下的土一般采用浮重度 γ'。

【例题 2-4-5】 如图 2-4-30a) 所示，挡土墙后面的填土面上作用均布荷载 $q = 10\text{kPa}$，填土分两层，其厚度和物理性质指标如图所示，求作用于挡土墙上的主动土压力。

解：①先求各层面的竖向应力

$\sigma_{z0} = q = 10\text{kPa}$

$\sigma_{z1} = q + \gamma_1 h_1 = 10 + 20 \times 3 = 70(\text{kPa})$

$\sigma_{z2} = q + \gamma_1 h_1 + \gamma_2 h_2 = 70 + 18 \times 2 = 106(\text{kPa})$

将 $\varphi_1 = 20°$、$\varphi_2 = 30°$ 代入公式计算得：

$m_1 = 0.70\ m_1^2 = 0.49\ m_2 = 0.577\ m_2^2 = 0.333$

上层：$p_{a0} = \sigma_{z0} m_1^2 - 2c_1 m_1 = 10 \times 0.49 - 2 \times 2 \times 0.7 = 2.1(\text{kPa})$

$p_{a1} = \sigma_{z1} m_1^2 - 2c_1 m_1 = 70 \times 0.49 - 2 \times 2 \times 0.7 = 31.5(\text{kPa})$

下层：$p_{a1} = \sigma_{z1} m_2^2 - 2c_2 m_2 = 70 \times 0.333 = 23.3(\text{kPa})$

$p_{a2} = \sigma_{z2} m_2^2 = 106 \times 0.333 = 35.3(\text{kPa})$

按计算结果绘出 p_a 分布图 [图 2-4-30b)]。

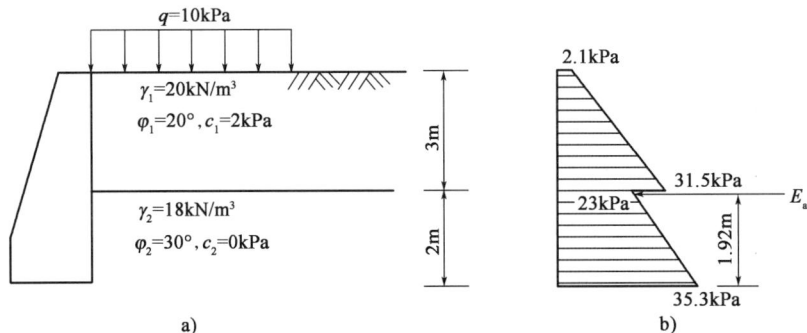

图 2-4-30 例题 2-4-5 图

②求 E_a 值及其作用点

p_a 分布图面积即为所求 E_a 的值：

$$E_a = E_{a1} + E_{a2} + E_{a3} + E_{a4} = 2.1 \times 3 + \frac{(31.5 - 2.1) \times 3}{2} + 23.3 \times 2 + \frac{(35.3 - 23.3) \times 2}{2}$$

$$= 6.3 + 44.1 + 46.6 + 12 = 109(\text{kN/m})$$

E_a 作用方向水平，指向挡土墙，作用点距挡土墙底的高度为：

$$z_a = \frac{\sum E_{ai} \cdot z_i}{\sum E_{ai}} = \frac{6.3 \times \left(2 + \frac{3}{2}\right) + 44.1 \times \left(2 + \frac{3}{3}\right) + 46.6 \times \frac{2}{2} + 12 \times \frac{2}{3}}{109} = 1.92(\text{m})$$

3.库仑土压力理论

1776 年库仑提出的土压力理论,由于其计算简明、适用范围广,至今仍被广泛应用。库仑土压力理论假定:挡土墙墙后填土是均匀的砂性土;墙体产生位移,使墙后填土达到极限平衡状态时,形成一个滑动土楔体;其滑动面是通过墙脚 A 的平面 AC(图 2-4-31);假定滑动土楔体 ABC 是一个刚体。根据 ABC 静力平衡条件,可解出墙背上的土压力。

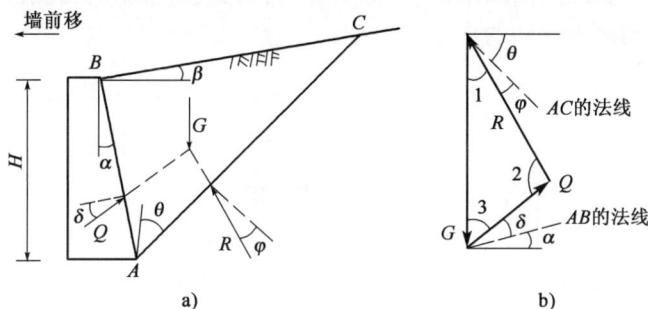

图 2-4-31 库仑主动土压力计算图示

(1)主动土压力计算

墙背向前(背离填土)移动一定值时,如图 2-4-31a)所示,墙后填土处于主动极限平衡状态,形成滑动面 AB 和 AC,因此,在 AB、AC 面上均产生摩阻力,以阻止土楔体下滑。此时作用于土楔体上的力有土楔体自重 G、墙背 AB 面的反力 Q 和 AC 面的反力 R。G 通过 △ABC 的形心,方向垂直向下;Q 与 AB 面的法线成 δ 角(δ 是墙背与土体间的摩擦角),Q 与水平面夹角为 $\alpha + \delta$;R 与 AC 面的法线成 φ 角(φ 为土的内摩擦角),AC 面与竖直面成 θ 角,所以 R 与竖直面夹角为 $90° - \theta - \varphi$。根据力的平衡原理,可知 G、Q、R 三个力应交于一点,且应组成闭合的力三角形,如图 2-4-31b)所示。

$$Q = \frac{1}{2}rH^2\sec^2\alpha\cos(\alpha - \beta)\frac{\sin(\theta + \alpha)\cos(\theta + \varphi)}{\cos(\theta + \varphi)\sin(\varphi + \theta + \delta + \alpha)} \tag{2-4-41}$$

式(2-4-41)中,α、β、φ、δ 均为常数,Q 仅随 θ 变化,θ 为滑裂面与竖直面的夹角,称为破裂角。当 $\theta = -\alpha$ 时,$G = 0$,即 $Q = 0$;当 $\theta = 90° - \varphi$ 时,R 与 G 重合,则 $Q = 0$。因此,θ 在 $-\alpha$ 与 $90° - \varphi$ 之间变化时,Q 将有一个极大值,这个极大值 Q_{max} 即为所求的主动土压力 E_a(E_a 与 Q 是作用力与反作用力)。

计算 Q_{max} 时,令 $\frac{dQ}{d\theta} = 0$,可求得破裂角 θ 的计算式为:

$$\tan(\theta + \beta) = -\tan(\omega - \beta) + \sqrt{[\tan(\omega - \beta) + \cot(\varphi - \beta)][\tan(\omega - \beta) - \tan(\alpha - \beta)]} \tag{2-4-42}$$

式中 $\omega = \alpha + \delta + \varphi$,将式(2-4-42)代入式(2-4-41)得:

$$E_a = Q_{max} = \frac{1}{2}\gamma H^2 \mu_a \tag{2-4-43}$$

$$\mu_a = \frac{\cos^2(\varphi - \alpha)}{\cos^2\alpha\cos(\alpha + \delta)\left[1 + \sqrt{\frac{\sin(\delta + \varphi)\sin(\varphi - \beta)}{\cos(\delta + \alpha)\cos(\alpha - \beta)}}\right]^2} \tag{2-4-44}$$

式中：μ_a——库仑主动土压力系数；

　　　γ——墙后填土的重度（kN/m^3）；

　　　H——挡土墙高度（m）；

　　　φ——填土的内摩擦角（°）；

　　　δ——墙背与土体之间的摩擦角（°）；

　　　α——墙背与竖直面间的夹角（°），墙背俯斜时为正值，仰斜时为负值；

　　　β——填土面与水平面间的夹角（°）。

当 $\beta = 0$，$\alpha = 0$，$\delta = 0$ 时，$\mu_a = \tan^2\left(45° - \dfrac{\varphi}{2}\right)$，可见在这种特定条件下，库仑公式与朗肯公式的计算结果是相同的。

由式(2-4-44)可以看出，库仑主动土压力 E_a 是墙高 H 的二次函数，故主动土压力强度 p_a 是沿墙高按直线规律分布的，如图 2-4-32 所示。合力 E_a 的作用点距墙脚的高度就是 p_a 分布图形心的高度，即 $z_c = \dfrac{H}{3}$；其作用线方向与墙背法线成 δ 角，与水平面成 $\alpha + \delta$ 角。

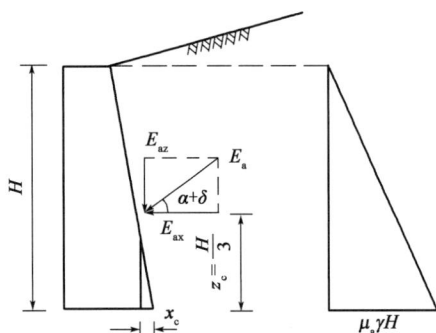

图 2-4-32　库仑主动土压力计算图式

E_a 可分解为水平向和竖直向两个分量：

$$E_{ax} = E_a \cos(\alpha + \delta) = \frac{1}{2} r H^2 \mu_a \cos(\alpha + \delta) \tag{2-4-45}$$

$$E_{az} = E_a \sin(\alpha + \delta) = \frac{1}{2} r H^2 \mu_a \sin(\alpha + \delta) \tag{2-4-46}$$

其中 E_{az} 至墙脚的水平距离为 $x_c = z_c \tan\alpha$。

（2）被动土压力计算

若挡土墙在外力下推向填土，当墙后土体达到极限平衡状态时，如图 2-4-33 所示，墙后填土中出现滑裂面 AC，土楔体将沿 AB、AC 面向上滑动。因此，在 AB、AC 面上作用于土楔体的摩阻力均向下（与主动极限平衡时的方向相反）。根据 G、Q、R 三力平衡条件，可推导出被动土压力公式：

$$E_p = \frac{1}{2}\gamma H^2 \mu_p$$

$$\mu_p = \frac{\cos^2(\varphi + \alpha)}{\cos^2\alpha \cos(\alpha - \delta)\left[1 - \sqrt{\dfrac{\sin(\delta + \varphi)\sin(\varphi + \beta)}{\cos(\alpha - \delta)\cos(\alpha - \beta)}}\right]^2} \tag{2-4-47}$$

式中：μ_p——库仑被动土压力系数；

其他符号意义同前。

库仑被动土压力强度沿墙高的分布也呈三角形，如图 2-4-33c）所示，合力作用点距离墙脚的高度也为 $\dfrac{H}{3}$。

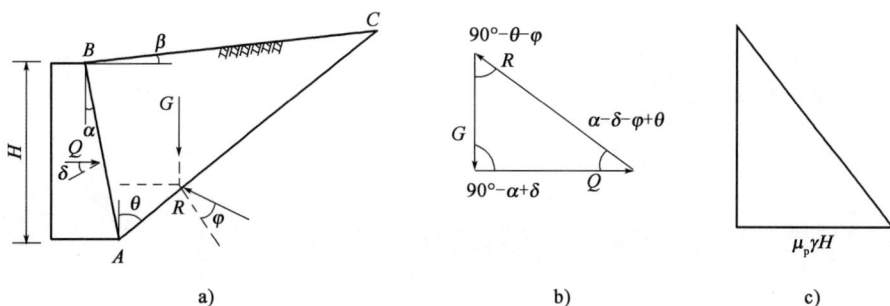

图 2-4-33　库仑被动土压力计算图式

（3）库仑土压力公式的应用

①填土表面上作用连续均布荷载时，应先求出深度 z 处的竖向总应力，即 $\sigma_z = q + \gamma z$。

②填土面上有车辆荷载作用时，《公路桥涵设计通用规范》（JTG D60—2015）规定：桥台和挡土墙设计，均应计算填土面上车辆荷载作用引起的土压力。其计算方法是将滑动土楔体范围内的车轮总重力换算成厚度为 h、重度与填土 γ 相同的等代土层来代替，再按库仑主动土压力公式计算。

③黏性土的土压力：由于库仑理论研究的挡土墙墙后填土是砂性土，实用中很多情况下墙后填土是非砂性土，这时可将 φ 值适当提高，采用所谓"等值内摩擦角 φ'"近似计算土压力，以反映黏聚力 c 对土压力的影响。规范建议：取 $\varphi' = 30° \sim 35°$ 或取 $\varphi' = \varphi + (5° \sim 10°)$。采用上述换算内摩擦角，对于矮挡土墙是偏于安全的，对于高挡土墙有时偏于危险。因此，对于高挡土墙，应按墙高酌情降低换算内摩擦角 φ' 的数值。

④阶梯形墙背的土压力：一般先假定墙背为竖直面，按库仑公式计算出作用于假定墙背上的主动土压力 E_a，其作用点高度仍假定为 $\dfrac{H}{3}$，方向假定平行于填土表面，然后计算填土部分的土体自重 G，取 G 与 E_a 的合力作为作用于墙背上的主动土压力。

【例题 2-4-6】　如图 2-4-34 所示，某高速公路桥台，桥台宽度为 8.5m，土的重度 $\gamma = 18\text{kN/m}^3$，$\varphi = 35°$，$c = 0$，填土与墙背间的摩擦角 $\delta = \dfrac{2}{3}\varphi$，桥台高 $H = 0.8\text{m}$，求作用于台背（AB）上的主动土压力。

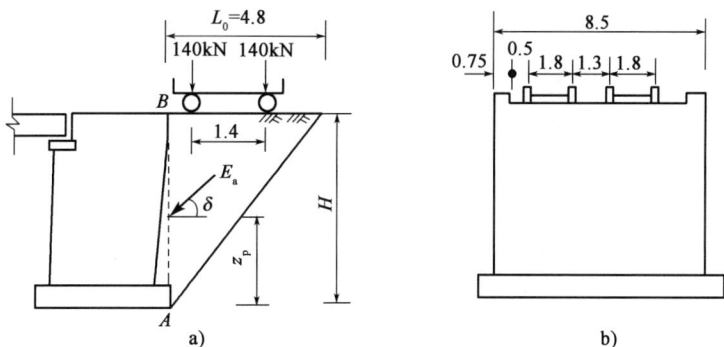

图 2-4-34　例题 2-4-6 图（尺寸单位：m）

解：①确定桥台的计算宽度 B

桥台 B 应取横向宽度，即 $B = 8.5$ m。

②确定滑动土楔体长度 L_0

AB 作为台背，$\alpha = 0$；台后填土面水平，即 $\beta = 0$，$\delta = \dfrac{2}{3}\varphi = 23.33°$，则：

$$\tan\theta = -\tan(\varphi + \delta) + \sqrt{\left[\cot\varphi + \tan(\varphi + \delta)\right]\tan(\varphi + \delta)}$$

$$= -\tan(35° + 23.33°) + \sqrt{\left[\cot 35° + \tan(35° + 23.33°)\right]\tan(35° + 23.33°)}$$

$$= -1.62 + 2.22 = 0.60$$

由计算公式 $L_0 = H(\tan\theta + \tan\alpha)$ 得：$L_0 = 8 \times 0.6 = 4.8$（m）。

③确定布置在 $B \times L_0$ 面积内的车辆荷载 $\sum G$，求等代土层厚度 h

对于桥台 $B \times L_0$ 面积内可能布置的车辆荷载：由图 2-3-31a) 可知，L_0 范围内可布置一辆重车；由图 2-3-31b) 可知，B 范围内可布置两辆汽车。故可布置的车轮总重为：

$$\sum G = 2 \times (140 + 140) = 560（kN）$$

$$h = \frac{\sum G}{\gamma B L_0} = \frac{560}{18 + 8.5 \times 4.8} = 0.763（m）$$

④求主动土压力

由 $\varphi = 35°$，$\delta = \dfrac{2}{3}\varphi$，$\alpha = 0$，代入式（2-3-44）计算得：$\mu_a = 0.245$

则 $E_a = \dfrac{1}{2}\gamma H(H + 2h)\mu_a = \dfrac{1}{2} \times 18 \times 8 \times (8 + 2 \times 0.763) \times 0.245 = 168.0（kN/m）$

E_a 与水平面夹角为：

$\alpha + \delta = 23.3°$

E_a 作用点离台角的高度为：

$$z_c = \frac{H}{3} \cdot \frac{H + 3h}{H + 2h} = \frac{8}{3} \times \frac{8 + 3 \times 0.763}{8 + 2 \times 0.763} = 2.88（m）$$

在工程实践中，会遇到各种复杂或精度要求更高的土压力的计算，可参考有关专著或计算手册，本教材不再详述。但需指出库仑主动土压力公式所计算得的结果，一般情况下都比较接近实际情况，且计算简便，适应范围又较广泛。因此，目前铁路、公路桥涵设计规范都推荐采用库仑公式计算主动土压力。但库仑被动土压力计算结果常常偏大，δ 值越大，偏差也越大，偏于危险，所以实践中一般不用库仑被动土压力公式。

导图小结（土压力）
（图片）

在线测试题（土的
力学性质）（文档）

1. 已知某刚性基础，其底面尺寸 $a = 8\mathrm{m}$、$b = 3\mathrm{m}$，作用于基底中心竖向荷载 $N = 3000\mathrm{kN}$、弯矩 $M = 600\mathrm{kN \cdot m}$，求基底压力 $p_{\max}$ 和 $p_{\min}$。

2. 如图 2-4-35 所示，已知第一层为黏土，厚 2m，重度为 $18\mathrm{kN/m^3}$；第二层为细砂，厚 3m，其中水上厚 1m、重度为 $17.5\mathrm{kN/m^3}$，水下厚 2m、饱和重度为 $20.0\mathrm{kN/m^3}$。计算各层面处的自重应力。

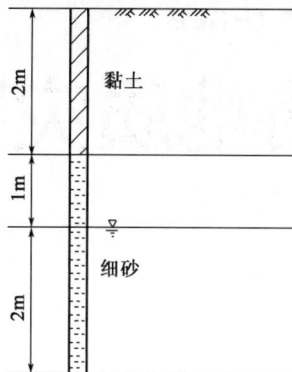

图 2-4-35　练习题 2 图

3. 已知某刚性基础 $a = 6\mathrm{m}$，$b = 1.8\mathrm{m}$；作用于基础中心竖向荷载 $N = 2000\mathrm{kN}$、弯矩 $M = 800\mathrm{kN \cdot m}$。计算基底压力。

学习项目三
LEARNING PROJECT THREE
处理公路地质灾害及土质病害

【项目导学】

1. 情景设定:某国道改建工程遭遇古滑坡体复活,你作为岩土工程师,需制定综合防治方案,同步处理沿线盐渍土路段病害。

2. 痛点列举:滑坡预警不及时可能阻断交通,甚至造成人员伤亡和经济损失;冻融循环未控制会导致路面龟裂。

3. 应用场景:

(1)预测预报:结合新技术、新设备等手段方法,判断病害的发展趋势与治理效果。

(2)治理设计:学习地质灾害和不良土质的影响因素,找到场地内主要影响因素,对症下药,达到事半功倍的效果。

(3)特殊土的处理。

任务一　掌握公路地质灾害防治

【学习指南】围绕"地质灾害问题的提出、问题的分析和问题的解决"三个环节,了解公路地质灾害的形成和发展规律,理解常见的地质灾害类型、形成条件和工程危害,掌握常用的野外识别方法和防治方法。重点要求掌握崩塌、滑坡、泥石流、岩溶等公路地质灾害的形成条件和防治方法。

【教学资源】包括 8 个微课、5 幅导图、3 个视频、9 个拓展阅读和工程案例、5 套在线测试题、大量高清图片和 1 套 PPT 资源。

我国是一个地质灾害普遍发育的国家。在大规模的公路和铁路建设中,经常会遇到各种各样的特殊地质和不良地质作用地段。它们给路线的合理布设、工程设计和施工、运营管理带来困难,或给建筑物的稳定和正常使用造成危害,甚至是重大灾难。本任务主要介绍崩塌、滑坡、泥石流、岩溶和地震等常见公路地质灾害的形成及防治。

一、崩塌

国内外常见地质灾害案例（课件）　崩塌（微课）

崩塌也称崩落、垮塌或塌方，是较陡斜坡上的岩土体在重力作用下突然脱离母体崩落、滚动、堆积在坡脚（或沟谷）的地质现象（图3-1-1）。崩塌的物质，称为崩塌体。崩塌体为土质者，称为土崩（图3-1-2）；崩塌体为岩质者，称为岩崩（图3-1-3）；大规模的岩崩，称为山崩。

崩塌是山区公路一种常见的突发性病害现象，小的崩塌对行车安全及路基养护工作影响较大；大的崩塌不仅会破坏公路、桥梁，击毁行车，有时崩积物堵塞河道，引起路基水毁，严重影响交通营运及安全，甚至造成公路无法使用。

图 3-1-1　崩塌形成示意图

图 3-1-2　土体崩塌

图 3-1-3　岩体崩塌

（一）崩塌形成的地质条件

1. 岩土类型

岩土是产生崩塌的物质条件，不同类型的岩土，形成崩塌的规模大小不同。通常岩石中的硬质岩石，如花岗岩、大理岩、石英岩、石灰岩（图3-1-4）、白云岩、砂岩、砾岩等，土中的黄土（图3-1-5）等，都较易形成大规模的崩塌；在软硬互层的悬崖上，因差异风化，硬质岩层常形成突出的凸崖，软质岩层易风化形成凹崖，上部硬质岩失去支撑而引起较大规模的崩塌。

页岩、泥灰岩等互层岩石及松散土层等，往往以坠落和剥落为主，形成崩塌的规模相对小一些。

2.地质构造

地质构造中的各种构造面，如裂隙面、岩层层面、断层面、软弱夹层及软硬互层的坡面，对坡体的切割、分离，为崩塌的形成提供脱离母体（山体）的边界条件（图3-1-6）。坡体中的裂隙越发育越易产生崩塌，与坡体延伸方向近乎平行的陡倾角构造面，最有利于崩塌的形成。当其软弱结构面倾向于临空面且倾角较大时，易于发生崩塌。或者坡面上两组呈楔形相交的结构面，当其组合交线倾向临空面时，也会发生崩塌。

图3-1-4　石灰岩崩塌

图3-1-5　黄土崩塌

图3-1-6　切割严重的岩体易形成崩塌

3.地形地貌

江、河、湖（水库）、沟的岸坡及各种山坡，铁路、公路边坡等各类人工边坡都是有利崩塌产生的地貌部位，一般在陡崖临空面高度大于30m，坡度大于60°的高陡斜坡（图3-1-7）、孤立山嘴或凸形陡坡及阶梯形山坡均为崩塌形成的有利地形。

岩土类型、地质构造和地形地貌三个条件，统称地质条件，是形成崩塌的基本条件，如图3-1-8所示。

图 3-1-7　高陡斜坡易形成崩塌

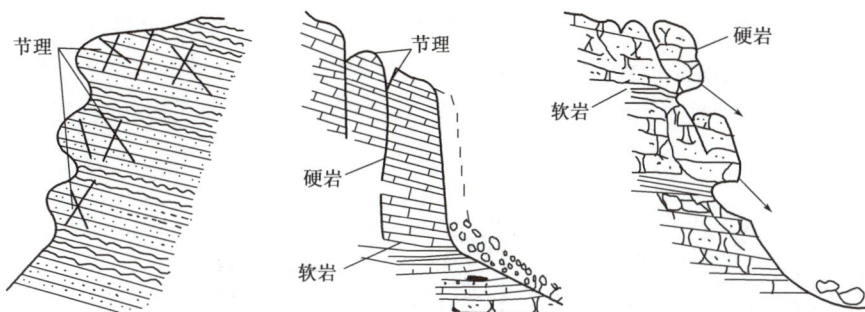

认识崩塌形成的
地质条件(视频)

图 3-1-8　崩塌形成条件示意图

(二)诱发崩塌的外界因素

诱发崩塌的外界因素,主要包含地震、水、风化作用、人为因素等,详见表 3-1-1。

崩塌的诱发因素　　　　　　　　　　　　　　　　　　　　　　　表 3-1-1

诱发因素	描述
地震	地震使土石松动,引起大规模的崩塌;一般烈度在Ⅶ度以上的地震都会诱发大量岩质崩塌的发生,一般烈度在Ⅵ度以上的地震都会诱发大量土质崩塌的发生
融雪、降雨	大雨、暴雨和长时间的连续降雨或融雪,使地表水渗入坡体,软化岩、土体及其中软弱结构面,增加了岩体的重量,从而诱发崩塌的发生
地表水的冲刷、浸泡	河流等地表水体不断地冲刷坡脚或浸泡坡脚,削弱坡体支撑或软化岩、土,降低坡体强度,诱发崩塌的发生
地下水	地下水对潜在崩塌体产生静水压力和动水压力,或产生向上的浮托力;岩体和充填物由于水的浸泡,抗剪强度大大降低;充满裂隙的水使不稳定岩体和稳定岩体之间的侧向摩擦力减小
风化作用	强烈物理风化作用如剥离、冰胀、植物根压等都能促使斜坡上岩体发生崩塌
人为因素	边坡设计得过高过陡,不适宜地采用大爆破、强夯法施工,施工程序不当等导致崩塌发生

(三)确定崩塌体的边界

崩塌体的边界特征决定崩塌体的规模大小。崩塌体边界的确定主要依据坡体地质结构。

在野外，确定崩塌体的边界，一般从以下几个环节着手：

首先，应查明坡体中所发育的裂隙面、岩层面、断层面等结构面的延伸方向、倾向和倾角大小及规模、发育密度等，即构造面的发育特征。通常，平行斜坡延伸方向的陡倾构造面，易构成崩塌体的后部边界；垂直坡体延伸方向的陡倾构造面或临空面常形成崩塌体的两侧边界，崩塌体的底界常由倾向坡外的构造层或软弱带组成，也可由岩、土体自身折断形成。

其次，调查各种构造面的相互关系、组合形式、交切特点、贯通情况及它们能否将或已将坡体切割，并与母体（山体）分离。

最后，综合分析调查结果，那些相互交切、组合，可能或已经将坡体切割与其母体分离的构造面就是崩塌体的边界面。其中，靠外侧、贯通（水平及垂直方向上）性较好的构造面所围的崩塌体的危险性最大。

例如，1980年6月3日发生在湖北省远安县盐池河磷矿区的大型岩石崩塌体，它的边界面就是由后部垂直裂缝、底部白云岩层理面及其他两个方向的临空面组成的，如图3-1-9所示。黄土高原地区常见的黄土崩塌体的边界面多由90°交角的不同方向的垂直节理面、临空面及底面黄土与其他相异岩性的分界面组成。此外，明显地受断层面控制的崩塌体也是非常多见的。

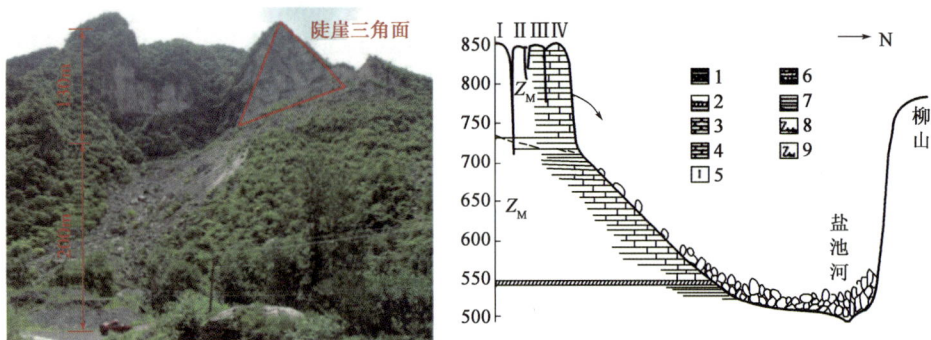

图3-1-9　湖北远安盐池河磷矿山体崩塌

（四）崩塌的防治技术

1.防治原则

由于崩塌发生得突然而猛烈，治理比较困难而且十分复杂，所以一般应采取以防为主的原则。

在选线时，应根据斜坡的具体条件，认真分析发生崩塌的可能性及其规模。对有可能发生大、中型崩塌的地段，应尽量避开。若完全避开有困难，可调整路线位置，离开崩塌影响范围一定距离，尽量减少防治工程，或考虑其他通过方案（如隧道、明洞等），确保行车安全。对可能发生小型崩塌或落石的地段，应视地形条件，进行经济比较，确定绕避还是设置防护工程。

在设计和施工中，避免使用不合理的高陡边坡，避免大挖大切，以维持山体平衡稳定。在岩体松散或构造破碎地段，不宜使用大爆破施工，避免因工程技术上的失误而引起崩塌。

崩塌的防治一定要基于野外勘察，应采用不同的工作方法，其工作要点见表3-1-2。

崩塌的野外勘察工作要点　　　　　　　　　　　　　　　表 3-1-2

方法	目的	要点
测绘	查明崩塌与岩堆的地貌形态、水文地质特征等	峭壁高度、长度、坡度(包括各变坡点的高程); 崖壁新近崩塌、坍塌、剥落的痕迹并估算其体积; 坠石冲击点、跳跃距离、滚动距离及其最大石块的体积、形状; 岩堆的分布范围、形状、各部位的坡度变化; 岩堆各部位颗粒分选状况、地表最大颗粒体积; 岩堆体各部位固结(或松散)程度、稳定状况等; 冲沟发育状况,如各部位切割深度、纵坡、横断面类型、稳定坡度、坡高等; 岩堆体各部位植被覆盖程度,并区分乔禾、灌木、蒿草等的分布范围
勘探	了解崩塌与岩堆的地层结构、软弱结构面、含水层的性质、地下水位及取样试验	探明堆床形状、堆体地层结构、岩性,尤其细颗粒夹层、地下水位、地质构造; 勘探线应按崩塌(含坍塌、剥落)岩堆活动中心、岩堆前缘弧顶布置; 连续分布,无明显锥顶、前缘弧顶岩堆,应垂直地形等高线走向布置勘探线; 勘探线间距不大于 50m,每个岩堆体至少有 1 条勘探线,勘探点不少于 3 个(含露头); 岩石峭壁一般只采用地层岩性描述、节理统计方法,不宜布置勘探点; 岩堆体勘探以物探为主,辅以钻探验证,并有一定数量挖探; 钻探孔深宜钻至堆床以下 2m,并应采取适当钻探工艺,以查明岩土软弱夹层、含腐殖物夹层和地下水等资料
工程地质试验	为崩塌与岩堆防治工程的设计提供依据和计算参数	崩塌范围一般取岩样做密度、相对密度、天然含水率、吸水率、抗压强度、软化系数、泊松比、抗剪强度(c、φ 值)试验。抗剪强度试验侧重在软弱夹层和不利的节理面; 岩堆体试验项目有密度、相对密度、含水率、抗剪强度、天然休止角。也可利用天然陡坎坍塌、滑塌反算 c、φ 值或综合 φ 角,代替抗剪强度试验。也可在附近有类比条件的陡坎坍塌处进行类比,反算 c、φ 值

2. 防治措施

(1)排水

在有水活动的地段,布置排水构筑物,以进行拦截疏导,防止水流渗入岩土体而加剧斜坡的失稳。排除地表水,可修建截水沟、排水沟;排除地下水,可修建纵、横盲沟等,如图 3-1-10 所示。

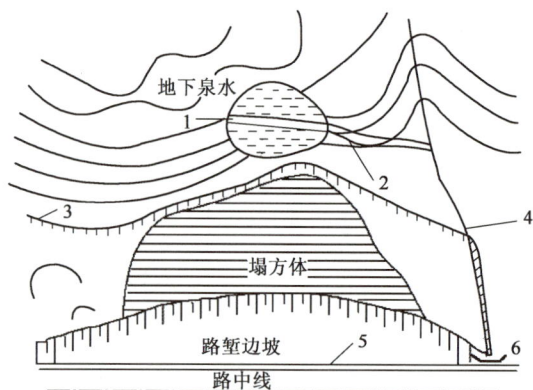

图 3-1-10　边坡塌方路段综合排水图示
1-渗沟；2-排水沟；3-截水沟；4-自然沟；5-边沟；6-涵洞

（2）刷坡清除

山坡或边坡坡面崩塌岩块的体积及数量不大，岩石的破碎程度不严重，采用刷坡技术放缓边坡。在危石孤石突出的山嘴，可一并清除，如图 3-1-11、图 3-1-12 所示。

图 3-1-11　刷坡

图 3-1-12　清除危岩

（3）坡面防护和加固

边坡或自然坡面比较平整、岩石表面风化易形成小块岩石呈零星坠落时，宜进行种草、植树、灌浆、勾缝等坡面防护，以阻止风化发展，防止零星坠落。对坡体中的较大裂隙和空洞，可用片石填补、水泥砂浆封闭，防止裂隙和空洞进一步发展。易引起崩塌的高边坡，宜采用边坡加固工程，必要地段修建挡土墙、边坡锚杆、锚索、多级护墙和护面，如图 3-1-13、图 3-1-14 所示。

（4）拦截防御

岩体严重破碎，经常发生落石路段，宜采用柔性防护系统或拦石墙与落石槽等拦截构造物。设置落石平台和落石槽以停积崩塌物质，修建拦石墙以拦坠石；利用废钢轨、钢钎及钢丝等编制钢轨或钢钎棚栏来拦截的这些措施，也常用于铁路工程。拦石墙与落石槽宜配合使用，设置位置可根据地形合理布置，落石槽的槽深和底宽通过现场调查或试验确定。拦石墙墙背应设缓冲层,并按公路挡土墙设计,墙背压力应考虑崩塌冲击荷载的影响,如图 3-1-15 ～ 图 3-1-18所示。

图 3-1-13 公路坡面防护(植物防护 + 工程防护)

图 3-1-14 长江三峡链子崖危岩体喷锚支护

图 3-1-15 防护网

图 3-1-16 拦石网

(5)支挡工程

对在边坡上局部悬空的岩石,但是岩体仍较完整,有可能成为危岩石,或在岩石突出、不稳定的大孤石下面,可视具体情况采用钢筋混凝土立柱、浆砌片石支顶、废钢轨支撑等支挡结构物加固,如图 3-1-19 所示。

图 3-1-17　拦石格栅

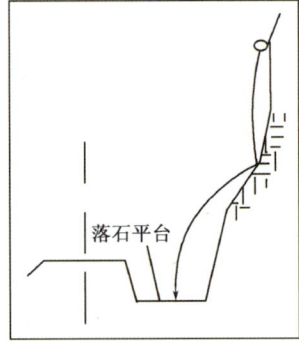

图 3-1-18　落石平台(槽)

落石平台

图 3-1-19　危岩支顶

（6）遮挡工程

当崩塌体较大、发生频繁且距离路线较近而设拦截构造物有困难时，可采用明洞、棚洞等遮挡构造物处理，如图 3-1-20 所示。

梅州明洞

图 3-1-20　防落石的棚洞、明洞

3. 防治案例❶

(1)崩塌概况

会宁县位于甘肃省中部、白银市南端,总面积6439km²。县城地处祖厉河中上游,地质结构复杂,地貌以水成型次生黄土形成的黄土梁峁为主,沟壑纵横,垂直节理发育,湿陷性特征明显。城区内祖厉河沿岸历经多年洪水冲刷,坡度陡,坡高20~30m,大临空面,加上人工不合理开挖,地质灾害十分发育,崩塌群长达12km,规模巨大,是城区安全的隐患、城市建设的软肋。崩塌现场如图3-1-21、图3-1-22所示。

甘肃会宁县城区
崩塌治理工程
高清照片(图片)

图3-1-21　城区内祖厉河沿岸崩塌全貌

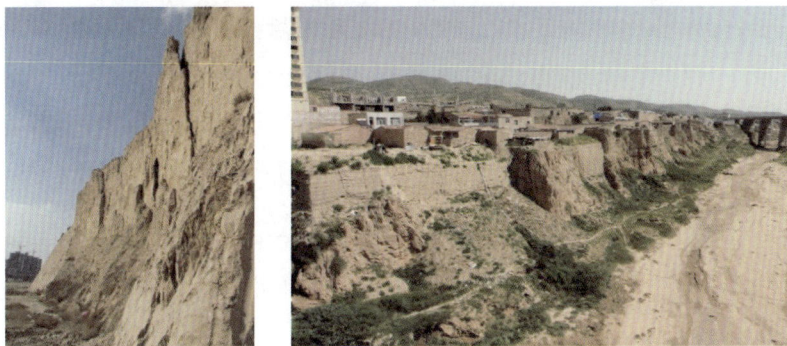

图3-1-22　黄土垂直节理发育,临空面大

(2)治理工程

2012年9月,会宁县编制了《甘肃省会宁县城区地质灾害综合防治工程规划》,根据总体规划,防治工程采用"政府主导、社会参与、分期治理、滚动开发"的模式,将地质灾害治理与城市规划建设、土地资源开发、棚户区改造相结合,最大限度开发利用崩塌群边的荒坡河滩,拓展城市发展空间,高效整合防灾减灾效益和社会、经济、生态效益。主要治理工程有截排水工程、坡形改造工程、支挡工程、坡面防护工程、生物工程等,治理工程施工如图3-1-23~图3-1-26所示。通过对区域内地质灾害的综合治理,可确保会宁县城区规划的顺利实施,为会宁县城的跨越式发展奠定基础。

---

❶ 案例资料来源于甘肃省自然资源厅地质灾害防治技术指导中心。

图 3-1-23　坡面开挖

图 3-1-24　基础碾压

图 3-1-25　钢筋混凝土格构梁施工

注：左图为格构梁基础底部开挖夯填三七灰土。

图 3-1-26　衡重式抗滑挡土墙配筋与混凝土浇筑

（3）治理效果

会宁县自 2014 年 3 月正式启动一期治理工程以来，通过工程治理、搬迁避让、监测预警等措施，已累计治理城区崩塌 8000 余米，形成"一河引领、两岸繁荣"的开发开放格局，打造了美丽宜居的城市环境，产生了显著的防灾减灾效益和生态环境效益，使地质灾害隐患点变成了靓丽的风景线、产业的聚集线、发展的引领线。崩塌治理效果如图 3-1-27、图 3-1-28 所示。会宁城区崩塌群治理工程是近年来甘肃实施的具有代表性的崩塌治理工程。

图 3-1-27　治理后的边坡

图 3-1-28　城区内祖厉河沿岸崩塌治理工程最终效果图

导图小结(崩塌)(图片)

在线测试题(崩塌)(文档)

滑坡(上)(微课)

滑坡(下)(微课)

二、滑坡

滑坡是指斜坡上的土体或者岩体,受河流冲刷、地下水活动、雨水浸泡、地震及人工切坡等因素影响,在重力作用下,沿着一定的软弱面或者软弱带,整体地或者分散地顺坡向下滑动的自然现象,俗称"走山""垮山""地滑"等,如图 3-1-29 所示。

(一)滑坡的形成及危害

滑坡的形成过程一般可分为 4 个阶段,如图 3-1-30 所示。一是蠕动变形阶段或滑坡孕育阶段。斜坡上部分岩(土)体在重力的长期作用下发生缓慢、匀速、持续的微量变形,并伴有局部拉张成剪切破坏,地表可见后缘出现拉裂缝并加宽加深,两侧翼出现断续剪切裂缝。二是急剧变形阶段。随着断续破裂(坏)面的发展和相互连通,岩(土)体的强度不断降低,岩(土)体变形速率

图 3-1-29　滑坡

不断加大,后缘拉裂面不断加深和展宽,前缘隆起,有时伴有鼓张裂缝,变形量也急剧加大。三是滑动阶段。当滑动面完全贯通,阻滑力显著降低,滑动面以上的岩(土)体即沿滑动面滑出。四是逐渐稳定阶段。随着滑动能量的耗失,滑动速度逐渐降低,直至最后停止滑动,达到新的平衡。以上4个阶段是一个滑坡发展的典型过程,实际发生的滑坡中,4个阶段并不总是十分完备和典型。由于岩(土)体和滑动面的性质、促滑力的大小、运动方式、滑移体所具有的位能大小等不同,滑坡各阶段的表现形式及过程长短也有很大的差异。

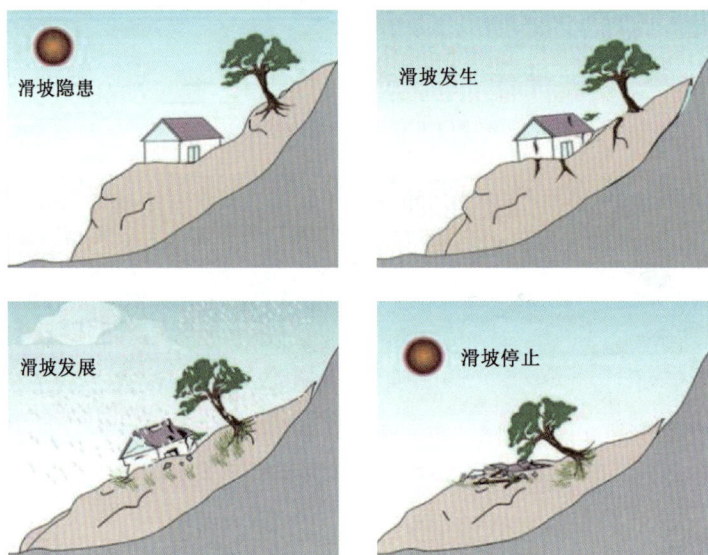

图 3-1-30 滑坡形成示意图

滑坡是山区公路的主要病害之一。我国山地面积比较大,是世界上滑坡最发育的国家之一。西南地区为我国滑坡分布的主要地区,该地区滑坡类型多、规模大、发生频繁、分布广泛、危害严重,已经成为影响国民经济发展和人身安全的制约因素之一。西北黄土高原地区,以黄土滑坡广泛分布为其显著特征。东南、中南的山地、丘陵地区滑坡、崩塌也较多。在青藏高原和兴安岭的多年冻土地区,也有不同类型的滑坡分布。滑坡的危害如图 3-1-31 ~ 图 3-1-33 所示。

图 3-1-31 滑坡的危害(阻塞河谷)

图 3-1-32 滑坡的危害(掩埋房屋)

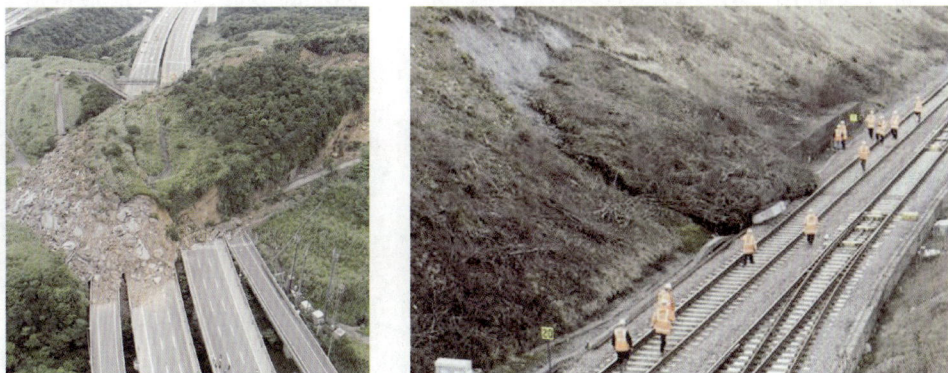

图 3-1-33 滑坡的危害(摧毁交通设施)

(二)滑坡的形成条件

滑坡的发生,是斜坡岩土体平衡条件遭到破坏的结果,其形成条件主要有以下几个方面:

1. 岩土类型

岩土体是产生滑坡的物质基础。一般来说,各类岩、土都有可能构成滑坡体(图 3-1-34、图 3-1-35),其中结构松散,抗剪强度和抗风化能力较低,在水的作用下其性质能发生变化的岩、土,如松散覆盖层、黄土、红黏土、页岩、泥岩、煤系地层、凝灰岩、片岩、板岩、千枚岩等及软硬相间的岩层所构成的斜坡易发生滑坡。

图 3-1-34 岩质滑坡

图 3-1-35 土质滑坡

2. 构造条件

组成斜坡的岩、土体只有被各种构造面切割分离成不连续状态时,才有可能向下滑动的条件,同时构造面又为降雨等水流进入斜坡提供了通道,故各种节理、裂隙、层面、断层发育的斜坡,特别是当平行和垂直斜坡的陡倾角构造面及顺坡缓倾的构造面发育时,最易发生滑坡(图 3-1-36)。

3. 地形地貌

只有处于一定的地貌部位,具备一定坡度的斜坡,才可能发生滑坡。一般江、河、湖(水库)、海、沟的斜坡,前缘开阔的山坡、铁路、公路和工程建筑物的边坡等都是易发生滑坡的地貌部位。坡度大于10°、小于45°，下陡中缓上陡、上部成环状的坡形是产生滑坡的有利地形（图3-1-37）。

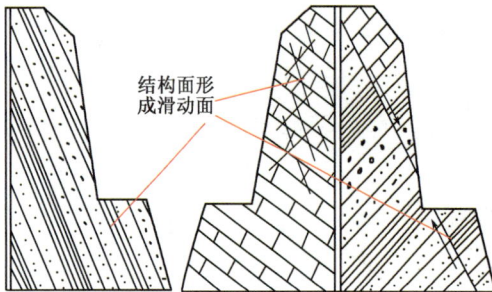

图3-1-36　容易引起滑坡的地质构造条件

图3-1-37　容易引起滑坡的地形

4.诱发因素

现今地壳运动的地区和人类工程活动的频繁地区是滑坡多发区，水等外界因素和作用，可以使产生滑坡的基本条件发生变化，从而诱发滑坡。主要的诱发因素见表3-1-3。

滑坡的诱发因素　　　　表3-1-3

诱发因素	描述
水	地表水：侧向侵蚀斜坡或掏空斜坡坡脚
	地下水：降低岩、土体强度；潜蚀岩、土；增大岩、土重度；对透水岩石产生浮托力等
	降雨：大部分滑坡发生在久雨之后，俗有"大雨大滑，小雨小滑"之说
地震	地震产生的加速度使斜坡岩土体承受巨大的惯性力，并使地下水位发生强烈变化，在高山区极易诱发地震
人为活动	如开挖坡脚、坡体堆载、爆破、水库蓄（泄）水、矿山开采等都可诱发滑坡

(三) 滑坡的形态要素

发育完整的滑坡，一般都包含一些基本的形态要素，如图3-1-38所示。

认识滑坡的形态要素（视频）

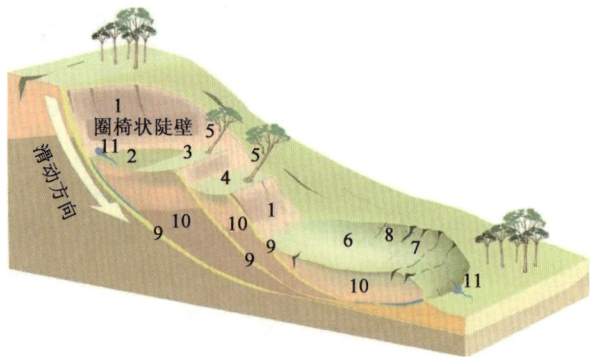

图3-1-38　滑坡要素示意图

1-滑坡壁；2-滑坡洼地；3、4-滑坡台阶；5-马刀树；6-滑坡舌；7-滑坡臌丘；8-羽状裂缝；9-滑动面；10-滑坡体；11-滑坡泉

1. 滑坡体

滑坡体指滑坡的整个滑动部分,即依附于滑动面向下滑动的岩土体,简称**滑体**。滑体的规模大小不一,大者达几亿立方米到十几亿立方米,如图 3-1-39 所示。

图 3-1-39　滑坡体

2. 滑动面

滑动面指滑坡体沿着滑动的面。滑动带指平行滑动面受揉皱及剪切的破碎地带,简称**滑带**;滑动面(带)是表征滑坡内部结构的主要标志,它的位置、数量、形状和滑动面(带)土石的物理力学性质,对滑坡的推力计算和工程治理有重要意义。滑动面的形状,因地质条件而异。一般来说,发生在均质黏性土和软质岩体中的滑坡,多呈圆弧形,如图 3-1-40 所示;沿岩层层面或构造裂隙发育的滑坡,滑动面多呈直线形或折线形。滑坡床指滑体滑动时所依附的下伏不动体,简称**滑床**。

原地面线

滑坡体

滑动面

图 3-1-40　滑动面

3. 滑坡后壁

滑坡后壁指滑坡发生后,滑坡体后缘和斜坡未动部分脱开的陡壁,如图 3-1-41 所示。有时可见擦痕,以此识别滑动方向。滑坡后壁在平面上多呈圈椅状,后壁高度自几厘米到几十米不等,陡坡一般为 $60° \sim 80°$。

图 3-1-41 滑坡后壁

4. 滑坡台阶

滑坡台阶滑体滑动时由于各段土体滑动速度的差异，在滑坡体表面形成台阶状的错台。

5. 滑坡舌

滑坡舌指滑坡体前缘形如舌状的凸出部分，舌上常发育有因受阻力而隆起的小丘。

6. 滑坡裂隙

滑坡裂隙指由于滑坡各部分移动的速度不等，在其内部及表面所形成的一系列裂隙。位于滑体上（后）部多呈弧形展布者，称为拉张裂隙；位于滑体中部两侧又常伴有羽毛状排列的裂隙，称为剪切裂隙；滑坡体前部因滑动受阻而隆起形成的张性裂隙，称为鼓张裂隙；位于滑坡体中前部，尤其滑舌部呈放射状展布者，称为扇状裂隙，如图 3-1-42 所示。

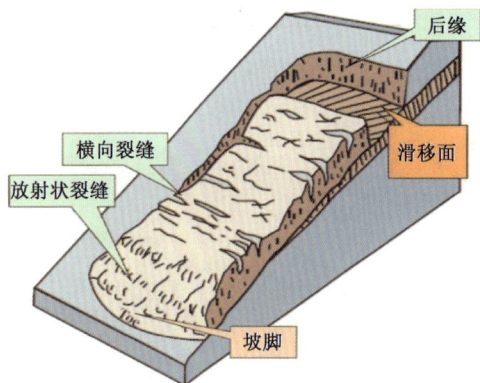

图 3-1-42 滑坡裂缝

7. 滑坡周界

滑坡周界是指滑坡体与周围不动坡体在平面上的分界线（图 3-1-43），它圈定了滑坡的范围。在多个滑坡构成的滑坡群内，它可以是不同滑动块体之间的界。较老的滑坡由于风化、水流冲刷、坡积物覆盖，往往使原来的构造、形态特征遭到破坏，不易被观察。但是一般情况下，必须尽可能地将其形态特征识别出来，以利于确定滑坡的性质和发展状况，为整治滑坡提供可靠的资料。

图 3-1-43　滑坡周界

(四) 滑坡的类型

根据滑坡体物质组成、滑坡体厚度、滑动面与层面关系划分出下列几种滑坡类型, 见表 3-1-4。

滑坡分类表　　　　　　　　　　　　　　　　　　　表 3-1-4

分类依据	分类名称	特征	典型实例
滑坡体的物质组成	黄土滑坡	河谷两岸高阶地的前缘斜坡上, 成群出现, 且大多为中、深层滑坡, 一般滑动速度很快, 破坏力强, 是崩塌性滑坡, 黄土高原普遍发育	洒勒山滑坡全貌
	黏土滑坡	久雨后发生, 多为中、浅层滑坡, 分布于云贵高原、四川东部、广西及鄂西、湘西等地	1-黏土；2-砂砾层；3-页岩；4-滑落黏土
	堆积层滑坡	发生于斜坡或坡脚处的堆积体中, 物质成分多为崩积、坡积土及碎块石, 滑坡结构以土石混杂为主。公路工程中最常见, 多出现在河谷缓坡地带, 规模大小不一	秭归新滩滑坡

分类依据	分类名称		特征	典型实例
滑坡体的物质组成	岩层滑坡	顺层滑坡	发育在软弱岩层或具有软弱夹层的岩层中,滑动面为岩层的层面	 意大利瓦伊昂水库滑坡
		切层滑坡	发育在硬质岩层的陡倾面或结构面上	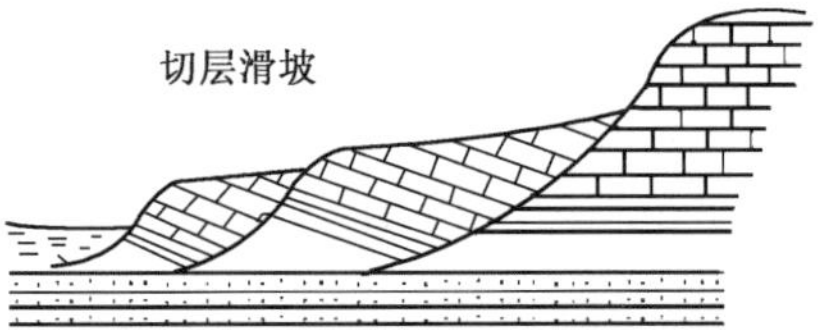 切层滑坡
力学条件	牵引式滑坡		由于斜坡坡脚处任意挖方、切坡或流水冲刷,下部失去原有岩土的支撑而丧失其平衡引起的滑坡	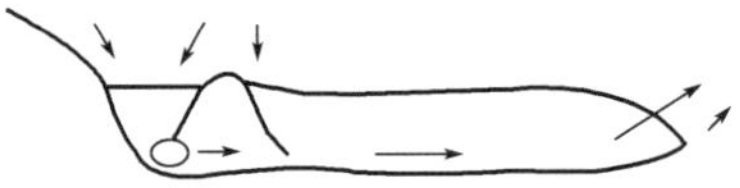
	推移式滑坡		由于斜坡上方加以不恰当的荷载(修建建筑物、填方、堆放重物等)使上部先滑动,挤压下部,因而使斜坡丧失平衡引起的滑坡	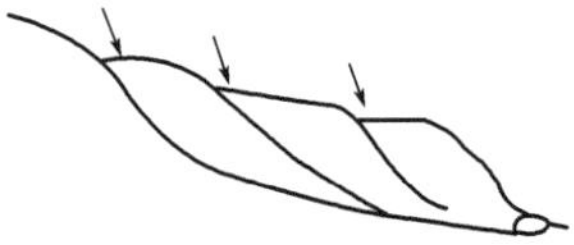
滑体厚度	浅层滑坡		滑体厚度 <6m	
	中层滑坡		滑体厚度在 6～20m 之间	
	深层滑坡		滑体厚度 >20m	
滑坡体的规模	小型滑坡		滑坡体积小于 3 万 m³	
	中型滑坡		滑坡体积在 3 万～50 万 m³ 之间	
	大型滑坡		滑坡体积在 50 万～300 万 m³ 之间	
	巨型滑坡		滑坡体积大于 300 万 m³	

典型滑坡案例
（文档）

（五）滑坡的野外识别和稳定性判断

在野外,从宏观角度观察滑坡体,可以根据一些外表迹象和特征,粗略地判断它的稳定性,见表3-1-5。需要指出的是,以下标志只是一般而论,较为准确的判断,尚需做出进一步的观察和研究。

滑坡野外识别 表3-1-5

识别类型		特征	示意图
滑坡先兆现象识别	边坡变形特征	在滑坡体前缘土石零星掉落,坡脚附近土石被挤紧,并出现大量鼓张裂缝。这是滑坡向前推挤的明显迹象	
	水文地质特征	在滑坡前缘坡脚处,有堵塞多年的泉水复活现象,或者出现泉水(水井)突然干枯、井(钻孔)水位突变等类似的异常现象	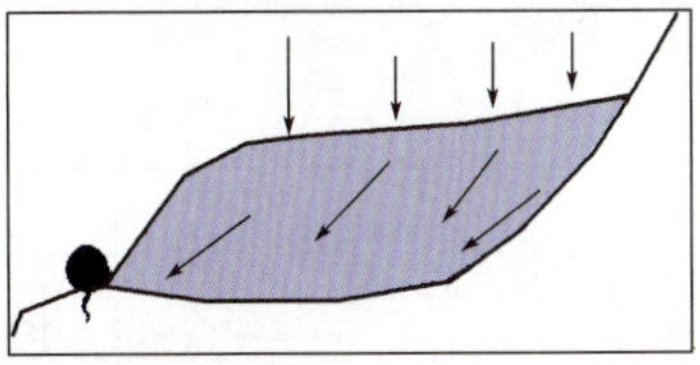
古滑坡外貌特征识别	地貌特征	圈椅状地形[见右侧图 a)] 双沟同源[见右侧图 b)] 河岸反向突出[见右侧图 c)]	 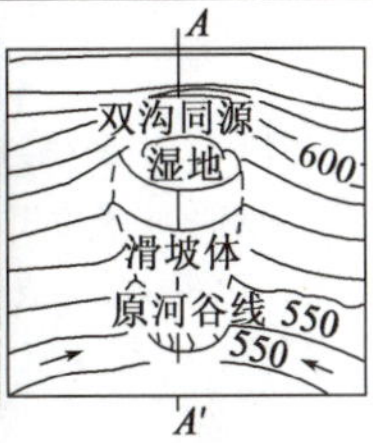 a) b)  c)
	地物特征		 马刀树  醉汉林
	水文地质特征	在滑体两侧坡面洼地和上部常有喜水植物茂盛生长	

（六）滑坡的防治技术

1. 防治原则

滑坡的防治，贯彻"以防为主，整治为辅"的原则。在选择防治措施前一定要查清滑坡的地形、地质和水文地质条件，认真研究和确定滑坡的性质及其所处的发展阶段，了解产生滑坡的原因，结合工程建筑的重要程度、施工条件及其他情况进行综合考虑，其野外勘察工作要点见表 3-1-6。

滑坡的野外勘察工作要点

表 3-1-6

方法	目的	要点
测绘	查明滑坡的地貌形态、水文地质特征，弄清滑坡周界及滑坡周界内不同滑动部分的界线等	滑坡壁的形状、位置、高差及坡度； 滑坡台阶的形状、位置、高差、坡度及其形成次序； 滑坡体隆起和洼地范围及形成特征； 滑坡裂隙分布范围、密度、特征及其力学性质； 滑坡舌前缘隆起、冲刷、滑塌与人工破坏状况； 滑体各部位的稳定状态，如蠕动、挤压、初滑、滑动、速滑、终止； 滑体上冲沟发育部位、切割深度、切割地层岩性、沟槽横断面形状、泉水的形成、沟岸稳定状况； 坡脚破坏的原因与破坏速度等
勘探	了解滑体与滑床的地层结构、软弱结构面、含水层的性质、地下水位、滑动特征及取样试验	查明滑坡体的厚度； 下伏基岩表面的起伏及倾斜情况； 判断滑动面的个数、位置和形状； 了解滑坡体内含水层和湿带的分布情况和范围、地下水的流速及流向等； 查明滑坡地带的岩性分布及地质构造情况等
工程地质试验	为滑坡防治工程的设计提供依据和计算参数	水文地质试验：测定地下水的流速、流向流量和各含水层的水力联系及渗透系数等； 物理力学试验：做劈裂试验确定滑动带土石的内摩擦角和黏聚力参数

由于大型滑坡的整治工程量大，技术上也很复杂，因此，在测设时应尽可能采用绕避方案。若建成后路基不稳定，是治理还是绕避，需要周密分析其经济和安全两方面的得失。

对于中、小型滑坡的地段，一般情况下不必绕避，但是应注意调整路线平面位置以求得工程量小、施工方便、经济合理的路线方案。

路线通过古滑坡时，应对滑坡体的结构、性质、规模、成因等做详细勘察后，再对路线的平、纵、横做出合理布设；对施工中开挖、切坡、弃方、填土等都要作通盘考虑，稍有不慎即可能引起滑坡的复活。

图 3-1-44 为一路基通过滑坡地带的几种方案选择。

2. 防治措施

整治滑坡的工程措施很多，归纳起来分为三类：一是消除或减轻水的危害；二是改变滑坡体外形，设置抗滑建筑物；三是改善滑动带土石性质，见表 3-1-7。

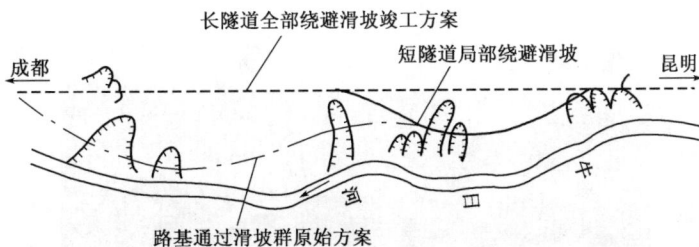

图 3-1-44 路基通过滑坡地带方案选择

滑坡的防治措施 表 3-1-7

序号	措施类型	措施	适用条件
1	排水	地表排水	地表径流较大的滑坡区
		地下排水	地下水比较发育的滑坡区
		冲刷防护	沿河滑坡区
2	减重和反压	减重	推移式滑坡
		反压	牵引式滑坡
3	修筑支挡工程	抗滑桩、抗滑锚索(杆)	深层滑坡、各类非塑性流滑坡和岩质滑坡
		抗滑挡土墙	滑坡中、下部有稳定的岩土锁口者
		锚索(杆)挡土墙	规模较大的非岩质滑坡体
4	改善滑动带土石性质	焙烧法	含水率较大的土体滑坡
		浆砌护坡	地表径流较大的滑坡区
		化学加固	土体滑坡

(1)消除或减轻水的危害——排水

①地表排水。排除地表水是整治滑坡中不可缺少的辅助措施,而且应是首先采取并长期运用的措施。其目的在于拦截、旁引滑坡外的地表水,避免地表水流入滑坡区;或将滑坡范围内的雨水及泉水尽快排除,阻止雨水、泉水进入滑坡体内。

主要工程措施有:在滑坡体周围修截水沟,滑坡体上设置干枝排水系统汇集旁引坡面径流于滑坡体外排出,整平地表,填塞裂缝和夯实松动地面,筑隔渗层,减少地表水下渗并使其尽快汇入排水沟内,防止沟渠渗漏和溢流于沟外,如图3-1-45、图3-1-46所示。

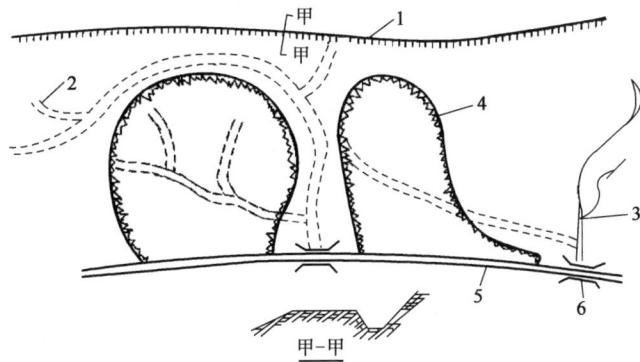

图 3-1-45 滑坡路段综合排水图示
1-截水沟;2-排水沟;3-自然沟;4-滑坡土体边界;5-路线;6-涵洞

图 3-1-46 滑坡路段综合排水施工

②地下排水。对于地下水,可疏而不可堵。其主要工程措施有截水盲沟、渗沟,用于拦截和旁引滑坡外围的地下水,如图 3-1-47、图 3-1-48 所示;支撑盲沟,兼具排水和支撑作用;仰斜孔群,用近乎水平的钻孔把地下水引出。此外,还有盲洞、渗管、渗井、垂直钻孔等排除滑体内地下水的工程措施。

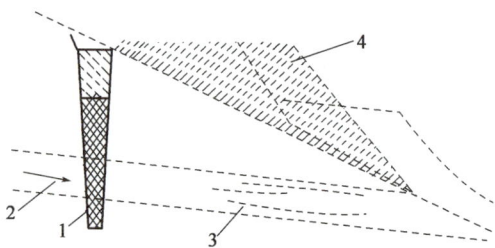

图 3-1-47 用渗沟拦截流向滑坡体的地下水示意图

1-渗沟;2-地下水;3-自然沟;4-滑坡土体

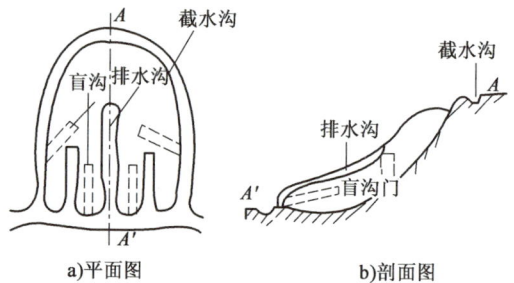

图 3-1-48 排除滑坡地表水和地下水示意图

③冲刷防护。为了防止河水、库水对滑坡体坡脚的冲刷,可采用的主要工程措施有护坡、护岸、护堤,在滑坡前缘抛石、铺设石笼等防护工程或导流构造物,如图 3-1-49、图 3-1-50 所示。

图 3-1-49 冲刷防护工程

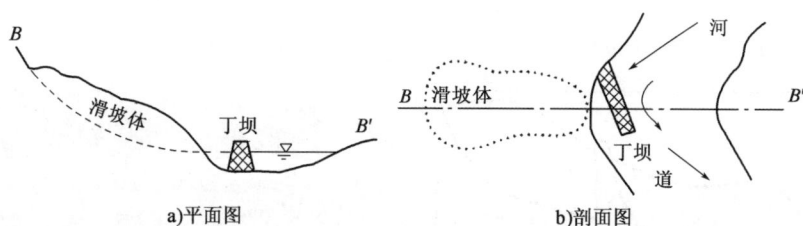

图 3-1-50　河岸防护堤示意图

（2）减重和反压

对推移式的滑坡，在上部主滑地段减重，常起到根治的效果。对其他性质的滑坡，在主滑地段减重也能起到减小下滑力的作用。减重一般适用于滑坡床为上陡下缓，滑坡后壁及两侧有稳定的岩土体，不致因减重而引起滑坡向上和向两侧发展造成后患的情况。对于错落转变成的滑坡，采用减重使滑坡达到平衡，效果比较显著。有些滑坡的滑带土或滑坡体，具有卸荷膨胀的特点，减重后使滑带土松弛膨胀，尤其是地下水浸湿后，其抗滑力减小，引起滑坡。因此，具有这种特点的滑坡，不能采用减重法。另外，减重后将增大暴露面，有利于地表水渗入坡体和使坡体岩石风化，这些不利因素应充分被考虑。

在滑坡的抗滑段和滑坡体外前缘堆填土石加重，如做成堤、坝等，能增大抗滑力而稳定滑坡。但是必须注意只能在抗滑段加重反压，不能填于主滑地段。而且填方时，必须做好地下排水工程，不能因填土堵塞原有地下水出口，造成后患，如图 3-1-51 所示。

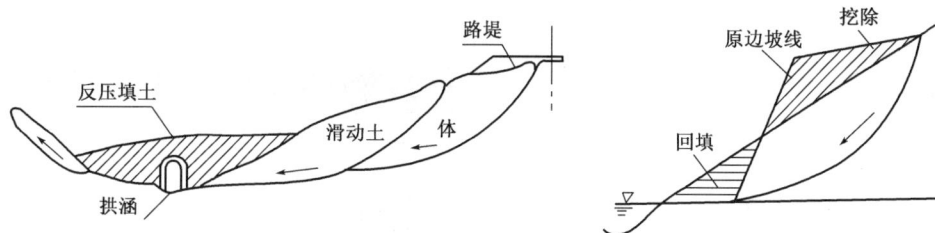

图 3-1-51　滑坡体上方减压和下方回填反压示意图（据黄辉华,1988）

对于某些滑坡，可根据设计计算确定需减少的下滑力大小，同时在其上部进行部分减重和下部反压。减重和反压后，应检验滑面从残存的滑体薄弱部位及反压体底面滑出的可能性。

（3）修筑支挡工程

因失去支撑而引起滑动的滑坡，或滑坡床陡、滑动可能较快的滑坡，采用修筑支挡工程的办法，可增加滑坡的重力平衡条件，使滑体迅速恢复稳定。

支挡建筑物有抗滑桩、抗滑挡土墙、锚杆和锚固桩等。

①抗滑挡土墙：一般是重力式挡土墙，也有轻型挡土墙。挡土墙的设置位置一般位于滑体的前缘；滑坡中、下部有稳定的岩土锁口者，设置于锁口处；如滑坡为多级滑动，当推力太大，在坡脚一级支挡施工量较大时，可分级支挡，如图 3-1-52、图 3-1-53 所示。

②抗滑桩：适用于深层滑坡和各类非塑性流滑坡，对缺乏石料地区和处理正在活动的滑坡，更为适宜，如图 3-1-54、图 3-1-55 所示。其特点是设桩位置灵活，施工简单，开挖面积小。

抗滑桩布置取决于滑体密实程度、滑坡推力大小及施工条件。在山区岩石边坡上，经常采用预应力锚索（杆）抗滑，如图 3-1-56 所示。

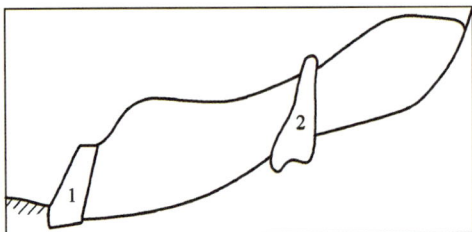

图 3-1-52　分级抗滑挡土墙示意图

注：1、2 代表两级挡土墙。

图 3-1-53　分级抗滑挡土墙

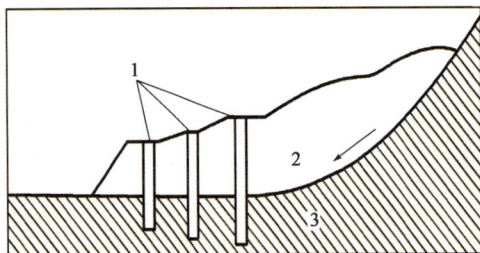

图 3-1-54　抗滑桩示意图

1-抗滑桩；2-滑坡体；3-稳定土体

图 3-1-55　抗滑桩

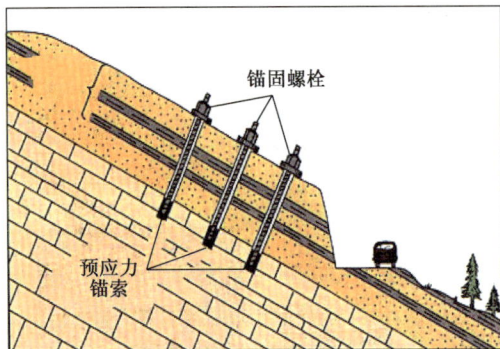

图 3-1-56　预应力锚索（杆）抗滑

③锚索（杆）挡土墙：这是近 20 年发展起来的新型支挡结构，其优点是节约材料，成功地代替了庞大的混凝土挡土墙。锚索（杆）挡土墙由锚杆、肋柱和挡板三部分组成。滑坡推力作用在挡板上，由挡板将滑坡推力传于肋柱，再由肋柱传至锚杆，最后通过锚索（杆）传到滑动面以下的稳定地层中，通过锚索（杆）的锚固来维持整个结构的稳定。如图 3-1-57、图 3-1-58 所示。

（4）改善滑动带土石性质

一般采用焙烧法（>800℃）、浆砌护坡及化学加固等物理化学方法对滑坡进行整治，如图 3-1-59、图 3-1-60 所示。

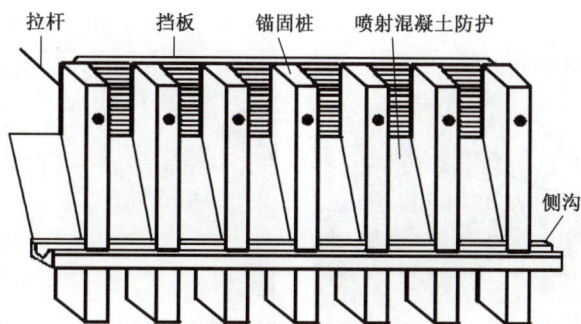

图 3-1-57　锚索(杆)抗滑挡土墙结构示意图

图 3-1-58　锚索(杆)抗滑挡土墙

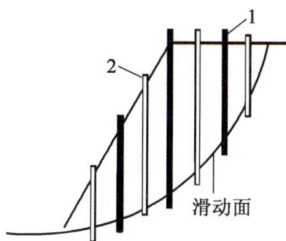

图 3-1-59　电化学加固法
1-铁棒;2-铁管

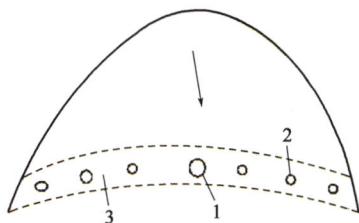

图 3-1-60　焙烧导洞
1-中心烟道;2-垂直风道;3-焙烧导洞

　　由于滑坡成因复杂、影响因素多,常常需要上述几种方法同时使用、综合治理,方能达到目的。如图 3-1-61 所示的三峡库区黄腊石滑坡防治工程,其中采用了地表排水沟、截水沟、地下排水仰斜孔群、锚固桩、化学加固等多种治理方法,该滑坡治理效果很好。

　　3. 防治案例❶

　　甘肃省东乡族自治县是全国唯一的以东乡族为主体的自治县,是古丝绸之路南线上的一座重镇,具有悠久的历史、灿烂的文化、独特的地域风貌、多彩而悠久的民族风情,给这块古老而神奇的黄土高原带来了无限的魅力。县城原貌如图 3-1-62 所示。

---

❶　资料来源于甘肃省自然资源厅地质灾害防治技术指导中心。

图 3-1-61　黄腊石滑坡防治工程

图 3-1-62　县城原貌

（1）滑坡概况

2011 年 3 月 2 日 18 时 55 分，县城锁南镇撒尔塔文体广场发生滑坡，大量松散土体堆积于体育场内，对道路、商铺、通信、给排水、电力设施造成严重毁坏。滑坡为一特大型土质滑坡，平面形状为舌形，滑坡主滑方向为 150°，至前缘与西侧坡体碰撞后转为 120°。滑坡堆积体长度约为 210m，宽度为 85～123m，厚度为 4～15m，该滑坡共计发生 7 次规模不等的滑动，滑坡方量约为 $18 \times 10^4 m^3$。滑坡后侧形成了 4～12m 高的后壁，沿后壁顶部周围形成弧形的卸荷裂隙，最大宽度近 50cm，垂直错距约 20cm。滑坡现场如图 3-1-63、图 3-1-64 所示。

图 3-1-63　滑坡现场全貌

图 3-1-64　滑坡现场一角

（2）治理工程

东乡县城特大滑坡治理贯彻"消除灾害隐患、土地整治开发、改善人居环境"的开发式治理模式。综合考虑县城区内发育的地质灾害的特点以及分布特点，滑坡防治工程主要采取支挡、锚固、削方减载、排水等工程措施进行综合治理，图 3-1-65 为治理工程示意图，图 3-1-66 为治理工程平面布置图，图 3-1-67 为滑坡体工程地质剖面图。

图 3-1-65　治理工程示意图

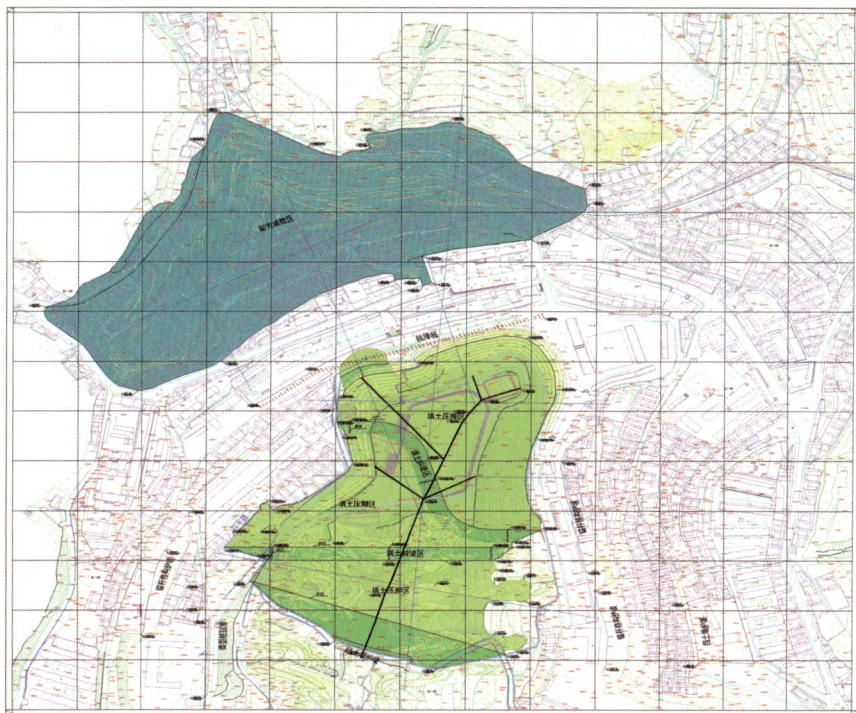

图 3-1-66　治理工程平面布置图

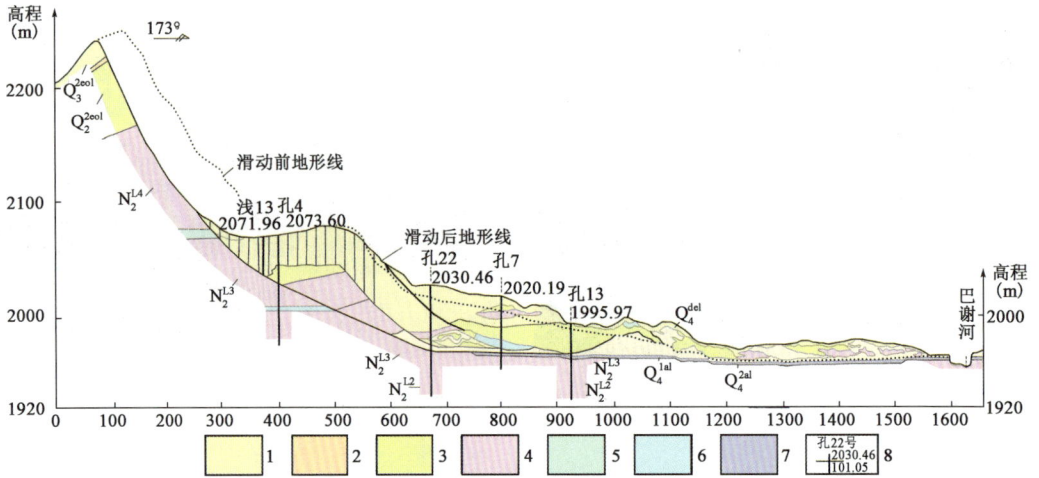

图 3-1-67　滑坡体工程地质剖面图

1-马兰黄土；2-古土壤；3-离石黄土；4-粉砂质泥岩（含钙质结核）、砂质泥岩；5-细砂岩、砾岩；6-泥灰岩；7-砂砾卵石；8-钻孔编号、孔口高程、孔深

①后缘削坡减载。削方区在北部基本以环城路为界，西部以西大路为界，南部以东西大街为界，东部以城区山梁鞍部为界。东西最长880m，南北最宽396m。分层开挖削坡减载如图3-1-68所示。

图 3-1-68　分层开挖削坡减载

②前缘固坡压脚。位于东乡城区中心的冲沟（前沟），也就是目前的滑坡地段，冲沟切割很深，普遍达到50m以上，沟岸坡度又较大，一般都在30°～40°，对前沟进行坡脚填土反压工程（需要土方587.0×10^4m³），填土区北至前沟人工边坡边缘（商贸一条街南侧），南到前沟人工土坝。南北最长668m，东西最宽340m。填方反压如图3-1-69所示。

图 3-1-69　填方反压

③中段抗滑支挡。削坡区是今后城区的主要建设区域，加之此处马兰黄土与离石黄土的接触面为倾斜接触面，大量建筑加载依然存在不稳定因素，为补充填土反压的不足，沿商贸一条街主要的裂缝密集带布设一排抗滑桩，共计 80 根。前沟西侧边坡稳定性较差，局部变形明显，修筑一排微型桩，提高坡体稳定性。抗滑桩施工如图 3-1-70 所示。

图 3-1-70　抗滑桩施工

④整体地表、地下排水。本次截排水设计的主要思路为：立体性地下、地表截排水。沿古沟道中心线设计地下集水廊道，并且在集水廊道两侧修筑截水盲沟，排导地下水；设计沿填方区环绕的地面截排水沟，用于将填土边坡汇集的水体排出工程区外，排水沟采用 M7.5 浆砌块石砌筑，断面为梯形。施工现场如图 3-1-71 ~ 图 3-1-73 所示。

图 3-1-71　集水廊管施工

图 3-1-72　地面排水沟施工

图 3-1-73　地下盲沟施工

⑤锚杆格构护坡工程。对发育于县检察院、县福利院、县敬老院后侧的边坡，以及东乡县清真大寺地段的地质灾害及隐患点，由于建筑物较多，不便采用其他工程治理，所以采用锚杆

格构工程,护坡总面积6195.2m²,锚杆639根,从而达到对整体边坡进行防护的目的,格构间可植草、种树等,对边坡表层进行防护,以减少地表水入渗和冲刷等,同时也起到美化城区环境的作用。施工现场如图3-1-74、图3-1-75所示。

图3-1-74　锚杆格构护坡工程施工

图3-1-75　锚杆格构护坡工程

　　⑥挡土墙护坡工程。对发育于中银小学西侧的不稳定边坡、前沟填土区的第三级护坡前缘边坡采用重力式挡土墙来提高其稳定性及其美观性,其中中银小学西侧挡土墙墙长124m,墙高3.9m,墙顶宽0.8m,墙底宽1.97m,胸坡比为1∶0.3,背坡比为1∶0;前沟填土区的第三级护坡前缘挡土墙墙高6.5m,墙顶宽1.0m,墙底宽2.25m,胸坡比为1∶0.3,背坡比为1∶0.1,墙底坡比0.2∶1。挡土墙护坡工程如图3-1-76所示。

图3-1-76　挡土墙护坡工程

⑦监测工程。为了检验滑坡治理效果,对滑坡治理工程实施了全程监测。治理前坡体表面的变形监测,采用多点伸长计量测坡体不同部位的地表位移,采用测缝计量测裂缝的开合度及其变化。治理前坡体内部的水平变形监测,采用固定式钻孔测斜仪量测坡体内部的水平变形;治理后坡体内部的水平变形监测,安放固定式钻孔测斜仪。监测设备如图3-1-77、图3-1-78所示。

(3)治理效果

东乡县城3·2特大地质灾害治理是甘肃省地质灾害开发式治理的典范工程。在消除隐患的同时也完成了县城建设用地整治,增加建设用地0.404km²(约606亩),为东乡县城灾后重建奠定了坚实的基础,同时为县域经济可持续发展注入了新的活力。东乡县城治理后场景如图3-1-79、图3-1-80所示。

图 3-1-77　GPS 监测设备　　　　图 3-1-78　深部位移监测设备

图 3-1-79　东乡县城治理后场景一

图 3-1-80　东乡县城治理后场景二

三、泥石流

泥石流(微课)

泥石流是山区特有的一种不良地质现象,系山洪水流挟带大量泥砂、石块等固体物质突然以巨大的速度从沟谷上游奔腾而下,来势凶猛,历时短暂,具有强大的破坏力。

泥石流的地理分布广泛,据不完全统计,泥石流灾害遍及世界70多个国家和地区,主要分布在亚洲、欧洲和南、北美洲。我国的山地面积约占国土总面积的2/3,自然地理和地质条件复杂,加上几千年人文活动的影响,目前是世界上泥石流灾害最严重的国家之一。泥石流在我国主要分布在西南、西北及华北地区,在东北西部和南部山区、华北部分山区及华南地区、台湾地区、海南岛等地也有零星分布。

通过大最调查观测,对统计资料进行分析发现,泥石流的发生具有一定的时空分布规律。时间上多发生在降雨集中的雨季或高山冰雪消融的季节;空间上多分布在新构造活动强烈的陡峻山区。我国泥石流在时空分布上构成了"南强北弱、西多东少、南早北晚、东先后西"的独特格局。

(一)泥石流的主要危害方式

泥石流是一种水、泥、石的混合物,泥石流中所含固体体积一般超过15%,最高可达80%,其重度大于$13kN/m^3$,最高可达$23kN/m^3$。泥石流在沟谷中往往突然爆发,能量巨大,来势凶猛,历时短暂,复发频繁。泥石流的前锋是一股浓浊的洪流,固体含量很高,形成高达几米至十几米的"龙头"顺沟倾泻而下,冲刷、搬运、堆积十分迅速,可在很短的时间内运出几十万至数百万立方米固体物质和成百上千吨巨石,摧毁前进途中的一切,掩埋村镇、农田,堵塞江河,冲毁道路,造成巨大生命财产损失,如图3-1-81所示。

图3-1-81 泥石流的危害(成昆铁路上被泥石流摧毁的利子依达大桥及遗留下的废桥墩)

因此,"冲"和"淤"是泥石流的主要活动特征和主要危害方式。"冲"以巨大的冲击力作用于建筑物而造成直接的破坏;"淤"是构造物被泥石流搬运停积下来的泥、砂、石淤埋。

"冲"的危害方式主要有冲刷、冲击、磨蚀等。

"淤"的危害方式主要有堵塞、淤埋、堵河阻水、挤压河道。具体表现有:使河床剧烈淤高、淤埋房屋、冲刷河岸,使山体失稳;淤塞涵洞、掩埋公路,直接危害工程稳定和使用寿命等。

甘肃舟曲 2010 年
特大型泥石流
（文档）

(二) 泥石流形成的基本条件

泥石流的形成必须同时具备以下三个条件:陡峻的,便于集水、集物的地形地貌;丰富的松散物质;短时间内有大量的水资源。

1. 地形地貌条件

在地形上,具备山高沟深、地势陡峻、沟谷纵坡降大的流域形态,有利于汇集周围山坡上的水流和固体物质。在地貌上,泥石流的地貌一般可分为形成区、流通区和沉积区三个区域,如图 3-1-82 所示。上游形成区的地形多为三面环山、一面出口的瓢状或漏斗状,山体破碎、植被生长不良,这样的地形有利于水和碎屑物质的集中;中游流通区的地形多为狭窄陡深的峡谷,谷床纵坡降大,使上游汇集到此的泥石流形成迅猛直泻之势;下游沉积区地形多为地势开阔平坦的山前平原,使倾泻下来的泥石流到此堆积起来。

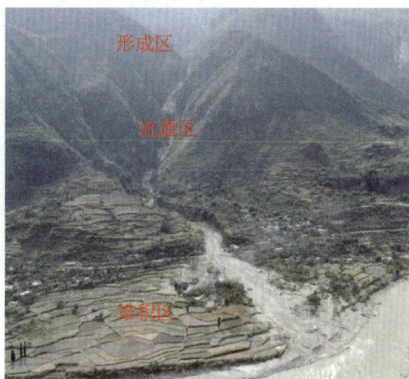

图 3-1-82　典型的泥石流沟

2. 松散物质条件

泥石流常发生于地质构造复杂、断裂褶皱发育、新构造活动强烈、地震烈度较高的地区。地表岩层破碎,滑坡、崩塌、错落等不良地质现象发育,为泥石流的形成提供了丰富的固体物质来源;另外,岩层结构碎裂软弱、易于风化、节理发育,或软硬相间成层地区,因易受破坏,也能为泥石流提供丰富的碎屑物来源,如图 3-1-83 所示。

3. 水文气象条件

水既是泥石流的重要组成部分,又是泥石流的重要激发条件和搬运介质(动力来源)。泥石流的水源有强度较大的暴雨、冰川积雪的强烈消融和水库突然溃决等。

除了必备的三个基本条件外,泥石流的形成也跟一些人为因素有关。滥伐乱垦会使植被消失、山坡失去保护、土体疏松、冲沟发育,大大加重水土流失,进而导致山坡稳定性破坏,滑坡、崩塌等不良地质现象发育,极易产生泥石流,甚至那些已消退的泥石流又有重新发展的可能。修建铁路、公路、水渠及其他建筑的不合理开挖,不合理的弃土、弃渣、采石等也可能形成泥石流。

图 3-1-83　丰富的固体物质

（三）泥石流的类型

根据不同的分类方法,泥石流可以分为不同的类型,见表 3-1-8。

泥石流的分类表　　　　　　　　　　　　　　　　　　　　　　　表 3-1-8

分类依据	类型	特点	典型照片
物质成分	泥石流	由大量黏性土和粒径不等的砂粒、石块组成,西藏波密、四川西昌、云南东川和甘肃武都等地区的泥石流,均属于此类	
	泥流	以黏性土为主,含少量砂粒、石块,黏度大,呈稠泥状,主要分布在我国西北黄土高原地区	
	水石流	由水和大小不等的砂粒、石块组成,是石灰岩、大理岩、白云岩和玄武岩分布地区常见的类型,如华山、太行山、北京西山等地区分布	

续上表

分类依据	类型	特点	典型照片
物质状态	黏性泥石流	含大量黏性土,黏性大,密度高,有阵流现象。固体物质占 40%~60%,最高达 80%。水不是搬运介质而是组成物质。稠度大,石块呈悬浮状态,爆发突然,持续时间短,破坏力大	
	稀性泥石流	水为主要成分,黏土、粉土含量一般小于 5%,固体物质占 10%~40%,有很大分散性。搬运介质为稀泥浆,砂粒、石块以滚动或跃移方式前进,具有强烈的下切作用	
泥石流沟的形态	山坡型	沟小流短,沟坡与山坡基本一致,没有明显的流通区,形成区直接与堆积区相连。沉积物棱角尖锐、明显。冲击力大,淤积速度较快,规模较小	
	河谷型	流域呈狭长形,形成区分散在河谷的中、上游。沿河谷既有堆积,也有冲刷。沉积物棱角不明显。破坏力较强,周期较长,规模较大	

(四)泥石流的防治技术

1.防治原则

对泥石流病害,应进行调查,通过访问、测绘、勘探、观测等获得第一手资料,掌握其活动规律,其工作要点见表 3-1-9。根据野外调查资料,有针对性地采取预防为主、以避为宜、以治为辅,防、避、治相结合的方针。

云南滇西地区
洪涝泥石流
灾害调查(文档)

泥石流野外勘察工作要点 表 3-1-9

方法	目的	要点
测绘	查明泥石流流域的地形特征、松散物源储量、气象水文情况等	泥石流形成区的滑坡、错落、崩塌、岩堆及流域面积内可能形成泥石流的固体物质储备量,溯源侵蚀状况。 流通区沟谷特征,如沟谷曲折、横断面类型、岸坡形状、纵坡角度、通过长度、冲淤规律、泥石流痕迹残留厚度等。 堆积区洪积扇的形状、大小、各部位地面坡度、较新泥石流沉积体互相叠覆状况、冲沟在洪积扇上发育状况(如位置变迁、切割深度、横断面形状等)。 区域地质、大地构造、地壳应力场和新构造活动等资料及泥石流发育规律。 除收集一般气象资料外,还应调查最大降雨延续时间、降雨强度、出现年份以及对发生泥石流的影响程度

方法	目的	要点
勘探	了解泥石流堆积区洪积扇的地层结构、岩性、含水层的性质、地下水位及取样试验	应查明堆积区洪积扇地层结构、岩性及流通区残留厚度。形成区需设人工构造物进行防治时，应查明固体物质储备的地层结构和岩性。 代表性勘探线可呈十字形布置，纵向勘探线沿洪积扇脊部布置，并伸入到流通区沟谷内部，达到能表示流通区平均纵坡为止。而横向勘探线沿总体地形等高线延伸方向布置，达到洪积扇边缘。纵、横勘探线交点宜在洪积扇重心部位。 一次淤积范围的勘探线比照上述方法布置，各勘探线上的挖探或钻探的勘探点不得少于 3 个。 泥石流的勘探点需要加密时，也可采用物探；勘探点间距不大于 50m
工程地质试验	为泥石流防治工程的设计提供依据和计算参数	试验项目：相对密度、密度、含水率、颗粒分析，还应做泥石流的特殊项目。颗粒分析侧重做粉砂和黏土粒组含量百分数，小于 1mm 颗粒含量百分数、中值粒径（d_{50}）。黏性泥石流做湿陷试验及可溶盐试验，疏松地层做固结试验。稀性泥石流还应取固体物质补给区的样品作颗粒分析。 危害严重、流域面积大或有代表性的、需特殊研究的泥石流，要建立观测站，进行长期观测

选线是泥石流地区公路设计的首要环节。选线恰当，可避免或减少泥石流危害；选线不当，可导致或增加泥石流危害。路线平面及纵面的布置，基本上决定了泥石流防治可能采取的措施。所以，防治泥石流首先要从选线考虑。

（1）高等级公路最好避开泥石流地区。当无法避开时，也应按避重就轻的原则，尽量避开规模大、危害严重、治理困难的泥石流沟，而走危害较轻的一岸或在两岸迂回穿插，如图 3-1-84 中 4。当过河绕避困难或不适合时，也可在沟底以隧道或明洞穿过，如图 3-1-84 中 1。

（2）当大河的河谷很开阔，洪积扇未到达河边时，可将公路线路选在洪积扇淤积范围之外通过。这时路线线形一般比较舒顺，纵坡也比较平缓，但可能存在以下问题：洪积扇逐年向下延伸淤埋路基；大河摆动，使路基遭受水毁，如图 3-1-84 中 3。

（3）路线跨越泥石流沟时，首先应考虑从流通区或沟床比较稳定、冲淤变化不大的堆积扇顶部用桥跨越。但应注意这里的泥石流搬运力及冲击力最强，还应注意这里有无转化为堆积区的趋势。因此，要预留足够的桥下排洪净空，如图 3-1-84 中 1。

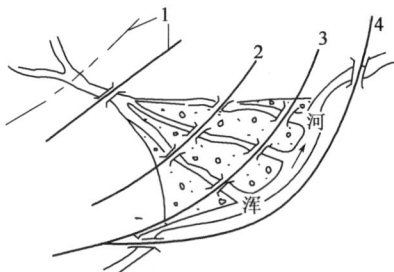

图 3-1-84　公路跨越泥石流沟位置方案选择
1-靠山做隧道方案或以桥通过沟口；2-通过堆积区；3-沿堆积区外缘通过；4-跨河绕避

（4）如泥石流的流量不大，在全面考虑的基础上，路线也可以在堆积扇中部以桥隧或过水路面通过。采用桥隧时,应充分考虑两端路基的安全措施。这种方案往往很难克服排导沟的逐年淤积问题,如图 3-1-84 中 2。

(5)通过散流发育并有相当固定沟槽的宽大堆积扇时,宜按天然沟床分散设桥,不宜改沟归并。如堆积扇比较窄小,散流不明显,则可集中设桥,一桥跨过。

2.防治措施

泥石流的治理要因势利导,顺其自然,就地论治,因害设防和就地取材,充分发挥排、挡、固等防治技术的联合作用。

(1)水土保持工程

在形成区内,封山育林、植树造林、平整山坡、修筑梯田;修筑排水系统及山坡防护工程。水土保持虽是根治泥石流的一种方法,但需要一定的自然条件,收益时间也较长,一般应与其他措施配合进行。

(2)拦挡工程

在中游流通段,用以控制泥石流的固体物质和地表径流,用于改变沟床坡降,降低泥石流速度,以减少泥石流对下游工程的冲刷、撞击和淤埋等危害的工程设施。拦挡措施有格栅坝(图 3-1-85)、拦挡坝(图 3-1-86)、停淤场等。拦挡坝适用于沟谷的中上游或下游没有排砂或停淤的地形条件且必须控制上游产砂的河道,以及流域来砂量大,沟内崩塌、滑坡较多的河段。格栅坝适用于拦截流量较小、大石块含量少的小型泥石流。

图 3-1-85　格栅坝

图 3-1-86　拦挡坝

(3)排导工程

在泥石流下游设置排导措施,使泥石流顺利排除。其作用是改善泥石流流势、增大桥梁等建筑物的泄洪能力,使泥石流按设计意图顺利排泄。排导工程包括渡槽、排导沟(图 3-1-87)、导流堤等。其中排导沟适用于有排砂地形条件的路段,其出口应与主河道衔接,出口高程应高出主河道 20 年一遇的洪水水位。渡槽适用于排泄量小于 $30m^3/s$ 的泥石流,且地形条件应能满足渡槽设计纵坡及行车净空要求,路基下方用停淤场地等。

图 3-1-87　排导沟

（4）跨越工程

桥梁适用于跨越流通区的泥石流沟或洪积扇区的稳定自然沟槽；隧道适用于路线穿过规模大、危害严重的大型或多条泥石流沟，隧道方案应与其他方案作技术、经济比较后确定。泥石流地区不宜采用涵洞，在活跃的泥石流洪积扇上禁止使用涵洞。对于三、四级公路，当泥石流规模不大、固体物质含量低、不含有较大石块，并有顺直的沟槽时，方可采用涵洞；过水路面适用于穿过小型坡面泥石流沟的三、四级公路。路线跨越泥石流沟如图 3-1-88 所示。

图 3-1-88　路线跨越泥石流沟

（5）防护工程

对泥石流地区的桥梁、隧道、路基及其他重要工程设施，修建一定的防护建筑物，用以抵御或消除泥石流对主体建筑物的冲刷、冲击、侧蚀和淤埋等的危害。防护工程主要有护坡、挡土墙、顺坝和丁坝等。

对于防治泥石流，常采取多种措施相结合的方式，比用单一措施更为有效。

3. 防治案例❶

舟曲县地处西秦岭南带，在长期地质作用下形成了北西向平行挤压构造带，境内属Ⅷ度地震烈度区，地震活动频繁，新构造运动强烈。舟曲县城全景如图 3-1-89 所示。

甘肃舟曲罗家峪沟
泥石流灾害
治理工程（文档）

❶　资料来源于甘肃省自然资源厅地质灾害防治技术指导中心。

图 3-1-89　舟曲县城全景

（1）泥石流概况

2010 年 8 月 7 日 22 时左右，甘南藏族自治州舟曲县城东北部山区突降特大暴雨，降雨量达 97mm，持续 40 多分钟，引发三眼峪、罗家峪等 4 条沟系特大山洪泥石流灾害，泥石流冲出量约 $180 \times 10^4 m^3$，流经区域被夷为平地，并堵塞白龙江形成堰塞湖，致使舟曲县城三分之一被淹，死亡或失踪 1765 人。其中三眼峪沟流域位于白龙江左岸，流域面积 $24.1 km^2$，由支沟大眼峪、小眼峪呈 Y 形构成。两岸山坡坡度平均 52°，沟口距江边约 2km，距舟曲县城约 2.1km，平均比降为 110‰，流域内可补给泥石流松散堆积物储量约为 $2500 \times 10^4 m^3$。三眼峪主沟地形地貌如图 3-1-90 所示，三眼峪沟泥石流灾后全貌如图 3-1-91 所示。

图 3-1-90　三眼峪主沟地形地貌

图 3-1-91　三眼峪沟泥石流灾后全貌

（2）治理工程

根据三眼峪沟地质环境条件、固体松散物质分布及补给方式、泥石流形成特征、白龙江县城段河道状况及水文特征等，泥石流治理工程采用拦挡坝和排导沟等进行综合治理，治理工程平面布置图如图 3-1-92 所示。

①拦挡工程：拦挡坝总计布置 15 座，坝高 12 ~ 16m，其中稳坡护岸坝 7 座、拦沙坝 8 座。以拦挡坝结构形式划分有钢筋混凝土格栅坝（桩群）5 座、钢筋混凝土重力坝 10 座，重力坝下游设防冲槛。大眼峪拦挡工程布设俯瞰图如图 3-1-93 所示。

甘肃省舟曲县三眼峪沟泥石流灾害治理工程总平面布置图

比例尺　1:10000

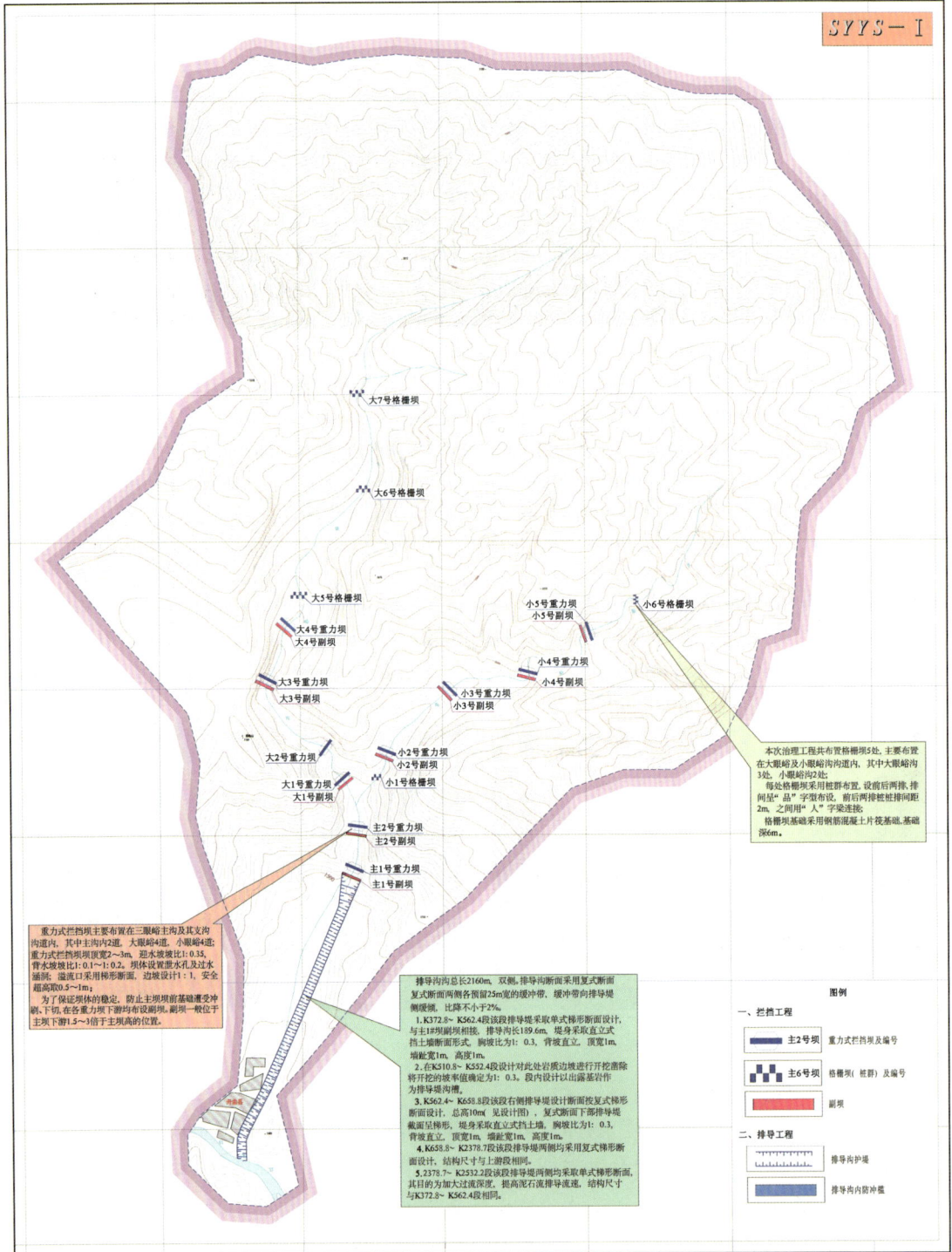

SYYS-Ⅰ

大7号格栅坝

大6号格栅坝

大5号格栅坝
大4号重力坝
大4号副坝

大3号重力坝
大3号副坝

大2号重力坝

大1号重力坝
大1号副坝

小5号重力坝
小5号副坝

小6号格栅坝

小4号重力坝
小4号副坝

小3号重力坝
小3号副坝

小2号重力坝
小2号副坝

小1号格栅坝

主2号重力坝
主2号副坝

主1号重力坝
主1号副坝

本次治理工程共布置格栅坝5处，主要布置在大眼峪及小眼峪沟沟道内，其中大眼峪沟3处，小眼峪沟2处。
每处格栅坝采用桩群布置，设前后两排，排间呈"品"字形布设，前后两排桩桩排间距2m，之间用"人"字梁连接。
格栅坝基础采用钢筋混凝土片筏基础，基础深6m。

重力式拦砂坝主要布置在三眼峪主沟及其支沟沟道内，其中主沟内2道，大眼峪4道，小眼峪4道；重力式拦砂坝坝顶宽2～3m，迎水坡坡比1:0.35，背水坡坡比1:0.1～1:0.2。坝体设置排水孔及过水涵洞，溢流口采用梯形断面，边坡设计1:1，安全超高取0.5～1m。
为了保证坝体的稳定，防止主坝坝前基础遭受冲刷、下切，在各座重力坝下游布设副坝，副坝一般位于主坝下游1.5～3倍于主坝坝高的位置。

排导沟沟总长2160m，双侧。排导沟断面采用复式断面复式断面两侧各预留25m宽的缓冲带，缓冲带向排导堤侧缓坡。比降不小于2%。
1. K372.8～K562.4段该段排导堤采取单式梯形断面设计，与1#坝副坝相接，排导沟长189.6m，堤身采取直立式挡土墙断面形式。胸坡为1:0.3，背坡直立。墙趾宽1m，高度1m。
2. 在K510.8～K552.4段设计对此岩质边坡进行开挖清除将开挖的坡率值确定为1:0.3。段内设计以出露基岩作为排导堤沟堤。
3. K562.4～K658.8段该段右侧排导堤设计断面按复式梯形断面设计计，总高10m（见剖图），复式断面下部排导堤截面呈梯形，堤身采取直立式挡土墙，胸坡比为1:0.3，背坡直立。顶宽1m，墙趾宽1m，高度1m。
4. K658.8～K2378.7段该段排导两侧均采用复式梯形断面设计，结构尺寸与游堤相同。
5. 2378.7～K2532.2段该段排导堤两侧取采用单式梯形断面，其目的为加大过流深度，提高泥石流排导流速。结构尺寸与K372.8～K562.4段相同。

图例
一、拦挡工程
主2号坝　重力式拦挡坝及编号
大6号坝　格栅坝（桩群）及编号
副坝
二、排导工程
排导沟护堤
排导沟内防冲槛

图3-1-92　三眼峪沟泥石流地质环境背景及治理工程平面布置图

图 3-1-93　大眼峪拦挡工程布设俯瞰图

　　a. 钢筋混凝土格栅坝。大眼峪沟布设钢筋混凝土格栅坝 3 座,小眼峪沟布设 2 座,修建在沟道纵比降大、大石块密集分布、沟道冲蚀强烈、泥砂补给集中的沟段。格栅坝结构形式上采用品字形,前后纵向设置两排(图 3-1-94、图 3-1-95),间距为 2m,桩排间采用人字梁连接。单桩截面形式分为桩截面为矩形和桩截面在迎水侧弧形两种。格栅坝(桩群)基础用片筏基础,在坝下设置铅丝笼护坦保护坝基础的稳定性。

图 3-1-94　大眼峪 6 号格栅坝

图 3-1-95　小眼峪 6 号格栅坝

　　b. 钢筋混凝土重力坝。三眼峪主沟内布设钢筋混凝土重力坝 2 座,大眼沟、小眼峪沟内各布设 4 座,主要布设于沟道比降相对较缓、沟道较宽、冲击力较低的沟段。拦挡坝结构上采用"金贴银"的形式,即在混凝土坝迎水面坝体上加钢筋网片,从而增强拦挡坝的抗冲击、抗剪切能力,增加坝体的安全性、可靠性。坝高 13.5 ~ 17m,坝体设涵洞及泄水孔,坝顶设置溢流口(图 3-1-96、图 3-1-97)。各重力坝下游均设置副坝,以确保主坝基础稳定。为增强坝体抗冲击能力,在现浇混凝土坝体迎水面及坝顶建造钢筋混凝土面板,面板采取双层钢筋网。其主要功能是稳固坡脚,维护沟岸稳定,拦截泥石流体,削减泥石流峰值流量和能量。

　　②排导工程:在沟口堆积扇上新修排导沟长 2.16km,设双侧排导堤,排导堤总长 4.32km,排导沟主要采用复式断面,底宽 18m,顶宽 32.5m,深 7.5m,沟底设防冲槛,间距 30m,排导堤设计如图 3-1-98 所示。三眼峪排导工程近景和远景如图 3-1-99 所示,三眼峪排导工程俯瞰全景图如图 3-1-100 所示。

图 3-1-96 三眼峪主沟内 1 号钢筋混凝土重力坝

图 3-1-97 三眼峪主沟 2 号钢筋混凝土重力坝

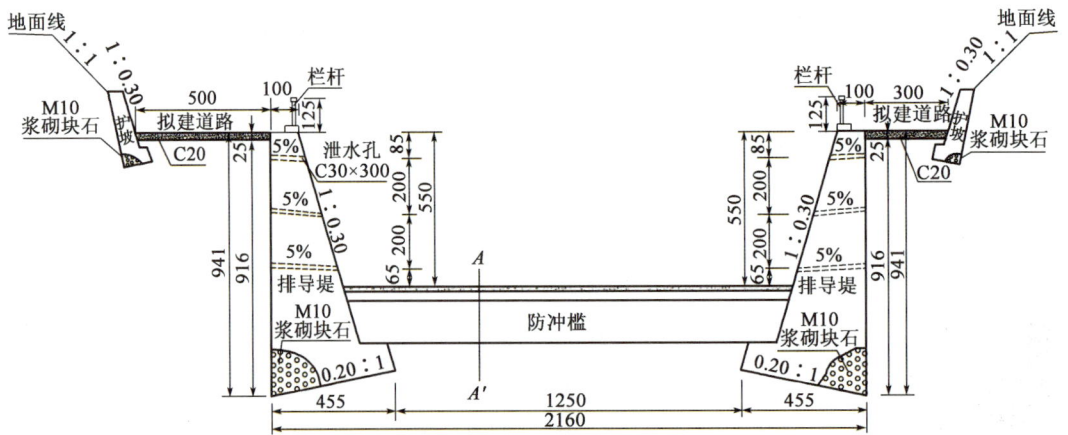

图 3-1-98 三眼峪沟排导堤设计图（尺寸单位：mm）

图 3-1-99 三眼峪排导工程近景和远景

图 3-1-100 三眼峪排导工程俯瞰全景图

（3）治理效果

舟曲三眼峪沟泥石流防治工程突出了新技术、新方法的应用，是全世界近年来实施的典型治理工程之一（图 3-1-101）。自 2011 年开始，经历了多年的极端降雨气候条件，三眼峪沟泥石流均被有效拦蓄和阻断，流域内拦挡工程发挥了显著的工程效果。三眼峪泥石流治理工程全景图如图 3-1-102 所示。

图 3-1-101　三眼峪泥石流监测系统

图 3-1-102　三眼峪泥石流治理工程全景图

甘肃舟曲三眼峪泥石流　　　导图小结(泥石流)　　　　在线测试题
治理工程照片(图片)　　　　　(图片)　　　　　　(泥石流)(文档)

四、岩溶

岩溶是水对可溶性岩石主要进行溶蚀作用所形成的地表和地下形态的总称，又称岩溶地貌。它以溶蚀作用为主，还包括流水的冲蚀、潜蚀，以及坍陷等机械侵蚀过程，这种作用及其产生的现象统称为喀斯特。喀斯特是南斯拉夫西北部沿海一带石灰岩高原的地名，当地称为 Karst，因那里发育各种石灰岩地貌，故借用此名。

岩溶(微课)

中国喀斯特地貌分布广、面积大，其中在桂、黔、滇、川东、川南、鄂西、湘西、粤北等地连片分布的就达 55 万 km³,尤以桂林山水、路南石林闻名于世。

岩溶与人类的生产和生活息息相关。人类的祖先——猿人,曾经栖居在岩溶洞穴中。许多岩溶地区,因地表缺水或积水成灾,对农业生产影响很大。许多矿产资源、矿泉和温泉与岩溶有关。

在岩溶地区,由于地上地下的岩溶形态复杂多变,给公路测设定位带来相当大的困难。对于现有的公路,会因地下水的涌出、地表水的消水洞被阻塞而导致路基水毁;或因溶洞的坍顶,引起地面路基坍陷下沉或开裂。但有时可利用某些形态,如利用"天生桥"跨越河道、沟谷、洼地,利用暗河、溶洞扩建隧道。因此,在岩溶区修建公路,应认真勘察岩溶发育的程度和岩溶形态的空间分布规律,以便充分利用某些可利用的岩溶形态,避让或防治岩溶病害对路线布局和路基稳定造成不良影响。

岩溶地貌高清照片(动图)

(一)岩溶形成的基本条件

1.可溶性岩体的存在

可溶性岩体是岩溶形成的物质基础。可溶性岩石有三类:碳酸盐类岩石(石灰岩、白云岩、泥灰岩等);硫酸盐类岩石(石膏、硬石膏和芒硝);卤盐类岩石(钾、钠、镁盐岩石等)。

2.岩体的透水性

岩层透水性愈好,岩溶发育愈强烈。岩层透水性主要取决于裂隙和孔洞的多少和连通情况。

3.有溶解能力的水活动

水的溶解能力随着水中侵蚀性二氧化碳含量的增加而加强。

(二)影响岩溶发育的因素

影响岩溶发育的因素详见表 3-1-10。

影响岩溶发育的因素   表 3-1-10

影响因素	影响状况
气候	温暖、潮湿时岩溶发育; 寒冷干燥时岩溶不发育
岩性及产状	岩性越纯,岩溶越发育; 不同岩层接触时,隔水层上方岩溶发育; 陡倾、直立岩层,顺岩层面岩溶发育
地质构造	背斜轴部拉张节理发育,岩溶发育; 背斜轴部节理发育并汇水,岩溶发育; 正断层破碎带及影响带,岩溶发育; 逆断层主动盘破碎带,岩溶发育
地壳运动	稳定时期,水平溶洞发育; 抬升时期,垂直落水洞发育

(三)岩溶地貌类型

喀斯特地貌在碳酸盐岩地层分布区最为发育,常见的地表喀斯特地貌如图 3-1-103 所示,有石芽、石林、峰林等喀斯特正地形,还有溶沟、盲谷、干谷、喀斯特洼地等喀斯特负地形;地下喀斯特地貌如图 3-1-104、图 3-1-105 所示,有溶洞、地下河、地下湖等;与地表和地下密切关联的喀斯特地貌有落水洞、天生桥等,详见表 3-1-11。

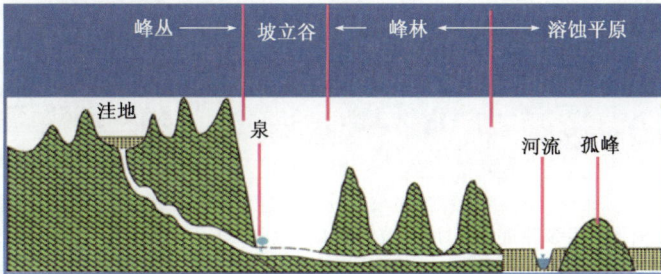

图 3-1-103　地表岩溶形态示意图

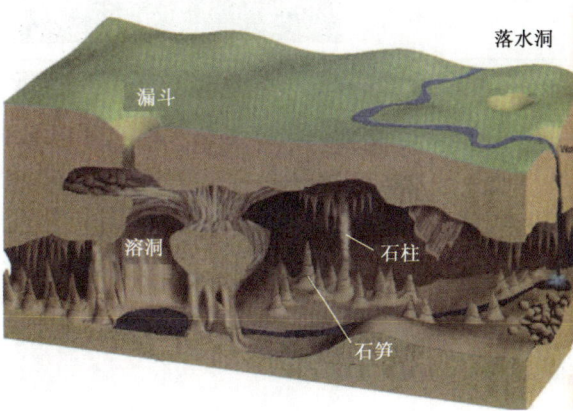

图 3-1-104　地下岩溶形态示意图

图 3-1-105　地下溶洞

岩溶地貌类型　　　　　　　　　　　　　　　　　　　　　　表 3-1-11

岩溶地貌类型	形成过程	示例照片
石芽和溶沟	水沿可溶性岩石的节理、裂隙进行溶蚀和冲蚀所形成的沟槽间突起与沟槽形态,浅者为溶沟,深者为溶槽,沟槽间的突起称为石芽。其底部往往被土及碎石所充填。在质纯层厚的石灰岩地区,可形成巨大的貌似林立的石芽,称为石林,如云南路南石林,最高可达 50m	
溶蚀漏斗	溶蚀漏斗是地面凹地汇集雨水,沿节理垂直下渗,并溶蚀扩展成漏斗状的洼地。其直径一般为几米至几十米,底部常有落水洞与地下溶洞相通	

岩溶地貌类型	形成过程	示例照片
溶蚀洼地	溶蚀洼地是岩溶作用形成的小型封闭洼地。它的周围常分布陡峭的峰林，面积一般有几平方公里到几十平方公里，底部有残积-坡积物，且高低不平，常附生着漏斗	
落水洞	落水洞是流水沿裂隙进行溶蚀、机械侵蚀以及塌陷形成的近乎垂直的洞穴。它是地表水流入喀斯特含水层和地下河的主要通道，其形态不一，深度可达十几米到几十米，甚至达百余米。落水洞进一步向下发育，形成井壁很陡、近乎垂直的井状管道，称为竖井，又称天然井	
干谷和盲谷	喀斯特区地表水因渗漏或地壳抬升，使原河谷干涸无水而变为干谷。干谷底部较平坦，常覆盖有松散堆积物，漏斗、落水洞成群地作串珠状分布。盲谷是一端封闭的河谷，河流前端常遇石灰岩陡壁阻挡，石灰岩陡壁下常发育落水洞，遂使地表水流转为地下暗河。这种向前没有通路的河谷称为盲谷，又称断尾河	
溶洞	溶洞的形成是石灰岩地区地下水长期溶蚀的结果。在洞内常发育有石笋、石钟乳和石柱等洞穴堆积。洞中这些碳酸钙沉积琳琅满目，形态万千，一些著名的溶洞，如北京房山云水洞、桂林七星岩和芦笛岩等，均为游览胜地	
暗河	暗河是岩溶地区地下水汇集、排泄的主要通道，其中一部分暗河常与干谷伴随存在，通过干谷底部一系列的漏斗、落水洞，使两者相连通，可大致判明地下暗河的流向	
天生桥	近地表的溶洞或暗河顶板塌陷，有时残留一段未塌陷洞顶，横跨水流，呈桥状形态，故称为天生桥	

（四）岩溶地区的工程地质问题

岩溶对建（构）筑物稳定性和安全性有很大影响。

1.被溶蚀的岩石强度大为降低

岩溶水在可溶岩层中溶蚀，使岩层产生孔洞。最常见的是岩层中有溶孔或小洞。所谓溶孔，是指在可溶岩层内部溶蚀有孔径不超过 20～30cm、一般小于 1～3cm 的空隙。遭受溶蚀后，岩石产生孔洞，结构松散，从而降低了岩石强度。

2.造成基岩面不均匀起伏

因石芽、溶沟溶槽的存在，使地表基岩参差不齐、起伏不均匀。如利用石芽或溶沟发育的场地（图 3-1-106）作为地基，则必须作出处理。

图 3-1-106　溶沟和石芽

3.降低地基承载力

建筑物地基中若有岩溶洞穴，将大大降低地基岩体的承载力，容易引起洞穴顶板塌陷，使建筑物遭到破坏，如图 3-1-107 所示。

图 3-1-107　岩溶塌陷

4.造成施工困难

在基坑开挖和隧道施工中，岩溶水可能突然大量涌出，给施工带来困难等，如图 3-1-108 所示。

图 3-1-108　隧道涌水

（五）岩溶的防治技术

1. 防治原则

在岩溶区选线，要想完全绕避是不可能的，尤其在我国中南和西南岩溶分布十分普遍的地区，因此，宜按"认真勘测、综合分析、全面比较、避重就轻、兴利防害"的原则选线。岩溶地区野外勘察工作要点见表 3-1-12。

岩溶地区野外勘察工作要点　　　　　　　　　　　　　　　　　　表 3-1-12

方法	目的	要点
测绘	查明场地岩溶发育程度，能满足路线方案选择	可溶岩分布地段的地形地貌特征、地表岩溶的主要形态、规模大小、分布特点。 可溶岩的岩性、分布范围、第四系地层岩性、成因类型、沉积厚度、结构特征。 土洞的分布位置、规模。 岩层产状、地质构造类型、新构造活动的特征、断裂和褶皱轴的位置、构造破碎带的宽度、可溶岩与非可溶岩的接触界线、岩体的节理裂隙发育程度。 地下水类型、埋藏条件、补给、径流和排泄条件，地下水露头位置和高程、涌水量大小，地下水与地表水的水力联系，地表水的消水位置、不良地质现象的成因类型、规模、稳定情况和发展趋势
勘探	了解岩溶区地层结构、岩性、含水层的性质、地下水位以及取样试验	岩溶地区公路路基的工程地质勘探，查明沿线不同路段的岩溶发育程度和分布规律。在判定的岩溶发育带和物性指标异常带应布置钻孔验证物探成果，同时查明岩溶的基本形态和规模、洞穴充填物的性状和地下水位高程等。利用人力钻和轻型机钻，查明第四系地层岩性、沉积厚度、结构特征、土洞的分布位置和规模。 岩溶地区桥基的勘探首先应采用物探，查明桥位区岩溶的发育规律、不同地段的岩溶发育强度和发育特点，第四系的地层岩性、层序、沉积厚度、结构特点。 隧道的工程地质勘探应以物探方法为主，并在充分分析遥感和测绘资料的基础上布置勘探工作。首先沿隧道中线和断裂破碎带、褶皱轴部、可溶岩与非可溶岩接触带布置物探勘探线，查明洞身不同地段的岩溶发育程度和分布规律、岩溶洞穴的含水特性等。在隧道的洞口和已判定的岩溶发育带，当物性指标异常时，应布置钻孔，查明洞体围岩的工程特性，主要内容为岩溶发育程度、基本形态和规模、洞穴充填物性状、岩溶的富水性、补给、径流和排泄条件。钻孔深度应在隧道底板设计高程以下完整基岩钻进 5~8m；在该深度遇有溶洞时，钻孔应穿过洞穴，在溶洞底板完整基岩内钻进 3~5m

方法	目的	要点
工程地质试验	为岩溶防治工程的设计提供依据和计算参数	对地基中的洞穴顶板岩石进行下列试验:饱和单轴抗压强度,岩石的黏聚力、内摩擦角、弹性模量、泊松比、剪切弹模等。 对隧道洞体上部2.5倍洞径高度范围内的围岩进行下列试验:天然状态和饱和状态单轴抗压强度,弹性抗力系数、内摩擦角、弹性模量、泊松比、剪切弹模,有条件时测定围岩的弹性波波速。 对深路堑和隧道洞身附近的岩溶含水带进行抽水试验,查明含水带的水文地质特征。 为查明地下洞穴连通情况和地下水之间的水力联系,应做连通试验。 对地下水和地表水作水质分析,确定其对混凝土的侵蚀情况

根据岩溶发育和分布规律,注意以下几点:

(1)在可溶性岩石分布区,路线应选择在难溶岩石分布区通过。

(2)路线方向不宜与岩层构造线方向平行,而应与之斜交或垂直通过。

(3)路线应尽量避开河流附近或较大断层破碎带,不可能时,宜垂直或斜交通过。

(4)路线应尽量避开可溶性与非可溶性岩或金属矿产的接触带,因这些地带往往岩溶发育强烈,甚至岩溶泉成群出露。

(5)岩溶发育地区选线,应尽量在土层覆盖较厚的地段通过,因一般覆盖层起到防止岩溶继续发展,增加溶洞顶板厚度和使上部荷载扩散的作用。但应注意覆盖土层内有无土洞的存在。

(6)桥位宜选在难溶岩层分布区或无深、大、密的溶洞地段。

(7)隧道位置应避开漏斗、落水洞和大溶洞,并避免与暗河平行。

2. 防治措施

对岩溶和岩溶水的处理措施可以归纳为堵塞、疏导、跨越、清基加固等几个方面。

(1)堵塞

对基本停止发展的干涸的溶洞,一般以堵塞为宜。如用片石堵塞路堑边坡下或隧道旁的溶洞,表面以浆砌片石封闭,如图3-1-109所示。对路基、桥基或隧道下埋藏较深的溶洞,一般可通过钻孔向洞内灌注水泥砂浆、混凝土、沥青等,以堵塞提高其强度,如图3-1-110所示。

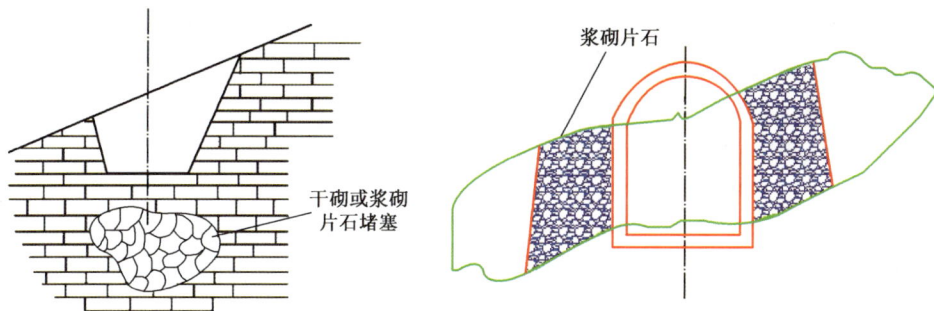

图3-1-109 浆砌(干砌)片石堵塞

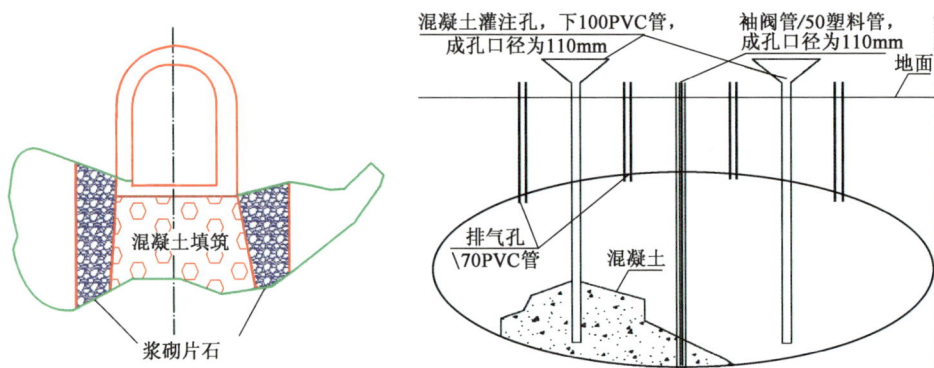

图 3-1-110　混凝土堵塞

（2）疏导

对经常有水或季节性有水的空洞，一般宜疏不宜堵。应采取因地制宜、因势利导的方法。隧道或路基上方的岩溶泉和冒水洞，宜采用导水洞或排水沟将水截流至隧道或路基外（图 3-1-111）。对于路基基底的岩溶泉和冒水洞，设置集水明沟或渗沟，将水排出路基。

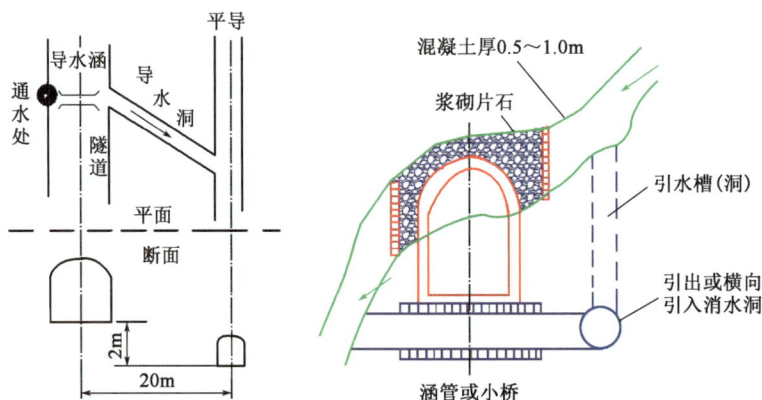

图 3-1-111　利用导洞（引水槽、涵管等）排水

广州市永泰
跨线桥工程
溶洞治理（文档）

（3）跨越

对位于路基基底或隧道下的开口干溶洞，当洞的体积较大或深度较深时，可采用构造物跨越。对于有顶板但顶板强度不足的干溶洞，可炸除顶板后进行回填，或设构造物跨越，如图 3-1-112 所示。溶洞较深或须保持排水者，可采用拱跨或板跨的方法。

（4）清基加固

洞径大，洞内施工条件好时，可采用浆砌片石支墙、支柱等加固，如图 3-1-113 所示。如需保持洞内水流畅通，可在支撑工程间设置涵管排水。对于有充填物的溶洞，宜优先采用注浆法、旋喷法进行加固，不能满足设计要求时宜采用构造物跨越。

图 3-1-112　现浇箱梁跨越溶洞

图 3-1-113　溶洞洞顶支柱加固

3. 防治案例 ❶

（1）工程概况及主要地质情况

朱家岩隧道位于湖北省长阳县境内，设计为分离式隧道，近东西向展布，全长 2600m，是湖北沪蓉西高速公路长大隧道中头号关键性控制工程。隧道左线 ZK52 + 499 处有一特大溶洞，从 ZK52 + 499 ~ ZK52 + 461 段溶洞的初步测量来看，大溶洞长约 37m，斜穿隧道，对隧道安全影响极大。经过一年四季及雨季的持续观测，发现该溶洞仅在暴雨时洞内存在少量流水，平时无水。溶洞平面图如图 3-1-114 所示。

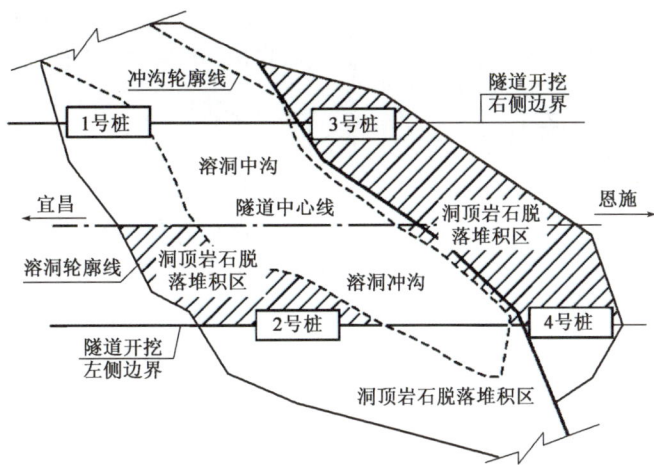

图 3-1-114　溶洞平面图

（2）处理方案

①岩壁处理。为了溶洞岩体有足够的稳定性，不再因发生塌方给隧道带来影响及隧道周边岩层虚弱产生侧移变形，在溶洞临空处垂直于岩壁布设 ϕ22mm 药卷锚杆；锚杆长度为 5.0 ~ 8.0m，环、纵向间距 1m；挂 ϕ6mm@20cm × 20cm 单层钢筋网，喷射 15cm 厚 C20 混凝土。

②初期支护。加强初期支护，对于未漏空断面（紧贴岩壁处）采用 I 20 工字钢支撑，纵向

---

❶　案例来自彭刚《大型岩溶隧道处理技术》，山西建筑，2009 年。

间距为 0.6m；拱墙设置系统锚杆，每根长 3.5m，环、纵间距 0.8m×0.6m；挂 ϕ8mm@ 20cm × 20cm 单层钢筋网，喷射 25cm 厚 C20 混凝土。

③二次衬砌。加强二次衬砌，考虑山体岩质断夹层严重，岩体变化产生下沉或侧移增大压力、预防结构断裂，衬砌断面应有足够的强度，还应有足够的拉应力，将其原设计 30cm 厚素混凝土衬砌改为 90cm 厚 C30 防水钢筋混凝土衬砌。

④衬砌背后空腔处理。溶洞壁与衬砌外轮廓净距小于1m 的空腔，采用 C20 泵送混凝土填充密实。溶洞壁与衬砌外轮廓净距大于1m 且小于3m 的空腔，采用 M7.5 浆砌片石回填密实。溶洞壁与衬砌外轮廓净距大于3m 的空腔，采用 M7.5 浆砌片石码砌回填，厚度不得小于3m。

⑤防水设计。ZK52+494～ZK52+461 段衬砌后设置全环复合防水板，施工缝设置橡胶止水带及橡胶止水条。

⑥基础处理。ZK52+471～ZK52+459.5 段和 ZK52+483.5～ZK52+494 段一侧衬砌边墙落在围岩上，另一侧落在托梁上。为尽可能避免两侧边墙不均匀沉降，落在围岩上的边墙基础必须做加固处理，使之基底承载力不得小于600kPa；否则应采用 C20 混凝土回填或采用吹砂注浆对基底进行加固。ZK52+483～ZK52+494 段右侧衬砌和 ZK52+461～ZK52+480 段左侧衬砌的隧道基底应先清除洞顶岩石脱落堆积体，清理至基岩后采用 C20 混凝土现浇换填，周边附近空洞处应采用 M7.5 浆砌片石回填密实。

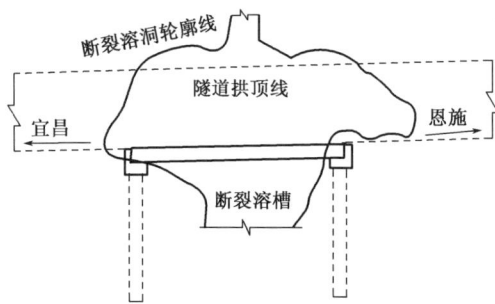

图 3-1-115　桥梁立面图

⑦跨越溶洞冲沟设计。初期支护、衬砌落脚处理：由于 ZK52+494～ZK52+461 段跨越溶洞冲沟，设计采用在该段两侧初期支护、衬砌边墙下设置桩基托梁的方式进行跨越。托梁截面尺寸为 1.2m×2.0m（宽×高），托梁长 24m，桩基长 24m。桩基截面尺寸为 2m×1.5m，桩长 13m。

路面落脚处理：采用埋置式轻型桥台桩基础；桥梁上部采用 1×20m 预应力混凝土宽幅空心板越过溶槽。如图 3-1-115 所示。

沉降缝：基底处理段在 ZK52+463、ZK52+483、ZK52+496 处各设一道沉降缝，缝宽 20～30mm；可结合施工缝的设置一并考虑。沉降缝的防水应满足《地下工程防水技术规范》（GB 50108—2008）相关要求。

⑧检修窗。考虑到左侧溶洞空间较大，在衬砌左右两侧各预留一个 2.5m×2m 的检修窗，以利于运营期间的检测维护，同时可作为紧急通风的通风口。

⑨量测监控。朱家岩隧道岩溶地段，拱顶下沉埋设 6 个测点，水平收敛设 6 个测点，暗河流量监测点 2 个。

导图小结（岩溶）（图片）　　在线测试题（岩溶）（文档）

五、地震

地震又称地动、地震动，是地壳快速释放能量过程中造成的振动，其间会产生地震波的一种自然现象。地震示意图如图 3-1-116 所示。地球上每天都在发生地震，全世界每年大约发生 500 万次地震，绝大多数地震因震级小，人感觉不到。其中有感地震约 5 万多次，造成严重灾害损失的仅有 10 次左右。

地震（微课）

一次强烈地震会造成种种灾害，一般将其分为直接灾害和次生灾害。直接灾害是指地震发生时直接造成的灾害损失，强烈地震产生的巨大震波，造成房屋、桥梁、水坝等各种建筑物崩塌、人畜伤亡、财产损失、生产中断，这种损失在大城市、大工矿等人口集中、建筑物密集的地区尤为突出。汶川大地震震后现场如图 3-1-117 所示。

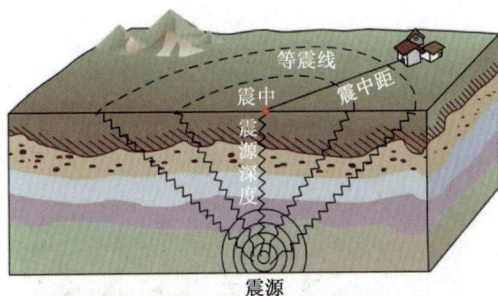

图 3-1-116　地震示意图

图 3-1-117　汶川大地震震后现场

（一）全球和我国的地震分布

1. 全球的地震分布情况

地震的地理分布受一定的地质条件控制，具有一定的规律。地震大多分布在地壳不稳定的部位，如大陆板块和大洋板块的接触处及板块断裂破碎的地带。全球地震主要分布在三大区带上。一是环太平洋地震带，该带基本沿着南、北美洲西海岸，经堪察加半岛、千岛群岛、日本列岛，至我国的台湾省和菲律宾群岛一直到新西兰，是地球上最活跃的地震带。二是地中海—喜马拉雅地震带，主要分布于欧亚大陆，又称欧亚地震带，大致从印度尼西亚西部、缅甸经我国横断山脉喜马拉雅山地区，经中亚细亚到地中海。三是海岭地震带，分布在太平洋、大西洋、印度洋中的海岭（海底山脉）。

2. 我国的地震分布情况

我国位于世界两大地震带——环太平洋地震带与欧亚地震带之间，受太平洋板块、印度板块和菲律宾海板块的挤压，地震断裂带十分发育。20 世纪以来，共发生 6 级以上地震 800 多次，遍布除贵州、浙江和香港特别行政区以外所有的省、自治区、直辖市。我国地震活动主要分布在 5 个地区的 23 条地震带上。这 5 个地区是：①西南地区，主要在西藏、四川西部和云南中西部；②西北地区，主要在甘肃河西走廊、青海、宁夏、天山南北麓；③华北地区，主要在太行山两侧、汾渭河谷、阴山—燕山一带、山东中部和渤海湾；④东南沿海的广东、福建等地；⑤台湾地区及其附近海域。也有专家提出中国四大地震带区域分别是:青藏高原地震区、华北地震区、东南沿海地震带和南北地震带。

(二)地震的成因类型

地震成因是地震学科中的一个重大课题。目前有如大陆漂移学说、海底扩张学说等,现在比较流行的是大家普遍认同的板块构造学说,认为大多数地震是地球板块相互碰撞的结果,如图 3-1-118 所示。1965 年加拿大著名地球物理学家威尔逊首先提出"板块"概念,1968 年法国人把全球岩石圈划分成六大板块,即欧亚、太平洋、美洲、印度洋、非洲和南极洲板块。板块与板块的交界处,是地壳活动比较活跃的地带,也是火山、地震较为集中的地带。板块学说是大陆漂移、海底扩张等学说的综合与延伸,它虽不能解决地壳运动的所有问题,却为地震成因的理论研究指出了一个方向,打开了新的思路。

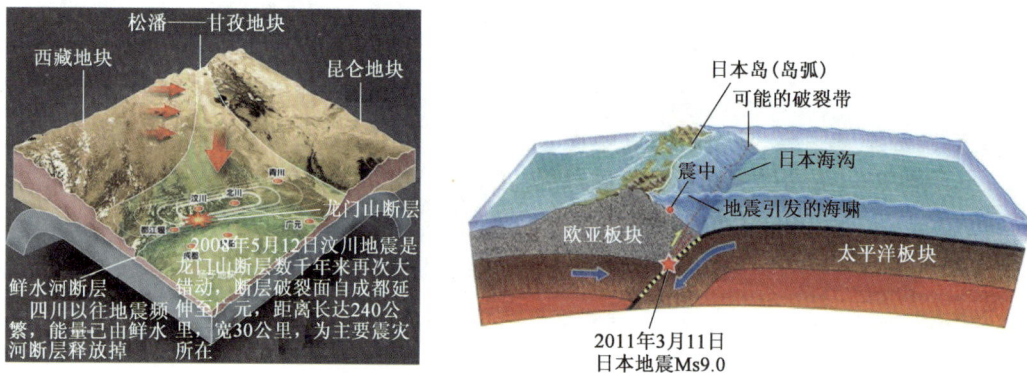

图 3-1-118　板块碰撞引发的两次大地震

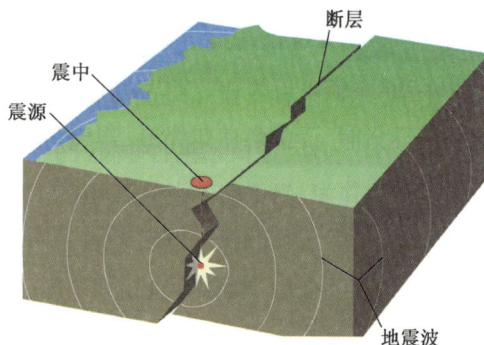

图 3-1-119　构造地震

地震按成因不同,一般可分为 4 类,分别是构造地震、火山地震、陷落地震和诱发地震(人工地震)。

1. 构造地震

地球在不停地运动变化,内部产生的巨大作用力称为地应力。在地应力长期缓慢的积累和作用下,地壳的岩层发生弯曲变形,当地应力超过岩石本身能承受的弧度时,岩层产生断裂错动,其巨大的能量突然释放,迅速传到地面,这就是构造地震,如图 3-1-119 所示。世界上 90% 以上的地震,都属于构造地震。强烈的构造地震,破坏力很大,是人类预防地震灾害的主要对象。

2. 火山地震

由于火山活动时岩浆喷发冲击或热力作用而引起的地震叫火山地震,如图 3-1-120 所示。这种地震的震级一般较小,造成的破坏也极少,只占地震总数的 7% 左右。

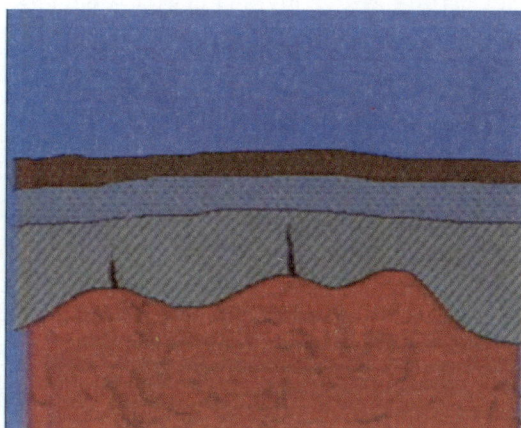

图 3-1-120　火山地震

3. 陷落地震

由于地下水溶解了可溶性岩石,使岩石中出现空洞并逐渐扩大或由于地下开采形成了巨大的空洞,造成岩石顶部和土层崩塌陷落,引起地震,叫陷落地震,如图 3-1-121 所示。这类地震约占地震总数的 3%,震级都很小。

4. 诱发地震

在特定的地区因某种地壳外界因素诱发引起的地震,叫诱发地震,也叫人工地震。如水库蓄水、地下核爆炸、油井灌水、深井注液、采矿等也可诱发地震,其中最常见的是水库地震,如图 3-1-122所示,也是当前要严加关注的地震灾害之一。

图 3-1-121　陷落地震

发生水库地震的3个条件
①有渗透路径
②有发震断层存在
③发震断层已达临界状态

图 3-1-122　诱发地震(水库地震)

(三) 震级和烈度

地震发生后,要定出衡量地震强度大小和地表破坏轻重程度的标准,这些标准就是地震震级和地震烈度。

人工诱发地震
典型案例(文档)

1. 震级

地震的震级是表示地震强度大小的度量,它与地震所释放的能量有关。震级是根据地震仪记录到的最大振幅,并考虑地震波随着距离和深度的衰减情况而得来的。一次地震只有一

个震级,弱震震级小于 3 级。如果震源不是很浅,这种地震人们一般不易觉察。有感地震震级大于或等于 3 级、小于或等于 4.5 级。这种地震人们能够感觉到,但一般不会造成破坏。中强震震级大于 4.5 级、小于 6 级,属于可造成破坏的地震,但破坏轻重还与震源深度、震中距等多种因素有关。强震震级大于或等于 6 级,其中震级大于或等于 8 级的又称巨大地震。里氏规模 4.5 级以上的地震可以在全球范围内监测到。震级每相差一级,其能量相差为 30 多倍。可见,地震越大,震级越高,释放的能量越多。

2. 烈度

通常把地震对某一地区的地面和各种建筑物遭受地震影响的强烈程度叫地震烈度。烈度根据受震物体的反应、房屋建筑物破坏程度和地形地貌改观等宏观现象来判定。地震烈度的大小,与地震大小、震源深浅、离震中远近、当地工程地质条件等因素有关。因此一次地震,震级只有一个,但烈度却是根据各地遭受破坏的程度和人为感觉的不同而不同,如图 3-1-123 所示。一般来说,烈度大小与距震中的远近成反比,震中距越小,烈度越大,反之烈度愈小,如图 3-1-124 所示。我国地震烈度采用 12 度划分法,见表 3-1-13。

时　　间　4月20日8点零2分
地　　点　雅安市芦山县
震　　级　7.0级

震中距离成都约150km

震源深度：13km
震中烈度预计IX度左右

图 3-1-123　地震震级和烈度

地震烈度划分标准表　　　　　　　　　　　　表 3-1-13

烈度	名称	加速度 a （cm/s^2）	地震系数 k_c	地震情况
I	无感震	<0.25	<1/4000	人不能感觉,只有仪器可以记录到
II	微震	0.26~0.5	1/4000~1/2000	少数在休息中极宁静的人能感觉到,住在楼上者更容易感觉到
III	轻震	0.6~1.0	1/1000~1/400	少数人在室外感觉地动,不能即刻断定是地震,振动来自方向或持续时间有时约略可定

续上表

烈度	名称	加速度 a（cm/s²）	地震系数 k_c	地震情况
IV	弱震	1.1～2.5	1/400～1/200	少数在室外的人和绝大多数在室内的人都感觉，家具等有些摇动，盘碗及窗户玻璃振动有声；屋梁天花板等咯咯作响，缸里的水或敞口皿中液体有些荡漾，个别情形惊醒睡觉的人
V	次强震	2.6～5.0	1/2000～1/1000	差不多人人感觉，树木摇晃，如有风吹动。房屋及室内物件全部振动，并咯咯作响。悬吊物如帘子、灯笼、电灯等来回摆动，挂钟停摆或乱打，盛满器皿中的水溅出。窗户玻璃出现裂纹、睡觉的人惊逃户外
VI	强震	5.1～10.0	1/200～1/100	人人感觉，大部分惊逃户外，缸里的水剧烈荡漾，墙上挂图、架上书籍掉落，碗碟器皿打碎，家具移动位置或翻到，墙上砂泥发生裂缝，坚固的庙堂房屋亦不免有些地方掉落一些灰泥，不好的房屋受相当损伤，但还是轻的
VII	损害震	10.1～25.0	1/100～1/40	室内陈设物品及家具损伤甚大。庙里的风铃叮当作响，池塘里腾起波浪并翻起浊泥，河岸砂碛处有崩滑，井泉水位有改变，房屋有裂缝，灰泥及雕塑装饰大量脱落，烟囱破裂，骨架建筑的隔墙亦有损伤，不好的房屋严重损伤
VIII	破坏震	25.1～50.0	1/40～1/20	树木发生摇摆，有时断折。重的家具物件移动很远或抛翻，纪念碑从座上扭转或倒下，建筑较坚固的房屋也被损害，墙壁裂缝或部分裂坏，骨架建筑隔墙倾颓，塔或工厂烟囱倒塌，建筑特别好的烟囱顶部亦遭损坏。陡坡或潮湿的地方发生小裂缝，有些地方涌出泥水
IX	毁坏震	50.1～100.0	1/20～1/10	坚固建筑物等损坏颇重，一般砖砌房屋严重破坏，有相当数量的倒塌，而且不能再住。骨架建筑根基移动，骨架歪斜，地上裂缝颇多
X	大毁坏震	100.1～250.0	1/10～1/4	大的庙宇、大的砖墙及骨架建筑连基础遭受破坏，坚固的砖墙发生危险裂缝，河堤、坝、桥梁、城垣均严重损伤，个别的被破坏，钢轨挠曲，地下输送管道破坏，马路及铺油街道起了裂缝与皱纹，松散软湿之地开裂，有相当宽而深长沟，且有局部崩滑。崖顶岩石有部分剥落，水边惊涛拍岸
XI	灾震	250.1～500.0	1/4～1/2	砖砌建筑全部倒塌，大的庙宇与骨架建筑只部分保存。坚固的大桥破坏，桥柱崩裂，钢梁弯曲（弹性大的大桥损坏较轻）。城墙开裂破坏，路基、堤坝断开，错离很远，钢轨弯曲且突起，地下输送管道完全破坏，不能使用。地面开裂甚大，沟道纵横错乱，到处地滑山崩，地下水夹泥从地下涌出
XII	大灾震	500.0～1000.0	>1/2	一切人工建筑物无不毁坏，物体抛掷空中，山川风景变异，河流堵塞，造成瀑布，湖底升高，地崩山摧，水道改变等

注：本表摘自同济大学等三院校编写的《工程地质》。

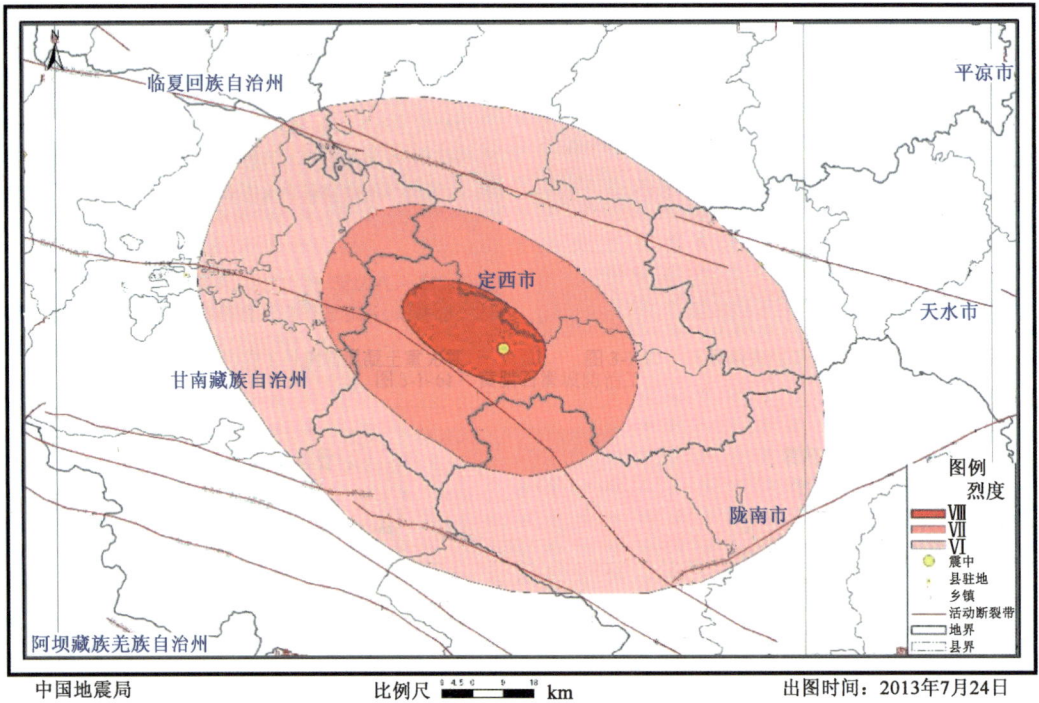

图 3-1-124　甘肃岷县 6.6 级地震烈度图

地震烈度又可分为基本烈度、场地烈度和设计烈度。

（1）**基本烈度**是指一个地区在今后一定时期内可能普遍遇到的最大地震烈度，如图 3-1-125 所示。

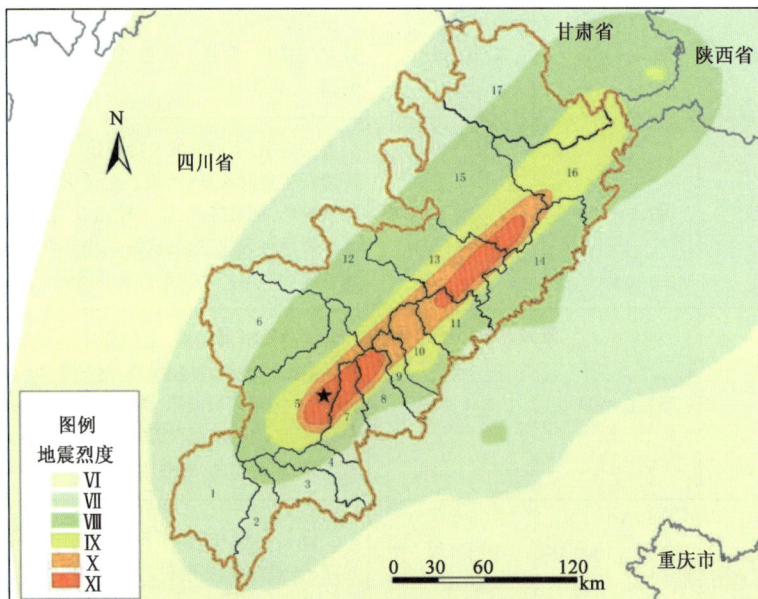

图 3-1-125　四川地震烈度分布图

（2）**场地烈度**是指建筑场地内因地质、地貌和水文地质条件等的差异而引起基本烈度的降低或提高的烈度。场地烈度可根据建筑场地的具体条件,一般可比基本烈度提高或降低 0.5～1.0 度。

（3）**设计烈度又称设防烈度**,是指抗震设计所采用的烈度。它是根据建筑物的重要性、永久性、抗震性以及工程的经济性等条件对基本烈度进行适当调整后的烈度。

（四）公路震害

地震对公路设施的影响是巨大的,具体情况见表 3-1-14 和图 3-1-126～图 3-1-130。

公路震害分类表　　　　　　　　　　　　　　　　　　　表 3-1-14

震害类型		震害表现
路基、路面震害	直接震害	断裂、错台、撕裂、隆起、沉降、塌陷
	间接震害	砸坏、坍塌、水毁、淹没、滑移、掩埋
边坡震害	岩质边坡	滑坡、崩塌、落石
	土质边坡	滑坡、表面溜坍、碎落
防护工程震害		砸坏、坍塌、开裂滑移
隧道震害		洞口仰坡坍塌、巨石砸坏、衬砌开裂错断坍塌、仰拱隆起开裂、渗水、瓦斯泄漏等
桥梁震害	直接震害	垮塌、落梁、移位、挡块破坏、墩身破坏、桥台破坏、地基破坏、支座破坏、伸缩缝破坏
	间接震害	砸坏、挤压横移

a)断裂

b)错台

c)隆起

d)沉陷

e)砸坏

f)坍塌

图 3-1-126　地震导致路基路面破坏

　　a)崩塌　　　　　　　　　　　　b)滑坡　　　　　　　　　　　　c)泥石流

图 3-1-127　地震导致边坡破坏

图 3-1-128　防护工程破坏

　　a)洞口破坏　　　　　　　　b)二次衬砌破坏　　　　　　　　c)渗水

图 3-1-129　隧道震害

　　a)倾覆倒塌　　　　　　　　　　b)错断　　　　　　　　　　c)墩身破坏

图　3-1-130

d)桥台破坏　　　　　　e)伸缩缝破坏　　　　　　f)支座破坏

图3-1-130　桥梁震害

注:图片资料来自《5·12汶川大地震四川公路震害及启示》四川省交通厅公路规划勘察设计研究院,蒋劲松。

(五)平原地区路基防震原则

(1)尽量避免在地势低洼地带修筑路基。尽量避免沿河岸、水渠修筑路基,不得已时,也应尽量远离河、水渠。

(2)在软弱地基上修筑路基时,要注意鉴别地基中可液化砂土、易触变黏土的埋藏范围与厚度,并采取相应的加固措施。

(3)加强路基排水,避免路侧积水。

(4)严格控制路堤压实,特别是高路堤的分层压实。尽量使路肩与行车道部分具有相同的密实度。

(5)注意新老路基的结合。旧路加宽时,应在旧路基边坡上开挖台阶,并注意对新填土的压实。

(6)尽量采用黏性土做填筑路堤的材料,避免使用低塑性的粉土或砂土。

(7)加强桥头路堤的防护工程。

(六)山地地区路基防震原则

(1)沿河路线应尽量避开地震时可能发生大规模崩塌、滑坡的地段。在可能因发生崩塌、滑坡而堵河成湖时,应估计其可能淹没的范围和溃决的影响范围,合理确定路线方案和高程。

(2)尽量减少对山体自然平衡条件的破坏和自然植被的破坏,严格控制挖方边坡高度,并根据地震烈度适当放缓边坡坡度。在岩体严重松散地段和易崩塌、易滑坡的地段,应采取防护加固措施。在高烈度区岩体严重风化的地段,不宜采用大爆破施工。

(3)在山坡上宜尽可能避免或减少半填半挖路基,如不可能,则应采取适当加固措施。在横坡陡于1:3的山坡上填筑路堤时,应采取措施保证填方部分与山坡的结合,同时应注意加强上侧山坡的排水和坡脚的支挡措施。在更陡的山坡上,应用挡土墙加固,或以栈桥代替路基。

(4)在大于或等于Ⅶ度烈度区内,挡土墙应根据设计烈度进行抗震强度和稳定性的验算。干砌挡土墙应根据地震烈度限制墙的高度。浆砌挡土墙的砂浆强度等级,较一般地区适当提高。在软弱地基上修建挡土墙时,可视具体情况采取换土、加大基础面积、采用桩基等措施。同时要保证墙身砌筑、墙背填土夯实与排水设施的施工质量。

(七)桥梁防震原则

(1)勘测时查明对桥梁抗震有利、不利和危险的地段,按照避重就轻的原则,充分利用有利地段选定桥位。

（2）在可能发生河岸液化滑坡的软弱地基上建桥时，可适当增加桥长、合理布置桥孔，避免将墩台布设在可能滑动的岸坡上和地形突变处，并适当增加基础的刚度和埋置深度，提高基础抵抗水平推力的能力。

（3）当桥梁基础置于软弱黏性土层或严重不均匀土层上时，应注意减轻荷载、加大基底面积、减少基底偏心、采用桩基础。当桥梁基础置于可液化土层时，基桩应穿过可液化土层，并在稳定土层中有足够的嵌入长度。

（4）尽量减轻桥梁的总重量，尽量采用比较轻型的上部构造，避免头重脚轻。对振动周期较长的高桥，应按动力理论进行设计。

（5）加强上部构造的纵横向联结，加强上部构造的整体性。选用抗震性能较好的支座，加强上、下部的联结，采取限制上部构造纵、横向位移或上抛的措施，防止落梁。

（6）多孔长桥宜分节建造，化长桥为短桥，使各分节能互不依存地变形。

（7）用砖、石圬工和水泥混凝土等脆性材料修建的建筑物，抗拉、拉冲击能力弱，接缝处是弱点，易发生裂纹、位移、坍塌等病害，应尽量少用，并尽可能选用抗震性能好的钢材或钢筋混凝土。

（八）公路防震抗震指导意见

5·12 汶川大地震，对公路基础设施造成了严重破坏，抗震救灾工作对公路基础设施的抗震能力提出了高要求，如图 3-1-131、图 3-1-132 所示。

图 3-1-131   汶川大地震纪念地址

图 3-1-132   汶川地震中的汶川县都汶高速公路

为总结经验，进一步提高公路基础设施防震抗震能力，2008 年 11 月 12 日，中华人民共和国交通运输部提出如下意见：

（1）提高抗震意识，增强防范能力建设

公路是经济建设和社会发展的重要基础设施，更是抗震救灾的"生命线"，其重要性在汶川抗震救灾中得到了进一步显现。为此，各级交通运输主管部门要坚持以人为本的科学发展观，充分认识全面加强和提高公路基础设施防震抗震能力建设的重要意义，增强忧患意识，始终将公路基础设施防震减灾工作放在突出重要的位置，认真做好，确保"生命线"的畅通和安全，为国家经济建设和人民群众安全出行服务。

各级交通运输主管部门,特别是高烈度地震多发地区的交通运输主管部门,要从汶川抗震救灾工作中吸取经验和教训,增强公路基础设施防震抗灾的风险意识。要"居安思危""警钟常鸣",以对人民生命财产高度负责的精神,切实做到"有备无患"。要加大资金和技术力量投入,加强基础工作和科学研究,把公路基础设施防震抗震能力建设作为工程建设的重要内容抓紧抓好。公路基础设施建设、设计、施工等单位,要把提高公路基础设施防震抗震能力,作为确定工程建设方案、确保工程质量的重要内容。

（2）科学评估,合理确定设防标准

公路基础设施防震抗震工作要坚持以防为主、防抗结合的原则,各地交通运输主管部门要通过对当地地质情况的全面调查和分析,科学评估地震灾害对公路基础设施可能造成的损坏和影响。研究制定切实可行的修复重建工程措施,使公路基础设施在地震灾害发生后,能够迅速恢复原有的技术标准和使用功能,做到"小震不坏、中震可修、大震不倒"。

提高公路基础设施抗震能力关键是科学合理地确定抗震设防标准。公路基础设施抗震设防标准,一般采用国家规定的抗震设防烈度区划标准或提高1度设防。对于有重要政治、经济、军事等功能的较低等级的公路基础设施,也可采用较高的抗震设防标准;对于特殊工程或地震后可能会产生严重次生灾害的公路基础设施,应通过地震安全性评价,确定抗震设防要求。

（3）加强基础工作,科学选择建设方案

深入调查工程区域或沿线地质构造、水文、地形地貌、地震区划、地震历史等情况,重点路段要进行专门勘探,认真分析地震对公路基础设施可能造成的损害,通过合理选线或采用隧道、棚洞、优化工程结构等避让方案和措施,以提高工程自身的抗震能力。

路线布设应选择在无地震影响或地震影响小的地段,尽量绕避可能发生特大地震灾害的地段。当路线必须通过地震断裂带时,尽可能布设在断裂带较窄的部位;当路线必须平行于地震断裂带时,应布设在断裂的下盘上。

路基断面形式应尽量与地形相适应,控制边坡坡率,最大限度减少路基工程对山体及自然植被的破坏。对于工程水文地质条件不良路段,其支挡设施要具有足够的抗滑能力,并加强排水措施的设置,以降低地震次生灾害对公路基础设施造成损坏。对于软土、液化土路基,应采取有效措施,加强路基的稳定性和构造物的整体性,以减少地震造成的地基不均匀沉陷。

桥涵构造物要选用受力明确、自重轻、重心低、刚度和质量分布均匀的结构形式。多优先选用抗震性能好的装配式混凝土结构或钢结构以及连续式混凝土梁桥,并采取措施提高结构的整体性。对于桥梁上部结构的设计、设置,要有切实可行的防止梁体掉落的措施。要积极采用技术先进、经济合理、便于修复加固的抗震元件、材料和措施。

隧道位置应选择在山坡稳定、地质条件较好的地段。洞口应避免设在易发生滑坡、岩堆、泥石流等处,并控制路堑边坡和仰坡的开挖高度以防止坍塌等震害造成洞口损坏。对于悬崖陡壁下的洞口,要设置防落石设施,如采取明洞与洞口相接等措施;对于地震断裂带的隧道,要尽量采用柔性或容许变形的结构,以增强其抗震能力。

（4）总结经验,加强技术研究

认真总结国内外公路基础设施抗震经验,进一步加强公路基础设施抗震防灾基础科学、抗震设防标准的研究力度,提高地震对公路基础设施破坏机理的认识,不断增强公路基础设施的抗震性能检测评价能力,以及高烈度地震区公路基础设施建设和恢复重建水平。

加强与地震多发国家的公路基础设施抗震技术交流与合作,积极引进、学习先进抗震技术和经验,进一步完善我国公路基础设施抗震相关标准规范,全面提高我国公路基础设施抗震技术水平。

导图小结
(地震)(图片)

在线测试题
(地震)(文档)

六、常见公路地质病害综合治理案例❶

(一)工程概况

红白土坡位于 G045 线新疆赛里木湖至果子沟口段公路改建工程第七合同段 K591 + 000 ~ K592 + 800 段路基右侧,是既有公路开挖后形成的高边坡。果子沟内地形地貌复杂,各种地质病害及自然灾害较多,其类型有边坡岩土失稳产生的崩塌、滑塌、碎落和坡面泥石流、雪崩等。在雨季、冰雪融化季节,该路段曾多次发生雪崩和山体滑塌等灾害,经常阻断交通。如不及时治理,将继续发展恶化,极大地影响高速公路的安全。

(二)场地工程地质条件

1.地形地貌特征

在工程地质区划上,该路段属中高山狭长沟谷地貌单元,山高坡陡,地形起伏较大,相对高差为数百米。山体中下部土质边坡自然横坡为 30° ~ 40°,中上部岩质边坡自然横坡大于 50°。在已发生滑塌路段的后缘,错落陡坎高 1.0 ~ 5.0m(如 K591 + 550 右侧岩土分界处),局部路段发现纵向裂缝(如 K591 + 500 附近)。地表雨水冲蚀沟槽较多,局部深度可达 2.0m。坡面情况较好的路段,坡面植被较发育,以矮小云杉、草垫为主。

该路段滑塌段落长约 1830m,横向宽度为 60 ~ 100m,多发生于雨季和冰雪融化季节,改建高速公路路线以填方路基在山体坡脚通过。雪崩形成区位于 K591 + 000 ~ K591 + 700 右侧山坡上,规模较大,危害性较强。

详细地貌特征如图 3-1-133 ~ 图 3-1-139 所示。

图 3-1-133 K591 + 080 ~ K591 + 240 段路基右侧边坡地貌

---

❶ 资料来源于中咨武汉桥隧设计研究院有限公司,G045 线赛里木湖至果子沟口段公路改建工程第七合同段(红白土坡)地质病害综合治理工程。

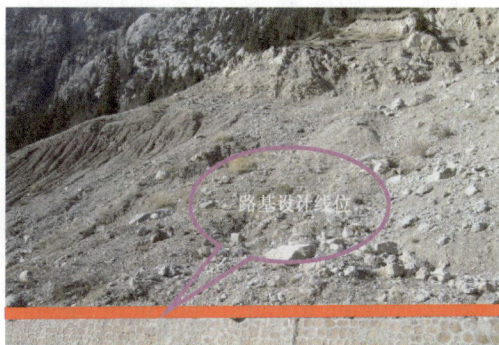

图 3-1-134　K591 +470 ~ K591 +630 段路基右侧边坡地貌

图 3-1-135　K591 +630 ~ K591 +700 段路基右侧边坡地貌

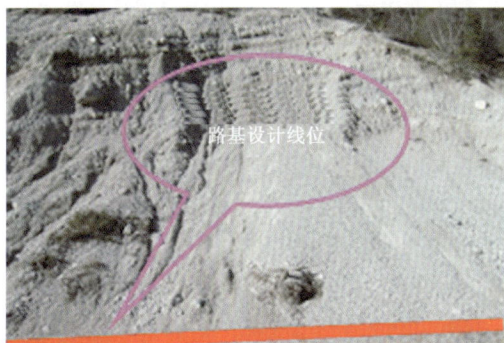

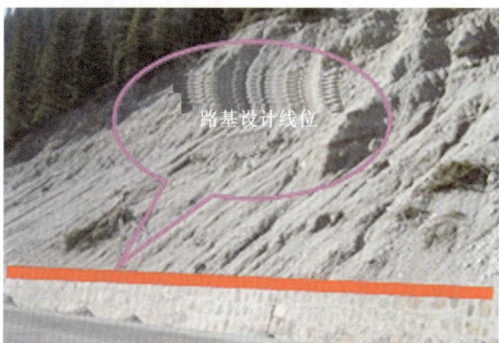

图 3-1-136　K591 +700 ~ K591 +920 段路基右侧边坡地貌

2. 场地岩土构成及其特征

根据两阶段工程地质勘察报告、野外调查资料和《既有公路果子沟重点路段路基与上边坡稳定性研究》中专项工程地质勘察资料:该路段岩土类型主要有滑塌体堆积层(Q_4^{c+del})、残坡积层(Q_4^{dl+el})和寒武系上统灰岩($\in_3^{ls}$)三大类。

(1)滑塌体堆积层(Q_4^{c+del})

成分为角粒状灰岩碎石,局部可见粒径较大的块石,松散堆积,主要分布于 K591 +240 ~

K591 +630、K591 +700 ~ K592 +400 段右侧山坡中下段、坡脚挡土墙上方,容易形成二次滑塌,如图 3-1-140 所示。

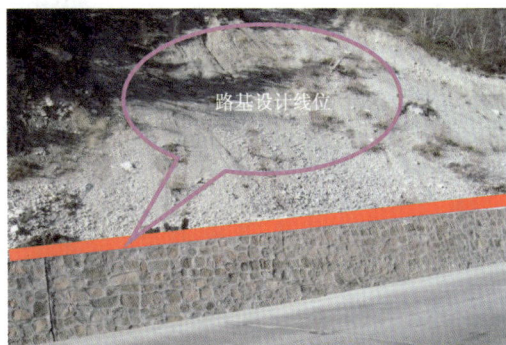

图 3-1-137　K591 +920 ~ K592 +260 段路基右侧边坡地貌

图 3-1-138　K592 +260 ~ K592 +400 段路基右侧边坡地貌

图 3-1-139　K592 +400 以后路段段路基右侧边坡地貌

（2）残坡积层(Q_4^{dl+el})

层厚一般为 3.0 ~ 8.0m,部分路段(K591 +700 ~ K592 +300)厚度在 10.0 ~ 17.5m 之间,部分路段坡脚处厚度可达 30m(如 K592 +320 坡脚处)。岩土呈层状分布,如图 3-1-141 所示,上部为灰白色残积层,为松散碎石土类,碎石成分为角粒状灰岩,天然含水率为 9.3%,密度为 1.803g/cm³,粒径大于 2mm 粗颗粒含量占 74% 左右,粒径小于 0.074mm 以下的粉、黏粒含量分别为 82.7%、17.3%，水理性较差，在雨水或雪融水的作用下容易形成坡面溜塌，并导致边坡中下部滑塌、碎落；下部为褐红色黏性土，碎石含量相对较少，粒径大于 2mm 粗颗粒含量占 49.3%，粒径小于 0.074mm 以下的粉、黏粒含量分别为 80.1%、19.9%，呈中密状，天然含水率为 8.6%，密度为 2.2g/cm³，稳定性相对较好。

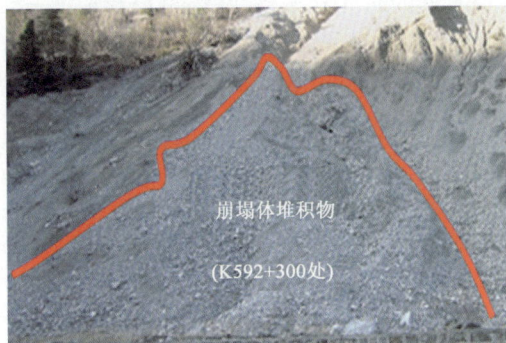

图 3-1-140　K592 +300 处滑塌体堆积层

图 3-1-141　K592 +320 坡脚处残坡积层

（3）寒武系上统灰岩（$\in_3^{ls}$）

为下伏基岩，灰黑色，微晶结构，中厚层状构造，表层风化裂隙发育，岩石较破碎，基岩层面陡峭，下倾角度在 35°～60°之间，为上伏残坡积土体滑塌创造了有利条件。

3. 场地水文气象及水文地质条件

该地区属温带内陆干旱区山地气候，受大西洋水汽影响较大，太平洋水汽对其影响很小。总的特征是四季分明，春夏季多雨湿润，冬秋季少雨，日照充足，冬季漫长，日温差较大。年平均降水量为 140～450mm，最大降水量为 500mm，夏季降水量占总降水量的 50% 以上；最大积雪厚度为 150cm，最大季节冻土深度为 170cm。年平均气温为 3.0～4.0℃，最冷月平均气温约 -14℃，最热月平均气温约 13℃，气候干燥，每天平均实际日照 8～12h。

场地水文地质条件比较复杂，地下水类型主要有第四系残坡积层孔隙水和基岩裂隙水，水量随季节变化较大。在冰雪融化季节（每年 3～5 月），气温较低，蒸发量较小，融雪水直接补给地下水，由于坡面汇水面积大，补给时间较长，这段时间的地下水比较丰富，地面径流比较强，引发的山体滑塌、碎落、坡面泥石流及雪崩等地质灾害也比较多；在其他季节，由于降雨量小，蒸发量大，地下水补给不足，地下水储量贫乏，埋藏较深，山坡岩土体相对比较稳定。

4. 场地的地震效应

该地区地震动反应谱特征周期为 0.45s，地震动峰值加速度值为 0.15g，相当于地震基本烈度Ⅶ度区，考虑该工程的重要性及破坏后的严重后果，按地震基本烈度为Ⅷ度设防。

（三）地质病害的分析与评价

根据两阶段工程地质勘察报告和现场调查资料：该路段地质病害类型主要有雪崩、山体滑塌、碎落及坡面泥石流。

1. 雪崩

该路段雪崩类型主要为沟槽型雪崩群，形成区往往位于山坡高处，相对高差有数百米之多,发生规模较大,危害性较强。根据调查收集整理的资料和《公路雪崩灾害及防治技术研究》科研报告,结合以往成功经验:采用 SNS 柔性被动网防护系统进行有效拦截,并对雪崩区域(包括形成区和运动区)进行跟踪监测,对公路后期的营运安全提供技术支持,使雪崩病害得到控制,减小其对公路营运安全的影响。

针对该路段雪崩类型、规模、运动形式及其发生雪崩的时间和条件,在雪崩群形成区、运动区设置多道 SNS 柔性被动防护系统 RXⅠ-200 型进行拦截。

2. 坡面型泥石流

由于坡面型泥石流与边坡滑塌、碎落等一起发生,故将其处治措施与路基边坡的稳定性一并考虑,采取截排水、工程防护与植物防护相结合的措施进行治理。

3. 山坡岩土体存在的破坏形式及其稳定分析

(1)浅层岩土体的滑塌

将浅层岩土体破坏形式界定为滑塌,主要基于以下 3 个方面的考虑:①山体岩土体破裂面角度在 30°～35°之间,小于规范中关于滑塌破裂角定义的范围;②堆积体的形态成锥形,其堆积顺序与原来岩土体的层序大致相同;③山坡岩土体破坏的时间较短,没有明显的变形过程。

浅层岩土体造成的多次滑塌,是目前该路段边坡岩土体破坏的主要形式,规模较大的滑塌体主要有 4 处,即 K591+080～K591+240、K591+400～K591+650、K591+750～K591+900、K592+200～K591+500。在现场调查过程中,发现滑塌体的边界呈扇形,宽度为 60～100m,滑塌面比较平整,倾角在 30°～35°之间,中间滑槽深度为 3.0～5.0m,滑塌体后缘有 1.0～5.0m 错落陡坎,局部路段延伸到了残坡积土与基岩的接触面,如图 3-1-142～图 3-1-145 所示。根据场地岩土构成特征、山体滑塌发生的时间等进行了认真的分析和论证,认为造成山体滑塌的主要原因有 3 个:第一,场地岩土构成特征,由于第四系覆盖层(Q_4^{dl+el})厚度较大,且含有较多粉土和黏土,在雨水和雪融水的作用下,降低了山体岩土的抗剪力学指标,改变了山坡岩土原有的应力平衡状态;第二,地表水的侵蚀作用降低了山体岩土的抗剪力学指标;第三,既有公路在修建和改建的过程中,未对开挖后的边坡进行必要加固和支护,仅在坡脚设置 2～4m 高的挡土墙拦截坡面碎落的岩土,缺少完善的地面截排水系统,使边坡状况不断恶化,造成较大规模的山体滑塌、碎落,危害既有公路及改建高速公路今后的营运安全,所以,必须对山体浅层岩土进行支护和加固处理。

图 3-1-142　K591+150 处浅层岩土体滑塌

图 3-1-143　K591+480 处浅层岩土体滑塌

图 3-1-144　K591+800 处浅层岩土体滑塌

图 3-1-145　K592+400 处浅层岩土体滑塌

（2）深层岩土失稳

这种破坏形式为山坡岩土体沿岩土交界面（即基岩层面）产生较大规模滑动破坏。在施工图设计阶段，除了考虑边坡浅层岩土的滑塌、碎落之外，根据初步设计批复（交公路发〔2000〕190 号）和审查意见（中交公路规划院）中的建议及指导性意见、专项工程地质和水文地质勘察资料等，对边坡深层岩土的稳定性问题等进行了重点分析与研究。

分析认为：边坡岩土在此之前之所以没有发生较大规模滑塌或滑坡，有一个潜在的因素是"边坡岩土长时间不断的滑塌、碎落在不断调整岩土体内部的应力平衡状态"，这是一个容易被人为忽略的因素，而在国内已建高速公路中，由此引起的边坡失稳问题不在少数。对浅层岩土进行加固和支护处理之后，一方面改善了边坡岩土状况，有利于边坡稳定，另一方面却减弱了岩土体内部应力平衡的调整作用，不利于边坡稳定。据此，设计单位提出了既有公路改建成高速公路后，仅对红白土坡浅层岩土进行加固和支护处理，会不会引发边坡深层岩土失稳的问题，并对边坡岩土的稳定性进行了分析和计算，计算结果显示：在雨季、冰雪融化季节和地震两种不利工况作用下，均会导致边坡岩土失稳。因此，在方案的设计过程中，加强了深层岩土失稳的治理措施。关于这一点，主要出于以下 4 个方面的考虑：

第一，通过稳定性分析与计算，边坡岩土体在两种不利工况（雨水、雪融水和地震）的作用下，均会导致边坡岩土体沿基岩层面失稳。

第二，在施工图测量外业调查过程中，发现 K591+500 附近右侧山坡岩土交界面处产生 1 条纵向裂缝，如图 3-1-146 所示，是边坡岩土蠕动变形的征兆，可能与边坡岩土体失稳有关。

图 3-1-146　K591+500 附近右侧山坡岩土交界面处纵向裂缝

第三，该工程的重要性。既有公路是乌鲁木齐至伊犁的唯一全天候通车的公路，在新疆干线公路网中具有不可替代的重要作用，是《国家高速公路网规划》中 18 条东西横线中的一横，地理位置极为重要。在雨季和冰雪融化季节,曾多次发生雪崩和山体滑塌灾害,造成交通中断,若不彻底根治路基病害,该路段必将成为改建高速公路正常运营的控制性路段。

第四,边坡岩土失稳的危害程度。改建公路位于果子沟河流的河滩上,红白土坡坡脚处。小规模的边坡滑塌会造成交通中断,若发生大规模的边坡失稳,除造成交通中断外,还会阻塞果子沟河流河道,引发山洪,造成不可估量的损失。

（四）地质病害的治理措施

1. 设计思路

采取防治结合、综合治理、保证安全的设计思路;本着技术可行、经济合理、有利工期、不影响交通、采取截排水与工程支挡相结合的综合整治措施;全面规划、分期实施,通过施工监测与动态设计,适时调整工程治理措施和施工方案,治理后要求边坡稳定,以确保高速公路营运安全。

2. 边坡防护与加固工程方案设计

根据各路段地质勘察资料、存在的地质灾害类型以及边坡岩土稳定性分析与计算结果,将其分为 3 个段落进行治理,具体措施如下:

（1）K591 +000 ~ K591 +700 段

①在坡积物与基岩接触位置设置 40cm ×40cm 的截水沟,拦截地表水。

②在坡脚设置路堑挡土墙,高度 5m,使边坡岩土恢复到稳定坡度,达到消除局部坍塌的目的,预防边坡岩土失稳。

③由于崩塌坡面高陡,浆砌工程施工难度大,因此只在挡土墙顶面 10m 范围内坡面采用 M10 浆砌片石骨架 + 支撑渗沟防护,骨架内采用三维土工网喷播植草绿化,施工前坡面须清除危岩及崩塌体,使坡度不陡于 1∶1。10m 以上部分采用 SNS 柔性主动防护系统 + 三维土工网垫植草护坡;坡体内部采用 PVC-U 管排水盲沟排水;施工前应清坡,保证坡度不陡于 1∶1。

④根据工程实施和公路营运期间的地表位移和边坡变形监测以及边坡以后的稳定状况,在边坡上预留一排钢筋混凝土抗滑桩,共 140 根,长度 12m,截面尺寸为 1.5m ×2m,设置在路基中心线右侧 40m 山坡上,以稳固边坡岩土。

（2）K591 +700 ~ K592 +300 段

①在坡积物与基岩接触位置设置 40cm ×40cm 的截水沟,拦截地表水。

②在坡脚设置路基堑挡土墙,使边坡岩土恢复到稳定坡度,达到消除局部坍塌的目的,预防边坡岩土失稳。

③在挡土墙顶面 10m 范围内坡面采用 M10 浆砌片石骨架 + 支撑渗沟防护,骨架内采用三维土工网喷播植草绿化,施工前坡面须清除危岩及崩塌体,使坡度不陡于 1∶1。10m 以上部分采用 SNS 柔性主动防护系统 + 三维土工网垫植草护坡;坡体内部采用 PVC-U 管排水盲沟排水;施工前应清坡,保证坡度不陡于 1∶1。

④根据工程实施和公路营运期间的地表位移和边坡变形监测以及边坡以后的稳定状况,在边坡上预留一排钢筋混凝土抗滑桩,共 120 根,长度 20m,截面尺寸为 2m ×3m,设置在路基中心线右侧 35m 山坡上,以稳固边坡岩土。

（3）K592 +300 ~ K592 +800 段

①在坡积物与基岩接触位置设置 40cm ×40cm 的截水沟,拦截地表水。

②在坡脚设置路基上挡土墙,使边坡岩土恢复到稳定坡度,达到消除局部坍塌的目的,预防边坡岩土失稳。

③在挡土墙顶面10m范围内坡面采用M10浆砌片石骨架+支撑渗沟防护,骨架内采用三维土工网喷播植草绿化,施工前坡面须清除危岩及崩塌体,使坡度不陡于1:1。10m以上部分采用SNS柔性主动防护系统+三维土工网垫植草护坡;坡体内部采用PVC-U管排水盲沟排水;施工前应清坡,保证坡度不陡于1:1。

3.抗滑桩设计

(1)抗滑桩设置在滑坡体的下缘,两段分别位于路线右侧40m和35m处,垂直于滑坡主滑方向布设一排,共140根和120根。

(2)抗滑桩尺寸分别为1.5m×2.0m和2.0m×3.0m,桩长分别为12.0m和20.0m,锚固深度分别为5.0m和8.0m,间距5.0m。

(3)钢筋:背筋选用ϕ32mm钢筋,面筋选用ϕ20mm钢筋,侧筋选用ϕ20mm钢筋,箍筋选用ϕ16mm钢筋,钢筋布置详见抗滑桩设计图。

(4)抗滑桩埋设:原则上采用隔桩开挖与施工,组织好挖孔、下钢筋笼、灌注混凝土等工序。吊装钢筋笼后,应测定孔中地下水位,如孔中水深超过5m,应抽水后方可灌注混凝土。

(5)所有抗滑桩在开挖过程中必须详细记录地层岩性、含水层、含水率、接触面等情况,如发现与设计地质资料有出入时,应及时通知设计单位。

(6)人工挖孔进入基岩时,施工过程中不得破坏桩孔周围的岩石结构。

(7)所有抗滑桩桩身受力主筋焊接接长时,必须严格按照施工规范办理。

(8)在进行护壁混凝土浇筑时,当上一节护壁混凝土达到设计强度等级的80%时再行开挖下一节桩孔及浇筑护壁混凝土。护壁中上一节竖向钢筋必须与下一节竖向钢筋连接牢固,并浇筑成整体。

(9)桩身混凝土必须连续灌注,不得间断,并振捣密实。

(10)人工挖孔时应注意排水和施工安全,当挖至设计高程后尽快浇筑桩身混凝土,禁止长期浸泡基坑。

(五)边坡变形监测要求及资料整理

为指导动态设计,保证施工和公路营运期间的安全,对边坡治理路段进行变形监测。

1.边坡变形监测

(1)观测桩:采用混凝土桩作为观测桩,埋入地表以下1.0m,桩顶露出地面高度为50cm,并在桩顶面中心作一"+"字形记号。埋置方法可采用打入或开挖埋入,桩周围回填密实,桩周上部50cm用混凝土浇筑固定,确保边桩埋置稳固。

(2)测点布置:测点呈网状布置,纵向距离为50m,横向距离为25m,共计18个断面,83个测点。

(3)观测仪器:采用光电测距仪和高精度水平仪进行测量,测量其精度应满足相关测量仪器的精度要求。

(4)观测频率:每15天定时观测一次,观测数据要求随测随整随报,发现观测数据异常,应立即疏散滑坡周围人员,同时应立即通知相关单位,增加观测频率。若边坡变形较小,则可适当延长观测时间间隔。下雨天及雨后两天左右应增加观测次数,每天观测一次,并加强现场巡视(重点是裂缝发展情况、地下水出水量和出水浑浊情况、坡体的异常情况等)。

(5)观测人员:要由专业测绘技术人员操作仪器、整理资料、进行误差分析和数据分析,保证测量数据的准确性和可靠性。

2. 资料整理

地表位移一般每15天监测一次,在暴雨期间应加密观测次数。根据工程需要提供以下有关资料:水平位移成果表、垂直位移成果表、位移矢量图、位移-时间、位移速率-时间曲线图。

(六)结论及建议

(1)岩土工程是一个复杂的系统工程,不可预见的影响因素比较多。该工程在正常工况下,边坡岩土基本稳定,在两种不利工况的作用下,边坡岩土均会失稳。鉴于该工程的重要性及其破坏后的危害程度,本着安全、经济的原则,建议预留边坡岩土深层失稳的治理措施,采取动态设计与分期实施的设计思路,彻底解决红白土坡的边坡稳定性问题。

(2)加强施工过程中的地表位移观测和边坡变形监测,及时信息反馈,通过施工监测与动态设计,适时调整工程治理措施和施工方案,保证施工安全,不影响既有公路的通行要求。

(3)加强公路营运期间的地表位移观测和边坡变形监测,以指导运营后是否需进行抗滑桩的设置。

(4)在公路建成通车后,对雪崩区域(包括形成区和运动区)进行跟踪监测,为公路后期的营运安全提供技术支持,使雪崩病害得到控制,减小其对公路营运安全的影响。

案例1(微课)　　案例2(微课)　　各类地质灾害
　　　　　　　　　　　　　　　　防治案例(文档)

课后
练习题

1.试从岩性和构造条件分析崩塌发生的可能性。

2.简述滑坡发生之前的主要先兆现象,以及滑坡发生之后,在地形、地物和地貌上可能出现的变异现象。

3.工程上对滑坡的预防和整治措施常用"四字"概括,即排、挡、减、固。请扼要地说明这"四字"措施的含义。

4.简要分析山区"阶梯形山坡"的三种成因。

5.崩塌与滑坡有何区别?

6.泥石流的形成必须具备哪些自然条件?

7.公路在穿越可能发生泥石流的地段,应采取哪些主要防治措施?(应结合实例)

8.简述在岩溶地区对路基工程的整治措施。

任务二 掌握公路土质病害处治

【学习指南】主要学习任务是了解软土、黄土、膨胀土、冻土和盐渍土等主要特殊土的成因、分布,熟悉它们的工程性质和处治方法。重点要求掌握常见公路不良土质病害的处治方法。

【教学资源】包括 5 个微课、5 幅导图、1 个 PPT 教学视频资源、5 套在线测试题和大量高清图片。

一、软土病害

软土(微课)

(一)软土概述

1. 软土的概念及分布

软土一般指在静水或缓慢的流水环境中以细颗粒为主的近代沉积物,在形成过程中有生物化学参与作用,富含有机质。其天然含水率大于液限,天然孔隙比大于 1.5,具有天然含水率大,孔隙比、压缩性高、承载力低的特点,如图 3-2-1 所示。

图 3-2-1 软土

我国软土主要分布在沿海地区,如东海、黄海、渤海、南海等沿海地区、内陆平原以及一些山间洼地。

2. 软土的特征

(1)颜色多为灰绿、灰黑色,手摸有滑腻感,能染指,有机质含量高时,有腥臭味。

(2)粒度成分主要为黏粒及粉粒,黏粒含量高达 60% ~70% 。

(3)矿物成分,除粉粒中的石英、长石、云母外,黏粒中的黏土矿物主要是伊利石,高岭石次之。此外,软土中常有一定量的有机质,可高达 8% ~9% 。

(4)软土具有典型的海绵状或蜂窝状结构,这是造成软土孔隙比大、含水率高、透水性小、压缩性大、强度低的主要原因之一。

（5）软土常具有层理构造，软土和薄层的粉砂、泥炭层等相互交替沉积，或呈透镜体相间形成性质复杂的土体。

3. 软土分类

（1）按软土的形成环境分类

①滨海沉积包括滨海相沉积、泻湖相沉积、溺谷相沉积和三角洲相沉积。

滨海相常与海浪、岸流和潮汐的水动力作用形成较粗的颗粒相掺杂，使其不均匀和极疏松，增强了淤泥的透水性能，易于压缩固结。泻湖相颗粒微细、孔隙比大、强度低、分布范围较宽阔，常形成滨海相平原。在泻湖边缘，表层常有厚 0.3～2.0m 的泥炭堆积。溺谷相孔隙比大，结构疏松，含水率高，分布范围略窄，在其边缘表层也常有泥炭沉积。三角洲相由于河流和海潮复杂的交替作用，而使淤泥与薄层砂交错沉积，受海流和波浪的破坏分选程度差，结构不稳定，多交错成不规则的尖灭层或透镜体夹层，结构疏松，颗粒细小。

②湖泊沉积包括湖相沉积、河漫滩相沉积、牛轭湖相沉积和山区谷地沉积。

湖泊沉积是近代淡水盆地或咸水盆地的沉积。其物质来源与周围岩体基本一致，在稳定的湖水期逐渐沉积而成。沉积物中夹有粉砂颗粒，呈现明显的层理。淤泥结构松软，呈暗灰、灰绿或暗黑色，表层硬层不规律，厚 0.3～4.0m，时而有泥炭透镜体。淤泥厚度一般为 10m，最厚可达 25m。

③河滩沉积包括河漫滩相沉积和牛轭湖相沉积。

河滩沉积形成过程较为复杂，成分不均匀，走向和厚度变化大，平面分布不规则。一般是软土常呈带状或透镜体，间与砂或泥炭互层，其厚度不大，一般小于 10m。

④沼泽沉积主要有沼泽相沉积。

沼泽沉积分布在地下水，是地表水排泄不畅的低洼地带且蒸发量不大的情况下形成的一种沉积物，多伴有泥炭，常出露地表。下部分布有淤泥层或淤泥与泥炭互层。

（2）按天然含水率和孔隙比分类

当天然孔隙比 e 大于或等于 1.5，天然含水率大于液限时称为淤泥。当天然含水率大于或等于 1.0 而小于 1.5，天然含水率大于液限时称为淤泥质土。

按有机质含量多少可以分为无机土、有机质土、泥炭质土、泥炭 4 类，见表 3-2-1。

软土按有机质含量分类及特征 表 3-2-1

分类名称	有机质含量 W_u	现场特征
无机土	$W_u < 5\%$	
有机质土	$5\% \leqslant W_u \leqslant 10\%$	深灰色，有光泽，味臭，除腐殖质外尚含有少量未完全分解的动植物体，浸水后水面出现气泡，干燥后体积收缩
泥炭质土	$10\% < W_u \leqslant 60\%$	深灰或黑色，有腥臭味，能看到未完全分解的植物结构，浸水后体积膨胀，易崩解，有植物残渣浮于水中，干缩现象明显
泥炭	$W_u < 60\%$	除具有泥炭质土的特征外，结构松散，土质轻，暗无光泽，干缩现象极为明显

（二）软土的工程性质

1. 大孔隙比、高天然含水率

软土的颗粒分散性高,联结弱,孔隙比大,含水率高,孔隙比一般大于1,可高达5.8,如云南滇池淤泥,含水率大于液限达50%～70%,最大可达300%。沉积年代久、埋深大的软土,孔隙比和含水率降低。

2. 软土的透水性和压缩性

软土孔隙比大,孔隙细小,黏粒亲水性强,土中有机质多,分解出的气体封闭在空隙中,使软土的透水性能降低,大部分软土层中存在着条带状或透镜状夹砂层,水平向渗透系数 $K < 10^{-6}\mathrm{cm/s}$,垂直渗透系数 K 在 $10^{-7}\sim10^{-9}\mathrm{cm/s}$ 之间,垂直层面几乎是不透水的,对排水固结不利,固结慢;由于孔隙比大于1,含水率大,重度较小,且土中含大量微生物、腐殖质和可燃气体,故压缩性高,压缩系数 $a = 0.5\sim2.0\mathrm{MPa}^{-1}$,压缩模量 E_s 为 $1\sim6\mathrm{MPa}$。软土在建筑物荷载作用下容易发生不均匀下沉和大量沉降,而且下沉缓慢,且长期不易达到稳定。

3. 软土的强度

软土的强度低,无侧限抗压强度为 $10\sim40\mathrm{kPa}$。软土的抗剪强度很低,且与加荷速度和排水条件密切相关,抗剪强度随固结程度提高而增大,软土在不排水剪切时的内摩擦角 $\varphi = 2°\sim5°$,$c = 10\sim15\mathrm{kPa}$,抗剪强度主要由黏聚力决定;排水剪切条件下,内摩擦角 $\varphi = 10°\sim15°$,$c = 20\mathrm{kPa}$,但是由于其透水性差,孔隙水渗出相当缓慢,抗剪强度增加也很缓慢。所以在评价软土抗剪强度时,应根据建筑物加荷情况及排水条件选用不同的试验方法,并在工程施工中应注意控制加荷速度。

4. 软土的触变性

软土是絮凝状的结构性沉积物,当其未被破坏时常具一定的结构强度,一经受到扰动,土的颗粒结构便被破坏,土体强度下降,吸附在颗粒周围的水分子的定向排列被破坏,土粒吸附在水中,呈流动状态,称为触变,也称振动液化。振动停止后,土粒与水分子相互作用的排列结构恢复,土强度可慢慢恢复。所以软土地基受振动荷载后,易产生侧向滑动、沉降及其底面两侧挤出等现象。

5. 软土的流变性

在长期固定剪切荷载作用下,软土的变形可延续很长时间,最终导致土体破坏,这种性质称为流变性。破坏时软土的强度远低于常规试验测得的标准强度。一些软土的长期强度只有标准强度的40%～80%。但是,软土的流变发生在一定的荷载下,小于该荷载则不产生流变,不同的软土产生流变的荷载值也不同。

6. 软土的不均匀性

由于沉积环境的变化,软土具有微细的和高分散的颗粒组成,黏粒层中局部以粉粒为主,使软土在水平分布上有所差异,垂直方向上具有明显分选性,物理力学性质相差较大,作为建筑物地基则易产生差异沉降。

软土的这些工程特性使软土地基在建筑物荷载作用下容易发生大量的下沉和不均匀下

沉,产生侧向滑动和两侧挤出现象,地基的排水不畅沉降延续时间长,强度增长缓慢,影响建筑物的施工工期和工程质量。

(三)软土地基的加固与处理方法

1. 软土的变形破坏问题

软土地区所遇到的主要工程地质问题是承载力低和地基沉降与变形过大。修建在软土地基上的建筑物变形破坏的主要形式是不均匀沉降,使建筑物产生裂缝,影响正常使用。修建在软土地基上的公路、铁路路基受软土强度的控制,不但路基高度受限,而且产生侧向滑移。路基两侧常产生地面隆起,形成坍滑或沉陷。

2. 软土地基的加固措施

软土地基处理的方法很多,而且很多新技术、新方法正在不断出现。软土地基的加固与处理方法见表3-2-2 和图 3-2-2 ~ 图 3-2-7。

软土地基的加固与处理方法   表 3-2-2

加固方法	施工要点	适用范围
强夯	强夯法采用 10 ~ 20t 重锤,从 10 ~ 40m 高处自由落下,夯实土层,强夯法产生很大的冲击能,使土体局部液化,夯实点周围产生裂隙,形成良好的排水通道,土体迅速排水固结,加固深度可达 11 ~ 12m	适用于小于 12m 的软土层
换填土	将软土挖除,换填强度较高的黏性土、砂、砾石、卵石等透水性较好的土,分层夯实,从根本上改善了地基土的性质	适用于软土深度不超过 2m 的地区
砂垫层	由于软土透水性差,在建筑物(如路堤)底部铺设一层砂垫层,其作用是在软土顶面增加一个排水面。当软土层较薄且软土底部具有砂砾层时,可以在路堤底部铺设砂垫层,加速排水固结	适用于软土深度不超过 2m,砂料较丰富地区
抛石挤淤	抛石挤淤是指用片石投入软土中(尺寸一般不宜小于 30cm),将淤泥挤出,以提高地基强度的措施。此法施工时不用挖淤,不用抽水,较为简便易行。适用于较稀的软土,表层无硬壳,厚度较薄	适用于石料丰富区,软土厚 3 ~ 4m
反压护道	反压护道是指为防止软弱地基产生剪切、滑移,保证路基稳定,对积水路段和填土高度超过临界高度路段在路堤一侧或两侧填筑起反压作用的具有一定宽度和厚度的土体,以平衡路堤下软土的隆起之势,从而保证路堤的稳定性。其高度不宜超过路堤高度的 1/2	适用于非耕作区和取土不困难的地区
砂井排水	在软土地基中按一定规律设计排水砂井,井孔直径多在 0.4 ~ 2.0m,砂井上铺设砂垫或砂沟,井孔中灌入透水性较好的砂粒,砂井起排水通道作用,加快软土排水固结过程,使地基土强度提高(塑料排水板)	适用于软土层厚度大于 5m、路堤很高,或地处农田和填料来源较困难的地区
深层挤密	在软弱土中成孔,在孔内填以水泥、砂、碎石、素土、石灰等材料置换软土地基中的软土体,形成桩土复合地基或加固体,从而使较大深度范围内的松软地基得以挤密和加固(如碎石桩、石灰桩、旋喷桩等)	适用于软土层较厚地区
化学加固	通过气压、液压等将水泥浆、黏土浆或其他化学浆液压入、注入、拌入土中,使其与土粒胶结成一体,形成强度高、化学稳定性良好的"结石体",以增强土体强度。按施工方式分为灌浆法、高压旋喷法、深层搅拌法等	适用于软土层较厚地区

续上表

加固方法	施工要点	适用范围
土工织物加固	将具有较大抗拉强度的土工织物、塑料隔栅或筋条等材料铺设在路堤的底部,改善施工机械的作业条件,扩散基底压力,均匀支承路堤荷载,阻止土体侧向挤出,从而提高地基承载力和减小路基不均匀沉降(如土工网、土工格栅、土工织物等)	

图 3-2-2　砂垫层

图 3-2-3　土工织物加固

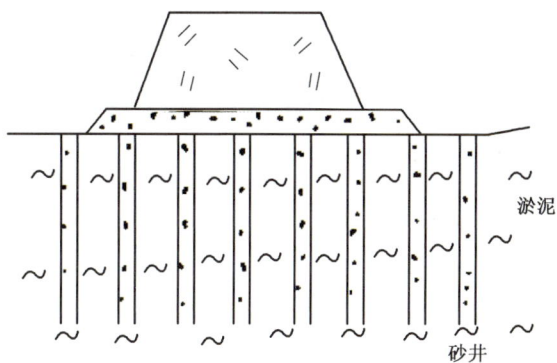

淤泥

砂井

图 3-2-4　砂井排水

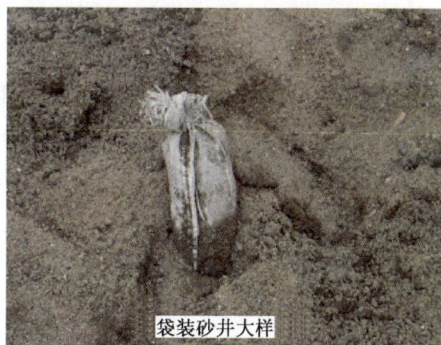

袋装砂井大样

图 3-2-5　石灰桩及施工现场

图 3-2-6　搅拌桩施工　　　　　　　　图 3-2-7　碎石桩施工

（四）软土病害处治案例

1. 工程概况

某高速公路是国家级重点工程,存在深厚软弱土路段。该段软土属于山地型软土,软土深度大,含水率大,承载力小,主要是由于岩石风化物和地表有机物经水流搬运,沉积于原始低洼处,长期泡水软化形成。软弱土总长度为 500m,软弱土层平均厚度为 14.3m,平均含水率为 45.3%,平均孔隙比为 1.612,$a_{1-2}=1.04\sim1.11\mathrm{MPa}^{-1}$。

2. 软基处理方案

设计单位和建设单位在衡量了各种地基处理方法的优劣后,采用塑料排水板堆载预压处理软土地基。

该标段设计塑料排水板处理共 4 处,处理路段长度 500m,塑料排水板长度总计 209320m,土工布 2640m²,复合土工膜 27112m²;塑料排水板在平面上呈正三角形布置,板长和间距由沉降计算的结果确定,该项目排水板处理深度为 15m;砂垫层厚 50cm,共计 13555m³。其工艺流程如下:

（1）施工准备

明确设计意图,了解地质勘察资料、施工场地的周围环境及场地外排水设施;根据设计要求编制施工组织设计,对班组进行技术交底;平整场地,修筑临时施工便道;布设施工测量基线,并根据建设单位提供的测量控制基准点进行场地高程测量;划分施工区段,标出分界线;编制安排打设顺序;确定插板机的形式、套管形状和尺寸、管靴的形状和尺寸及材料。

（2）铺设水平排水砂垫层

①宜采用含泥量小于 5% 的中、粗砂,渗透系数不低于 $5\times10^{-4}\mathrm{cm/s}$。

②排水砂垫层的厚度为 500mm,分两层铺设。

③排水砂垫层的施工宜采用机械分堆摊铺法或人工摊铺法,在施工过程中要避免对软土表层的过大扰动,必要时铺设土工布,以免造成砂土泥混合,影响排水效果。

④已完成的砂垫层要用水准仪对砂面按 $100m^2$ 一处测出砂面高程,要求其顶面高程误差 +50mm。

（3）排水板施工

①测量定位:铺设第一层砂垫层 200mm 后,用全站仪或经纬仪、钢尺确定打设区域控制角点位置,放出每个塑料排水板的打设点位置,并做好标记。

②插板机就位:根据打设板位标记进行插板机定位,如图 3-2-8 所示。

③安装管靴:将塑料排水板穿过插板机的套管,从套管下端穿出,与专用管靴连接。排水板与管靴连接示意图如图 3-2-9 所示。

图 3-2-8　塑料板排水法

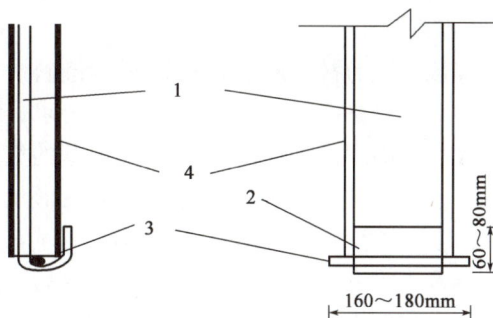

图 3-2-9　排水板与管靴连接示意图
1-排水板;2-排水板弯折部分;3-管靴;4-套管

④调整垂直度:调整插板机套管的垂直度,满足相关规范规定的要求。

⑤高程控制:在打设套管或打设架上设置明显的深度标记,也可以配备打设深度自动记录仪器或选择可测深的排水板产品。

⑥打设、拔管:将插板机套管(连同管靴和塑料排水板)插入地层,当排水板插入到设计深度后,拔出插板机套管,则排水板被固定于孔底。

⑦剪断排水板:插打排水板完成后,拔出插板机套管,剪断排水板,塑料排水板超过孔口的长度应能深入砂垫层不小于 500mm,预留段应及时弯折埋设于砂垫层中。

⑧检查排水板板位、垂直度、打设深度、外露长度等,符合规范要求后方可移机,否则须在邻近板位处重打。

⑨插入塑料排水板后,在孔洞收缩之前,用中粗砂及时回填,防止泥土等杂物掉入孔内。

⑩铺设第二层砂垫层 300mm。设置集水井和地面排水通道,将排出的深层孔隙水排出施工场地。

（4）插板要求

①塑料排水板在插入地基的过程中应保证板不扭曲,透水膜无破损和不被污染。板的底部应有可靠的锚固措施,以免在抽出保护套管时将其带出。

②塑料排水板插好后应及时将露在垫层外的多余部分切断,并对排水板予以保护,以防因插板机移动、车辆的进出使塑料排水板受到损坏而降低排水效果。

③排水板施插过程,应注意是否在插入时真正送入土中,或在拔管(心轴)时将排水板回带上来。可经常注意卷筒内塑料板的耗用量(或用自动记录装置)。施插排水板到达设计入

土深度后方能拔管。

④当碰到地下障碍物而不能继续打进或令孔体倾斜（超过允许偏差）时，应弃置该孔而拔管移位（相距45cm左右），重新施打排水孔。

⑤排水孔的施打过程要采用定载振动压入的方法，一直打到设计要求的深度，不允许重锤夯击。

⑥施打过程保持排水孔的垂直度，其垂直偏差按进入深度控制≤1.5%。

⑦排水孔的平面位置应按设计要求的间距施打，一般位置偏差不超过5cm。

⑧保持排水板入土的连续性，发现断裂即重新施插。

⑨施插设塑料排水板时，其间距尺寸误差应小于15cm。

（5）堆载预压

①堆载预压的材料采用素填土、砂等散料。

②堆载要严格控制加荷速率，按设计要求分级加荷。根据堆载材料的密度，换算成相应散料的每级堆载高度，保证在各级荷载下地基的稳定性，同时要避免局部堆载过高而导致地基局部破坏。一般堆载控制指标是：最大竖向变形量不应超过10~15mm/d；边缘水平位移不应大于5mm/d；孔隙水压力不超过预压荷载所产生应力的50%~60%。

③堆载边缘宜超出地基处理部位底边缘并适当超出插板地带。

④大面积施工时可采用自卸汽车与推土机联合作业，但要注意不能损坏已插好的排水板，更不允许超铲将塑料排水板拔出。

（6）地面沉降监测

①根据设计要求在软土处理地段埋设沉降观测标志、设置沉降板，沉降板钢板可采用600mm×600mm×10mm的钢板，直杆（沉降杆）为一根φ50mm的钢管，并由一根套管及四块钢肋板将其焊接在沉降板上。沉降板结构示意图如图3-2-10所示。

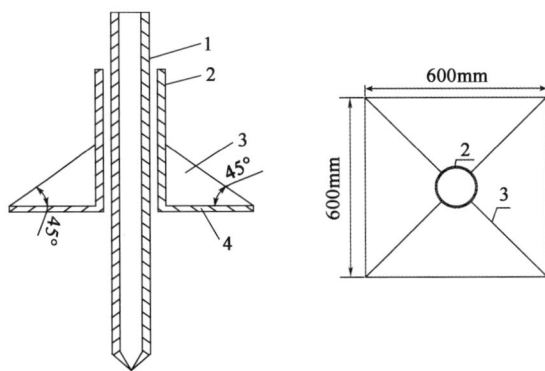

图3-2-10 沉降板及沉降杆结构示意图
1-沉降杆；2-套管；3-肋板；4-沉降板

②沉降杆应随填土升高而逐渐接高，一般每段接管的长度为500mm，钢套管接长采用焊接，随着填土高度的增加接长观测杆及套管。沉降观测应有明显的标志，防止施工碰撞。

③根据设计要求做好沉降观测，埋设完应至少测量两次，以后每增加一级荷载，至少观测

两次,并及时做好记录。在预压期应继续进行观测。

(7)卸载

地基达到设计要求的预压时间或沉降量后,按设计要求方可分期分级卸载,并继续观测地基沉降和回弹情况。

3.施工要点

(1)塑料排水板自生产至打设的储存期应控制在 3~6 个月,不宜超过 1 年,进入现场后应码放整齐、避免雨淋、防止日晒。

(2)现场堆放的塑料排水板,应采取措施防止损坏滤膜。

(3)要保持排水板入土的连续性,发现断裂应重新施插。

(4)塑料排水板打设时应防止排水板打设过程中发生扭结、断裂和滤膜撕破等现象,防止淤泥进入板芯堵塞输水孔,影响塑料板的排水效果。

(5)管靴应经多次试验后确定,以保证排水板的回带长度不超过 500mm,且回带的根数不超过打设总数的 5%。

(6)塑料排水板不得搭接。

(7)塑料板与管靴连接要牢固,避免提管时脱开将塑料板带出。

(8)现场施工中应严格控制好板距、板长、垂直度;打设过程中派专人监控,做好施工原始记录并及时收集整理。

(9)拔管时应防止带出排水板;当带出长度大于 0.5m 时,必须重新补打。

(10)应及时清除排水板周围带出的泥土并用砂子回填密实,不得污染外露的排水板。

4.处理效果

施工中采用塑料排水板堆载预压处理软土地基达到了预期的效果。

二、黄土病害

(一)黄土概述

导图小结(软土)　在线测试题　黄土(微课)
(图片)　(软土)(文档)

1.黄土的概念

黄土是指在地质时代中的第四纪期间,以风力搬运的黄色粉土沉积物,以粉粒为主,含碳酸盐,具有大孔隙、湿陷性,质地均一。它是原生的,呈厚层连续分布,掩覆在低分水岭、山坡、丘陵,常与基岩不整合接触,无层理,常含有古土壤层及钙质结核层,垂直节理发育,常形成陡壁,如图 3-2-11 所示。

黄土状土又叫次生黄土,是原生黄土地层再受风力以外的营力搬运,主要是洪积、坡积、冲积成因,堆积在洪积扇前沿、阶地与冲积平原上,有层理,很少夹古土壤,垂直节理较为发育,如图 3-2-12 所示。

2.黄土的分布

世界上的黄土主要分布在北半球的中纬度干旱及半干旱地带,东西延伸,以不连续的带状分布。南半球除南美洲和新西兰外,其他地区很少有黄土分布。

图 3-2-11　原生黄土

图 3-2-12　次生黄土

中国的黄土和黄土状土主要分布在昆仑山、秦岭、泰山、鲁山连线以北的干旱、半干旱地区。原生黄土以黄河中游发育最好，主要是山西、陕西、甘肃东南部和河南西部。此外，在北京、河北西部、青海东部、新疆地区、松辽平原、四川、三峡、皖北淮河流域和南京等地也有零星分布。其中黄河中上游地区的黄土高原是世界上最大的黄土分布区，它的范围大致北起阴山，南至秦岭，西抵日月山，东到太行山，横跨青海、宁夏、甘肃、陕西、山西、河南 6 省，面积 64 万 km^2，约占我国陆地面积的 6.6%。

3. 黄土的特征

（1）颜色在干燥时呈淡黄、褐色或灰黄色。

（2）黄土的粒度成分是区别其他第四纪沉积物的代表特征之一。黄土组成成分均一，以含高量粉土颗粒（0.05～0.005mm）为特征，其中粗粉粒（0.05～0.01mm）含量在 50% 以上。

（3）含各种可溶盐，尤其富含碳酸盐，主要为 $CaCO_3$，一般含量为 10%～30%，可形成钙质结核（姜结石）。

（4）黄土普遍具有发育良好的管状孔隙，有肉眼可见的大孔隙或虫孔、植物根孔等，孔径大者达 0.5～1.0cm，孔内大都填充有不同数量的碳酸盐，部分孔隙几乎全部被碳酸盐充填，黄土的孔隙度较高，一般为 33%～64%。

（5）垂直节理和柱状节理是黄土的主要特征之一，天然条件下能保持近直立的边坡，是由于土体自身的重力、毛细管引力以及胶结等所引起的物理化学作用而形成的；一般认为黄土是风积形成的，百万年来不间断的均匀堆积，使其形成了特殊的近乎无层理的特征。

（6）湿陷性是黄土特有的工程地质性质，指黄土在一定压力作用下受水浸湿后，结构迅速破坏而产生显著附加沉陷的性能。黄土的湿陷性又分为自重湿陷和非自重湿陷两种类型，前者系指黄土遇水后，在其本身的自重作用下产生沉陷的现象；后者系指黄土浸水后，在附加荷载作用下所产生的附加沉陷。

4. 黄土与黄土状土的区别

黄土与黄土状土的区别见表 3-2-3。

黄土与黄土状土区别   表 3-2-3

名称特征		黄土	黄土状土
外部特征	颜色	淡黄色为主,还有灰黄、褐黄色	黄色、浅棕黄色或暗灰褐黄色
	结构构造	无层理,有肉眼可见之大孔隙及由生物根茎遗迹形成之管状孔隙,常被钙质或泥填充,质地均一,松散易碎	有层理构造、粗粒(砂粒或细砾)形成的夹层成透镜体,黏土组成微薄层理,可见大孔隙较少,质地不均一
	产状	垂直节理发育,常呈现大于70°的边坡	有垂直节理但延伸小,垂直陡壁不稳定,常成缓坡
物质成分	粒度成分	以粉土粒为主(0.0075~0.005mm),含量一般大于60%;大于0.25mm的颗粒几乎没有。粉粒中0.075~0.01mm的粗粉粒占50%以上,颗粒较粗	粉土粒含量一般大于60%,但其中粗粉粒小于50%;含少量大于0.25mm或小0.005mm的颗粒,有时可达20%以上;颗粒较细
	矿物成分	粗粒矿物以石英、长石、云母为主,含量大于60%;黏土矿物有蒙脱石、伊利石、高岭石等;矿物成分复杂	粗粒矿物以石英、长石、云母为主,含量小于50%;黏土矿物含量较高,仍以蒙脱石、伊利石、高岭石为主
	化学成分	以 SiO_2 为主,其次为 Al_2O_3、Fe_2O_3,富含 $CaCO_3$,并有少量 $MgCO_3$ 及少量易溶盐类如 NaCl 等,常见钙质结核	以 SiO_2 为主,Al_2O_3、Fe_2O_3 次之,含 $CaCO_3$、$MgCO_3$ 及少量易溶盐 NaCl 等,时代老的含碳酸盐多,时代新的含碳酸盐少
物理性质	孔隙度	高,一般大于50%	较低,一般不大于40%
	干密度	较低,一般为1.4g/cm³ 或更低	较高,一般为1.4g/cm³ 以上
	渗透系数	一般为0.6~0.8m/d,有时可达1m/d	透水性小,有时可视为不透水层
	塑性指数	10~12	一般大于12
	湿陷性	显著	不显著,或无湿陷性
	含水率	较小,一般小于25%	较大,一般大于25%
成岩作用程度		一般固结较差,时代老的黄土较坚固,称为石质黄土	松散沉积物,或有局部固结
成因		多为风成,少量水成	多为水成

5. 黄土的分类

(1)按生成年代分类

我国黄土的堆积时代包括整个第四纪,近年来的研究认为新近纪也有风成"黄土"。第四纪黄土层的划分及特征列于表3-2-4。

第四纪黄土层的划分及特征表　　　　表 3-2-4

地层时代		黄土名称	成因分类	成因	分布及特征
全新世 Q_4	近期 Q_4^2	新黄土	新近堆积黄土	次生黄土（以水成为主）	分布在河漫滩低级阶地,山间洼地的表面,黄土塬、峁的坡脚,洪积扇或山前坡积地带。浅褐色至深褐色,土质松散不均,含少量小砾石或钙质结核,粉末状或条纹状碳酸盐结晶
	早期 Q_4^1		黄土状土		分布在河流阶地的上部。褐黄色至褐色,具有大孔、虫孔和植物根孔,含少量小的钙质结核或小砾石,土质较均匀
晚更新期 Q_3		老黄土	马兰黄土	原生黄土（以风成为主）	分布在河流阶地和黄土塬、梁、峁的上部,以及黄土高原与河谷平原的过渡地带。土质均匀、大孔隙发育,具有垂直节理,有虫孔和植物根孔,有少量钙质结核,零星分布
中更新期 Q_2			离石黄土		分布在河流高级阶地和黄土塬、梁、峁的黄土主体。土质较密实,有少量大孔隙。古土壤层下部钙质结核含量增多,粒径可达 5～20cm,常成层分布成钙质结核
早更新期 Q_1			午城黄土		第四纪早期沉积,底部与第三纪红黏土或砂砾层接触。土质密实,无大孔隙,柱状节理发育,钙质结核较 Q_2 少

（2）按成因分类

黄土按照生成过程及特征,可以分为风积、坡积、残积、洪积和冲积等成因类型。

①风积黄土分布在黄土高原平坦的顶部和山坡上,厚度大,质地均匀,不具有层理。

②坡积黄土多分布在山坡坡脚及斜坡上,厚度不均匀,基岩出露区常夹有基岩碎屑。

③残积黄土多分布在基岩山山地上部,由表层黄土及基岩风化而成。

④洪积黄土主要分布在山前沟口地带,一般有不规则的层理,厚度不大。

⑤冲积黄土主要分布在河流阶地上,阶地越高,黄土厚度一般越大,具有明显的层理,常夹杂有粉土、黏土、砂砾石等。

（二）黄土的工程性质

1. 黄土的结构性

湿陷性黄土在一定条件下具有保持土的原始基本单元结构形式不被破坏的能力,在其结构未被破坏或软化的压力范围内,表现出压缩性低、强度高等特性;但结构一旦遭受破坏,其力学性质将呈现屈服、软化、湿陷等性状。

2. 黄土的压缩性

黄土的压缩系数一般在 $0.1～1.0MPa^{-1}$ 之间,黄土的压缩模量一般在 $2.0～20.0MPa$ 之间,在结构强度破坏之后,压缩模量一般随作用压力的增大而增大。年代愈老的黄土压缩性愈小,只有新近堆积的黄土是高压缩性的。

3. 黄土的抗剪强度

黄土的抗剪强度主要取决于土的含水率和密实程度,一般黄土的内摩擦角 $\varphi = 15°～25°$,黏聚力 $c = 30～40kPa$,我国北部地区黄土的内摩擦角 $\varphi = 27°～28°$,黄土的抗剪强度中等。

4.黄土的湿陷性

黄土在一定压力下受水浸湿,土结构迅速破坏,并产生显著附加下沉的性质称为黄土的湿陷性。黄土的湿陷性是黄土地区工程建筑破坏的重要原因,但并非所有的黄土都具有湿陷性。此外,由于黄土湿陷性及地下水潜蚀作用,黄土地区会出现黄土陷穴、落水洞等现象。黄土病害如图 3-2-13、图 3-2-14 所示。

图 3-2-13　黄土湿陷性引起的坍塌

图 3-2-14　黄土陷穴

(三) 黄土病害的防治措施

1.防排水

水的渗入是黄土病害的根本原因,只要能做到严格防水,各种事故是可以避免或减少的。包括排除地表水和地下水:排除地表水主要采用疏导,以防止地表水下渗;排除地下水主要是防止地下水位升高。黄土地区公路排水设施如图 3-2-15 所示。

a)边沟

b)截水沟

图 3-2-15　黄土地区公路排水设施

2.边坡防护

(1)捶面护坡:在西北黄土地区,为防治坡面剥落和冲刷,可用石灰炉渣灰浆、石灰炉渣三合土、四合土等复合材料在黄土路堑边坡上捶面防护(图 3-2-16)。这种方法适用于年降雨量稍大地区和坡率不陡于 1∶0.5 的边坡。防护厚度为 10~15cm，一般采用等厚截面；只有当边坡较高时，才采用上薄下厚截面，基础设有浆砌片石墙脚。

（2）砌石防护：因黄土路堑边坡普遍在坡脚 1~3m 高的范围内发生严重冲刷和应力集中现象，可采用砌石防护，分为干砌和浆砌两种（图 3-2-17）。这种防护的效果较好，常被广泛采用，可用于路堑的任何较陡的边坡。因黄土地区缺乏片石，故采用此法又有一定的困难。

图 3-2-16　捶面护坡

图 3-2-17　砌石护坡

此外，在黄土地区公路边坡还可以采用植物防护、喷浆防护等边坡防护方式。

3. 地基处理

地基处理是对基础或建筑物下一定范围内的湿陷性黄土层进行加固处理或换填非湿陷性土，达到消除湿陷性，减小压缩性和提高承载力的目的。在湿陷性黄土地区，国内外采用的地基处理方法有重锤表层夯实（图 3-2-18）、强夯、换填土垫层、灰土桩挤密（图 3-2-19）、化学加固等。黄土地基处理方法见表 3-2-5。

图 3-2-18　重锤表层夯实

图 3-2-19　水泥土桩挤密

黄土地基处理方法　　　　　　　　　　　　　　　　　　　　表 3-2-5

地基处理方法	施工要点	适用范围
重锤表层夯实	重锤夯实法能消除浅层的湿陷性，如用 15~40kN 的重锤，落高 2.5~4.5m	适用于 2m 以内厚度的黄土地基
强夯	锤重 100~200kN（200t），自由下落高度 10~20m，自由下落，击实土层	适用于地表下 3~12m 的黄土地基

续上表

地基处理方法	施工要点	适用范围
换填土垫层	将基底以下湿陷性土层全部挖除或挖到预计的深度,然后用灰土(三分石灰七分土)或素土(就地挖出的黏性土)分层夯实回填,垫层厚度一般为1.0~3.0m	适用于地表下1~3m的黄土层的湿陷性
灰土桩挤密	用打入桩、冲钻或爆扩等方法在土中成孔,然后用石灰土或将石灰与粉煤灰混合分层夯填桩孔(少数也有用素土),用挤密的方法破坏黄土地基的松散、大孔结构,达到消除或减轻地基湿陷性的目的。采用挤密桩处理湿陷性黄土地基时,应在地基表层采取防水措施	适用于5~15m厚的黄土地基
预浸水法	自重湿陷性黄土地基可利用其自重湿陷的特性,在结构物修筑前,先将地基充分浸水,使其在自重作用下发生湿陷,然后再修筑。此外,也应考虑预浸水后,附近地表可能产生开裂、下沉而产生的影响	适用于0~6m厚的黄土地基
化学加固	通过注浆管,将化学浆液注入土层中,使溶液本身起化学反应,或溶液与土体起化学反应,生成凝胶物质或结晶物质,将土胶结成整体,从而消除湿陷性	适用于较厚、但范围较小的黄土地基

(四)黄土病害处治案例

1. 工程概况

青岛至兰州高速公路(G22)在宁夏境内东山坡至毛家沟段属于陇西黄土高原,厚度较大,胶结压实作用差,具有垂直节理,以中等-强湿陷性为主,湿陷厚度可达5~10m,局部可达15m。

2. 黄土地基处理方案

设计单位和建设单位在衡量了各种地基处理方法的优劣后,最终确定采用灰土挤密桩处理方案。

(1)桩间距和孔径的布置

根据设计要求,桩体夯实后压实度达到97%。根据项目湿陷性黄土路段试验检测,原状土的压实度只有69.2%(土的最大干密度为1.81g/cm³,灰土的最大干密度为1.68g/cm³,原状土的干密度为1.25g/cm³),经过大量试验确定,当桩间距为80cm、桩径为40cm时,桩体及桩间土压实度可达到90%,黄土湿陷性可消除,能达到处理效果。

(2)压实度

灰土挤密桩处理地基的施工工艺是从建筑上引进的,《建筑地基处理技术规范》(JGJ 79—2012)中压实采用的是轻型击实标准(轻型击实标准土的平均最大干密度为1.7g/cm³,灰土的最大干密度为1.60g/cm³),而公路上采用的是重型击实标准(重型击实标准土的最大干密度为1.81g/cm³,灰土的最大干密度为1.68g/cm³)。经过试验最终确定桩体及桩间土压实度均不小于90%时,湿陷性可消除。

(3)施工工艺

①施工准备。在施工前完成清表或将挖方范围内土方挖至灰土桩设计顶高程,并用平地

机整平,洒水碾压。

②按照设计要求进行布桩。以正三角形进行桩位平面布置,布桩时可使用白灰做标记,并对桩位编号。

③成孔过程。采用锤头重2.5t的履带式灰土打桩机反复冲击土层成孔,孔深、孔径应符合设计要求。灰土桩施工顺序为先外排后里排,同排内间隔1~2孔进行,以免因振动挤压造成相邻孔缩孔或塌孔,如图3-2-20所示。

④夯实成桩。采用夯锤夯实时,夯锤重量一般选用100~300kg,夯锤最大部分的直径应较桩孔直径小10~15cm,夯锤形状下端应为抛物线形椎体或尖锥形椎体,上段呈弧形。先对孔底夯击3~4锤,再按照填夯试验确定的工艺参数连续施工,分层夯实至设计高程,如图3-2-21所示。

图3-2-20 履带式灰土打桩机

图3-2-21 灰土挤密桩

（4）质量检验

①桩间土压实系数检测。成桩后,用环刀法进行试验检测。桩头碾压完毕,检测桩间土0~300mm的压实系数≥0.90(重型击实标准)。对已整平压实的路段进行桩间土压实系数检测,检测频次按2点/1000m²。

②桩间土湿陷系数检测。经检验湿陷系数$\delta < 0.015$,即证明湿陷消除。桩间土湿陷系数按1处/1000m²进行检测。与检测桩体压实系数同步取芯,以桩顶高度起每隔1~1.5m用取芯机分层取出原状土,分层标示;在室内用薄环刀切去试样,将试样安装到固结仪上进行湿陷系数试验。

③竖向静力荷载试验确立复合地基承载力。灰土挤密桩处理地基的承载力标准值,通过原位测试并结合当地试验确定。对湿陷性黄土地基经灰土挤密桩处理后的效果进行检测,复合地基承载力特征值大于150kPa。

3. 处理效果

施工中采用的灰土挤密桩施工方法,达到了预期的目的。

导图小结（黄土）（图片）

在线测试题（黄土）（文档）

三、膨胀土病害

膨胀土处置(微课)

(一)膨胀土概述

1.膨胀土的概念

膨胀土是一种特殊的黏性土,常呈非饱和状态且结构不稳定,黏粒矿物成分主要由亲水矿物组成,其显著的特征是吸水膨胀和失水收缩。其体积变化可达原体积的40%以上,且胀缩可逆反复进行。

2.膨胀土的分布

膨胀土分布广泛,分布范围遍及6大洲约40多个国家和地区。在亚洲,膨胀土主要分布在北纬10°~45°之间的广大地区。

膨胀土图片(图片)

我国是世界上膨胀土分布最广、面积最大的国家之一。从目前的统计来看,已在20多个省、自治区、直辖市发现膨胀土及其对工程建筑的危害。它们主要分布在云贵高原珠江流域的东江、桂江、郁江和南盘江水系,长江流域的长江、汉水、嘉陵江、岷江、乌江水系,淮河流域,黄河流域及海河流域各干支流水系等地区。可以大致从东北向西南,沿辽河,经太行山麓,穿过秦岭,沿四川盆地西缘至云南下关、保山一线作为分界,此线东南地区膨胀土十分发育,此线西北地区则很少。

3.膨胀土的特征

(1)颜色有灰白、棕、红、黄、褐及黑色。

(2)粒度成分中以黏土颗粒为主,一般在50%以上,最低也要大于30%,粉粒次之,砂粒最少。

(3)矿物成分中黏土矿物占优势,多为伊利石、蒙脱石,高岭石含量很少。

(4)胀缩强烈,膨胀时产生膨胀压力,收缩时形成收缩裂隙。长期反复胀缩使土体强度产生衰减。

(5)各种成因的大小裂隙发育。

(6)早期(第四纪以前或第四纪早期)生成的膨胀土具有超固结性。

(二)膨胀土的工程性质

(1)胀缩性

膨胀土对水极为敏感,膨胀土吸水体积膨胀,使其上建筑物隆起,如膨胀变形受阻则产生膨胀力;失水体积收缩,造成土体开裂,并使其建筑下沉。土的初始含水率越低,膨胀量与膨胀力越大,影响膨胀土涨缩性的因素有矿物成分、颗粒组成、初始含水率、压实度及附加荷载等。天然状态下,膨胀土吸水膨胀量在23%以上;在干燥状态下,吸水膨胀量在40%以上;失水收缩率达50%以上。

(2)崩解性、弱抗风化性

膨胀土浸水后体积膨胀,在无侧限条件下发生吸水湿化。不同类型的膨胀土其崩解性是不一样的,强膨胀土浸入水中后,几分钟内很快就完全崩解;弱膨胀土浸入水中后,则需经过较长时间才能逐步崩解,且有的崩解不完全。

膨胀土极易产生风化破坏，土体开挖后，在风化营力的作用下，很快会产生破裂、剥落和泥化甚至崩解等现象，使土体结构破坏，强度降低。按其风化程度，一般将膨胀土划分为强、中、弱三层。

（3）多裂隙性

膨胀土中的裂隙，不同于其他土的典型特征，膨胀土裂隙可分为原生裂隙和次生裂隙两类。原生裂隙多呈闭合状态，裂面光滑，常有蜡状光泽；次生裂隙以风化裂隙为主，在水的淋滤作用下，裂面附近蒙脱石含量增高，呈白色，构成膨胀土中的软弱面。膨胀土边坡的破坏，大多与土中裂隙有关，且滑动面的形成主要受裂隙软弱结构面控制，如图 3-2-22 所示。

图 3-2-22　膨胀土的多裂隙性

（4）超固结性

超固结性是指膨胀土在历史上受到过比现在的上覆自重压力更大的压力，天然孔隙比小，压缩性低，干密度较大，初始结构强度较高。一旦开挖外露，就会卸荷回弹，产生裂隙，遇水膨胀，强度降低而破坏。

（5）强度衰减性

膨胀土的抗剪强度为经典的变动强度，具有峰值强度极高、残余强度极低的特性。由于膨胀土的超固结性，其初期强度极高，一般现场开挖都很困难，常被误认为是良好的天然地基。但膨胀土遇水浸湿后，强度很快衰减，黏聚力小于 $100kPa$，内摩擦角小于 $10°$，有的甚至降低到接近饱和淤泥的强度。强度衰减与土的物质组成、土的结构和状态、风化作用和胀缩效应的强弱有关。

（6）强亲水性

膨胀土的粒度成分以黏粒为主，含量高达 50% 以上，黏粒粒径（小于 $0.02mm$）非常小，接近胶体颗粒，为准胶体颗粒，比表面积大，颗粒表面由游离价的原子或离子组成，即具有较大的表面能，在水溶液中吸引极性水分子和水中离子，呈现强亲水性。

（三）膨胀土对公路工程的危害

膨胀土是自然地质过程中形成的一种多裂缝并具有显著膨胀特性的土体，由于前述的不良工程地质，在工程界被认为是隐藏的地质灾害，对工程结构具有严重的破坏作用。特别是对公路路基工程产生的变形破坏作用，具有长期、潜在的危险。膨胀土地区的公路发生的病害主要有以下几个方面：

1. 沉陷变形

膨胀土初期结构强度较高,施工时不易粉碎及压实,路基建成后由于大气物理风化作用和胀缩效应,路基土体崩解,强度降低,在路面、路堤自重和车辆荷载作用下将产生不均匀下沉,路堤越高,沉陷量越大,路面破坏越严重。

2. 滑坡

膨胀土开挖外露后,在物理风化和淋滤反复作用下,产生裂隙(图3-2-23),最终形成贯穿裂缝,当达到破坏临界强度时即发生滑坡。膨胀土滑坡具有弧形外貌,有明显的滑床,滑床后壁陡直。多呈牵引式出现,成群发生,一般滑体厚度为 1~3m,多数小于6m,如图3-2-24 所示。

图 3-2-23　膨胀土裂隙　　　　图 3-2-24　膨胀土滑坡

3. 坡面溜塌

溜塌多发生在雨季,与边坡坡度无关。膨胀土开挖边坡表层、强风化层内的土体吸水达到过饱和状态,在重力与渗透力的作用下,沿坡面向下产生流塑状溜塌。

4. 路基塌肩、纵向裂缝

路肩部分常因机械碾压不到,填土达不到要求的密实度,而路肩一侧临空,对大气风化作用敏感,干湿交替频繁,路肩土体收缩大于堤身,会在路肩上发生纵向开裂,形成数十米至上百米的张开裂缝。而顺着纵向裂缝有雨水入渗时,随着胀缩作用的加剧,在外部荷载作用下,导致路基崩解,从而造成路基局部坍塌。

(四)膨胀土病害的防治措施

1. 膨胀土路基处理

（1）换填

换填是膨胀土路基处理方法中最简单有效的方法,即将膨胀土换填成工程性质较好的土质,换填深度应根据膨胀土胀缩性的强弱和当地的气候条件确定。换填一般适用于小面积处理,基本上换填厚度在 1~2m,强膨胀土取 2m,中弱膨胀土取 1~1.5m。

（2）湿度控制

由于膨胀土路基具有显著吸水膨胀和失水收缩的特性,因此针对膨胀土的这种特性可对路基边坡和路基土体采用保湿防渗措施,防止土体干缩湿胀而导致路基强度下降。为控制膨胀土含水率变化,尽量减少路基含水率受外界大气的影响,在路基施工中可以利用土工布和非膨胀性黏土将膨胀土路基进行包裹封闭,避免膨胀土与外界大气接触,减少膨胀土内部湿度变化。

（3）土体改性处理

目前,国内外普遍采用石灰、粉煤灰、水泥等进行土体改良,或采用其中的两种或三种进行综合处理,也有采用化学外掺剂的,如氢氧化钠、碳酸钠等。最常用的是采用掺石灰改良,石灰的固化作用是通过离子交换,膨胀土中的碳酸钙离子胶结性、黏土颗粒与石灰相互作用形成新的矿物显现出来的。采用掺石灰改良膨胀土,石灰掺量为 $4\% \sim 12\%$,掺入后膨胀土的胀缩率小于 0.7,其胀缩总率以接近零为佳。应根据不同的路段膨胀土的具体情况,通过试验确定合适的石灰掺入量。

（4）施工措施

路堑边坡不要一次挖到设计高程,沿边坡预留厚度 $30 \sim 50cm$ 一层,待路堑挖完后,再削去预留部分,并以浆砌花格网护坡封闭。

路堤与路堑分界处,即填挖交界处,两者土内的含水率不一定相同,原有的密实度也不尽相同,压实时应使其压实均匀、紧密,避免发生不均匀沉陷。因此,填挖交界处 2m 范围内的挖方地基表面上的土应挖成台阶,翻松,并检查其含水率是否与填土含水率相近,同时采用适宜的压实机具,将其压实到规定的压实度。

2. 边坡防护和加固

（1）地表排水。采取一定的排水措施,防止地表水渗入坡体,冲蚀坡面,设置排水天沟、平台纵向排水沟、侧沟等排水系统。

（2）骨架护坡。采用浆砌片石方形及拱形骨架护坡,骨架内植草,防止坡面冲刷,如图 3-2-25 所示。

（3）土工格栅。充分利用土工网格的抗拉强度、土与网格的相互咬合摩擦作用对边坡进行加固。

（4）支挡结构。采取支挡措施,设抗滑挡土墙、抗滑桩、片石垛、填土反压等,如图 3-2-26 所示。

图 3-2-25　骨架护坡

图 3-2-26　挡土墙护坡

（五）膨胀土病害处治案例

1. 工程概况

湖北省荆门至宜昌高速公路当阳至宜昌段土建施工第六合同段位于湖北省当阳市境内,起讫桩号 K64+250~K74+400,主线全长 10.15km。境内主要控制点为双莲镇,路线途径白河水库,上跨焦柳铁路,所经区域处于鄂西山区与江汉平原的过渡地带,处中亚热带与北热带融汇地区,气候温暖湿润,四季分明,雨热同期。沿线属长江水系,低丘陵区地貌,河谷发育,且分布于丘陵两侧,水量随季节变化,地质构造不发育,岩层产状稳定,标头及标尾为强风化砂岩,局部有灰岩,中间段多为弱、中膨胀土。经判定 K67+800~K68+350 山头处土质为中膨胀土,该山头处边坡必须进行处理,否则边坡易发生塌方等事故。该段土场情况见表 3-2-6。

荆宜高速公路第六合同段 K67+800~K68+350 土场情况 表 3-2-6

土场位置	取土深度(m)	试验单位	液限 w_L(%)	塑性指数 I_p	自由膨胀率(%)
K67+800~ K68+350	1.4~1.8	项目部工地试验室	52.3	26.5	72
		监理中心试验室	54.3	26.9	71
	3.4~3.8	项目部工地试验室	59.1	28	68
		监理中心试验室	58.1	28.1	66

2. 处理方案

（1）降低边坡应力

为了降低边坡的侧向应力,首先要削低边坡高度和减缓边坡坡度,从源头解决边坡侧向应力过大的问题,避免挡土墙因承受不住边坡向下滑动的推力以致被推倒。边坡不要一次挖到位,可采取分段施工,以控制土体开挖面暴露时间,当确有困难时,需预留一定的保护层厚度(50~100cm 即可),避免因下雨导致边坡被雨水冲刷形成冲沟。

（2）加强挡护

为了有效承受边坡向下滑动的推力,必须采取有效的挡护措施。由于浆砌片石挡土墙质量不易控制,加之个别施工队伍为节约成本偷工减料,通过多年的施工经验,采用混凝土挡土墙可以有效避免上述问题的发生。同时,按照高速公路挡土墙施工规范设置泄水管,排出边坡渗漏的雨水。墙后填土需采用透水性较好的材料,并分层碾压密实,每层厚度以 20~30cm 为佳,太厚则无法碾压密实。碾压设备尽可能采用蛙式打夯机等小型碾压设备,设备过大则无法进入墙背后进行碾压,采用人工碾压的方式则无法碾压密实。墙后填土必须碾压密实,不能留有空洞,造成边坡有下滑的空间,从而导致边坡塌陷。

（3）改良表层土质

掺石灰是各种改良土质的化学处理方法中最普遍和最有效的方法。生石灰比熟石灰效果更显著,与同等掺量的熟石灰相比,生石灰对膨胀土的改良效果较熟石灰高出 1~3 倍。原因主要有两点:其一,生石灰中不含有化学结合水,6% 的生石灰相当于约 8% 的熟石灰;其二,生石灰接触潮湿的黏土后,发生水化反应,放出大量的热,从而促进了石灰与膨胀土之间的反应,增强了土的承载力,可以更有效地改善土壤的土质。通过反复试验,该路段边坡中膨胀土掺入 6% 左右生石灰,其胀缩总率接近零。采用挖掘机挖掉预留的膨胀土,在边坡表面用石灰画上方格,按

6%剂量的生石灰在方格内均匀摊灰,用挖掘机将土挖起翻拌(需处理的表层土厚度为50～100cm)并堆放成砂丘状,"闷灰"3天左右。在此期间每天用挖掘机翻拌一次,充分拌匀。然后,用挖掘机将已充分拌匀的土摊平,再用蛙式打夯机等打夯设备将土层表面分层压平顺、压实。

(4)加强防排水

因膨胀土有遇水膨胀的特点,所以膨胀土处理一定要加强防、排水工作。在边坡开挖前,首先应修好山坡截水沟,将山上汇集的雨水排到边坡两边,避免雨水直接冲刷边坡。边坡成型后,应立即施工平台截水沟以及排水沟,与山坡截水沟形成纵横交错的排水系统,使得表面水流对坡面的冲刷被分成很多小格,形成"格室"效应。每一格内的水流在该范围内通过相应的沟槽排走消散,减少了对坡面的整体冲刷,削弱了坡面的整体膨胀性。另外,在表层土与原土之间需铺设防渗土工布,隔绝外界渗水与未改良膨胀土的接触。同时,需种植易于生长的草皮覆盖边坡坡面,防止雨水冲刷,美化环境。

3.施工安排原则

(1)集中力量,连续快速施工,确有困难时,可分段施工。尽可能采取机械化快速施工。边坡开挖、挡护、改良表层土、防排水等各项措施和工作按顺序一气呵成,尽量缩短开挖面暴露时间。

导图小结(膨胀土)(图片)　　在线测试题(膨胀土)(文档)　　冻土(微课)

(2)膨胀土边坡处理时应尽量避开雨季,加强现场排水工作,防止雨水侵蚀。

4.处理效果

通过对荆宜高速公路通车以来的长时间观测,上述处理措施经济、有效,达到了预期效果。

四、冻土病害

(一)冻土概述

1.冻土的概念

冻土是指温度小于或等于0℃,并含有冰的土层。冻土常分布在高纬度和海拔较高的高原、高山地区。

2.冻土的分布

全球冻土的分布,具有明显的纬度和垂直地带性规律。自高纬度向中纬度,多年冻土埋深逐渐增加,厚度不断减小,年平均地温相应升高,由连续多年冻土带过渡为不连续多年冻土带、季节冻土带。极地区域冻土出露地表,厚达千米以上,年平均地温-15℃;到北纬60°附近,冻土厚度为百米左右,地温升至-3～-5℃;至北纬48°(冻土分布南界),冻土厚仅数米,地温接近0℃。在我国东北和青藏高原地区,纬度相距1°,冻土厚度相差10～20m,年平均地温差0.5～1.5℃。

中国多年冻土又可分为高纬度多年冻土和高海拔多年冻土,前者分布在东北地区,后者分布在西部高山高原及东部一些较高山地(如大兴安岭南端的黄岗梁山地、长白山、五台山、太白山)。

3.冻土的分类

按照冻结的持续时间,可将冻土分为:①季节性冻土,指冬季冻结、春季融化的土壤或疏松岩石层。其冻土层深度由自然地理条件和土壤物理特性等因素决定。②多年冻土,又称"永久冻土",指多年连续保持冻结的土壤和疏松岩石,如图3-2-27所示。

图3-2-27 冻土

(1)季节性冻土

受季节影响,冬冻夏融,呈周期性冻结和融化的土称为季节性冻土或暂时冻土。季节性冻土在我国主要分布在东北、华北及西北的广大地区。自长江流域以北向东北、西北方向,随着纬度及地面高度的增加,冬季气温愈来愈低,冬季时间延续愈来愈长,因此季节性冻土厚度自南向北愈来愈大。石家庄以南季节冻土厚度一般小于0.5m,北京地区为1m左右,辽源、海拉尔一带则为2~3m。因季节性冻土呈周期性的冻融,一般冻结的深度不大,故对地基稳定性和建筑物破坏只有一定的影响,且相对容易防治。

(2)多年冻土

在年平均气温低于0℃的地区,冬季长,夏季很短,冬季冻结的土层在夏季结束前还未全部融化,又随气温降低开始冻结了。在地面以下一定深度的土层常年处于冻结状态,这就是多年冻土。通常认为冻结状态持续多年(3年以上)或永久不融的土,称为多年冻土或永久冻土。多年冻土往往在地面以下一定深度存在着,其上接近地表的部分,因受季节性影响,也常发生冬冻夏融,这部分通常称为季节性冻结层。因此,多年冻土地区亦常伴有季节性的冻融现象存在。多年冻土在我国主要集中分布在两大地区:一是纬度较高的内蒙古和黑龙江的大小兴安岭一带;二是海拔较高的青藏高原和甘肃、新疆的山区(祁连山、天山、阿尔泰山等)。

由于多年冻土的冻结时间长,厚度大,对地基稳定性和建筑物安全使用有较大影响且难于处理,所以冻土的危害及其防治研究,主要是针对多年冻土而言的。

(3)多年冻土的特征

我国的多年冻土按地区分布不同分为两类:一类是高原型多年冻土,主要分布在青藏高原及西部高山地区,这类冻土主要受海拔高度控制。另一类是高纬度型多年冻土,主要分布于东北及大小兴安岭地区,自满洲里—牙石—黑河—线以北广大地区都有多年冻土分布。受纬度控制的多年冻土,其厚度由北向南逐渐变薄,从连续多年冻土区到岛状多年冻土区,最后尖灭到非多年冻土(季节冻土)区。

①组成特征:冻土由矿物颗粒(土粒)、冰、未冻结的水和气体四相组成。其中矿物颗粒是主体,它的大小、形状、成分、比表面积、表面活性等对冻土性质及冻土中发生的各种作用都有重要影响。冻土中的冰是冻土存在的基本条件,也是冻土各种工程性质的形成基础。

②结构特征：土在冻结时，土中水分有向温度低的地方移动的倾向性，因而冻土的结构与一般土的结构不同。根据土中冰的分布位置、形状特征，可分为整体结构、网状结构、层状结构3种结构。

③构造特征：多年冻土的构造是指多年冻土与其上的季节性冻土层间的接触关系，有两种构造类型。

a. 衔接型构造：季节性冻土的最大冻结深度达到或超过多年冻土层上限。此种构造的冻土属于稳定的或发展型多年冻土。

b. 非衔接型构造：在季节性冻土所能达到的最大冻结深度与多年冻土层上限之间有一层不冻土。这种构造的冻土多为退化型多年冻土。

（二）冻土地区主要公路病害

1. 融沉

路基热融沉陷病害是多年冻土地区最主要的病害类型，是多年冻土地区和季节冻土区、非冻土地区公路病害最根本的差别。融沉是岛状多年冻土上部或路堑边坡上分布有较厚的地下冰层时，由于地下冰层较浅，受到施工和运营中各种人为因素的影响，多年冻土局部融化，冻土在融化后强度大为降低，压缩性急剧增大，使地基产生融化沉陷。多年冻土地区的路基沉陷病害在每年的 10 月达到最大，沉陷病害最严重。随着寒季的到来，活动层回冻，路基土冻胀，路基沉陷变化减小，如图 3-2-28 所示。

图 3-2-28　冻土融沉

（1）融沉在空间上表现为不连续性。由于岛状多年冻土地区，多年冻土已在部分区域消失，而且其分布具有不连续性、厚度具有不均匀性，直接导致了该地区道路融沉的不均匀性。

（2）融沉多发生在低路堤地段。岛状多年冻土地区道路的稳定性与多种因素有关，它受到路基高度、坡向、填料类型、保温措施及施工季节和施工后形成的地表特征、水文特征、冻土介质特征等因素的综合影响。

多年冻土按融沉情况分为：Ⅰ级-不融沉；Ⅱ级-弱融沉；Ⅲ级-融沉；Ⅳ级-强融沉；Ⅴ级-融陷。

2. 冻胀

冻胀是由于土中水的冻结和冰体（特别是凸镜状冰体）的增长引起土体膨胀、地表不均匀隆起的一种现象。冻胀一般会导致地面变形，形成冻胀垄岗。冻胀的原因包括土中原有的水结冰体积膨胀，同时也包括土冻结过程中下部未冻结土中的水分迁移并向冻结面富集，水分相对集中,水与土粒分异形成冰透镜体或冻夹层,使土体积膨胀。冻胀是冻土区筑路时需要考虑的另一个重要问题。一般情况下,在地温冻土区,活动层厚度一般较小,且存在双向冻结,冻结速度较快,故冻胀相对较轻。而在高温冻土区,活动层厚度一般较大,冻结速度也较低,如存在粉质土和足够水分则冻胀严重,如图3-2-29所示。

图 3-2-29　冻土冻胀

一般来讲,土颗粒越粗,含水率越小,冻胀性就越小;反之越大。

3. 翻浆

春融时期,多年冻土地区解冻缓慢,解冻时间长,而且在解冻期内气温冷暖异常,积雪融水及冻土自身融水下渗后,可能在冻结层和未冻结层之间形成类似于冻结层的自由水,土基与地表土含水率迅速增大,从而导致土基强度急剧降低,在行车作用下,路面表面出现不均匀起伏、弹簧或破裂冒浆等现象,称之为翻浆。导致翻浆的原因是多方面的,在本教材项目一任务三中有专门的篇幅分析翻浆形成的影响因素,这里就不赘述。

4. 涎流冰

涎流冰是地下水溢出地表而形成的冰体,多形成于山前坡地,由于公路从山前穿过,阻挡了地下水的流通,随着水头压力的增加,在地表的薄弱处将溢出水流,在寒冷气候条件下,溢出的水冻结成冰。涎流冰多为冻结层上水冻结所致,绝大部分都是季节性的,在寒季形成,在暖季消融。当涎流冰的规模较大时,涎流冰可能会漫到公路路面,影响行车。涎流冰如图3-2-30所示。

5. 冻胀丘

冻胀丘是在承压水的作用下形成的,冬季由于土的冻结使地下水受到超压及阻碍,随着冻结厚度的增加,当压力超过上覆冻土层的强度后,地下水就会突破地表,以固态冰的状态隆起或以地下水的状态挤出地面,然后经冻结后形成的积冰现象。冻胀丘如图3-2-31所示。

图 3-2-30　涎流冰

图 3-2-31　冻胀丘

6. 路面损坏

在寒冷地区,路面损坏非常常见。一般分为裂缝类、变形类、松散类、其他类。

裂缝类病害包括龟裂、不规则裂缝、纵向裂缝和横向裂缝；变形类病害包括沉陷、车辙、搓板、波浪等；松散是指细集料和粗集料失去嵌锁力，在长期行车荷载等作用下发生的一种老化现象，松散类病害主要包括坑槽、啃边和松散；其他类病害包括泛油、磨光、修补病害、冻胀和翻浆，如图 3-2-32、图 3-2-33 所示。

图 3-2-32　翻浆

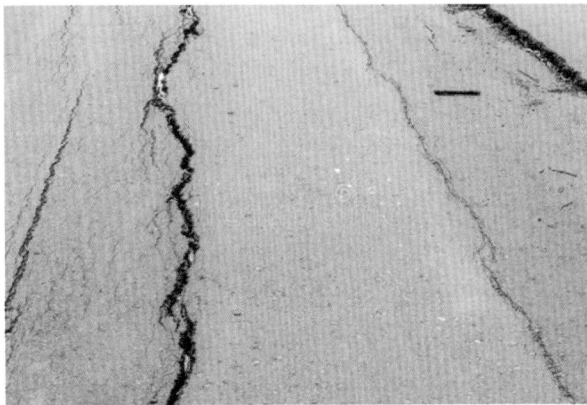

图 3-2-33　路面开裂

（三）冻土病害的防治措施

1. 排水

拦截和排除地表或地下水；降低地下水位，防止地下水向地基土中聚集。在季节性冻土地区应做好路基的排水，设置排水沟、截水沟等以确保路基不受地表水的侵害；如遇地下水丰富，则利用盲沟、渗沟等拦排地下水，降低地下水位，防止地下水向路基聚集。

2. 保温

在建筑物基础底部或周围设置隔热层以增大热阻，防止冷流进入地基、减少水分迁移以减轻冻害。在路基工程中常用草皮、泥炭、炉渣等作为隔热材料。近年来在加拿大和美国北部采用聚苯乙烯泡沫塑料作隔热层。据加拿大工程部门经验,1cm厚的泡沫塑料保温层相当于14cm厚填土的保温效果。我国青藏公路修建时,常采用通风管散热,达到路基保温的效果,对多年冻土起到保护作用,如图3-2-34所示。

图3-2-34　路基通风管保温

3.改善土的性质

(1)换填法

在防治冻害的措施中,换填法是采用最广泛的一种。换填土采用水稳性好、强度高的粗颗粒非冻胀性的土置换天然地基的冻胀性土,是防止建筑物基础遭受冻害的可靠措施。一般基底的砂垫层厚度为0.8~1.5m,基侧为0.2~0.5m。在公路路基下常用砂砾石垫层进行换填,并在换填土层的表面再夯填0.2~0.3m厚的隔水层,以防止地表水渗入基底。换填选料原则:冻胀时路面不产生有害变化,冻融时路床承载力不下降,换填厚度应控制在最大冻深的70%~100%。

(2)物理化学法

物理化学法是在土体中加入某些物质,以改变土粒与水之间的相互作用,使土体中的水分迁移强度及其冰点发生变化,从而削弱土冻胀的一种方法。其中常见的处理方法有人工盐渍化法和憎水性物质改良地基土的方法。

①人工盐渍化法改良地基土的方法:是在土中加入一定量的可溶性无机盐类,如氯化钠($NaCl$)、氯化钙($CaCl_2$)等,使之成为人工盐渍土,从而使土中水分迁移,强度和冻结温度降低。例如,可在地基中采用灌入氯化钠的方法,降低冰点,从而将冻胀变形限制在允许的范围内。

②憎水性物质改良地基土的方法:是指在土中掺入少量憎水性物质(石油产品或副产品)和表面活性剂的方法来改良土的性质。由于表面活性剂使憎水的油类物质被土粒牢固吸附,起到削弱土粒与水的相互作用,减弱或消除地表水下渗和阻止地下水上升,使土体含水率减少,从而削弱土体冻胀及地基与基础间的冻结强度。

(四)冻土病害处治案例

1.青藏铁路清水河试验段工程概况

清水河试验段位于属楚玛尔河高平原上,平均海拔4470m。气温正负积温相差悬殊。试验段路堤填土高3.30m,路基面宽7.10m,两侧加宽0.60m,加宽面外设3m护道,坡率为1:1.5。

2.冻土处治方法

两侧路肩交错布设热棒,直插,每根长12m,其中热棒蒸发段长6m、冷凝段长3m、绝热段长3m。热棒冷凝段翅片管长2.5m,纵向间距为4.0m。热棒断面尺寸83mm×6mm,并在断面上设测温孔等测试元件,监测地温场。路基左侧为阳坡,右侧为阴坡,差异明显,如图3-2-35所示。

图3-2-35　青藏铁路布设热棒

冻土高清图片　　　导图小结(冻土)　　　在线测试题
（图片）　　　　　（图片）　　　　　（冻土)（文档）

3.试验效果

直插热棒和斜插热棒,都能有效地控制热棒断面以下温度,对于保护多年冻土都是可行的。但斜插热棒较直插热棒更能全面降低地温,尤其是路基中心位置,对于保护多年冻土更有利。从路基上限形态上可看出,斜插热棒更有利于保证路基的稳定。

五、盐渍土病害

盐渍土(微课)

（一）盐渍土概述

1.盐渍土概念

盐渍土指的是不同程度的盐碱化土的统称。在公路工程中一般指地表下1.0m深的土层内易溶盐平均含量大于0.3%的土。盐渍土是盐土和碱土以及各种盐化、碱化土壤的总称。盐土是指土壤中可溶性盐含量达到对作物生长有显著危害的土类。盐分含量指标因不同盐分组成而异。碱土是指土壤中含有危害植物生长和改变土壤性质的多量交换性钠。

2.盐渍土的分布

盐渍土分布在内陆干旱、半干旱地区,滨海地区也有分布。在我国的盐渍土主要分布在西北干旱地区的青海、新疆、甘肃、宁夏、内蒙古等地区;在华北平原、松辽平原、大同盆地和青藏高原的一些湖盆洼地也有分布。由于气候干燥，内陆湖泊较多，在盆地到高山地区，多形成盐渍土。滨海地区，由于海水侵袭也常形成盐渍土。在平原地带，由于河床淤泥或灌溉等原因也常使土地盐渍化，如图3-2-36所示。

图3-2-36　盐渍土

盐渍土的厚度一般不大。平原和滨海地区，盐渍土一般在地表向下2～4m，其厚度与地下水位的埋深、土的毛细作用上升高度和蒸发强度有关。内陆盆地盐渍土的厚度有些可达几十米。

3. 盐渍土的分类

(1)按分布区域分

①滨海盐渍土。滨海一带受海水侵袭后，经过蒸发作用，水中盐分聚集于地表或地表下不深的土层中，即形成滨海盐渍土。滨海盐渍土的盐类主要为氯化物，含盐量一般小于5%。主要分布在我国的渤海沿岸、江苏北部等地区。

②内陆盐渍土。易溶盐类随水流从高处带到洼地，经蒸发作用盐分聚集而成，一般因洼地周围地形坡度大、堆积物颗粒较粗，因此，盐渍化的发展愈向洼地中心愈严重。这类盐渍土多分布于我国的甘肃、青海、宁夏、新疆、内蒙古等地。

③冲积平原盐渍土。主要由于河床淤积或兴修水利等，使地下水位局部升高，导致局部地区盐渍化。这类盐渍土分布在我国东北的松辽平原和山西、河南等地区。

(2)按含盐类的性质分

盐渍土所含盐的性质，主要以土中所含阴离子的氯根(Cl^-)、硫酸根(SO_4^{2-})、碳酸根(CO_3^{2-})、重碳酸根(HCO_3^-)的含量（每100g土中的毫摩尔数）的比值来表示。根据《岩土工程勘察规范(2009年版)》(GB 50021—2001)，盐渍土按含盐类性质分类见表3-2-7。

盐渍土按含盐类性质分类　　　　　　　　　　　　　　　表3-2-7

盐渍土名称	$c(Cl^-)/2c(SO_4^{2-})$	$2c(CO_3^{2-})+c(HCO_3^-)/$ $c(Cl^-)+2c(SO_4^{2-})$
氯盐渍土	2.0	—
亚氯盐渍土	2.0～1.0	—
亚硫酸盐渍土	1.0～0.3	—
硫酸盐渍土	<0.3	—
碱性盐渍土	—	>0.3

（3）按含盐量分

当土中含盐量超过一定值时，对土的工程性质就有一定影响，所以按含盐量分类是对含盐类分类的补充。根据《岩土工程勘察规范（2009 年版）》（GB 50021—2001），盐渍土按含盐量分类见表3-2-8。

盐渍土按含盐量分类　　　　表 3-2-8

盐渍土名称	平均含盐量（%）		
	氯盐及亚氯盐	硫酸盐及亚硫酸盐	碱性盐
弱盐渍土	0.3～1.0	—	—
中盐渍土	1.0～5.0	0.3～2.0	0.3～1.0
强盐渍土	5.0～8.0	2.0～5.0	1.0～2.0
超盐渍土	>8.0	>5.0	>2.0

（二）盐渍土的工程性质

1. 盐渍土的溶陷性

盐渍土中的可溶盐经水浸泡后溶解、流失，致使土体结构松散，在土的饱和自重压力下出现溶陷；有的盐渍土浸水后，需在一定压力作用下，才会产生溶陷。盐渍土按溶陷系数分为两类：当溶陷系数 δ 小于 0.01 时，称为非溶陷性土；当溶陷系数 δ 大于或等于 0.01 时，称为溶陷性土。

2. 盐渍土的盐胀性

硫酸盐（亚硫酸盐）渍土中无水芒硝（Na_2SO_4）的含量较多，无水芒硝在 32.4° 以上时为无水结晶，体积较小；当温度下降至 32.4° 时，吸收 10 个水分子的结晶水，成为（$Na_2SO_4 \cdot 10H_2O$）晶体，使体积增大，如此不断地循环反复作用，使土体变松。盐胀作用是盐渍土由于昼夜温差大引起的，多出现在地表下约 0.3m 的地方。

3. 盐渍土的腐蚀性

盐渍土均具有腐蚀性。硫酸盐渍土具有较强的腐蚀性，当硫酸盐含量超过 1% 时，对混凝土产生有害影响，对其他建筑材料，也有不同程度的腐蚀作用。氯盐渍土具有一定的腐蚀性，当氯盐含量大于 4% 时，对混凝土产生不良影响，对钢材、砖等建筑材料也具有不同程度的腐蚀性。

4. 盐渍土的吸湿性

氯盐渍土含有较多的一价钠离子，水化胀力强，故在其周围形成较厚的水化薄膜，从而具有较强的吸湿性和保水性。这种性质使氯盐渍土在潮湿地区土体极易吸湿软化，强度降低；而在干旱地区，使土体容易压实，对在干旱缺水地区施工有利。一般影响深度限于地表 10cm。

5. 盐分的溶蚀和退盐作用

盐渍土路基受雨水冲刷，表层盐分将被溶解冲走，溶去易溶盐后路基变松，其他细颗粒也容易被冲走，在路基边坡和路肩上会出现许多细小冲沟。一部分表层盐分随着雨水下渗而下移，造成退盐作用，结果使土体由盐土变为碱土，增加土的膨胀性和不透水性，降低路基的稳定性。氯盐渍土易溶于水,含盐量多时,会产生湿陷、塌陷等路基病害。

6. 盐渍土的毛细作用

盐渍土有害毛细水上升能力引起地基土的浸湿软化和造成次生盐渍土,并使地基土强度降低,产生盐胀、冻胀等不良地质作用。

(三)盐渍土地区主要公路病害

1. 盐胀

硫酸盐渍土在降温时都会吸水结晶,体积增大,使路基土体膨胀,导致路面凸起。气温升高时硫酸盐脱水成为无水芒硝,体积变小,导致路基疏松、下凹。在此失水和吸水的重复作用下,路面变形较大部分在车辆重力作用下,出现地面开裂、松散,如不及时处理会很快形成坑槽。公路盐胀如图 3-2-37 所示。

2. 沉陷

氯盐渍土易于溶解于水,在水位的变化过程中,盐类随着水流而转移他处,使公路路肩出现细小冲沟,引起路基疏松下沉,路面塌陷。

3. 路面翻浆

盐渍土中含有较易溶解的盐晶体聚冰。水分蒸发及吸入空气后潮化,导致路基土体吸纳水分和承重的水平降低,特别是黏性盐渍土颗粒小、渗透性差,含水过量后,路基内形成包浆,在外部荷载的长期影响下,泥浆被挤出路面,形成翻浆。路面翻浆如图 3-2-38 所示。

图 3-2-37 公路盐胀

图 3-2-38 路面翻浆

4. 边坡易受侵蚀

由于盐渍土的表聚性,公路边坡表面受盐分侵蚀形成的膨胀、松散、干状的粉性土质,很容易被风吹走,形成边坡土流失和空气污染。遇有小雨,边坡冲刷强烈,造成边坡土大量流失,中、大雨经常造成冲毁路基的严重事件。

5. 桥涵侵蚀

盐渍土中含有易溶解的盐,其与混凝土、钢材等建筑材料产生化学反应,使建筑材料的根本性质发生变化。出现混凝土表面受盐分侵蚀形成松散、剥落、裂缝,钢材腐蚀等现象,缩短了工程使用寿命,并产生较大的安全隐患。

(四)盐渍土病害的防治措施

1.基底处理(换填法)

换填法一般应用在路基含盐量超过规定的要求、路床过湿、压实度达不到压实要求或路基高程受限制的低填浅挖地段,一般采用非盐渍土砂砾或风积砂换填,如图3-2-39所示。换填厚度应根据勘察资料以及填料的试验结果确定,最小不应小于1.0m。必须确保所填的土质为非盐渍土且有足够的强度,从路基换填及铲除的盐渍土不得堆于路基两侧坡脚,以免发生次生盐渍化。

2.设置毛细小隔断层

隔断法是在路基某一层位设置一定厚度的隔断层,目的是隔断毛细水的上升,防止盐分和水分进入路基上部,从而避免路基或路面破坏。隔断层可以采用土工布(膜)、风积砂或河砂隔断层、砾石隔断层和沥青砂、油毛毡等隔断方法。隔断法是处治路基盐胀最有效、最简便的措施,一般用于中强盐渍土地段,特别是硫酸盐盐渍土地段,受地表水或地下水毛细水影响的路基。

3.提高路基高度

提高路基高度可以减少进入路基上部的水分和盐分,使上部路床受盐渍土影响降低,有效防止盐胀。适用于排水不良或地下水位较高,且盐渍化较轻的地段。应使路堤高度大于最小填土高度,最小填土高度应由地下水最高位、毛细水上升高度、临界冻结深度决定。施工中应先将表层的植被、盐壳、腐殖土等清除后,再按设计要求分层填筑。

4.浸水预溶法

浸水预溶法即对路基预先浸水,在渗透过程中土中易溶盐溶解,并渗流到较深的土层中,易溶盐的溶解破坏了土颗粒之间原有的结构,在自重应力作用下压密。可使路基土盐胶结构改变,并在一定程度上降低路基土含盐量,可提前消除盐渍土溶陷等病害。适用于厚度较大,渗透性较好的砂砾石土、粉土盐渍土。

5.控制填料含盐量和夯实密度

换填含盐类型单一和低盐量的土层作为地基持力层,非盐类的粗颗粒土层(碎石类土或砂土垫层)可以有效地隔断毛细水的上升。当土的含盐量满足规范中规定的填料要求时,可以避免发生膨胀和松胀等现象,并应尽量提高填土的夯实密度,一般应达到最佳密度的90%以上,如图3-2-40所示。

6.加强地表排水和降低地下水位

降低地下水位以减少进入路基上部的水分和盐分,其效果和提高路基高度类似,切断下层土中的盐源,避免地下水上升引起路基土次生盐渍化。但需要将水位降低到一定深度才有较好的效果。可做砂砾隔断层,最大限度提高路基,加厚砂砾垫层,排挡地表水侵入路基等,视情况采用单独或综合处理措施来减小道路病害。

图 3-2-39 路基基底换填

图 3-2-40 路基压实

盐渍土高清
图片(图片)

(五)盐渍土病害处治案例

1. 工程概况

G579 线库车至拜城至玉尔滚公路工程第二合同段,根据全线地质勘察结果,全线对路基稳定性具有影响的特殊性土主要是盐渍土和湿陷性土,其中主线共有 3.06km 盐渍土路基需要处理,化工园区连接线共有 3.2km 盐渍土路基需要处理。

该项目沿线地表存在盐渍土情况的路段虽较长,但以浅层为主,且大部分为弱盐,项目区气候属于暖温带大陆气候干旱、半干旱区,地下水位埋藏较深。沿线地表土质,以剥蚀丘陵表层粉土、粉砂为主,2~3m 以下为泥岩层,上质坚硬;冲积平原地表土质以砾类土为主。针对该项目的气候条件、地下水、土质等综合条件特制订盐渍土路段路基专项施工方案。

2. 处治方案

针对盐渍化程度采用路基换填、设隔断层、改善排水条件等有效措施,具体处理措施如下:

(1)对于地表为弱盐的路段,清除表土 30cm 后铺筑路基。清除地表盐渍土并压实,采用砾石土回填,地表以上路基填料选择非盐渍土的砾石类土填筑。盐渍土路段应采取分段连续的施工方式,段落不宜过长,力求一次施工到路床顶面设计高程,最好于当年铺筑路面基层。如果当年不能铺筑路面,应采取防止雨、雪水侵入路基的措施。在设置隔断层的地段,要一次做到隔断层的顶部。

(2)对于地表为中盐以上路段,清除表土为 30cm 后铺筑路基,并在路床层位内设置土工布隔断层,以隔断毛细水的上升对路基的不利影响。盐渍土路段复合土工布隔断层铺设的表面平整度与横坡应符合要求,土工布应全路基断面铺设,并铺设平展,不得有折皱。当沿路线纵向铺设时,应先由外侧向内侧铺设,幅与幅接头的搭接宽度不应小于 30cm,有条件时相邻两幅采用缝接,其接头应褶向下坡方向;应根据路基的纵坡与横坡情况,低的一幅接头在下,高的一幅接头在上。

(3)路基填料选择非盐砾类土筑;完善路基、路面排水系统,避免地表降水侵入路基。

导图小结(盐渍土)(图片)   在线测试题(盐渍土)(文档)   不良土质及工程处治(课件)

课后
练习题

1. 软土的主要特征有哪些？简述软土地基的处理措施。

2. 黄土的主要特征有哪些？什么是黄土的湿陷性？湿陷性黄土可分为哪两类？

3. 黄土地区常见的工程病害有哪些？通常采用的处理措施有哪些？

4. 什么叫膨胀土？具有哪些主要特征？

5. 简述膨胀土对公路工程的危害及处理措施。

6. 冻土有哪些特征？冻土地区公路的主要病害有哪些？

7. 简述盐渍土的分类及基本特征。

8. 简述盐渍土对公路工程的危害及处理措施。

工程岩土习题集
（文档）

参 考 文 献

[1] 张成恭,李智毅,等. 专门工程地质学[M]. 北京:地质出版社,1990.

[2] 刘国昌. 区域稳定工程地质[M]. 长春:吉林大学出版社,1993.

[3] 李广信. 土力学[M]. 2版. 北京:清华大学出版社,2013.

[4] 南京大学. 工程地质学[M]. 北京:地质出版社,1982.

[5] 杨景春. 地貌学[M]. 北京:高等教育出版社,1985.

[6] 胡厚田. 边坡地质灾害的预测预报[M]. 成都:西南交通大学出版社,2001.

[7] 刘世凯. 公路工程地质与勘察[M]. 北京:人民交通出版社,2001.

[8] 孙玉科. 边坡岩体稳定分析[M]. 北京:科学出版社,1988.

[9] 林宗元. 岩土工程勘察手册[M]. 沈阳:辽宁科技出版社,1996.

[10] 黄凤才. 地质与路基[M]. 北京:人民交通出版社,2007.

[11] 齐丽云. 工程地质[M]. 4版. 北京:人民交通出版社股份有限公司,2017.

[12] 熊文林. 工程地质[M]. 3版. 大连:大连理工大学出版社,2018.

[13] 罗筠. 工程岩土[M]. 北京:高等教育出版社,2011.

[14] 李瑾亮. 地质与土质[M]. 北京:人民交通出版社,1998.

[15] 孟祥波. 土质与土力学[M]. 北京:人民交通出版社,2005.

[16] 杨晓丰. 工程地质与水文[M]. 北京:人民交通出版社,2005.

[17] 李斌. 公路工程地质[M]. 北京:人民交通出版社,2005.

[18] 交通部第二公路勘察设计院. 公路设计手册:路基[M]. 2版. 北京:人民交通出版社,1996.

[19] 工程地质手册编委会. 工程地质手册[M]. 3版. 北京:中国建筑工业出版社,1992.

[20] 交通部第二公路勘察设计院. 路基[M]. 北京:人民交通出版社,1997.

[21] 中华人民共和国交通运输部. 公路土工试验规程:JTG 3430—2020[S]. 北京:人民交通出版社股份有限公司,2020.

[22] 中华人民共和国交通部. 公路工程地质勘察规范:JTJ C20—2011[S]. 北京:人民交通出版社,2011.

[23] 中华人民共和国建设部. 工程岩土勘察规范(2009年版):GB 50021—2001[S]. 北京:中国建筑工业出版社,2009.

[24] 中华人民共和国交通部. 公路勘测规范:JTG C10—2007[S]. 北京:人民交通出版社,2007.

[25] 朱建德. 地质与土质实习实验指导[M]. 北京:人民交通出版社,2001.

[26] 王根元. 矿物学[M]. 武汉:中国地质大学出版社,1989.

［27］曾佐勋.构造地质学［M］.3 版.武汉:中国地质大学出版社,2016.

［28］薛根良.实用水文地质学基础［M］.武汉:中国地质大学出版社,2014.

［29］晏同珍,等.滑坡学［M］.武汉:中国地质大学出版社,2000.

［30］钱建固.土质学与土力学［M］.北京:人民交通出版社股份有限公司,2015.